가족생활교육(2판)

Family Life Education

정현숙 지음

신정

머리말

Preface

'가족'을 전공한다고 하면 사람들의 반응 중 하나는 "정말 중요한 거지요!"라는 호응형에서부터 "그런 것도 대학에서 가르치나요?"하는 미심쩍은 의문형, "우리 부부 문제 좀 해결해 주실래요?"라는 현실형까지 그 반응이 다양하다. 1990년 처음 대학에서 가족을 강의하던 시절에는 뭘 새삼스럽게 가족을 공부까지 하는가 하는 미심쩍은 의문형이 많았다면, 이 책의 초판이 나왔던 2007년에는 호응형이 많은 것이 특징이었다. 그러나 요즘은 가족의 중요성은 말할 것도 없이 가족교육의 필요성에 대해서 이의를 제기하는 사람은 없다. 이러한 변화의 근거는 학자들의 노력과 함께 매스컴을 장식하는 가족문제에 대해 사람들이 점차 그 심각성을 인식한 결과이기도 하며, 또한 다양한 정책적 노력의 결과이기도 하다. 특히 2005년 건강가정기본법이 시행되고, 여성부가 여성가족부로 개편되면서 가족을 단위로 하는 가족정책에 대한 관심이 증가하고, 건강가정지원센터와 다문화가족지원센터 등 전달체계에서 예방적 복지차원의 다양한 가족생활교육 보급이 그 역할을 해왔다.

그러나 가족생활교육프로그램의 양적인 증가에도 불구하고 현장에서는 여전히 효과적인 가족생활교육프로그램에 대한 요구가 있으며, 프로그램의 효과에 대한 의문도 여전하다. 10년 전 이러한 의문에 대한 책임감을 느끼며, 그동안 가족생활교육에 관심을 가진 사람으로서 10년 이상 현장에서의 교육과 대학에서 강의한 경험을 정리할 필요성을 새삼 느끼게 된 것이 이 책의 초판을 쓰게 된 동기였다. 그러나 한 세기가 지난 지금 한국가족의 구조와 관계 등에도 많은 변화가 생겼으며, 가족과 관련한 정책적인 변화로 인해 본 저서를 새롭게 정비할 필요성이 대두되었다.

2판을 새롭게 정비하면서 기존의 본 교재가 지향하던 틀은 그대로 유지하였다. 그 이유는 가족생활교육의 기초가 되는 이론적 관점 등은 사회의 변화에도 불구하고 중요하게 적용되기 때문이다. 초판에서의 목적에 더하여 이번 책도 다음과 같은 점에 목적을 두고 저술되었다.

첫째, 이 저서는 가족생활교육 전반에 대한 다양한 이론적 관점과 실제들을 정리하는 데 그 목적이 있다. 학문적으로 가족생활교육 방법론에서는 많은 진전이 있었으나 가족생활교육의 철학이나 방법 등에 대한 체계적인 논의와 합의는 여전히 필요한 상황이기 때문이다. 앞으로 이러한 논의가 좀더 활성화될 수 있도록 이 저서에서는 다양한 이론적 관점들을 정리하고자 노력하였다. 나름대로 가족생활교육을 정의하고 중요성을 나열하였으나 가족생활교육에 대한 체계적인 합의는 이 분야의 많은 전문가들이 모여 함께 토의하고 고민함으로써 이루어질 수 있을 것이다.

둘째, 이 교재에서 가족생활교육(Family Life Education)은 '아동에서 노인까지 개인과 가족의 전반적인 삶의 질을 높이고, 가족 및 사회에서 나타나는 다양한 문제해결을 돕기 위해 개인과 가족의 잠재력을 계발하고 강화시키는 평생교육'으로 정의하며, 이러한 교육을 담당하는 사람을 가족생활교육사(Family Life Educator)로 칭하고자 한다. 교육담당자에 대한 명칭은 많은 논란이 있으나 이 저서에서는 가족생활교육의 목적에 맞는 교육을 담당하는 건강가정사, 가정복지사, 부모교육자, 농촌생활지도사, 성교육자, 이러한 활동을 하는 교사, 성직자 등을 포괄하는 광의의 개념으로 '가족생활교육사'라는 명칭을 사용하였다.

셋째, 가족을 전문적인 학문적 개념으로 접근하기 위해서는 가족과 실제적인 방법 모두 이론적 기초를 튼튼히 하여야 한다. 따라서 이 책에서는 각 장마다 이론적인 관점을 기초로 내용을 서술하도록 노력하였다.

넷째, 지금까지의 가족생활교육에 대한 저서들이 개발된 프로그램에 대한 논의가 많은 부분을 차지하는 반면, 프로그램 개발과 평가를 위한 부분이 상대적으로 간과되었다. 그러나 기존에 개발된 프로그램의 이해도 중요한 교육내용이지만, 다양한 환경에서 필요로 하는 프로그램을 어떻게 개념화하고, 어떤 과정을 거쳐 개발하고 평가할 것인가 하는 것은 전문가로서의 가족생활교육사에게도 가장 중요한 도전이기도 하다. 따라서 프로그램 개발과 평가과정을 세분화하여 다루었다.

다섯째, 가족은 사회적 실체이다. 따라서 가족과 가족 안에서의 관계를 맺는 방식 및 가족에 대한 사회적 시각은 문화에 따라 매우 다르게 정의되므로 가족생활에 대한 교육내용과 방법도 가족생활교육이 적용되는 사회문화적 배경과 가족상황, 사회적 요구 및 제도 등에 따라 다양하게 정의되어야 한다. 이 저서에서는 가족생활교육이 먼저 시작된 미국의 이론적 관점과 내용을 먼저 소개하고, 이를 기초로 우리나라 실정에 맞는 교육내용과 방법을 함께 제시하고자 노력하였다. 특히 결혼전교육과 부부관계 향상교육이 우리나라에서 가장 많이 이루어지는 교육일 뿐만 아니라 가족생활교육에서 가장 핵심적인 내용이므로 7장의 관계향상교육에 좀 더 많은 지면을 할애하였다.

여섯째, 이 교재가 가족생활교육에 대한 모든 이론과 프로그램을 제시할 수는 없으나, 이 교제를 통해 다양한 자료에 대한 정보를 얻을 수 있도록 노력하였다. 이를 위해 프로그램의 실제 부분에는 이 책을 이용하는 학생과 현장 실무자들이 프로그램 개발 시 이용할 수 있는 콘텐츠를 제공하기 위하여 다양한 정보가 있는 국내외 관련 인터넷 사이트를 소개하였다. 일곱째, 지금까지 저자기 가족생활 관련 논문과 강의를 통해 축적해 놓은 일부 자료들을 이 저서에 포함시켰다. 단독으로 발표한 논문 중에서는 가족생활교육의 과제와 선망(1998a)의 내용이 1, 2장에, 가족생활교육사의 전문직으로의 발전을 위한 과제와 전망(2002a)이 13장에, '부부관계교육 프로그램의 교육내용 안(案)'(2000)의 일부 내용이 8장에 포함되었으며, '결혼전교육 프로그램 개발을 위한 기초연구'(2004b), '결혼준비교육 프로그램의 개발 및 평가'(2005a)의 내용이 7장에 일부 포함되었다. 공저한 논문 중 정현숙 · 유계숙 · 임춘희 · 전춘애 · 천혜정(2000b)이 함께 개발한 '재혼준비교육 프로그램'에 대한 소개를 12장에, 정현숙 · 정영화 · 천혜정 · 양성은 · 조은희(2003)가 함께 저술한 '가족관련 기본법 제정을 위한 기초조사 및 평등가족기본법(안) 연구'의 가족의 변화 부분을 4장에 출처와 함께 일부 내용을 인용하였다. 그러나 신문이나 기타 특강을 위해 마련했던 본인의 원고 일부를 인용한 경우 출처를 밝히지 못한 부분이 있다. 신문자료와 인터넷 자료를 사용한 경우 본문에는 출처를 밝혔으나 참고문헌에는 일일이 목록을 제시하지 않았다.

여덟째, 프로그램을 소개할 경우 외국의 프로그램 제목 등은 우리말로 번역하되, 원어의 특성을 그대로 전달하기 위해 괄호 안에 원어를 제공하였다. 그러나 번역 시 원래의 의미가 모호해지거나 변하는 경우 원어를 그대로 사용하였다.

마지막으로, 재판을 준비하면서 한국가족과 관련된 인구학적인 자료와 다양한 사회현상과 관련된 신문과 통계청 자료 및 논문 등을 최근 자료로 업데이트하였으며, 프로그램 개발에 필요한 자료들을 추가로 소개하였다. 그러나 저자의 게으름으로 인해 많은 중요한 자료들이 포함되지 못한 점이 있다. 이러한 자료들은 이 교재를 활용하는 많은 분들의 몫으로 남겨두고자 한다.

이 저서가 세상에 나오는 데에는 많은 분들의 도움이 있었다. 언제나 든든한 친구이자 동반자며 나의 삶을 풍요롭게 해주는 남편 제훈과, 내가 어떻게 살아야 하는가에 대한 끊임없는 자극을 주는 나의 스승인 아들 진혁이는 존재 자체로 항상 나에게 힘이 된다. 초판과 달라진 점이 바로 며느리 예지의 든든한 지원이다. 둘째 아들 진돌jr도 삶의 가장 힘을 주는 가족원이다. 초판 이후 나태해진 나에게 끊임없이 2판을 독촉해 주신 신정출판사의 최용구 사장님과 꼼꼼한 작업으로 책을 돋보이게 해준 편집부 직원 분들께도 감사를 드린다. 초판에서 참고문헌과 자료를 정리해 준 대학원생 도은숙, 이아진, 김보미와 2판의 자료를 정리해 준 류민영, 박지영에게도 감사를 전한다. 교수에게는 학생들이 있어 항상 지적 자극을 받고 자신을 다시 되돌아볼 수 있게 된다. 나를 있게 해준 상명대학교 가족복지학과 학생과 동료들에게도 고마움을 전한다.

2016년 8월
정현숙

차례

Contents

Part Ⅲ. 가족생활교육 중요 영역의 원리, 이론과 실제

P·A·R·T

I

가족생활교육의 기초

Family Life Education

가족생활에 대한 신화 중 하나는 부부간에 혹은 부모자녀 간에 어떻게 행동해야 하는가는 배우지 않아도 자연스럽게 알게 된다는 것이다. 그러나 많은 가족이 대화방법 때문에 배우자와 다투기도 하고, 부모의 잘못된 양육방식 때문에 아동학대가 일어나기도 한다. 이러한 이유로 건강하고 안정된 가족생활을 위한 교육의 중요성이 점차 강조되고 있다. 실제로 행복한 가족을 이루기 위한 가족생활교육은 매우 다양한 분야에서 이루어지고 있다. 그러나 개념에 대한 명확성과 목적 및 방법에 대해서는 많은 논란이 있다. 이 책의 1부에서는 가족생활교육의 확대와 다양한 분야에서의 적용가능성을 높이기 위하여 가족생활에 대한 개념을 명확히 하고, 가족생활교육의 전문성을 높이기 위한 기초 작업으로 기본적인 개념과 원리를 정리하였다. 이를 위해 1장에서는 가족생활교육의 정의, 필요성과 가정 등을 통해 가족생활교육이 무엇인가를 살펴본다. 2장에서는 가족생활교육의 발달과정과 가족생활교육 발전의 장애요소를 살펴보며, 3장에서는 가족생활교육의 다양성과 프로그램 개발, 실행과 평가 과정에서 야기되는 관련 쟁점들을 체계적으로 살펴본다. 4장에서는 가족을 보는 관점에서부터 현대가족의 변화 양상 등 가족에 대한 이해와 가족생활교육의 내용 구성에서 중요한 기초 이론 및 교육원리 등을 다룬다.

Chapter 1

가족생활교육이란 무엇인가

산림이 울창한 깊고 험한 계곡을 따라 길이 이어지다 끝에 절벽이 있는 곳에 마을이 있었습니다. 산길은 좁고 어두웠으나 이 계곡에는 위험 표지판이나 곡선구간에 대한 주의 안내판이 없었습니다. 그래서 수년 동안 많은 차들이 절벽 아래로 곤두박질쳐 수많은 사람들이 죽거나 중상을 당했습니다. 마침내 마을에서 이 문제를 해결하기 위해 회의가 소집되었습니다. 몇 주간의 회의와 연구 끝에 위원회는 보고서를 제출하였습니다. 절벽 아래에 앰뷸런스를 사서 배치해 놓으면, 사고가 난 뒤 앰뷸런스로 생존자들을 병원으로 빨리 이송할 수 있어 몇 명의 생명이라도 살릴 수 있을 것이라는 내용이었습니다. 이 결정이 논리적이지 않다는 것은 명백합니다. 왜 사고가 일어날 때까지 기다릴까요? 왜 미리 경고 표지판을 세우지 않을까요? 그랬다면 사고를 미연에 방지할 수 있고, 비용도 적게 들고, 사고로 인한 비참함도 훨씬 더 적었을 텐데 말입니다(Mace).

초등학교뿐만 아니라 대부분의 교과서에서 "가족은 인간의 가장 기초가 되는 제도 중 하나……."라는 문장으로 가족을 소개한다. 사회과학 분야의 많은 학자들[01]도 결혼이 사회와 성인들과 아동들에게 모두 유익하기 때문에 정부는 가능한 한 가족의 중요성과 가치를 높이는 데 앞장서야 한다고 강조한다. 가족의 중요성에 대해서

01 Carlson, A.(2005). *Fractured generations*; Maher, B.(2002). *A family portrait*; Stanton, G.(1997). *Why marriage matter*; Waite, L., & Gallagher, M.(2001). *The case for marriage* 등의 책은 가족이 개인과 성인과 사회에 어떠한 가치가 있는가를 보여 주는 좋은 예이다.

는 논란의 여지가 없는데, 그 이유는 복잡한 현대생활에서 가족원의 지지가 사회적 역할 수행에 가장 중요한 요소가 되기 때문이다. 예를 들면, 맞벌이가족에서 '부부간의 지지'는 탁아에 대한 만족도나 직업만족도보다 삶의 질에 더 중요한 영향을 미치는 요인(고정자, 1998)이며, 저소득층 여성 가장의 생활만족도에 가장 큰 영향을 미치는 것은 자녀로부터의 지지(이재림 · 옥선화, 2001)이다. 기혼 취업 여성의 부부관계 만족과 직업생활 만족이 맞벌이가족 여성의 스트레스 수준과 높은 상관(이형실, 2000)이 있으며, 결혼만족도가 삶의 질을 설명하는 여러 변수 중에서 가장 영향력이 큰 변인(Berry & Williams, 1987)으로 밝혀지고 있다. 또한 남성의 직업생활은 가족생활 경험이 중요한 영향을 미친다(이숙현, 1995). 이러한 가족과 가족관계의 중요성 때문에 해마다 수많은 사람들이 행복한 가정을 이루려는 소망을 안고 결혼을 하고, 또한 새해 소망으로 가족의 건강과 행복을 기원한다.

그러나 가족의 삶은 우리의 기대만큼 행복하지도 않으며, 결혼한 부부들의 결혼만족도는 결혼기간이 길어짐에 따라 점차 감소하고 있다. 또한 가족 문제에 대한 사회적 우려도 증가하고 있다. 특히 이혼과 가정폭력, 청소년 비행 등이 증가하고, 한부모가족, 재혼가족 등 가족의 구조와 기능이 다양화 · 복잡화되지만, 우리의 가족에 대한 인식은 여전히 전통적 기능과 구조만을 중요한 가족의 특성으로 인식하여 가족문제를 심화시키고 있다. 생활방식도 다양해지면서 전통적인 핵가족은 동거, 무자녀부부, 독신부모와 같이 다양한 모습으로 변화하고 있으며, 가족의 경제적 지원이 사회적 지원을 통해 이루어지는 등 새로운 가족구조에 새로운 가족기능이 부여되기도 한다. 따라서 가족에 대한 이해는 가족이 어떠한 구조를 가졌는가보다는 그 안에서 가족구성원들이 어떻게 상호작용하는지에 초점을 맞추고 이해해야 하나 우리의 가족에 대한 인식은 구조적인 측면만 강조하는 경향이 두드러진다.

또한 우리나라에서는 가족생활을 개인 사생활로 인식하는 전통으로 인해 변화된 가족에서 필요로 하는 인간관계 기술을 습득하거나 새롭게 변화된 가족기능을 강화하기 위한 외부 교육의 필요성에 대한 인식도 낮은 편이다. 가족생활교육은 이러한 사회적 변화로 약화된 가족기능강화를 위해 대두된 교육 영역이다. 이 장에서는 가족생활교육의 정의를 살펴보고 가족생활교육의 필요성과 이러한 교육이 담고 있는 기본 철학과 가정들을 살펴보고자 한다.

1 가족생활교육의 정의와 가치

2005년 건강가정기본법이 시행된 이후 다양한 분야에서 가족생활교육에 관심이 증가하고 있으며, 가족생활교육이 무엇인가에 대한 논의가 일고 있다. 앞의 Mace의 일화는 가족생활교육이 무엇인가를 가장 잘 보여 주는 예이다. 즉, 가족생활교육은 가족문제를 예방하기 위한 다양한 활동을 의미한다. 가족문제를 예방하고 가족기능을 강화하기 위한 방법은 가족생활교육(family life education), 가족상담(family therapy), 행동수정(behavior modification), 가족향상(family enrichment) 등 네 분야가 대표적이며(L'abate & Wright, 1977), 가족생활교육이 좀 더 포괄적인 의미로 활용된다.

1) 가족생활교육과 가족향상

가족생활교육이 무엇인가에 대한 소삭석 성의는 가족생활교육이 처음 시작된 미국에서조차도 매우 다양하다. 기존의 가족생활교육에 대한 정의를 분류한 Arcus, Schwaneveldt와 Moss(1993)는 가족생활교육의 목적은 '가족이 일상생활에서 접하는 문제를 다루고, 문제예방과 개인과 가족의 잠재력을 증진하는 것'이라고 정리하였다. 즉, 가족생활교육은 개인과 가족의 복지 증진과 강화를 위해 설계된 교육과정이다. 이러한 교육과정에는 아동발달이나 부모역할기술, 은퇴와 이혼의 적응, 의사소통기술 습득, 시간과 돈의 관리, 갈등해결기술 등 다양한 내용이 포함된다. Arcus와 동료들(1993)은 다양한 문헌고찰을 통해 가족생활교육의 7가지 특징을 정리하였다. 첫째, 교육내용은 가족생애주기에 걸친 가족과 개인과 관련된 것이며, 둘째, 교육 방식은 개인과 가족의 욕구에 근거하고, 셋째, 가족생활교육의 내용은 다학제적이며, 실천방법에 있어서는 다전문적이며, 넷째, 가족생활교육은 매우 다양한 환경(setting)에서 제공될 수 있으며, 다섯째, 치료적이라기보다는 교육적이고, 여섯째, 가족생활교육은 다양한 가족의 가치를 대변하고 존중하며, 마지막으로 가족생활교육이 성공하기 위해서는 가족생활교육의 목적을 인식하고 있는 자격을 갖춘 교육자가 반드시 필요하다.

이러한 목적에 기초해 미국가족관계학회(National Council on Family Relations: NCFR)는 가족생활교육을 '개인과 가족의 복지를 위한 예방적이고 교육적 프로그램의 개발, 적용, 평가, 훈련 및 연구'(NCFR, 2002)를 하는 분야로 정의하였으며, 가족생활교육사(family life educator)는 "더 생산적이고 만족한 삶을 위해 개인과 가족을 위한 문제예방을 위한 교육을 하는 전문 직업"(NCFR 2002, p. 2)으로 정의하였다. 특히 가족생활교육의 전문화와 직업으로의 발전을 위해 가족생활교육의 교육과정을 제정하고, 생애주기(아동기, 청소년기, 성인기, 노인기)에 따른 아홉 개 영역(사회에서의 가족, 가족의 내적 역동, 인간성숙과 발달, 성, 대인관계, 가족자원관리, 부모교육과 지도, 가족법과 공공정책, 윤리)의 구체적인 교육내용을 제안하였다(2장 참조). 또한 1984년 이래 NCFR에서는 가족생활교육사에 대한 자격제도를 마련하였다(Hughes, 1994; Thomas & Arcus, 1992).

1970년 이후 가족생활교육과는 조금 다르지만 밀접하게 관련된 향상(enrichment)이라는 분야가 등장하였다. 우리나라에서는 가톨릭에서 실시하는 ME가 대표적인 향상 프로그램이다. 2016년 56주년[02]을 맞는 가족향상도 가족원의 삶의 질 증진을 목표로 가족에 행하는 서비스를 의미한다. NCFR에서도 가족생활교육분과(family education section)를 가족생활교육과 향상 분과(Education & Enrichment Section)로 명칭을 변경하였으며, NCFR과 미국가족상담협회(American Assication of Marriage and Famiy Therapy: AAMFT)를 중심으로 활발히 프로그램이 개발되었다. 1988년에 처음으로 결혼향상을 위한 국제학술대회가 열렸으며, 1989년 AAMFT에서 다수의 향상 프로그램을 포함한 연례학술대회를 개최하였다(Dyer & Dyer, 1990). 가족향상과 가족생활교육의 목적은 같지만 교육방법적인 면에서 차이가 있다. 가족향상의 기본적 관점은 가족의 삶의 질을 증진시키는 방법이 두 가지인데 한 가지는 외부로부터 새로운 첨가물을 주입하는 방법이고, 또 한 가지는 이미 그 속에 있으나 제대로 기능하지 못하는 것을 기능하도록 만드는 방법이 있다고 가정한다. 이 모두는 궁극적으로 가족구성원들이 최적의 건강을 유지하게 하고, 이들을 서서히 성장하도

02 가족향상운동의 시작은 스페인에서 Gabriel Calvo 신부가 처음 프로그램을 실시하고(1월), Mace 부부가 Quaker 결혼향상(10월)을 시작한 1962년을 기준으로 한다(Dyer & Dyer, 1990).

록 하는 것이지만 가족생활교육이 첫 번째 방법을 강조한다면, 가족향상은 두 번째 방법을 특히 강조한다는 점에서 차이가 있다. 또한 가족생활교육의 대상이 개인이나 관계를 모두 포함한다면 가족향상은 가족구성원 개인이 아니라 부부관계를 강조하여 '결혼의 성장(marital growth)', '결혼의 잠재력(marital potential)', '결혼의 건강(marital health)'을 목적으로 하며 이 세 가지 개념을 통합하여 향상(enrichment)이라고 명명하였다(Mace & Mace, 1975; Mace, 1979; Smith, Shoffner & Scott, 1979). 즉, "가족향상은 예방적 가족생활교육 프로그램의 특별한 형태로 상대적으로 잘 기능하고 있다고 여기며, 그들의 강점(strength)을 더 향상시키기 원하는 가족과 가구가 대상이며, 프로그램의 주된 목적은 가족에 현재 존재하는 강점 발달을 돕는 것" (Bowman & Kieren, 1985, p. 617)으로 정의된다. 따라서 가족향상의 대상은 상담을 요하는 위기에 있는 부부가 아니라, 기능적인 결혼생활을 하고 있으나 더 만족스러운 생활을 원하는 부부들이다. 이러한 가족향상은 부부의 의사소통과 정서적 생활, 성적 관계와 결혼을 강화시키는 데 목적이 있다(Otto, 1975). 그러므로 가족향상에서 가장 중요한 것은 부부 중심(couple-focused)이며 행동 중심(action-oriented)이다(Mace, 1979; Smith, Shoffner & Scott, 1979). 비슷한 개념으로 가족생활향상프로그램(family life enhancement program)은 같은 목적을 가진 부모들을 위한 프로그램이다(Otto, 1975).

가족향상은 '인간의 잠재성에 대한 가설'에 기초한다. 따라서 가족향상 프로그램의 대상은 일반적부부와 가족이며, 비형식적 환경에서, 경험에 의한 학습(experimental learning)을 강조한다(Mace, 1975, 1979; Smith, Shoffner & Scott, 1979). 가족의 강점을 발달시키기 위해 사용하는 주요한 방법은 의사소통기술이며, 의사소통기술이 효과적이기 위해서 부부나 전체가족이 인간행동의 원리를 이해하고 경험적 방법을 통해서 학습이 이루어지도록 프로그램을 구성한다(Smith et al., 1979). 이러한 가족향상 프로그램은 집단역학과 인본주의 심리학, 심리극, 인간 잠재력 운동, T집단(T-group), 민감성 훈련집단(sensitivity group)의 영향을 받아 발달하였으며, 집단활동과 개인적 성장, 개인적 개방, 정서의 인식, 경험적 학습을 강조한다(Denton, 1990). 따라서 전체적으로 프로그램의 목적은 참석자들을 통해 개별 가족 내의 장점을 발견하고, 이러한 집단 모임이 각 가족에게 지지자의 역할을 하고 있다는 인식을 제공해 주는 것이다.

가족생활교육과 가족향상에 대한 논의와 프로그램이 미국에서는 1970년과 1980년대 초에 다양한 학자들에 의해 제기되었으나 우리나라에서는 명확한 개념에 대한 논의조차 이루어지지 않은 상태에서 1990년대 중반부터 다양한 가족향상프로그램이 가족생활교육이란 이름으로 발표되었다. 즉, 전반적인 개념적 틀은 가족생활교육에서 빌려왔으며, 프로그램 구성은 가족향상을 중심으로 이루어져서 이 두 가지가 거의 혼용되어 사용되고 있다. Bowman과 Kieren(1985)이 명명한 것과 같이 가족향상의 현재 상태는 행동(action)보다는 이야깃거리(talk)라는 지적이 현재 우리의 상황과 비슷하다.

2) 가족생활교육의 역사

우리나라의 가족생활교육의 역사는 대학 부설의 평생교육원, 사회교육원 및 기타 다양한 민간연구소 등에서 가족생활에 필요한 이론, 지식, 기술에 대한 내용을 대단위 강좌 형태로 실시하면서 시작되었다. 또한 교회와 성당, 사찰에서도 종교적 교리를 바탕으로 강의, 반성, 믿음, 감사, 편지쓰기, 짝기도 등의 방법으로 부부교육이 이루어져 왔다. 사회단체에서의 가족생활교육은 부분적으로는 유명인사나 전문가를 초빙하여 심각한 사회문제가 발생하였거나 관심이 고조된 분야의 주제를 선정하여 강의 위주의 대형 강좌로 운영되었다(오윤자, 1995). 우리나라의 가족생활교육은 일반적으로 교육대상을 중심으로 결혼준비교육, 부부교육, 부모교육, 노년기 가족 프로그램으로 크게 구분되어 있으며, 프로그램 개발자에 의한 교육이 주를 이루고 있다. 결혼준비교육의 경우는 구체적으로 결혼 상대가 정해지기 전에 행해지는 포괄적이고 일반적인 교육에서부터(예: YMCA의 결혼강좌 등), 구체적으로 결혼 상대가 정해진 커플을 대상으로 하는 프로그램(예: 두란노서원의 '결혼예비학교', 가톨릭의 '선택' 등)으로 구분되어 실시되고 있다. 소규모 가족을 대상으로 하는 가족생활교육 프로그램은 1994년 한국가족상담교육연구소의 개소와 함께 다양하게 개발되었으며, 프로그램의 효과에 대한 평가연구도 꾸준히 이루어지고 있다(한국가족상담교육연구소, 2003). 그러나 내용과 방법적인 면에서 우리나라 대부분의 프로그램은 가족생활과 가족향상이 혼재되어 실시되고 있다.

3) 가족생활교육, 가족상담과 가족향상의 유사점과 차이

Dyer와 Dyer(1990), Mace(1975, 1979) 및 NCFR의 교육을 위한 기준에서는 가족생활교육과 가족향상이 포함하여야 할 내용과 전개방식 등을 구별하여 제시하고 있다. 예방적인 교육과는 차별화되어 가족문제의 진단과 측정 및 처치를 담당하는 치료분야와 비교하여 가족생활교육과 가족향상을 상호비교하면 〈표 1-1〉과 같이 정리할 수 있으며, 이들의 방법론적인 유사점과 차이는 〈표 1-2〉와 같이 정리할 수 있다.

표 1-1 가족생활교육, 가족상담, 가족향상의 정의

개념	정의
교육 (Education)	• 전문가가 각 발달단계에 따라 성공적인 가족관계가 되는 방법에 대한 정보를 제공하는 것 • 개인과 가족의 복지를 증진시키고 강화할 목적으로 개인이나 가족을 대상으로 워크숍, 회보나 소식지, 비디오테이프를 위한 프로그램, 책과 팸플릿 등의 자료를 이용해 교육함. • 대상: 개인, 부모, 결혼한 부부, 이혼한 부부, 전체 가족
상담(치료) (Therapy)	• 문제에 대한 진단 혹은 측정(assessment)과 처치(treatment)가 포함됨.
향상 (Enrichment)	• 결혼의 잠재력, 건강한 결혼생활을 위한 것 • 예방적 가족생활교육 프로그램의 특별한 형태로 상대적으로 잘 기능하고 있다고 여기며, 그들의 강점을 증가시키기 원하는 가족과 가구가 대상임. • 부부가 비기능적인 형태로 곤경에 빠지기 전에, 아직 변화하고자 하는 의욕이 남아 있을 때, 예방적인 접근으로 관계가 더욱 향상되도록 하는 것을 강조함. • 대상: 부부나 가족 전체

표 1-2 가족생활교육, 가족향상 및 가족치료의 유사점과 차이점

	가족생활교육	가족치료/상담	가족향상
목적	개인과 가족의 복지를 증진시키고 강화하기		
대상	기능적인 개인이나 가족	문제 있는 가족/ 부부	기능적 부부
교육 방법	인지적 학습	치료 기법에 따라 차이	경험적 학습
정보 방향	지도자 → 참석자	내담자 → 상담자	주로 참석자들 내에서
지시 정도	가장 지시적	가장 비지시적	가족생활교육과 치료의 중간
시간	제한된 시간에 실시	시간이 제한되지 않음	제한된 시간에 실시
고객	주로 개인, 부모, 예비부모	부부나 가족	주로 부부
비용	가장 저렴	가장 비쌈	중간 정도
구조화 정도		치료 기술에 따라 차이	가장 구조화됨
훈련 정도	지도자: 학부 수준 전문가: 박사 학위	박사 학위	석사 수준 지도자는 박사 학위
실시방법	워크숍, 비디오, 회보, 책, 팸플릿		지도서, 명확한 이론적 배경
국내외 자격기관	건강가정사(여성가족부), 가족생활교육사(한국가족관계학회), NCFR(www.ncfr.org)에서 가족생활전문가(Certified Family Life Educator, 1982년 이후)	가족치료사(한국가족치료학회), 미국가족치료학회(American Association of Marriage & Family Therapy: AAMFT)	The Association for Couples in Marriage Enrichment(이하 ACME)(www.bettermarriages.org)

*출처: 정현숙(1998a). p. 58 일부 수정.

가족생활교육이 가족문제의 예방을 목적으로 하지만 가족문제도 단계적인 접근이 가능하다. Gibson과 Mitchell(1995)은 세 단계의 예방 모델을 제시하였는데, 일차적인 예방(primary prevention)은 아직까지는 문제의 징후가 나타나지 않는 표적집단이 대상일 때 이용되며, 2차적인 예방단계는 문제의 초기 징후를 보이는 개인을 조기에 확인하고 중재하는 데 이용되며, 3단계의 예방(tertiary prevention)은 장애의 후유증을 감소할 목적으로 개인을 재활하는 단계이다. 이들의 예방 모델을 기초로 할 때 가족생활교육은 1, 2번째 단계의 예방을 목적으로 하며, 가족상담 및 치료는 3단계로 구분할 수 있다. 가족생활교육과 가족상담의 관계에 대해서는 3장에서 다시 다루겠지만, 이러한 3단계 예방모델을 적용해 볼 때 가족상담과 교육은 연속선상의 활동으로 가족에 대한 개입 수준의 차이가 있는 활동으로 볼 수 있다.

우리나라에서는 가족향상이라는 개념을 별도로 구분하지 않으며 가족생활교육에 통합하여 프로그램이 개발되고 있으며, 가족치료는 가족상담과 같은 의미로 통용되고 있다. 가족생활교육에 대한 기존 협의의 정의보다는 건강한 결혼을 유지하고 형성하려는 욕구를 성취하도록 돕는 광범위한 교육적 활동까지 포함한 광범위한 개념 정의의 필요성은 많은 학자들에 의해 제기되고 있다(예: Ooms, Bouchet & Parke, 2004; Stanley, Markman & Whittion, 2002). 이러한 전통에 따라 이 저서에서는 가족생활교육과 가족향상을 포괄하는 광의의 개념으로 '가족생활교육'을 사용하고자 한다. 따라서 이 책에서 가족생활교육은 '아동에서 노인까지 개인과 가족의 전반적인 삶의 질을 높이고, 가족 및 사회에서 나타나는 다양한 문제해결을 돕기 위해 개인과 가족의 잠재력을 계발하고 강화시키는 평생교육'으로 정의하고자 한다. 이러한 교육을 담당하는 사람들을 가족생활교육사(Family Life Educator)[03]로 칭하고자 한다. 건강가정기본법에서 규정하고 있는 건강가정사도 가족생활교육사로 규정할 수 있다. 가족생활교육사는 가족구성원인 아동, 청소년, 부부, 노인 등 개별 구성원의 성장과 발달에 대한 이해와 부부, 부모자녀, 형제, 고부, 친인척관계 등 가족구성원 간의 관계 향상을 위해 필요한 지식을 기반으로 가족생활과 관련된 프로그램을 개발, 평가하고 다양한 가족원들에게 교육을 담당하는 직무를 수행하는 전문직이다. 또한 가족생활교육사의 양성과 재교육 및 가족생활교육과 행정 업무와 관련된 직무도 담당하는 자로 정의할 수 있다.

03 교육 담당자에 대한 명칭은 많은 논란이 있으나 이 저서에서는 가족생활교육의 목적에 맞는 교육을 담당하는 부모교육자, 농촌생활지도사, 성교육자, 교사, 성직자, 건강가정사, 가정복지사, 가족생활교육사 등을 포괄하는 광의의 개념으로 '가족생활교육사'를 사용하고자 한다.

2 가족생활교육의 필요성

가족생활교육의 필요성에 대해서는 논란의 여지가 없다. 본 절에서는 크게 7가지로 필요성을 정리하였다.

1) 사회변화에 따른 가족가치의 혼란 극복을 위해

우리나라는 1960년대 이후 산업화와 도시화가 급격히 이루어졌다. 국가의 경제정책은 개인의 인권이나 국민의 기본적 권리보다는 산업화 우선 정책을 지향해 왔다. 이러한 과정에서 우리나라 가족은 가구 형태나 가족구성원의 관계 등에서 상당한 변화를 겪게 되었다. 우리 한국인들은 이러한 모든 변화가 우리의 전통적 유교전통과는 많은 차이가 있기 때문에 가족이 당면한 현재의 상황을 위기로 인식하며, 또한 가족이 사회의 기본적인 제도로서의 역할을 하지 못하게 되었다고 인식하면서 가족가치에 대해 우려를 나타내고 있다(정현숙, 2002b). 무엇보다도 이러한 변화의 속성에 감추어져 있는 이중적인 한국 사람들의 혹은 가족의 특징으로 인해 그 혼란스러움이 가중되고 있다. 이러한 이중성은 다음과 같이 요약할 수 있다. 첫째, 서양식 사고방식과 동양적 사고방식이 공존하는 문화적 이중성, 둘째, 빈부의 격차에 따른 중산층과 빈민층으로 대별되는 계층의 이원화 현상, 셋째, 서구문화에 길들여진 개인적인 젊은 세대와 가부장적인 전통을 지닌 성인 세대 간의 세대차이, 넷째, 가족에서는 아동이 부부관계나 가정생활에서 중심이 되지만 가정이 모여서 이룬 사회는 어른 중심인 사회와 가정의 이원화, 다섯째, 가족에 대해서는 철저한 가족이기주의를 나타내며, 개인적인 삶에서는 철저한 개인주의로 개인의 인식에서의 이원화 현상, 마지막으로, 의식과 행동의 이원화로, 성역할 인식 면에서는 평등성을 지향하지만 행동 면에서는 매우 보수적인 성향을 보이고 있으며 이러한 현상은 나이가 들수록 심하다. 이러한 이중성으로 인해 현대 한국의 가족은 혼돈된 변화 과정에 놓여 있다고 볼 수 있다(Chung, 1999). 그 결과 가족이기주의와 도덕성의 혼란 등 가족가치의 혼란을 경험하고 있다. 따라서 변화하는 사회의 요구에 대처하여 새로운 가족규범을 형성하고, 다양한 가족원의 요구와 문제에 효율적으로 적응함으로써 가족의 삶의 질을 높이기 위해 가족생활교육이 필요할 것이다.

2) 가족의 교육기능 약화에 따른 보완을 위해

현대가족의 교육기능 약화와 함께 윤리 및 도덕 등 인간의 가치에 대한 공교육 체제의 부실은 인성교육의 부재로 이어져 심각한 사회문제가 되고 있다. 또한 개인주의와 물질 제일주의 사회에서 가족의 역기능화가 가속화되면서 가족의 기능강화 및 회복을 위한 사회적, 국가적 차원의 지원에 대한 필요성도 강조되고 있다. 특히 결혼관계를 강화할 수 있는 교육과 부모교육이 강조되고 있는데 이는 가족이 사회의 기초인 것과 마찬가지로, 결혼관계와 부부관계가 아동의 건강한 성장을 위한 기초이기 때문이다. 또한 결혼을 강화함으로써 부부와 자녀 등 전 가족원이 건강할 수 있으며, 이는 곧 건강한 지역사회와 부강한 국가로 연결될 수 있기 때문이다.

가족의 교육적 기능의 중요성은 많은 연구에서 지적되고 있다. 어릴 때 아동이 경험한 부모자녀관계의 질은 성장한 후의 부모자녀관계에 중요한 영향을 미치며(Benoit & Parker, 1994), 어머니와의 어린 시절 애착경험이 자녀의 낮은 문제행동 발생율과 관련이 있다(강차연 · 장연집, 1999). 이와 같이 가족에서의 경험은 가족구성원들의 성장과 발달에 중요한 영향을 미치지만, 점차 핵가족화되면서 가족 내에서 어떤 부모역할을 해야 하며, 자녀와 어떻게 상호작용해야 하는가를 배울 기회는 점차 제한되고 있다. 공교육에서도 이러한 교육은 전무한 실정이다. 실제로 학교현장에서 교사에 대한 학생들의 폭력도 점차 증가하고 있다. 따라서 가족문제 예방과 건강한 가족을 만들기 위해 가족의 교육적 기능을 강화하는 가족생활교육이 필요하다.

3) 다양한 스트레스 증가로 인한 개인적 긴장 완화를 위해

우리나라 남성의 사망률은 OECD 국가들 중에서도 매우 높은 수준인데, 40대 이후 직장과 가족에서 심화되는 스트레스와 이를 극복하기 위한 개인적 자원 부족이 원인으로 지적된다. 2014년 우리나라 50대 남성의 사망률은 인구 천 명당 5.5명으로 여성의 사망률 1.9명보다 높다. 남성 자살자도 2010년 10,329명에서 2014년

9,736명으로 감소하였으나, 연령별로 볼 때 2014년도의 4, 50대 남성의 자살비율이 전체의 44%이다(통계청, 2015a). 홀로된 남성은 같은 조건의 여성에 비해 사망률이 세 배에 달한다는 통계도 있다. 뿐만 아니라 심장병이나 암, 호흡기병, 간질병 등 각종 병에 의해 사망하는 확률이 여성에 비해 남성이 높다. 남성들의 스트레스 원인에 대해서는 많은 요인들이 영향을 미치지만 특히 우리나라의 경우 가부장적 가치관의 영향을 받으며 자란 남성들이 준비가 안 된 상태에서 닥쳐온 가족과 사회의 변화에 혼란스러워하며 위기와 변화에 대한 적응 능력이 여성보다 떨어지기 때문이라고 학자들은 진단한다. 이러한 가족의 변화를 여성이 주도하고 있다는 점에서 볼 때 이러한 혼란은 앞으로 더욱 가중될 것이다.

명절증후군을 비롯한 가부장적 가족제도에서 여성의 스트레스도 매우 심각한 실정이다. 주부들은 1인 16역을 소화하지만 무급 노동자 취급을 받으며, 돼지와 같은 취급을 받는다고 비판한 책 《주부와 돼지 혁명을 꿈꾸다》(Kroetz, 2005)까지 등장하였다. 여성의 취업도 규범화되지만 미혼인 경우는 사회적 편견과 사회적 지원의 부족을 호소하며, 결혼한 여성들도 일과 가족의 양립을 위한 어려운 도전에 직면하고 있다.

또한 시험에 실패했다고 생각하는 고3 학생, 친구에게 왕따당한 중학생, 엄마에게 야단맞고 학원공부에 시달리며 인생이 허무하다고 생각하는 초등학생, 첫사랑에 시련당한 대학생 등 신문지상에 청소년 자살에 대한 기사가 연일 보도된다. 우리나라의 2014년 자살자 수는 9천 7백여 명이며 이중 10대 청소년이 174명, 20대가 754명으로 청소년을 포함한 젊은이들의 자살이 전체의 10%를 차지한다(통계청, 2015b). 또한 2014년의 경우 중 · 고등학생 중의 11.2%가 자살충동을 느껴본 적이 있는데, 그 이유는 성적진학문제(39.3%), 경제적 어려움(19.5%), 가정불화(10.5%), 외로움 고독(9.8%), 이성문제(5.1%) 등 다양하다(통계청, 2015b). 자살을 하는 청소년들에서 공통적으로 나타나는 증상은 우울증, 낮은 자존감, 과도하게 높은 부모의 기대, 부모와 친구와의 의사소통의 부재, 문제해결 능력의 부재 등이다. 이와 같이 우리 사회에서는 남성, 여성, 아동과 청소년 등 대부분의 가족구성원들이 다양한 형태의 스트레스 상황에 놓여있으나, 문제해결 능력의 부재로 많은 일탈적 행동을 하게 된다.

그러나 가족관계에 대한 다양한 연구에 의하면 인간관계를 포함한 다양한 삶의 기술은 학습될 수 있으며, 한 번 습득한 관계기술은 결혼관계에서 부부간의 의사소통을 촉진하며, 갈등을 피하도록 돕는다고 한다. 또한 습득한 기술은 부모역할과 일, 학교, 이웃, 일상생활 등에 적용할 수 있기 때문에 사람들과의 관계에서 갈등을 줄이게 되고, 의사소통 능력은 향상되며, 그 결과 긴장원이 줄어들어 행복감이 증가된다고 한다. 즉, 효과적인 문제해결 능력은 가정폭력, 아동학대, 이혼과 이로 인한 아동에 미치는 부정적인 영향을 줄이게 된다. 반면 내적, 외적 다양한 종류의 스트레스를 효과적으로 극복하지 못하면 가정폭력과 아동학대, 장기결석, 의료비용, 학습 및 사회적 결함, 이혼율이 증가한다(The Family Law Section of the Florida Bar, 1999). 따라서 다양한 스트레스를 효과적으로 극복하기 위한 기술과 인간관계 기술의 습득은 현대인의 삶에 가장 기초가 되는 적응교육이 될 것이다.

4) 새로운 가족규범의 정립을 위해

1960년대 이후 한국 가족은 많은 변화를 경험한다. 가장 큰 변화 중 하나는 가족의 크기가 작아지고 가족의 구조가 다양해졌다는 것이다. 결혼이 늦어지고 평균수명이 늘어남에 따라 1인 가구가 증가하게 되었으며, 여성취업의 증가는 출산력의 감소를 가져왔다. 또한 독거노인의 증가와 노인부부를 포함한 부부가족의 증가와 더불어 자녀들의 결혼 후 분가가 증가하면서 가족구성원의 수는 점차 감소하였다. 이러한 가족 크기의 감소는 가족구성원의 상호작용에 많은 영향을 미쳤다. 이혼가족, 재혼가족, 맞벌이가족, 분거(分居)가족(주말가족), 소년소녀가장가족, 늦둥이가족, 무자녀가족 등 가족 형태가 다양해지고 있으며, 폭력가족(아동학대, 부부폭력가족 등), 장애아가족, 알코올 중독부모가족 등 특수한 요구를 가진 가족도 점차 증가하고 있다. 자녀 수의 감소는 내 자식 내 가족만 위하는 가족이기주의로 발전하였으며 전통적인 효사상에도 많은 영향을 미쳤다. 이와 함께 여성의 교육수준 향상과 취업 증가는 여성의 의식에도 영향을 미쳤으나, 결혼과 가족과 관련된 정책과 법은 다양한 가족원들을 보호할 수 있는 수준까지는 아직 발전하지 못하고 있다.

이러한 구조적인 변화로 가족관계도 많은 변화를 겪고 있다. 가족관계의 변화 중한 가지는 가족주기의 변화이다. 가족주기는 결혼을 통해 형성된 가족이 자녀출산, 자녀의 결혼, 배우자의 은퇴와 죽음 등 한 가족이 거치는 일생의 과정을 의미한다. 현재 우리나라 가족의 가족주기는 평균수명의 증가와 함께 전 기간이 길어지고 있으며, 결혼에서부터 자녀출산까지의 시기는 초혼 연령의 상승과 출산율 저하로 매우 단축되고 있다. 그러나 자녀 결혼 이후 남편이나 부인의 사망에 이르기까지의 기간은 과거보다 더 길어졌다. 그 결과 결혼이 과거보다 더 중요한 삶의 과정이 되었으며, 결혼생활이나 부모역할을 해야 하는 시기가 우리 부모세대보다 더 길어졌다. 그러나 조기퇴직, 명예퇴직, 심지어는 정년퇴직조차도 인생의 너무 이른 시기에 일어나 개인의 적응이 가족문제로 발전되고 있다. 우리나라와 같이 사회의 안전망이 부족한 사회에서는 가족이 개인의 삶에서 가장 중요한 안전망이지만 가족문제를 해결해야 하는 당위성에 대한 사회적 인식은 아직도 부족한 수준이다.

가족관계의 또 다른 변화는 가족이 부부 중심의 가족으로 변화하고 있으며, 이로 인해 가족기능이 축소되고 가족 간의 결속력도 약화된다는 점이다. 가족성원의 생활태도도 개성화가 심화되고 있으며 가족성원 간 사회적 관심과 삶의 중요한 가치에 대한 인식차도 점차 커지고 있다. 그 결과 결혼에 대한 태도나 부부간의 역할분담이나 자녀에 대한 태도가 변하고, 부부관계는 평등적으로, 부모자녀관계에서는 가계계승과 노후의존도가 낮아지는 특징을 보인다. 또한 가족원들의 의식 수준의 차이보다 더 빠른 사회의 변화 속도로 인해 가족성원들 간의 가치관의 차이와 갈등은 점차 심각해지고 있다. 따라서 보편적인 가치나 모든 가족에서 적합한 가족문화는 더 이상 중요하지 않다. 가족의 변화로 인한 다양한 가족의 출현과 함께 가족문화에 대한 사회적으로 보편적인 규범이 부족하기 때문에, 각자의 가족에게 적합한 새로운 가치를 설정하는 노력이 요구된다. 따라서 이러한 변화된 가족가치를 새롭게 정립하고, 다양한 가족의 규범을 설정하기 위해서도 가족생활교육이 필요하다.

5) 아동의 사회화 장소로서의 가족 역할 강화를 위해

이혼의 증가와 부부간 폭력과 자녀학대를 포함하는 가정폭력의 증가, 매매춘의 확산, 청소년 범죄, 소년소녀가장가구, 노인문제와 해외 입양의 증가 등 일련의 가족문제 증가는 가족이 아동의 사회화 장소로서의 기본적인 기능을 상실하였다는 우려를 낳고 있다. 최근에는 알코올중독, 약물중독뿐 아니라 가족원들의 사이버 중독 등 가족문제는 점차 심각해지며 또한 다양화되고 있다(정현숙, 2002b).

특히 이혼의 증가는 부부관계의 해체가 가족의 해체로 발전된다는 점에서 사회적 관심이 집중되고 있다. 결혼을 통해 형성된 부부관계는 가족관계의 가장 중심적인 체계로 세대를 연결하고 가족집단의 존속과 유지에 중요한 역할을 하는 관계이다. 그러나 우리나라 부부들의 이혼율은 해마다 증가하여 가족의 중심인 부부관계가 흔들리고 있으며, 이로 인해 가족관계의 안정성이 위협받고 있다. 특히 이혼에 포함되는 자녀의 수가 증가하고 이혼 후 자녀들의 안정적인 양육환경이 위협을 받으면서 이혼이 가족 해체로 발전되는 징후를 보이고 있다. 2014년 이혼 당시 20세 미만의 자녀가 있는 경우가 50.3%(58,073명)에 달해 이혼에 많은 자녀들이 포함되고 있음을 볼 수 있다. 이혼에 포함되는 자녀의 수적 증가보다 더욱 심각한 상황은 부모가 이혼하면서 양측 모두가 양육권을 포기하는 사례 또한 급증한다는 것이다. 요보호아동의 발생유형을 살펴보면 2006년 9,034명에서 2014년 4,994명으로 감소하기는 하였으나 59%가 빈곤, 실직, 학대에 의해서 발생되며, 24.5%가 미혼모로 인해, 10%가 비행, 가출에 의해 그리고 약 6%가 기아에 의해 발생된다. 가족의 문제가 자녀의 유기로 이어져 전반적인 청소년의 삶의 질을 떨어뜨리는 원인이 되고 있다. 그러나 가족을 사적인 체계로 생각하는 우리의 사회적 인식은 가족을 자조적인 집단으로 규정함으로써 도움을 필요로 하는 다양한 사회적 안전망이 부족한 현실이다(정현숙, 2002b). 이러한 사회적 추세와 함께 이혼의 영향이 장기적이라는 연구결과(Wallerstein, 1986; Wallerstein & Kelly, 1976; Wallerstein & Blakeslee, 1989; Wallerstein, Lewis & Blakeslee, 2000)와 자녀들이 대부분 부모의 이혼에 비자발적으로 노출되는 미성년자라는 점을 종합해 볼 때 이혼으로 인해 가족의 아동양육을 위한 사회화 장소로서의 기능이 위협받고 있음을 알 수 있다. 이밖에도 다양한 가족의 문제는 가족의 안전성을 위협하는 요소가 되고 있다. 따라서 가족기능강화를 위한 요구가 증가하고 있다. 특히 아동의 사회화 장소로서의 가족의 역할을 강화하기 위해 부모교육을 포함한 가족생활교육의 확대가 필요하다.

6) 교육을 통한 가족의 삶의 질 증진을 위해

가족생활교육이 가족의 삶의 질에 영향을 미친다는 다양한 연구결과가 발표되고 있다. 특히 가족생활교육의 효과는 결혼전교육, 부모교육 등 다양한 분야에서 입증된다. 결혼전교육은 사회적 수요도 많을 뿐만 아니라 가족생활교육 중 그 중요성이 가장 큰 분야 중의 하나이다. 왜냐하면 대부분의 결혼 및 부부문제는 시간이 지나면서 점차 나타나는 것이 아니라 결혼 초기부터 시작되기 때문이다. 2014년의 경우 전체 이혼한 부부 중 결혼지속년수가 4년 이하인 부부가 23.5.%로 가장 많다. 결혼준비교육에 참여한 예비부부가 그렇지 않은 예비부부보다 관계향상, 갈등해결, 성에 대한 인식, 평등한 역할이 향상되었으며(박미경 · 김득성, 1997), 결혼 전 결혼생활에 필요한 기술(의사소통기술, 갈등해결기술 등)을 교육받은 집단에서 이혼이나 가정폭력 발생 비율이 낮다(Bader, Riddle & Sinclair, 1980; 이정연 외 2인, 1996에서 재인용)는 연구결과는 교육의 필요성을 강조하는 것이다.

가족생활교육은 가정폭력의 예방에도 효과적이다(Holtzworth-Munroe & Stuart, 1994; Johnson & Ferraro, 2000). 좋은 가정폭력예방 프로그램들은 대상자들에게 공격의 위험과 이러한 공격적인 관계와 행동을 어떻게 피하는가를 가르치고, 갈등을 잘 조절하지 못할 경우 신체적 공격성으로 연결될 수 있음을 인지할 수 있도록 교육함으로써 관계에서의 지속적인 폭력의 가능성을 줄이게 해준다. 또한 사람들에게 가장 위험하고 공격적인 유형의 관계를 피하거나 떠날 필요를 인식하게 함으로써 위기에서 많은 여성들에게 실제적인 도움이 된다. 실제로 데이트폭력 예방을 위한 교육프로그램은 매우 효과적이라고 보고되고 있다.

증가하는 이혼에 대한 다양한 적응교육의 효과도 보고되고 있다. 이혼자의 삶의 질은 매우 열악하며, 이혼 가정의 자녀들은 정서적 혼란을 겪으며, 나아가 방치되거나 유기되는 비율도 증가하고 있다. 이혼적응 교육 프로그램 참가자는 이혼 대처능력이 향상되었으며(김득성, 2002), 상담 프로그램에 참여한 이혼가정 아동은 부모의 이혼에 대해 긍정적으로 인식하게 되었으며, 정서적 적응도 잘하는 것으로 보고되고 있다(오은순, 2001).

이와 같이 결혼준비교육, 가정폭력 예방 프로그램과 이혼적응 교육 프로그램 등은 참가한 부부나 부모, 그리고 자녀들 모두에게 긍정적인 영향을 미치므로 예방적인 복지를 위해 가족생활교육의 필요성이 강조된다.

7) 외부 지원에 대한 가족의 요구 충족을 위해

현대사회의 가족 환경 변화로 가족의 사회에 대한 요구는 증가하고 있다. 주 5일 근무제의 도입, 기혼 여성의 취업증가, 핵가족화, 정보화 등 가족을 둘러싼 사회 환경의 변화에 대한 가족 대처능력의 부족은 사회적, 국가적 차원의 지원을 필요로 한다. 가족생활교육에 대한 가족학, 사회학 분야의 연구결과에 의하면 많은 가족들이 교육의 필요성에 대해서 높은 요구도를 나타내지만 구체적인 교육의 기회와 정보가 부족해 어려움을 경험하고 있다고 한다. 특히 가족원들은 문제의 본질을 정확하게 지각하는 능력이 부족하며, 설령 지각한다 하더라도 문제해결을 위한 필수적인 기술이 부족하기 때문에 체계적인 교육이 필요하다고 한다(정민자, 1992; Duncan, Dunnagan, Christopher & Paul, 1999).

이와 같이 가족구성원들의 교육에 대한 요구는 높으나 이를 충족할 시설이나 자원은 부족한 실정이다. 그러나 긍정적인 면은 전국 4년제 대학교의 가족, 사회복지, 상담 관련 학과 및 2년제 대학에서 가족생활교육과 상담을 위한 전문 인력들이 1970년대 이후 지속적으로 배출되어 개별적으로 활동하고 있으며, 가족상담 및 교육전문가들은 가족생활교육 및 상담 프로그램을 지속적으로 개발 운영하고 있으며, 그 효과의 우수성은 이미 검증된 상태이나 이를 통합하여 효율적으로 적용할 체계가 부족한 상황이었다. 그러나 2005년 건강가정기본법이 시행되면서 국가적 차원에서의 지원을 위한 제도가 마련되었다. 현재 전국 시군구의 건강가정지원센터와 다문화가족지원센터를 중심으로 가족생활주기에 따른 교육과 가족문제예방을 위한 다양한 프로그램이 시행되고 있으며, 내용이나 방법적인 면에서의 전문성도 강화되고 있다.

3 가족생활교육의 기본 가정과 원리

가족생활교육의 가장 중요한 기본 가정은 개인과 가족과 사회가 서로 연결된다는 가정에서 출발한다. 왜냐하면 인간 삶의 의의는 인간의 삶, 사회, 문화 속에서 어떻게 실현되는가가 중요하며, 인간은 개별존재일 뿐만 아니라 동시에 사회적 존재이고, 자신의 정신적 존재를 문화 속에서 또 문화를 통해서 발전시켜 나가기 때문이다. 따라서 모든 문화는 사회 속에서의 가치실현이며 동시에 실현된 사회적 가치의 축적으로서 우리에게 나타난다고 볼 수 있다. 사회의식을 형성하는 첫 단계인 가족을 기본 단위로 하는 사회는 인간의 문화가 성장하는 온상이 된다. 가족은 사회의 기본 공동체로서 독자적인 특성을 가지고 있는 동시에 국가 또는 사회와 깊은 연관을 가지고 관습, 도덕, 법률이라는 사회적 가치에 의해 외부 세계의 제재를 주고받는다. 즉, 국가, 종교단체, 지역사회라는 근접집단이 가족의 구성과 기능에 대하여 규제를 하고 가족생활의 관습적, 법적, 도덕적 가치는 다시 사회에 영향을 미치게 되며, 이러한 상호작용에 따라 가족은 하나의 제도로서 사회문화의 일정한 형태를 형성하고 문화적 기능을 가지며, 다시 사회에 영향을 주게 된다.

가족이 공적인가 사적인 제도인가에 대한 논의가 있지만, 가족은 공적영역과 사적영역을 함께 가지고 있는 독특한 구조이다. 개인의 선택에 의한 결혼과 출산 자체는 매우 사적인 영역이지만, 가족의 공적인 역할은 [그림 1-1]과 같이 자녀양육을 통해 사회문화적 가치/가치관을 세대 간 전승하고 새롭게 구성하기 때문에 형성된다. 사회를 구성하는 가장 중요한 공동체의식의 가치는 가족 내에서 부모자녀관계에 의해 형성된다. 따라서 가족에 대한 사회적 지원은 국가의 가장 기초적이며, 필수적인 당위성이며, 이러한 점에서 가족이 공적인 영역으로 확대되는 것이다.

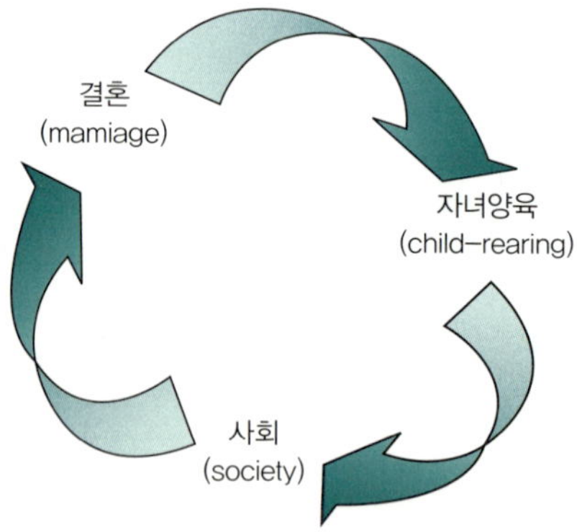

| 그림 1-1 | 가족과 사회의 관계

두 번째 가정은 모든 인간은 성장 잠재력이 있으며, 모든 관계도 더 나은 동반자적 관계로 나아갈 수 있는 성장 가능성이 있다는 것이다. 즉, 인간은 전 생애과정을 통해 개인으로서의 인간적 성장과, 가족관계를 포함한 모든 인간관계에서 더 나은 관계로 발전할 수 있는 성장가능성이 있다. 이러한 가정을 기초로 할 때 결혼관계에서 개인과 관계가 성장할 수 있도록 외부에서 다양한 방법을 지원할 수 있으며, 이러한 지원을 통해 개인과 관계가 성장하게 된다. Dyer와 Dyer(1990)는 이러한 가정에 기초해 외부에서 가족을 지원할 수 있는 네 가지의 방법을 제시하고 있다. 첫째, 개인이나 결혼관계에서의 성장 잠재력이나 강점 혹은 긍정적인 면에 대한 개인의 자기인식(self-awareness)과 배우자에 대한 인식을 증진시키는 방법을 통해서 이러한 성장을 지원할 수 있다. 둘째는 배우자가 서로를 탐색하고, 서로의 생각이나 느낌에 대해 자기노출을 증진시킬 수 있는 안전한 환경을 제공해 주는 방법을 통해서도 가능하다. 셋째, 친밀감이나 사랑, 서로 돌봄, 서로가 지지해 주는 행동을 증진시키기 위한 상호 민감성과 감정이입 및 다른 강점을 증진시키는 방법이 있다. 넷째, 효율적인 의사소통, 문제해결, 갈등해결방법 등 부부관계에서 필요한 기술을 사용하도록 장려하고 개발시켜 주는 방법이 포함될 수 있다. 이러한 가정과 방법들이 구체적인 기술로 개발되어 가족생활교육의 중요한 교육과정을 구성한다.

세 번째 가정은 우리나라를 포함한 대부분의 사회에서 남녀 간의 영원한 결혼관계는 부부들이 바라는 규범으로, 법적으로나 종교적으로 인정된 결혼은 대부분 부부가 선호하는 삶의 형태라는 것이다. 또한 부부로서의 결혼서약은 두 배우자의 믿음에 기초하여 지역사회에 공표하는 것이다. 따라서 결혼식에 참여한 가족이나 주변 사람들은 결혼한 부부들이 결혼약속과 서약을 실천할 것을 기대한다. 그 결과 결혼한 부부들은 자발적 혹은 비자발적으로 무자녀로 남는 가족을 제외하고 대부분은 자녀를 출산하며, 이러한 관계를 통해 앞의 [그림 1-1]과 같이 가족과 사회가 연결된다. 이러한 관계를 볼 때 부부들이 자신들이 바라는 삶을 살 수 있도록 사회가 지원하여야 하며, 결혼 과정에서 발생하는 다양한 문제에 대해 직면할 수 있도록 또한 국가가 지원하여야 하는 당위성이 있다.

네 번째는 성공적인 결혼방법을 배울 수 있는 방법이 있다는 가정이다. ACME에서는 다음과 같이 교육/향상을 위한 가정과 효율적인 방안을 제안한다.

1. 한 사람의 인간으로서 배우자 자신과 다른 배우자를 위해 부부들은 그들의 관계에 대해서 긍정적인 성장을 지향한다.
2. 배우자들은 서로 간에 기꺼이 변화하려는 체계적이고 역동적인 개방적인 구조를 가진다.
3. 교육은 배우자가 의도적으로 동료관계가 될 수 있도록 하는 것이 목표이다.
4. 구조적이고 일정한 순서에 입각한 특별한 기술과 태도를 가르치는 교육적이고, 경험적인 접근법을 지향한다.
5. 교육은 역기능적 인간관계를 줄일 수 있게 부부를 지원하는 예방적 접근이다.
6. 부부는 개인으로서의 발전과 부부가 관계에서 상호협력하는 체계로 기능하여야 하는데 이를 위해서 개인의 성장과 관계의 성장 간의 균형을 이루게 한다.
7. 친밀감과 양육의 발달은 의사소통, 갈등해결, 원가족의 영향 등을 통해서 이루어진다.
8. 평생 과정으로서의 결혼향상(marriage enrichment)과 성장이 중요하다.
9. 집단 경험을 통한 부부간의 상호지지가 중요하다.

이러한 가정이 프로그램 설계에 어떻게 영향을 미치는가 하는 점은 가족생활교육의 목적에 대한 교육자의 관점에 따라 다르다. 가족생활교육자는 교육자로서 그리고 교육에 대한 자신의 관점에 따라 적절한 프로그램을 설계할 것이다. Powell과 Cassidy(2001)는 Thomas(1988)의 가족생활교육의 목적에 기초해 기존의 가족생활교육은 변형 관점을 가장 많이 반영하고 있으며, 결과적으로 교육이 개인과 사회의 변혁을 유도하고 있다고 본다. 세 가지 관점은 다음과 같다.

① 전달관점(transmission perspective): 교사들은 교육내용과 기술을 숙달하여 사실들을 교육하고 학습자는 이를 축적하는 것이다. 이 관점에서 학습자는 교사의 말을 경청하는 기본적으로 수동적인 수용자이다. 그들은 교사에게 질문을 하거나 질문에 반응하기도 하지만 그 이상을 요구하지는 않는다. 이 관점에서의 가족생활교육은 교육자가 가족생활과 관련된 사실을 전달하는 것이며, 학습자는 인간발달이나 아동발달과 관련된 정보나, 개인이 사회에 적응하기 위해 필요한 정보를 학습하게 된다.

② 계약(교류)관점(transaction perspective): 교사와 학습자 간에 더 많은 참여가 있는 방식이다. 이 관점에서 학습자는 자신의 교육적 경험을 바탕으로 학습에 좀 더 적극적으로 참여할 수 있으며, 이성적으로 사고할 능력이 있는 자율적 존재로 인식된다. 그러므로 이 관점의 가족생활교육은 개인적인 문제해결을 위해 인지적 기술습득과 비판적 사고능력을 키우는 데 중점을 둔 프로그램을 운영하게 된다.

③ 변형관점(transformation perspectives): 이 관점은 개인의 행동과 가치를 결정하는 데 있어서의 개인의 지식수준과 이에 상호작용적으로 영향을 미치는 사회적, 문화적 맥락을 함께 강조한다. 학습자가 각자 다양하고 독특하지만, 그들에게도 인간에게 공통적으로 있는 기본적 욕구와 관심이 있다고 가정한다. 가족생활교육은 이러한 관점에서 개인과 사회적 변화를 일으키는 사회적 상호작용을 촉진한다.

결론적으로 가족생활교육은 사람들에게 문제가 발생하기 전에 미리 준비하도록 돕고, 인간관계와 가족관계의 중요성을 인식하게 하며, 살면서 직면하게 될 다양한 문제에 대한 지식을 통해 어려움을 효과적으로 극복하도록 돕는 예방적 교육이다. 이를 통해 개인과 가족의 성장 잠재력을 높이고 가족중심적인 교육적 기회를 통해 가족 관련 사회적 문제를 줄이게 된다.

4 가족기능 강화를 위한 세계적 추세

개인적 삶에 미치는 가족의 중요성이 강조됨에 따라 가족생활교육을 평생교육으로 강조하여 정규 교과목에 포함시키는 것이 세계적인 추세이다. 캐나다의 경우 컬럼비아(District of Columbia)를 비롯한 30개 주가 공립학교의 가족생활교육 및 성교육과 관련된 정책과 시행 지침을 제공한다. 미국의 미네소타(Minnesota) 주의 경우는 1980년대 중반부터 모든 학교에 유아 및 가족교육 프로그램(Early Childhood

Family Education program: ECFE)을 보급 · 실시하고 있다. 보급된 프로그램의 효율적인 교육을 위해 주정부에서는 부모교육사(parent educator)와 가족교육사(family educator)의 두 가지 자격증을 부여하고 관리하며, 각급 학교에 순회교사(가족생활교육사)를 파견한다. 대만 입법원도 2003년 1월, 이혼예방대책으로 가족교육법을 명문화하여 지자체가족교육센터에서 미혼남녀의 결혼전교육을 의무화하였으며, 영국도 가정중시정책에 의해 국립 가정 · 양육연구원을 설립하여 결혼준비교육 및 이혼 전 상담 실시를 의무화하였다(중앙일보, 1998. 7. 24). 캐나다의 브리티쉬 컬럼비아 주의회에서는 벤쿠버 시내에 B.C. Council for Family 부서에서 다양한 가족생활교육 프로그램을 개발하고 저렴한 가격으로 지역주민을 교육하는 체제를 갖추고 있다.

가족기능강화를 가장 활발히 추진하고 있는 미국에서는 1995년 클린턴 대통령의 복지제도 개선안에 따라 "도움을 필요로 하는 가족을 위한 일시적 지원"(Temporary Assistance for Needy Families: TANF) 기금이 조성되었다. 이 기금의 일부를 건강가족증진활동(Healthy Marriage Promotion Activity)에 쓸 수 있게 법안이 개정되면서 가족생활교육에 대한 각 지자체의 활동이 활발해지고 있다. 현재 미국에서 결혼과 커플 관련 정책을 통한 교육과 상담은 매우 보편적인 제도로 자리 잡았으며, 일반적으로 인식하는 것보다 더 많은 활동들이 주정부 차원에서 실시되고 있다. 특히 1990년대 중반 이후로 모든 주에서 최소한 한 가지 이상의 정책을 실행하는데, 주로 결혼 지원, 두부모가족 강화, 이혼 감소를 위한 활동을 전개한다. 또한 36개 주에서는 한부모뿐만 아니라 두부모가족들에게도 TANF 기금을 사용하도록 자격을 수정하는 추세이다. 특히 아홉 개 주(애리조나, 아칸소, 콜로라도, 플로리다, 루이지애나, 오클라호마, 사우스캐롤라이나, 텍사스, 유타)에서는 고위 공무원, 정부 관련자 및 입법가들이 함께 공공의 목적으로 결혼강화를 주장하며 결혼증진 프로그램을 시작하였다. 또한 40개 주는 정부의 기금 지원에 따라 커플과 결혼에 관련된 프로그램과 서비스를 제공하며, 일곱 개 주(애리조나, 루이애지나, 미시간, 멕시코, 오클라호마, 유타와 버지니아 주)는 결혼 관련 활동 지원을 위해 TANF 기금을 지원하고 있다(Ooms, Bouchet & Parke, 2004). 이와 같이 미국에서는 가족생활교육이 공교육과 사교육 분야 전반에 걸쳐 활발하게 이루어지고 있다.

Chapter 2

가족생활교육의 발달

가족생활교육의 역사는 인간 진화의 역사와 그 맥을 같이 한다. 기원전 4세기 아리스토텔레스의 교육목적 중 하나는 자녀교육을 위한 부모교육이었으며, Horace Mann도 이러한 교육이 부모로서의 의무를 완수하는 것이라는 점을 강조하였다. 그러나 이 장에서는 20세기 이후 현대적 의미의 가족생활교육을 중심으로 논의를 한정하고자 한다. 이를 위해 가족생활교육의 발상지인 미국의 발전과정을 살펴보되 방법적 차이가 있는 가족향상의 역사를 구분하여 살펴보고, 해방 이후 우리나라의 발달과정을 정리하고자 한다. 가족생활교육의 영역별 역사, 즉 성교육이나 부모교육 등은 3부의 각 영역별 장에서 자세히 다룬다.

1 가족생활교육의 발달과 역사

1) 북미의 가족생활교육의 발달

가족생활교육의 발상지인 미국은 이미 1900년을 전후하여 가족생활교육의 필요성을 인정할 만큼 그 역사가 오래되었다. 1895년 가정학이 미국의 16개 주에서 대학의 정규과목으로 인정된 이래로 1896년 유타 주의 브리검 영(Brigham Young: 지금의 브리검 영 대학교 전신) 학원은 가족생활과 관련된 광범위하고 다양한 주제를 학생뿐만 아니라 일반 시민들에게까지 연속강좌로 제공하였다. 당시의 교육주제는 미국의 가정과 가정문화, 실내 인테리어, 재정관리, 동료애, 아동의 특성, 부모의 영향, 아동기 조기 교육의 장점, 아동의 권리, 아동의 건강, 아동을 위한 종교적 이념, 국가의 희망으로서의 아동, 아동과 놀이 등(Poulson, 1975) 매우 다양하다.

그 이후 가족생활교육은 많은 학자들에 의해 다양하게 정의되면서 교육내용이 확대되었다. 가족생활교육이 본격적으로 보급되기 시작한 1960년대 초에는 현재 및 미래의 가족구성원으로서의 능력을 최대화할 수 있도록 학생들의 성격발달을 돕는다는 차원에서 교사에 의해 행해지는 모든 학교경험을 가족생활교육에 포함하였다(Avery, 1962; Avery & Lee, 1964). 초기의 가족생활교육은 학생들이 자신의 가족에서 부여되는 아들, 딸과 같은 독특한 지위에 부여되는 역할에서의 문제들을 건설적으로 해결할 수 있도록 개인의 능력을 키우는 것에 초점이 맞추어졌다. 이러한 가족생활교육의 내용은 점차 확대되어 데이트, 결혼, 부모역할과 관련된 태도, 기술 등의 영역을 포함하였으며, 부모자녀관계, 부부관계, 남녀관계 등 가족 내의 관계에 대한 이해로 확대되었다(Kerchhoff, 1964). 또한 변화하는 사회에서 가족성원으로서의 새로운 책임감과 배우자, 부모, 형제, 조부모의 역할 등 다양한 가족관계에서의 역할에 대한 이해를 넓히는 교육(Somerville, 1967)을 포함하고, 가족구성원으로서 뿐만 아니라 신체적, 정신적, 정서적인 한 개인으로서 모든 연령의 개인의 욕구와 성의 사회적 측면에 대한 교육도 포함되었다(Herold, Kopf & deCarlo, 1974; Whatley, 1973). 이와 함께 사람들에게 타인과 관계를 맺거나 생활에서의 위기를 극복할 수 있는 기술과, 개인의 잠재력을 인식하고 일상생활에서 필요한 기술 습득을 통해 관계에서의 효율성을 증진시킬 수 있는 모든 교육적 행동으로까지 영역을 확대하였다(Tennant, 1989). 결론적으로 말하면 가족생활교육은 개인과 가족의 전반적인 삶의 질을 높이고, 문제해결을 돕기 위해 개인의 잠재력을 계발하고 강화시키는 평생교육을 의미하며, 공교육기관에서뿐만 아니라 평생교육 차원에서 이루어지는 모든 활동을 의미한다. 교육대상은 아동에서 노인까지 모든 연령을 포함한다. 최근에는 가정학 영역뿐만 아니라 보건학, 사회학, 심리학, 상담학, 생리학, 인류학, 역학, 법학, 종교학, 사회복지, 역사학, 경제학, 신문방송학 등 다양한 분야에서 가족생활교육운동에 동참하고 있으며, 그 영역도 결혼전교육, 결혼향상, 부모교육, 성교육, 재정관리, 시간관리, 분노조절, 스트레스 감소, 의사소통 및 갈등해결 등으로 확대되고 있다(Bredehoft, 2003).

캐나다의 가족생활교육의 역사는 50년 이상으로 1965년 가족 분야의 지도자들이 모여 가족에 관하여 첫 번째로 열었던 학회를 기준으로 한다. 첫 번째 회의 이후 가족생활에 대한 연구와 학문을 장려하고 가족에 대한 정보를 제공하기 위하여 Vanier Institute of the family(http://vanierinstitute.ca)를 설립하였으며, 이 기관은 가족생활교육과 관련된 양질의 연구와 활동으로 가치를 인정받고 있다. 가족생활교육에 대한 자격제도를 1970년부터 시작하였으며, 자격의 조건으로 지식 습득과 훈련뿐만 아니라, 인간으로서 또한 전문가로서의 지각의 깊이, 인간적 성실성(personal integrity), 교수방법의 유연성, 인간조건에 대한 민감성의 인식, 인지적으로뿐만 아니라 정서적으로도 성장에 대한 확신(commitment)을 갖는 것 등을 강조하는 것이 특징이다. 이러한 질적인 관리로 인해 미국보다 늦게 출발했으나 자격증제도가 대학과 전문대학에 급속히 퍼졌으며, 1993년부터 캐나다 가족지원부(Committee of Family Service)에서 교육자들을 위한 〈Putting family First〉를 발간하여 보급하고 있다. Powell과 Cassidy(2001)에 의하면 캐나다의 경우 가족들의 현재 욕구나 흥미에 기초한 가족생활교육을 통해 가족들의 문제해결을 돕고 가족의 욕구를 지원해 줌에 따라, 국민들이 삶의 질을 향상시키는 가족생활교육의 예방적 활동의 가치가 인정되고 있으며 그 결과 가족생활교육에 대한 인식과 수용이 증가하고 있다고 한다.

2) 가족향상의 역사

가족향상 프로그램은 1950~1960년대에 유행했던 집단역학과 인본주의 심리학, 1960~1970년대에 유행했던 심리극, 인간 잠재력 운동, T집단, 감수성 훈련집단의 영향으로 '집단활동을 통한 개인의 성장, 개인적 개방, 정서의 인식, 경험적 학습' 등을 중요시하는 일련의 학자들에 의해 시작되었다(Denton, 1990). 1960년 초 퀘이커 종파인 프렌드파(Society of Friends)에 속한 David와 Vera Mace 부부가 노스캐롤라이나의 동부 해안 지역에서 시작한 가족향상 프로그램이 시초이며, 곧이어 Herbert와 Roboert Otto 부부에 의해서 서부 해변을 중심으로 확대되었다. 이러한 프로그램이 미국 전역에 영향을 미치기 시작한 것은 1964년 Mace의 제자인 L.Smith가 감리교에 고용되면서 노스캐롤라이나의 패이트빌(Fayetteville)에서 목사 부부들을 교육한 것이 시발점이다(Mace & Mace, 1974; Smith et al., 1979). 이러한 이유로 가족향상이 지나치게 종교적이라는 비판이 있으나 현재는 종교 단체 이외에서도 프로그램을 많이 보급하고 있다.

가족생활교육, 가족상담(family counseling), 가족사회학 등 1960년대 이전부터 있었던 영역이 기초가 되었으나 인간의 성, 인간의 잠재력(human potential), 인본주의 심리학, 정서적인 의사소통, 의사소통의 내용 등 새로운 요소들이 이 새로운 분야의 이론적 틀로 이용되었다. 1947년 메인(Maine) 주의 베델(Bethel)에 있던 전국 훈련연구소(National Training Lab)에서 불기 시작한 '민감성'에서 '만남(encounter)'으로의 철학적 경향이 1950년대 후반부터는 캘리포니아의 에셀렌(Esalen)을 중심으로 서부 해안 지역으로 퍼지게 되었다(Smith, Shoffner & Scott, 1979). 그러나 이러한 개념에 만족하지 않았던 Otto(1976)는 1961년에 '인간의 잠재력'이라는 개념을 추가하였다. 문제가 발생한 뒤에 개입하는 치료와 구별하기 위하여 선구자들은 정상적이고 안정된 지위로부터의 성장을 의미하는 '향상(enrichment)'이라는 개념을 사용하였다. 1970년대 후반과 1980년대 초반에 많은 양의 논문들이 학술잡지에 등장하기 시작하였다(Denton, 1990).

1960년대 중반에 이르러 몇몇 종교집단에서 결혼과 가족향상 프로그램을 시작하였는데, 1965년 연합감리교 재단에서 미국의 여러 주에 '의사소통훈련 프로그램(National Marriage Communication Lab Training Program)'이라는 지도자 훈련을 지원하였다. 이 프로그램을 시발점으로 다양한 종교단체에서 가족향상 프로그램이 시작되었다. 그러나 이러한 활동이 발전하는 데에는 종교단체 이외에도 지역사회와 대학이 중심이 된 프로그램의 개발과 보급의 영향이 크다.

이후 샬럿(Charlotte)에 있는 가족과 아동국(The Family and Children's Service), 윈스톤-살렘(Winston-Salem)에 있는 목회(Human Enrichment and Development Division of the School of Pastoral Care)와 미국 모라비아교단(Moravian Church in America) 세 곳에서 가족향상지도자(Family Enrichment Leader)를 위한 첫 번째 지도자 강습회를 열었으며, Laurel Ridge의 주도하에 1977년 제2차 지도자 훈련

(supervised practicum)을 실시하여 미국 전역의 사람들이 연수를 받았다고 한다(Smith, Shoffner & Scott, 1979). 이 세 도시는 모두 노스캐롤라이나에 위치하고 있어 가족향상 프로그램의 발달은 이 지역을 중심으로 발화되었다고 해도 과언이 아니다. 1973년 Mace 부부에 의해 설립된 ACME(Association for couples in marriage enrichment)는 현재 Better Marriages로 명칭을 변경하여 활동하고 있다. 이 단체는 부부관계의 강화, 개인적 성장과 향상, 상호만족과 가족의 복지를 위한 자원과 향상의 기회를 제공을 목적으로 한다(www.bettermarriages.org).

많은 대학에서도 공식적인 가족생활교육과 상담 이외에 가족과 결혼향상 프로그램에 인간관계 이론과 기술을 적용하고 있다. 1966년 워크 포레스트(Wake Forrest) 대학의 의과대학 내의 행동과학센터(현재는 Medical Social Science & Mental Heath로 바뀜)에서 C. Vincent와 M. Sussman에 의해 이러한 프로그램이 시작되었다. 여기에 참여자로는 1973년 국제적인 가족향상을 위한 기관인 ACME를 창설한 Mace 부부도 포함되어 있다. 미네소타 대학에서는 미네소타 부부의사소통 프로그램(Minnesota Couple Communication Program)을 개발하였으며, 현재는 부부의사소통 프로그램으로 명칭이 변경되었으며, 우리나라에서도 이 프로그램이 운영되고 있다. 조지아 주립대학에서는 L'Abate에 의해 결혼과 가족훈련 프로그램이, 플로리다 대학에서는 C. Clarke에 의해 긍정적 접근법(Positive approach)이라는 프로그램이 시작되었다. 이밖에도 상담교육과 가족생활교육 프로그램이 활발한 대학에서 가족향상 프로그램을 접목시켜 나갔다(예: 미시간 주립대, 아이오와 대학, 미네소타 대학, 노우스다코타 대학, 알버타 대학, 펜실베이니아 대학, 노스캐롤라이나 주립대학 등). 그레스버러에 있는 노스캐롤라이나 대학은 R. Smith와 M. Keister에 의해 1973년부터 결혼과 가족향상을 위한 연구 프로그램을 시작하였으며, 박사 과정에서 세미나 과목을 신설하여 이 분야의 박사학위 논문과 많은 저서를 출간하였다(정현숙, 1998a).

3) 우리나라의 가족생활교육의 역사

우리나라에서는 1970년 이후 평생교육의 차원에서, 다양한 사회단체에서 가족생활교육이 이루어졌으며, 1980년대에서는 사목을 목적으로 교회로 확대되었다.

1990년대 이후에는 국가의 경제발전에 힘입어 개인과 가족의 삶의 질에 대한 인식이 높아지면서 가족문제 예방을 위한 가족생활교육에 대한 관심이 구체화되었다. 다양한 집단에서 프로그램이 개발되어 가족생활교육이 실시되었으며 현재는 대학 부설의 평생교육원이나 사회교육원 및 연구소를 중심으로 대단위 강좌가 이루어지고 있으며, 교회와 성당을 중심으로 교리와 연결된 교육도 이루어지고 있다(오윤자, 1995). 그러나 이러한 초기의 교육은 가톨릭을 중심으로 이루어지고 있는 ME운동을 제외하고는 대부분 전문가를 초대해서 특별한 주제를 대형 강의로 운영하는 형태가 주를 이루어 왔다(정현숙, 1998a).

가족생활교육의 시작 시기인 1970년대에는 미혼여성과 예비신부들을 대상으로 요리, 예절, 살림살이와 부덕 등의 일반 교양교육과 가정관리, 결혼관 등에 대한 내용이 주로 다루어졌다(박미경 · 김득성, 1997). 1990년 이후에는 가족학 분야의 연구자들에 의해서 소규모의 인원을 대상으로 한 가족생활교육 프로그램이 제안되고 실시되었으며, 가족생활교육 프로그램의 대상도 결혼준비교육 프로그램(박미경 · 김득성, 1997), 한모가족(김경신, 1997), 신혼부부 및 부부(오윤자 · 유영주, 1994; 유은희 · 정현숙, 1995; 최혜경 · 노치영 · 박의순, 1994), 중년 며느리(유은희 · 홍숙자 · 전길양, 1996), 젊은 며느리(이정연 · 정혜정 · 장진경, 1996), 노인 및 노부모(이성연 · 신상옥, 1996; 홍성희 외, 1997; 홍숙자 · 이형실, 1995; 홍숙자 · 이형실 · 전길양, 1995), 부모교육(유은희 · 홍숙자, 1998)에 이르기까지 다양하다.

그러나 우리나라에서는 가족생활교육의 필요성에 대해서는 많은 합의가 이루어졌으나, 가족생활교육 프로그램에 대한 개념 정의나 적용 등에 대해서는 연구자들 간의 기본적인 합의 없이 개념이 정의되고 프로그램이 개발되었다. 이러한 상황에서 가족생활교육의 기본적 틀은 NCFR과 Arcus, Schvaneveldt와 Moss(1993)의 이론적 틀을 많은 부분 그대로 받아들였으며, 운영 면에서는 Mace(1975)의 ACME에서 주장하는 가족향상(family enrichment)의 개념적 틀을 적용하였다. 그러나 상대적으로 ACME의 다양한 기술과 진행과정에서의 다양한 정보는 실제 우리나라의 여러 프로그램에서는 간과되고 있을 뿐 아니라, 가족생활교육 자료집에서 조차 많이 소개되고 있지 않은 실정이다. 가족향상의 이론적 모델은 〈표 2-1〉과 같이 가족성장 모델, 기술중심 모델, 종교적인 모델, 여가/사교 모델의 네 가지가 대표적이다

(Bowman & Kieren, 1985).

표 2-1 가족향상의 모델

가족향상 모델	프로그램의 예	특징
가족성장 모델 (family growth models)	제일안식교, The Family Cluster	가족이 발달/변화할 수 있도록 가족들 간의 상호작용을 통한 집단과정을 강조
기술 모델 (family skill models)	Satir, People Making Guerney, Relationship Enhancement L'Abate, Enrichment: Structural Intervention	실습을 통한 기술 강조
종교적 모델 (family-based religious models)	ME가족주말경험(Family Weekend experience)	설교적이며 종교적 내용
여가/사교 중심 모델 (family-based models for recreation and socializing)	Otto & Kilmer, Family Fun Council & family camps	가족은 서로 나누고, 즐기고, 오락을 통해 강해진다는 데 기초함

*출처: 정현숙(1998a). p. 61.

네 가지 모델 중에서 우리나라에서는 ME를 비롯한 종교 모델이 주를 이루며, 가족학 분야에서는 의사소통기술과 갈등해결기술을 중심으로 한 기술 모델이 주를 이루고 있다. 아직까지 각각의 이론적 모델의 효과에 대해서는 합의된 연구결과가 없으나, 네 가지 모델이 모두 기능적으로 활용되고 있다. 특히 기술 모델의 효과는 많은 연구에서 강조되고 있다. 최규련(1997)은 가정폭력 예방을 위해 폭력 경험이 있는 부부들을 대상으로 갈등해결방법 습득을 위한 다양한 기술교육과 함께 상담을 제공한 결과 교육받은 사람들이 갈등상황에 더욱 이성적으로 대처하게 되었으며, 자존감이 향상되는 등 심리적 복지 수준이 향상되었다고 보고하였다. 이정연과 정혜정, 장진경(1996)은 젊은 며느리들에게 고부관계에서 겪는 갈등과 어려움을 감소시키기 위해 말하기 듣기 중심의 기술교육을 실시한 결과 관계 개선에 기여한 것으로 보고하고 있다. 반면 기술교육보다는 노인부양을 위한 정보제공을 목적으로 한 노부모 부양가족교육 프로그램에서는 부양지식 및 정보인지 측면에서만 유의한 차이를 보여(홍숙자 · 이형실 · 전길양, 1995) 기술교육의 효과가 더 큰 것으로 보고된다.

2 가족생활교육 발전의 장애요소

개인의 삶의 질에 미치는 가족의 영향과 가족 문제 예방과 가족관계 증진에 기여하는 가족생활교육의 가치에 대해서는 많은 공감대가 이루어졌다. 그러나 이러한 공감에도 불구하고 실제로 부부관계교육이나 부모교육 등에 자발적으로 참여하는 사람들의 비율은 여전히 낮다. 또한 심각한 아동학대나 가정폭력 등이 문제로 지적되고 있으며, 그 문제가 교육의 부재 때문이라는 지적도 나오고 있다. 그렇다면 아동과 가족이 심각한 정서적 어려움을 겪을 때까지 교육을 받지 않는 이유는 무엇인가? 일찍이 Chomsky(1968)는 심리학 분야 과학연구의 어려움 중 하나는 그들이 다루는 현상에 대한 친숙성이라고 언급하였는데, 이러한 경향은 가족 관련 교육이나 연구에서도 그대로 적용된다. 이 절에서는 이러한 친밀성이 가족생활교육의 발전에 어떠한 영향을 미치는지를 살펴보고 가족생활교육의 발전을 위한 가능성을 탐색하고자 한다.

1) 자연주의 신화

모든 사람들은 다양한 형태의 가족에 속해 있고 가족에서 생활하기 때문에 가족의 중요성에 대해 문제가 발생하기 전에는 진지하게 생각하지 않는다. 마찬가지로 행복한 가족관계와 결혼생활을 위한 지식은 자연스럽게 생겨난다고 생각하는 경향이 있다. 이러한 경향을 Vincent(1973)는 '자연주의 신화(myth of naturalism)'라고 정의하였다. 즉, 사람들은 태어나면서 성공적인 관계에 필요한 기술과 지식을 타고났기 때문에 행복한 결혼관계는 정상적인 성인에게서 별다른 노력 없이 자연스럽게 이루어진다고 보는 관점이다. 이러한 자연주의 신화로 인해 사람들은 결혼하고 시간이 지나면서 일상화되고 활기 없는 결혼생활이 당연한 결혼과정이라고 인식한다는 것이다. 그러나 정보화 사회가 되면서 가족생활은 과거와는 다르게 급속하게 변화하고 있으며, 가족관계에 대한 과거의 규칙이나 규범이 현대사회에서 그대로 적용되지도 않는다. 특히 많은 연구(정민자, 1992; Duncan, Dunnagan, Christopher & Paul, 1999)에서 가족원은 자신의 가족문제의 본질을 정확하게 지각하는 능력이 부족하며, 설령 지각한다 하더라도 문제해결을 위한 지식과 기술이 부족하기 때문에 교육이 필요하다는 점을 강조한다. 따라서 이러한 자연주의 신화를 극복하는 것, '가족생활도 교육이 필요하다'고 인식하는 것이 가족생활교육의 발전을 위한 첫 번째 과정이라고 할 수 있다.

2) 부부관계에 대한 금기(Intermarital Taboo): 문제를 드러내는 것에 대한 거부

우리 사회에서 부부관계는 매우 은밀한 사적 영역으로 인식된다. 마찬가지로 가족도 사적 영역으로 인식되어 왔다. 결혼과 부부관계에 대한 신화 중 많은 사람들이 당연하다고 생각하는 것 중 하나는 '부부싸움은 칼로 물 베기'라는 말이다. 이는 부부 싸움은 그렇게 심각하지 않다는 의미일 뿐 아니라 부부문제는 사적인 것이기 때문에 집안에서 알아서 하라는 의미를 내포하고 있다. 이러한 경향을 Mace 부부(1976)는 '부부관계에 대한 금기'라고 명명하였다. 즉, 결혼한 부부로서 결혼생활에서 무슨 일이 벌어지는가에 대해서는 남에게 이야기하지 말아야 한다는 것이다. Powell과 Cassidy(2001)는 이러한 금기가 부부들을 위한 집단 프로그램 활성화의 가장 큰 장애요인 중 하나라고 지적한다.

대부분 사람들은 자신들이 가족에 속해 있으므로 가족문제에 대해 스스로 전문가라고 생각한다. 그러나 아동학대, 부부폭력, 청소년문제 등의 가족문제가 사회문제로 확산되고 있으며, 많은 복지예산이 가족문제 해결이 아니라 사후지원의 형태로 이루어짐을 고려해 볼 때, 이제는 더이상 가족을 사적인 위치에 두고 가족 안에서 문제해결을 하도록 할 수는 없다. 가족의 문제는 가족구성원이 함께 문제라고 인식해야 하며, 이를 해결하기 위한 노력이 필요하다. 또한 다양한 외부자원을 활용하는 것을 자연스럽게 받아들이는 태도도 필요하다.

3) 개인적 성장과 변화에 대한 거부

우리 사회의 선입견 중 하나는 문제가 있는 사람이나 가족들만이 문제해결을 위해 교육과 상담을 받는다고 생각하는 것이다. 실제로 삶에서 경험하는 다양한 인간관계에서 어려움이 없거나 특히 의사소통과정에서 어려움을 겪지 않은 사람은 없을 것이다. 앞에서도 지적하였듯이 사람들은 '활기를 잃은 부부관계'를 결혼 기간이 길어지면 나타나는 자연스러운 특성으로 인식한다. 또한 가정폭력, 도박, 알코올 중독, 외도와 같이 부부관계에서 심각한 문제가 외부로 드러나지 않는 한 결혼생활은 문제가 없다고 생각한다. 이와 같은 현상을 Berger와 Hannah(1999)는 '부서지지 않는다면, 고치지 않는다'는 인식의 결과로 생각한다. 즉, 문제로 인식하지 않기 때문에 변화의 필요성을 느끼지 못한다는 것이다. 그러나 실제로는 안정되지 못한 사람들이 더 변화를 거부한다고 한다. 이러한 문제를 해결하기 위해 Powell과 Cassidy(2001)는 성공적인 결혼생활을 하고 있는 부부들을 활용한 교육방법을 제시하였다. 즉, 이들 부부를 다른 부부들의 참여를 유도할 자원으로 활용하는 것이다. 실제로 ME를 포함한 많은 가족향상프로그램은 선배부부들을 역할모델로 활용하여 집단을 이끌도록 하고 있다. 또한 입학식 날 '새로 입학하는 신입생을 위한 좋은 부모가 되는 법'의 교육 프로그램을 마련한다거나, 장기 입원 아동병동에서 부모역할교육 등 기존 프로그램에 이러한 내용을 첨가함으로써 동기가 부여된 상황을 만드는 책략도 중요하다.

4) 독립적 인격체로서의 아동에 대한 이해 부족

우리의 잘못된 가족규범 중 하나는 아동을 독립적인 인격체로 인식하지 못하여 아동의 권리에 대한 사회적 관심도 부족한 실정이다. 가족생활교육의 가장 큰 두 영역은 부부관계교육과 부모교육이다. 그러나 우리나라의 아동권리에 관한 인식의 부족은 일방적인 부모역할을 강조하고, 소위 요보호 아동을 제외한 일반 아동들의 복지를 위한 정책은 상대적으로 소홀히 다루게 된다. 그러나 독일에서는 가족을 '사회에서 인정하는 특별한 지위를 갖는, 일차적으로는 부모자녀관계에 입각한 삶의 형태'로 정의할 만큼 부모자녀관계를 가족관계의 기초로 인식하며(이진숙, 2000), 또한 미국도 가족을 '아동보호 및 노인보호'의 핵심제도로 인식하여 친가족(pro-family) 정책을 강력히 표명하였다. 그 예로 자녀가 있는 가족을 대상으로 하는 아동/가족정책을 만들고 아동의 교육과 보호에 투자를 집중한다. 특히 자녀와 동거하지 않는 부(모)에 대한 자녀부양비 강제(CSE)나 저소득층 가족의 자녀를 위한 헤드스타트 프로그램과 아동 및 청소년 학대 예방을 위한 미성년자 권리보호법 등은 아동 중심의 중요한 가족정책 중 하나이다. 이와 함께 플로리다 주, 미네소타 주 등에서 시행 중인 '결혼준비 및 유지에 관한 법안' 등은 자녀를 가진 부모들이 이혼 시 양육권과 친권 등에 대한 합의가 이루어지지 않을 경우 부모교육을 의무화함으로써 아동의 권리와 복지를 강조한다. 이와 같이 아동복지에 대한 사회적 관심은 가족생활교육을 강화함으로써 가족문제를 예방하는 기초가 되고 있다. 따라서 우리나라에서도 가족문제 전반에 대한 사회적 관심을 고려해 볼 때 아동을 독립적인 인격체로 인식하여 아동의 복지와 권리에 대한 예방적 정책들이 제도적으로 정착되도록 가족생활교육을 활성화하여야 할 것이다.

5) 정치적 공론화의 어려움

사회적 안전망으로서 뿐만 아니라 문화 기반으로서 가족의 중요성에 비해, 가족생활교육 발전이 더딘 것은 정치지도자들이 오늘날 결혼과 가족에서 어떤 일이 벌어지고 있는가에 대해 기꺼이 공론화하기를 꺼리는 것과 관련이 있다. 가족과 관련된 주제는 매우 사적이며, 민감한 주제이기 때문에 개인적으로뿐만 아니라 정치적으로 언급하는 것은 어느 정도 금기시되었다. 특히 친가족주의가 가부장제를 회복하거나 가정폭력의 존재를 거부하는 것으로 인식됨에 따라 정치적으로 많은 공격이 예상되기 때문이다. 이러한 예는 2002년 미국 부시 정부의 HMI(Healthy Marriage Initiative)가 교착상태에 빠진 것이 중요한 교훈이 될 수 있을 것이다. 부시 정부는 2002년 HMI를 의회에 상정하고, Dept of Health & Human Services에서 복지기금인 TANF 기금을 이용하여 결혼연구, 평가, 훈련과 시범에 관련된 프로젝트를 할 수 있도록 하는 수정안을 2003년 하원에 제출하여 수정안이 통과되었다. 2004년 4월 상원에서 공화당은 1996년 복지개혁법안의 수정조항에 대한 재인증을 추진하였다. 그러나 2003년 11월 매사추세츠 주에서 통과된 동성결혼을 합법화하는 결정에 대해 부시가 반대했다고 알려지면서, 부시의 보수주의적 견해에 대한 비판(?) 여론이 들끓고 이러한 점이 대통령 선거전에 이용됨에 따라 상원에서 법안 통과를 위한 유효표를 획득하지 못하고 그 당시 법안통과가 교착상태에 빠진 적이 있다.

우리나라에서도 결혼을 지지하는 친결혼정책이 한부모가족이나 독신을 낙인화한다거나 중류층 가치를 저소득층에게 강요한다는 비판 때문에 이러한 정책을 주장하기를 주저한다. 특히 젊은 세대와 노인 세대의 가족가치관의 차이로 인해 선거에서 정치인들은 한 세대의 관점에만 맞는 정책을 제안하는 것도 어려움 중의 하나이다. 이와 같이 가족문제 자체는 매우 사적이며 보수적인 관점으로 인식되어 공론화하기 어려운 것이 가족생활교육의 장애요소 중의 하나이다.

이러한 문제점을 극복하기 위해 Ooms, Bouchet과 Parke(2004)는 가족생활교육의 목표를 아동의 복지 증진에 두고 이혼과 비전통적 결혼관계에 개방적인 태도를 가짐으로써 비정치적으로 접근할 수 있음을 강조한다. 특히 건강가족에 대한 정부의 역할을 너무 높이 잡고 기대치를 높게 설정한다거나 혹은 지나치게 단순한 해결책을 찾기보다는 결혼교육을 포함한 다양한 접근방법을 활용할 때 정치적으로 더 효과적이라고 한다. 예를 들면 안정적인 두 명의 부모와 함께 성장하는 자녀들뿐만 아니라 비혼, 별거, 재혼, 이혼한 부모를 포함하여 모든 부모들이 경제적으로 안정되고 그들이 가능한 방법으로 자녀를 키우고 협력하도록 돕는 것이 정책 목표가 될 때 이러한 문제해결에 효과적이라고 한다. 그러나 우리나라의 경우 출산율의 감소로 인해 다양한 인구증가정책이 제안되고 있으나, 유럽국가와 같이 동거를 합법화한다는 것은 사회적인 합의를 이루기 어렵다는 점 때문에 정치적으로도 논의조차 하지 못하는 실정이다.

Chapter 3

가족생활교육의 다양성과 관련 쟁점

가족생활교육은 교육대상, 방법, 교육주제 및 교육환경이 매우 다양하다. 또한 가족생활교육도 교육의 영역이므로 교육에 대한 가치 및 방법도 다양한 관점이 제안되고 있다. 이 장에서는 가족생활교육의 다양성을 정리하고, 논쟁이 되는 쟁점들을 체계적으로 점검하고자 한다.

1 가족생활교육의 다양성

1) 교육대상의 다양성

가족은 상호작용하는 개인들의 연합으로 그 관계의 핵심은 부부관계가 자리잡고 있다. 부부관계는 종적으로는 부모세대와 자녀세대로 '세대'라는 개념으로 구분되며, 횡적으로는 남편과 아내라는 역할이 '성(性)'이라는 개념으로 구별된다. 체계 내에서 가족관계의 역동성은 부부관계뿐만 아니라 부모자녀관계와 고부관계, 자녀들로 이루어진 형제관계 등 다양한 관계에 의해서도 서로 영향을 주고받는다(정현숙 · 유계숙, 2001). 따라서 가족 지원의 대상은 [그림 3-1]과 같이 개인, 관계 체계의 세 수준에서 이루어질 수 있으며 가족생활교육도 이 세 체계를 동시에 지원하는 다수준적(multi-level) 접근방법이 가능하다.

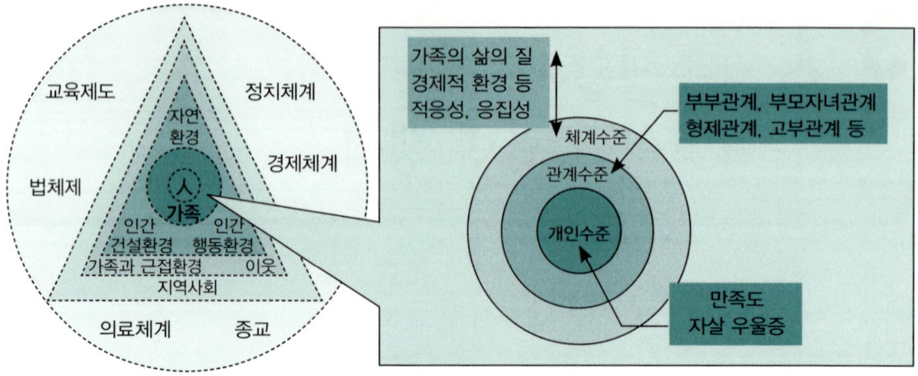

| 그림 3-1 | 가족의 분석 단위

*출처: 정현숙(2004b). p. 95와 정현숙 · 유계숙(2001). p. 89를 이용하여 재구성함.

또한 가족생활교육의 정의에서와 같이 가족생활교육의 대상은 유아기부터 노인에 이르기까지 모든 발달단계의 개인과 부부, 부모와 자녀(성인 자녀와 부모), 형제나 자매 혹은 오누이, 고부(시모와 며느리) 등 양자관계(兩者, dyad)와 가족구성원 전체가 될 수 있다. 이자관계 이상일 때 교육효과가 높으나 가족이 함께 교육받는 것은 시간적인 제약이나 요구의 차이 등으로 인해 어려움이 있어 교육대상 가족들에 대한 요구도 분석을 통해 이러한 문제점들을 보완하는 것이 필요하다.

우리나라에서도 예비부부(박미경 · 김득성, 1997), 한모가족(김경신, 1997), 신혼부부 및 부부(오윤자 · 유영주, 1994; 유은희 · 정현숙, 1995; 정현숙, 2004; 최혜경 · 노치영 · 박휘순, 1994), 중년 며느리(유은희 · 홍숙자 · 전길양, 1996), 젊은 며느리(이정연 · 정혜정 · 장진경, 1996), 노인 및 노부모(이성연 · 신상옥, 1996; 홍성희 외, 1997; 홍숙자 · 이형실, 1995; 홍숙자 · 이형실 · 전길양, 1995), 자녀를 가진 부모(유은희 · 홍숙자, 1998) 등 매우 다양한 대상을 위한 프로그램이 개발되어 실시되고 있다.

표 3-1 교육대상별 프로그램의 예

개인 및 이자관계	아동 대상 프로그램	청(소)년 대상 프로그램	노인대상 프로그램	부부관계 교육 프로그램	부모자녀 관계 교육 프로그램	고부관계 향상 프로그램	형제자매 관계 프로그램	친인척관계 교육 프로그램

가족 유형별	이혼가족 준비 및 적응 프로그램	재혼가족 준비/적응 프로그램	맞벌이가족 관계향상 프로그램	노인가족 교육 프로그램	독신가구 교육 프로그램	은퇴적응 교육 프로그램

2) 교육 내용과 주제의 다양성

미국의 가족관계학회에서는 1987년 가족생활교육에서 다루어야 하는 주제를 '사회에서의 가족, 가족의 내적 역동성, 인간성장과 발달, 인간의 성, 대인관계, 가족자원관리, 부모교육과 지도, 가족법과 공공정책, 윤리, 가족생활교육방법론' 등 열 가지 영역을 제안하였다(O'Malley & Wilson, 2004). 방법론을 제외한 아홉 개 영역의 각 주제별 중요 교육내용은 〈표 3-2〉와 같다. 이러한 주제는 앞 절에서 설명한 교육 대상에 따라 다양하게 적용할 수 있다(〈표 3-3〉 참조). 아동기, 청소년기, 성인기, 노인기 등 발달단계에 따른 각 주제별 세부 중요 교육내용은 〈부록 1〉과 같다.

표 3-2 교육대상별, 가족 유형별 프로그램의 다양한 주제

주제	필요한 지식
사회속의 가족	• 가족과 사회의 다양한 제도(교육, 정부, 종교, 직업 등)와의 관계에 대한 이해 ① 다양한 가족구조와 기능 ② 친족관계 ③ 가족사 ④ 이성교제, 구혼과정, 그리고 배우자 선택 ⑤ 사회문화적 다양성(사회계층, 지리, 민족성, 인종, 종교) ⑥ 소수민족 가족생활방식과 다양한 사회의 가족생활방식의 다중문화 이해 ⑦ 성역할의 변화(연인, 부부, 부모자녀, 형제, 친족관계에서 역할기대와 행동) ⑧ 가족에 대한 현재와 미래의 인구학적 경향 ⑨ 직장과 가족구성원 사이의 호혜적 영향 ⑩ 중요한 사회기관들(정부, 종교, 교육, 경제)과 가족들과의 호혜적 영향

가족역동성	• 가족의 강점과 약점을 이해하고 가족원들 간의 상호작용방식에 대한 이해 ① 협력과 갈등을 포함하는 내적인 사회적 과정 ② 스트레스와 갈등관리를 포함한 부부와 부모자녀관계에서의 의사소통 패턴과 문제 ③ 갈등관리 ④ 의사결정과 목표설정 ⑤ 가족의 '규범적인' 스트레스(가족생활주기에 따른 전환적인 시기, 3세대가족, 노인을 돌보는 가족, 맞벌이가족) ⑥ 가족 스트레스/위기(이혼, 재혼, 죽음, 경제적 불안정, 폭력, 약물남용) ⑦ 특별한 요구가 있는 가족(장애우, 입양, 수양, 이민, 저소득, 군인, 재혼가족 등)
인간 성장 발달	• 가족생활주기 동안 가족원의 발달적 변화와 적응과정의 욕구충족에 대한 이해 ① 신체적 발달 ② 정서적 발달 ③ 지적 발달 ④ 사회적 발달 ⑤ 도덕적 발달 ⑥ 성격적 발달
인간의 성	• 건강한 성적 적응을 위해 가족생애과정 동안 성적 발달의 생리적, 심리적, 사회적 특성 이해 ① 출산과 관련된 생리학 ② 생물학적인 결정요소 ③ 성관계의 정서적이고 심리적 요소 ④ 성적 행동 ⑤ 성적인 가치와 의사결정 ⑥ 가족계획 ⑦ 성적 반응에 대한 생리적이고 심리적 구성요소 ⑧ 성기능장애 ⑨ 대인관계에서 성관계의 영향
대인관계	• 대인관계의 발달과 유지에 대한 이해 ① 자기 자신과 타인에 대한 이해 ② 듣기, 공감하기, 자기노출, 의사결정, 문제해결, 갈등해결과 같은 대인 간 의사소통기술 ③ 친밀감, 사랑, 로맨스에 대한 이해 ④ 관심, 존중, 성실성과 책임감을 가지고 타인과 관계맺기
가족자원 관리	• 자원(시간, 돈, 물적 자산, 에너지, 친구, 이웃, 공간 등)의 할당과 발달을 위한 가족과 개인의 의사결정 이해 ① 목표, 자원, 계획, 의사결정, 수행과 같은 개념 이해 ② 가족생활주기에 따라 변화하는 가족자원관리와 다양한 가족구조에서의 자원관리
부모교육과 지도	• 부모가 아동과 청소년에게 어떻게 가르치고 지도할 것인가에 대한 이해 ① 과정으로서의 양육 ② 부모의 권리와 책임 ③ 생애주기에 따른 부모역할 ④ 부모역할 실제에서의 다양성

가족법과 공공정책	• 가족의 지위에 영향을 주는 법과 가족의 법적 정의에 대한 이해 ① 가족법의 역사적 발전과 변화 ② 결혼, 이혼, 가족 지원, 자녀양육, 자녀보호와 권리, 가족계획에 관한 법 ③ 공공정책(예: 시민권, 세법, 사회보장법, 재정지원법)이 가족에 미치는 영향
윤리	• 인간의 사회적 행동특성과 질, 윤리적 문제에 대한 비판적 분석능력 ① 사회적 태도와 가치 구조의 이해 ② 다원주의 사회에서 가치의 다양성과 가치선택의 복잡성을 인정하고 존중하기 ③ 가치체계와 이데올로기의 체계적이고 객관적인 특성 ④ 가치선택으로 인한 사회적 결과의 이해 ⑤ 사회적, 기술적인 변화에서 윤리적 시사점들을 인식하는 것

*출처: Bredehoft & Walcheski(2003). Family life education. pp. 59–138에서 재구성.

표 3-3 교육대상별, 가족 유형별 프로그램의 다양한 주제의 예

청(소)년 대상	인간성장 발달교육 프로그램	대인관계 훈련 프로그램	개인의 가치 개발교육 프로그램	성교육 프로그램	부모준비 교육 프로그램	특별지도 학생(왕따, 흡연, 교육 자살 등) 예방교육 프로그램
부부대상	미혼 커플 교육 프로그램	미혼 부모 교육 프로그램	신혼기 부부 교육 프로그램	학동기자녀 부부교육 프로그램	중년기 부부 교육 프로그램	노년기 부부 교육 프로그램
부모교육	부모됨의 준비교육 프로그램	영유기자녀 부모교육 프로그램	학동기자녀 부모교육 프로그램	청소년자녀 부모교육 프로그램	성인자녀-부모관계교육 프로그램	

이러한 다양한 영역 중 우리나라에서는 성교육, 결혼 전 파트너와 결혼관계에서의 관계의 역동성을 강조하는 관계향상교육, 인간발달을 포함한 부모교육 등이 중요 영역으로 다루어지고 있다. 그러나 건강가정기본법 21조 2항에서 규정하는 지원사업은 ① 가족구성원의 정신적 · 신체적 건강지원, ② 소득보장 등 경제생활의 안정, ③ 안정된 주거생활, ④ 태아검진 및 출산 · 양육의 지원, ⑤ 직장과 가정의 양립, ⑥ 음란물 · 유흥가 · 폭력 등 위해환경으로부터의 보호, ⑦ 가정폭력으로부터

의 보호, ⑧ 가정친화적 사회분위기의 조성, ⑨ 그밖에 건강한 가정의 기능을 강화 · 지원할 수 있는 내용으로 다양하게 구성되어 있다.

또한 28조 2항에서 규정하는 가족생활문화는 가족여가문화, 양성평등한 가족문화, 가족단위 자원봉사활동, 건강한 의식주 생활문화, 합리적인 소비문화, 지역사회 공동체문화, 그밖에 건강가정의 생활문화와 관련된 사항이다. 따라서 이러한 다양한 내용이 가족생활교육의 교육과정에 포함될 수 있다.

3) 가족생활교육 접근방법의 다양성

가족생활교육은 교육 대상에 접근하는 방식이 매우 다양하다. Harman과 Brim(1980)은 부모교육의 교수방법을 세 가지 방법으로 설명하였다. 그러나 이 모델은 부모교육뿐만 아니라 대부분의 가족생활교육에도 적용될 수 있다.

① 개인모델: 상담이나 가정방문의 방법을 이용하며 개인을 대상으로 이들의 문제에 개입하여 지원하는 방법

② 집단모델: 가장 보편적인 방법으로 교실에서 워크숍, 세미나, 비공식적인 지지집단 모임을 통한 방법

③ 대중매체 모델: 가장 광범위하게 대중과 만날 수 있는 방법으로 뉴스레터, 책, 팸플릿 등 프린트물을 이용하는 방법과 라디오나 TV 등을 이용

정현숙(2004b)에 의하면 결혼준비교육과 관련된 정보를 얻는 방법이 미혼남녀와 신혼부부가 차이가 있는데 미혼남녀의 59%는 주변 사람에게서 정보를 얻으며, 다음으로 인터넷을 통해 정보를 얻는다고 한다. 신혼부부도 주변 사람, 인터넷 순서이며, 책을 통해 정보를 얻는 경우도 7.9%에 달한다. 따라서 대상에 따라 다양한 매체를 통한 교육활동이 가능하다. 그러나 문제는 미혼남녀와 신혼부부의 60%가 결혼준비와 관련된 정보를 주변 사람에게서 구하고 있는 것으로, 이러한 주변의 정보는 객관적이지 못하다는 문제점이 있다. 또한 이들이 교육 프로그램에 참여하지 못한 이유에 대한 질문에서 '필요성을 느끼지 못해서(미혼남녀)' '어떤 프로그램이 있는지 몰라서(신혼부부)' 등으로 응답하여 이들에 대한 교육 프로그램 홍보가 매우 부

족함을 보여 준다. 따라서 가족생활교육의 대중화를 위해 도움을 원하는 부부들에게 접촉을 시도하는 정보적, 교육적 노력을 강화하는 활동도 다양한 매체를 통해 이루어져야 할 것이다. 가족생활교육이 가족의 삶의 질을 높이기 위한 모든 교육적 활동을 포함하므로, 다루는 주제와 대상에 적절한 교육활동 방법을 선택할 수 있으며 각각의 유형은 프로그램 접근 방법에 따라서도 다양하게 전개할 수 있을 것이다.

4) 교육자 및 교육자 역할의 다양성

가족생활교육자는 교육자(educator), 옹호자(advocator), 토론지도자/촉진자, 자료제공자(resource broker), 교육과정 개발자, 프로그램 평가자, 역할 모델, 듣는 사람, 가치전달자, 훈련가/기술개발자, 지지자(supporter) 등 다양하고 복잡한 역할을 통해 가족과 개인을 지원한다(O'Malley & Wilson, 2004). 이러한 교육자의 역할은 제한된 시간에 대규모 집단을 상대하는지 혹은 워크숍 방식의 교육인지, 여러 교육자가 팀을 이루어 교육을 하지만 각자 정해진 역할이 있는지, 혹은 연령집단이 어떤지에 따라 매우 다양하며, 이러한 다양성에 기초하여 역할을 융통성 있게 적용할 수 있다. Powell과 Cassidy(2001)는 성인들을 대상으로 할 때는 좀 더 전문가적인 접근방식이 효과적이며, 청소년과 젊은이들은 촉진자적 지도자를 선호한다고 한다.

5) 교육환경의 다양성

가족생활교육은 학교, 직장, 종교기관, 대중매체 등 다양한 환경에서 이루어지고 있다. Carter(1996)는 부모교육이 〈표 3-4〉와 같이 학교, 가족서비스지원기관, 지역사회의 자원센터, 지역사회의 교육현장, 종교 기관 및 건강지원센터 등 다양한 현장에서 실시될 수 있음을 강조한다. 이들 환경은 대부분 사람들이 자신의 삶에서 가장 많은 시간을 보낸다는 데 공통점이 있으므로 좋은 교육장소가 될 수 있으나 각각의 환경은 장단점이 있으므로 각 교육환경의 특성에 따라 적절한 교육방법과 내용을 적용할 수 있을 것이다.

표 3-4 Carter(1996)가 분류한 부모교육 가능 현장

구분	관련 기관, 모임과 단체
교육현장	문맹자 프로그램/인생기술(life skill) 프로그램/학교연결 서비스/부모참여/유치원과 유아원–Head Start, 탁아소, 유아원/학교준비교육(readiness program)
건강지원현장	병원/HMOs(Health maintenance organization) /보건사회부 /부모와 아동건강기관/의사와 의료전문가/개인건강기관: 분만전후 프로그램, 여성건강, 면역, 영양, 출산교육, 수유집단
연구현장	대학/기관(Centers)/작가와 개인/연구자
다양한 가족의 복합적 욕구현장	이혼과 별거/감옥 등 구금/십대 임신과 부모/학대/유기/폭력반대모임/탈빈민운동/약물중독/치료/가족보호/친척 케어/양자제도/입양/거주 치료/아동보호서비스
특수욕구집단	장애/질병/결함, 장애집단모임/발달지체/특수교육/직업치료/정신건강
홍보 및 로비활동	대중교육/훈련/lobbying
규범적 현장	민중운동(Grassroots program)/오락과 놀이: 집단, 박물관, 레크리에이션, 스포츠 기술발달: 자료들과 시청각 교육 클레스 정보제공: referral, 도서관, 뉴스레터와 신문, 전자매체 지지집단: 집단, 개인/자기–학습(self–help) 프로그램/안전 프로그램과 서비스/생산평가 및 discount/종교 교육
직장현장	고용자 지원: 지지 서비스, 교육 프로그램/경영훈련 일과 가족: 가족휴가, 아동양육, 유연근무제도(flextime) 복지–일 프로그램: 직업훈련, GED(general educational development), 가족 서비스

(1) 종교 기관

우리나라에서 가장 많은 가족생활교육이 이루어지는 환경은 종교 기관이다. 종교 기관에서는 일반적인 가족생활교육의 내용에 각 종교의 관점이 포함된 프로그램을 실시한다. 가족이 비록 자녀와 부모, 부부 등과 같이 생물학적, 법적인 관계로 이루어지지만, 이들 기관에서는 가족관계를 문화적으로 인정된 관계에 한정하지는 않는다. 종교 기관의 구성원들은 확대가족이나 대리부모 역할을 하기도 하며, 신도들 대부분이 동질성이 있다는 특징이 있다(Garland & Yankeelov, 1998). 종교집단은

신자들의 연령에 따라 집단이 구분되고, 구성원들 간의 관계가 가족지향적인 경향이 있으나, 일부에서는 다연령혼합 프로그램도 이루어진다. 종교기관에서는 강사가 신자일 때 다루는 가치나 신념이 신도들과 애착을 형성하는 기제로 활용되기 때문에 신뢰적 관계를 쉽게 형성할 수 있는 장점이 있다. 또한 성직자가 프로그램을 승인하면 신도들의 참여도를 높일 수 있으며, 종교적 가족생활교육은 학교 프로그램이 할 수 없는 가치나 도덕적 의사결정에 대한 것을 다룰 수 있는 장점도 있다. 집단의 특성상 많은 성인역할 모델들이 소집단 토론이나 상호작용 지원을 할 수 있다는 점에서 다른 환경보다 매우 효과적인 가족생활 교육환경이 될 수 있다(Powell & Cassidy, 2001). 반면, 지나치게 종교적인 가르침을 최종 해결 방안으로 제시함으로써 다양한 부부관계나 부모자녀에 대한 관점이 교육내용에서 제한될 수 있는 한계점도 있다.

(2) 초 · 중 · 고등학교

아동과 청소년이 하루에 가장 많은 시간을 보내는 곳이 학교이다. 특히 전인적 교육의 장으로서 학교는 아동과 청소년 발달에 매우 중요한 환경이다. 따라서 교사의 특성이나 교육 프로그램, 학교에서의 동료관계 질과 특성은 아동과 청소년의 발달에 중요한 영향을 미치는 요소이다. 공식적으로 가족생활교육이란 명칭으로 다루어지지는 않지만 가족생활교육의 많은 내용이 우리나라의 공교육에서 이루어진다. 초 · 중등학교의 교육과정을 분석한 왕석순(2006)에 의하면 초등학교의 경우 실과, 사회, 도덕, 생활의 길잡이와 같은 과목에서 가족생활과 효도 등 화목한 가족생활을 위한 지침(〈표 3-5〉 참조)이, 실과와 사회에서는 용돈관리와 소비에 대한 내용이 다루어진다고 한다. 또한 중고등학교의 가정, 사회, 도덕 교과목에서 '나와 가족', '개인의 관계와 청소년기'에 대한 내용이, 가정, 과학, 체육에서는 '가족생활에 대한 이해'와 '생식, 생명, 공중보건과 올바른 성의식'에 대한 내용이 다루어진다. 또한 가정, 사회, 도덕 교과에서도 '가족과 결혼 및 가족생활'에 대한 내용을 다룬다(〈표 3-6〉 참조). 그러나 이러한 내용들이 유기적으로 연결되어 하나의 교과로 통합되기보다는 각 과목에서 개별적으로 강의되고 있어 이러한 교과목에서 가족생활교육의 목적이 구체적으로 실현되고 있다고 보기는 힘들다. 또한 다루는 내용들에서 '효'가 중요한 덕목으로 교육되고 있으나 현대적 의미에서의 효에 대한 개념들이 체계적으로 다루어지는 것이 필요할 것이다. 특히 우리나라의 경우 입시 위주의 교육으로 인해 가족생활교육 같은 인성교육과 관계교육이 자리잡기 어려우며, 교사들의 가족에 대한 관심 부족으로 이러한 교육이 많이 이루어지지 않고 있는 실정이다. 그러

표 3-5 초등학교 교육과정에서 FLE의 학습내용 분석 결과—가족, 가족생활의 내용

	실과	사회	도덕	생활의 길잡이
학년	5	4	3	3
교육 과정 영역	나와 가정생활	다양해지는 가정생활	가정 · 이웃 · 학교생활: 경애, 효도	가정 · 이웃 · 학교생활: 경애, 효도
교육 과정 목표	• 가정생활의 중요성을 이해한다. • 가정에서 나의 위치와 역할을 알고 원만한 가족관계를 유지한다. • 생활계획의 중요성 이해와 생활계획의 과정과 방법을 알아 실천한다.	• 여러 가족 형태와 그 구성원의 역할이 변화하는 모습을 파악하고 (중략) 화목한 가정생활을 위해 노력하는 태도를 가진다.	• 화목한 가정생활의 중요성을 알고 화목한 가정을 위해 부모님께 효도하고 형제간에 우애 있게 지내는 태도를 지닌다.	
내용 요소	• 가정의 기능(애정의 기능, 기본적 욕구 충족의 집단) • 가족과 사회의 하위체계로서의 '나' 알기 • 가정생활의 책임감과 역할 수행태도 기르기	• 현대 가정생활의 특징과 다양성 이해 • 전통적인 가정생활과 가정 형태가 현대에 와서 달라진 점 • 가정의 화목을 위해 필요한 가족구성원의 역할을 알고 각자의 역할을 다하려는 태도	• 효도, 우애의 의미와 중요성 • 효도하고 우애 있는 가정생활을 위해 해야 할 일 • 화목한 가정을 이루기 위해 자신이 할 수 있는 일 • 효도하고 우애 있는 생활을 하려는 마음가짐	• 내 일은 내가 하기(집과 학교에서 내가 맡고 싶은 일과 맡은 일 알아보기) • 화목한 가정(화목한 가정을 위한 나의 노력 정도)

*출처: 왕석순(2006). 우리나라 공교육에서 FLE의 실태와 확대방안. pp. 13–14.

나 가정과 교사를 중심으로 부모준비교육(채정현 외, 2006), 가족이야기(전국가정교사모임, 2006) 등 다양한 프로그램이 개발, 보급되고 있는 점은 긍정적인 점이라 볼 수 있다.

표 3-6 중고등학교 교육과정에서 FLE의 학습내용 분석 결과-가족관계의 내용 요소

	가정	도덕
학년	7 · 9	7 · 9
교육 과정 영역	• 7학년-나와 가족의 이해 • 9학년-가정생활 문화의 설계	• 7학년-행복한 가정생활 • 9학년-가정 · 친족 · 이웃생활과 도덕문제
교육 과정 목표	• 가정 내에서 여러 가족구성원과 원만한 관계를 유지할 수 있다. • 우리나라의 의식주, 가족, 소비 생활문화를 이해한다. • 가족의 형성에서 쇠퇴까지의 가족생활 주기의 그 특성을 이해하여 결혼과 육아, 의식주 생활, 진로 등에 대한 자신의 미래생활을 바르게 설계할 수 있다.	• 가정의 소중함을 알고 이를 지키기 위해 노력하는 자세를 가진다. • 건강한 가정을 만들기 위해 일상생활 속에서 다양한 실천을 할 수 있다. • 부모자녀 간 도리를 알고 이를 실천할 수 있다. • 형제자매 간의 도리를 알고 이를 실천할 수 있다. • 가정 · 이웃 · 학교생활은 행복한 가정생활을 이루기 위해 가정의 의미와 중요성에서부터 가정의 행복과 화목의 조건을 이해한다.
내용 요소	• 나와 부모와의 관계 • 나와 형제자매와의 관계 • 나와 조부모와의 관계 • 가족생활주기, 가족생활설계 • 우리나라 가족제도와 구조의 변화 • 우리나라 가족생활의 변화	• 행복한 가정생활 • 가정의 의미와 중요성 • 가정의 행복과 화목 • 부모와 자녀 간의 도리 • 형제자매 간의 도리 • 가정 · 친족 · 이웃생활과 도덕 • 가정생활의 도덕문제와 그 해결 방안

*출처: 왕석순(2006). 우리나라 공교육에서 FLE의 실태와 확대방안. p. 18.

미국의 경우 플로리다 주는 1998년 결혼준비와 보존법(Marriage Preparation and Preservation Act of 1998)을 제정하여, 9~12학년 동안 소비자교육, 긍정적 정서발달, 결혼과 관계에 대한 기술교육, 영양, 성병과 AIDS, 순결의 혜택과 십대 임신의 결과, 유방암 진단과 예방, 유방암 자가진단, 심폐소생술, 약물교육, 흡연의 위

험 등을 포함하는 24학점 이수를 의무화하고 있다. 또한 3부에서 다루게 될 관계향상교육, 부모교육, 성교육에 대한 다양한 표준 교육과정이 마련되어 중고등학교에서 광범위하게 활용되고 있다. 예를 들어 관계향상교육인 “Relationship Intelligence”는 미국의 35개 주의 교회와 학교에서 이용된다. 이 프로그램에 대해 일부에서는 보수적이라는 비판을 하고 있지만, 관계기술과 갈등해결에 대한 구체적인 방법을 교육하며, 결혼의 성공을 위한 기술로서 관계기술, 성격발달, 성적절제를 연결시키고, 아동과 성인 및 지역사회에 결혼이 갖는 보호적 기능을 강조한다(www.freeteens.org).

학교가 아동발달의 중요한 환경이며, 교사의 다양한 가족에 대한 태도 역시 아동발달에 중요한 영향을 미치는 점을 고려할 때 공교육에서 가족생활교육이 체계적으로 이루어지는 것이 요구된다. 그러나 가족과 성상담소(2000. 5)의 한부모가족 인터뷰에서 나온 학교에 대한 요구사항(참고 3-1)을 볼 때, 다양한 가족에 대한 이해 등 중요한 영역들이 포함된 표준 교육과정을 만들고 이에 기초한 체계적인 가족생활교육 프로그램 개발이 필요하며, 교사 대상 재교육을 통해 이러한 프로그램을 보급하여야 할 것이다.

참고 3-1 **가족과 성상담소(2000. 5) 한부모교실 참여자의 학교에 대한 요구사항**

1. 선생님들의 의식이 바뀌었으면 한다. 수업시간에 여러 형태의 가족이 있을 수 있다는 것을 가르쳐주고 가족 모델을 꼭 양부모 및 자녀에만 국한하지 말아줬으면 한다.
2. 아이 키우면서 제일 힘들었던 점은 선생님의 아이에 대한 편견이다. 한부모가정이라고 해서 아이를 다른 눈으로 바라보는 거다. 무슨 일이 있을 때 혹시 ‘그 아이가 그런 것 아닌가?’하고 우선 그 아이부터 의심하는 그런 시각이 있다. 편모슬하라는 편견없이, 차별없이 다른 아이들과 똑같이 대해 주길 바란다.
3. 선생님한테 말씀을 드렸더니, “아이가 아빠가 안 계신데도 표도 안 나고 밝아요”라고 할 때 화가 난다. 아빠가 없으면 아이에게 표가 날 거라 생각하는 거 자체가 화가 난다.
4. 아이가 학교에 입학하여 가족 소개를 하는 시간이 있었는데, 우리 가족은 엄마와 형과 자기라고 소개하자 애들이 수근댔다고 한다. 선생님이 적절하게 이야기해 주지 않아, 아이들 앞에서 창피당하고 상처를 입었다. 선생님이 그런 점을 배려해 주었으면 한다.
5. 편지쓰기를 할 때 좋아하는 부모에게 쓰도록 해서 아이에게 한 부모가 없을 때 그것으로 인해 상처받지 않도록 배려해 주길 바란다.

6. 학교에서 방과후 지도 같은 것에 대한 소개를 할 때, 선생님이 정말 아이를 사랑하는 마음이 있다면, 아이들 앞에서 공개적으로 하지 말고 살짝 불러서 해야 하는데, 아이들 있는 앞에서 "생활보호 대상자나 집안이 너무 가난해서 나라의 지원을 받으면서 방과후 프로그램 할 사람 있니?"라고 물으면 어느 아이가 그걸 기꺼이 하겠다고 하겠는가? 실제로 그 아이를 도와주려는 게 아니라 공개적으로 저 아이는 생활보호대상자이고 한부모가정이라는 걸 드러내는 것이다.
7. 가정환경조사 시 아이에게 조금만 더 신경을 썼으면 한다. 비밀로 해주었으면 한다.
8. 한부모가족의 자녀라는 것을 공개하지 말았으면 한다. 이유는 급우들이 알게 되면 그 부모나 아이들을 대하는 태도가 달라지기 때문이다.
9. 아이들의 특수성에 대한 배려가 필요하다. 교사가 사랑으로 감싸주고 사랑으로 자신감을 심어주었으면 한다. 선생님이 좀더 다정하게 대해 주고 좀 칭찬도 많이 해주셨으면 좋겠다.
10. 학교 자체적으로 방과후 프로그램을 의무화했으면 한다.

(3) 기업

우리나라의 직장환경은 1980년 이후 많은 변화가 있었다. 맞벌이가족이 증가하면서 50% 이상의 여성이 직장에 다닌다. 일과 가족을 조화롭게 양립하는 것이 가족의 중요한 과업이 되면서 친가족정책에 대한 관심도 높아지고 있다. 실제로 친가족적 경영을 하는 직장의 경우 직장인의 일에 대한 만족도가 높으며, 이직률도 낮아진다(여성부, 2006. 11. 24). 최근 기업에서 실시하고 있는 일련의 가족친화정책은 직장인들에게는 기업의 생산성 향상에 영향을 미치며, 부인들에게는 남편의 직장에 친근감을 갖게 하는 요인으로 작용하고 있다. 이러한 제도의 예로는 한국투자신탁증권에서 미혼남녀 직원에게 맞선을 주선(조선일보, 2002. 4. 30)하는 사례나, 일본 NEC의 'Family Friendly 휴가' 제도(자녀들의 학교행사 참여지원 프로그램으로 학부형 참관이나 면담 등의 행사에 유급의 반일 단위로 1년에 5일 휴가를 주며 한해에 다 못쓰면 다음 해로 이월됨)가 있다. 또한 SK그룹의 임직원 연수제도를 임직원 부부연수로 바꾸고 1박 2일 프로그램을 실시한다거나, 현대자동차 입사 15년차 이상 직원을 대상으로 매년 부부감수성 훈련(1박 2일)을 실시하는 것 등이 좋은 예이다(정현숙, 2002b).

가족생활교육의 장으로서 직장은 교육을 통한 생산성이나 일에 대한 만족도를 증진시킬 수 있다는 점뿐만 아니라 여러 가지 면에서 효과적인 환경이다. 일반적으로 직장인들은 결혼이나 부부관계에 대한 인식을 새롭게 하기 위해서 가족에 시간을 투자하고 싶어도 절대적으로 시간이 부족하다. 특히 우리나라 직장인들은 이른 출근과 늦은 귀가, 밤의 음주문화로 인해 가족과 질적인 시간을 보내지 못하므로 가족원들과 친밀감을 형성할 시간이 상대적으로 부족하다. 직장인들도 휴식을 위한 주말에 시간을 내서 교육에 참석하기는 거의 불가능하기 때문에 기업은 직장인들에게 가장 좋은 가족생활교육 환경이 될 수 있다. 근무시간을 이용하거나 이미 계획되어 있는 연수 프로그램에 가족생활과 관련된 프로그램을 체계적으로 도입한다면 기업의 이미지 제고뿐만 아니라 직원의 이직률도 낮출 수 있으며, 기업의 생산성도 향상될 수 있을 것이다. 최근 몇몇 기업에서 실시하고 있는 '가정의 날' 제정, 한 달에 한번 '일찍 귀가하기 운동', '자녀들 부모 일터 방문' 행사, 부인과 함께 참석하는 연말모임과 임명장 수여식 및 소양교육 등은 많은 비용을 들이지 않으면서도 직원의 사기를 진작시키고 가족의 유대감을 증진시킬 수 있는 좋은 프로그램들이다(정현숙, 2002c).

기업을 대상으로 하는 교육은 다른 환경보다 초기 접근이 어렵다. 가장 중요한 것은 기업들의 요구에 맞는 프로그램을 개발하는 것이지만, 효과적으로 기업에 접근하는 방식을 아는 것이 더 중요하다고 한다. Apgar와 동료들(1982, Powell & Cassidy(2001)에서 재인용)은 기업대상의 프로그램을 설계하는 과정을 〈표 3-7〉과 같이 제안한다.

직장환경에서 가족생활교육의 성공을 위해서 Apgar와 동료들(1982)은 4P를 강조하는데 이는 프로그램(Program), 선전용 자료나 광고(Promotion), 가격(Price), 장소(Place)이다. 특히 프로그램이 효과적이기 위해서는 몇 가지가 중요한데 ① 고용자들의 요구가 잘 포함된 상호작용적인 프로그램과 좋은 아이디어(강사가 잘할 수 있는 중요 개념을 포함한), ② 너무 많은 내용보다는 1회, 1시간 이내에 교육가능한 간결한 내용, ③ 즉각적인 미래의 필요나 관심이 있는 실용적인 주제를 선택하는 것 등이다.

표 3-7 직장을 위한 가족생활교육 프로그램 설계 과정

1. 프로그램 개발과 제공할 서비스에 대한 자신의 능력을 현실적으로 평가
   - 직장에서 FLE 프로그램을 개발하려는 이유는 무엇인가?
   - 이 프로그램이 직장인들에게 무엇을 제공할 것인가?
   - 프로그램의 초기 과정의 지원에 필요한 어떤 자원을 가지고 있는가?
   - 본인이 속한 기관이나 지지집단이 이런 서비스를 기꺼이 제공하려고 하는가?
2. 대상 기관 선택
   - 본인이나 속한 단체 구성원 중에 기업과의 접촉을 지원할 수 있는 사람이 있는가?
   - 대상이 어떤 직업환경의 사람들인가?
   - 인적자원개발이나 지역사회의 참여에 흥미를 가진 잠재적 고객이 있는가?
   - 본인이나 속한 기관이 어떤 회사들과 공식, 비공식인 사전 접촉이 있었는가?
3. 기관에 대한 연구
   - 기관의 규모는?
   - 고용인과 경영자 간의 관계는?
   - 직장의 특성과 특별한 관심사(알코올 중독, 은퇴자들의 복지 등)는 무엇인가?
   - 기존에 관련 프로그램들이 있는가?
4. 미팅 계획 수립
   - 이런 프로그램에 책임을 진 조직 내의 사람을 확인하라.
   - 미팅을 계획하고 그들에게 줄 개략적인 안내문을 준비하라.
   - 어떠한 욕구들이 프로그램에서 채워줄 수 있는지를 조직의 대표가 알도록 도와주라.
   - 당신이나 기관이 줄 수 있는 것과 줄 수 없는 것을 명확히 하라.
   - 다른 기관에 있는 프로그램들을 설명하고 본인의 기관에서 제공할 수 있는 전반적인 프로그램에 맞는 서비스 수준에 대해 설명하라.
5. 추수 접근
   - 다음 단계가 무엇인지를 제안하거나 방문에 대해 설명하는 편지를 보내라.
   - 추가 인원이 필요한지 여부를 확인하라.

*출처: Powell & Cassidy(2001). pp. 212-213에서 재인용.

2 가족생활교육과 관련된 쟁점들

가족생활교육의 중요한 논쟁점은 가족과 가족생활교육사에 대해 어떤 철학과 윤리적 관점을 가질 것인가 하는 점일 것이다. 또한 지금까지 사적인 영역으로 인식

되어 온 가족을 어디까지 개입할 것인가 하는 점과, 가족생활교육과 가족생활교육사의 전문적 자질과 교육에 대한 점들이 논쟁이 되고 있다. 이러한 논쟁점 중 가족생활교육사의 철학과 윤리적 문제는 상대적으로 중요한 영역으로 5장과 14장에서 구체적으로 다루게 된다. 가족에 대한 철학도 4장의 기초 이론에서 자세히 다룬다. 따라서 이 절에서는 가족에 대한 개입 수준에 대한 관점을 정리하고자 한다. 이를 위해 가족생활교육과 가족상담의 관계를 살펴보고, 가족생활교육의 현장 적용을 위한 방법론과 관련된 논쟁점을 다루고자 한다.

1) 가족생활교육과 가족상담의 관계

가족치료 혹은 가족상담과 가족생활교육은 어떠한 차이가 있는가? 1장에서도 간단히 다루었으나 이 절에서는 이 두 분야의 차이점과 공통점을 살펴봄으로써 가족생활교육의 본질을 좀 더 구체적으로 정리하고, 가족에 대한 개입 수준의 논의도 함께 점검하고자 한다.

상담과 교육, 이 두 가지 방법은 어떻게 구분되는가? Doherty(2003)는 이 두 분야를 질적으로 다른 개념적인 차이가 아니라 한 연속선상에서 가족에 대한 다른 개입점을 반영하는 것이라고 주장한다. 지금까지 교육은 인지, 치료는 정서를 다루는 영역으로 인지-정서의 이분적인 구분이 강조되었으나 인지와 정서는 매우 상호 관련성이 높은 개념이다. 즉 교육과 치료와 상담은 연속선상의 개념으로 가족과 일할 때 가족에 개입하는 강도와 깊이의 수준 차이를 나타낸다고 볼 수 있다. 따라서 〈표 3-8〉과 같은 가족 개입 수준의 연속성 상에서 1~4단계는 가족생활교육으로 4~5단계를 가족치료나 상담으로 이해할 수 있다. 각 단계의 특징과 교육을 위해 필요한 지식은 〈표 3-8〉과 같다.

표 3-8 Doherty(2003)의 부모와 가족교육자를 위한 가족 개입 수준

단계	특징	필요한 기술
1단계	가족에 대한 최소한 강조	부모와의 상호작용은 가족 중심이 아니라 기관 중심이다. 가족이 관심의 핵심 대상이 아니지만, 부모를 실제적이거나 법적인 이유로 다룬다. 특별한 기술이 필요치 않다.
2단계	정보와 조언	1. 명확하고 흥미롭게 정보를 전달하는 방법 2. 질문 이끌어 내기 3. 학습과정에 일련의 부모집단을 끌어들이기 4. 실제적이고 효율적인 조언하기 5. 지역사회의 자원에 대한 정보 제공하기
3단계	감정과 지지	1. 관심이나 느낌을 표현하도록 이끌어 내기 2. 감정 이입적으로 듣기 3. 반응이나 느낌을 규범화하기 4. 개방적이고 지지적인 환경조성 5. 집단에서 부모가 자기노출을 너무 하지 않도록 보호하기 6. 부모와 연합하여 문제해결 토론에 참여하기 7. 부모와 가족의 독특한 욕구와 관심에 조언하기 8. 개인과 가족의 역기능 이해하기 9. 부모와 가족의 독특한 상황을 다른 전문가에게 연결해 주는 시기 알기
4단계	단기집중 개입	1. 부모의 문제가 발생하는 가족역동에 대해 명확한 그림을 그릴 수 있도록 일련의 질문하기 2. 문제에 포함된 각각의 가족체계의 역동성에 대한 가설 세우기 3. 1:1 부모자녀관계를 넘어서는 가족상호작용 패턴을 만들기 위해 짧은 기간 동안 부모와 일할 수 있는 능력 4. 개입적 노력을 언제 끝내고 그 문제를 3단계 혹은 부모에게 넘길 때를 아는 것 5. 교육을 하다 가족치료로 이관해야 할 때를 아는 능력 6. 부모와 가족을 돕기 위해 그들이 원하는 바에 따라 치료자에게 보낼 수 있게 조화롭게 일하는 것
5단계	가족치료	1. 상대하기 어려운 가족이나 성원을 인터뷰하기 2. 가족의 어려움과 상호작용 패턴에 대한 가설을 검증하고 효과적으로 다루기 3. 가족의 막다른 골목을 깨뜨리기 위하여 가족의 갈등을 증가시키기 4. 위기 동안 가족과 집중적으로 일하기 5. 변화에 대한 가족의 강한 거부를 건설적으로 다루기 6. 집단들이 이질적이라도 다른 전문가, 가족과 관련 있는 다른 체계와 연합하여 협상하기

① 1단계 가족에 대한 최소한 강조: 가족이나 가족성원보다는 기관에 초점을 맞추는 방법이다. 전문가는 부모나 가족성원의 요구에는 관심을 두지 않고 프로그램을 개발하므로 이 단계는 가족생활교육의 대상은 아니다.

② 2단계 '정보와 조언' 단계: 아동발달, 부모역할, 가족생활 등의 지식과 관련된 내용을 교육자가 전달하고 부모들은 질문을 할 수도 있다. 학습과정에서는 집단과 상호작용하며, 명확하고 실용적인 제안을 한다. 가족성원들에게 정보를 주는 일회성의 일방적인 워크숍이나 연사에 의한 프로그램 등이 포함된다. 교육자는 비위협적인 환경에서 중요한 정보를 대규모의 가족들에게 전달할 수 있지만, 정서적이고 경험을 나누는 등의 개인적 토론은 포함되지 않으며, 대부분의 경우 행동이나 인식의 변화를 유도할 정도의 깊이는 부족하다.

③ 3단계 '감정과 지지' 단계: 2단계의 내용에 교육과정의 한 요소로 개인적 경험과 느낌을 인식하고 점검하는 과정이 첨가된다. 이 과정에서는 인지적(사고)인 측면과 정의적(feeling) 영역을 함께 다루게 된다. 이 단계에서 가족생활교육사는 감정이입적으로 듣고, 개인의 이야기나 느낌을 민감하게 살펴보며, 지지적이고 개방적인 분위기를 형성하면서, 집단 문제해결 과정을 운영한다. 교육사는 부모와 가족성원들의 특별한 상황에 대해 적절한 제안을 할 수도 있다. 이 단계의 특징은 심각하거나 독특한 문제보다는 가족생활에서 일반적으로 일어나는 규범적 긴장과 관련된 내용을 다룬다는 점이다. 신체적, 성적폭력과 같은 비일상적인 문제는 많은 토의와 감정 공유가 필요하므로 이 수준에서 다루는 것은 적절치 않다. 그러므로 교육자는 너무나 많은 개인적 정보를 공유하려는 참여자를 보호하여야 하며, 이에 대한 교육자 자신의 정서적 반응도 적절히 점검해야 한다. 이 단계에서는 가끔 어떤 특정 부모의 욕구나 문제가 해결하기 어려워지면서 집단 운영에 문제가 되기도 하는데, 이들 부모의 문제가 다른 부모들의 문제를 희석시켜 버리기 때문이다. 이런 경우 교육자는 이러한 요구와 문제를 가진 부모를 치료자에게 보내거나 따로 이 부모를 만나야 하며, 다음 4단계로 이관하는 것이 바람직하다.

④ 4단계 '단기집중 개입' 단계: 이 단계에서 교육사는 가족체계 이론에 대한 이해가 필요하다. 이 단계에서는 앞 수준에서 요구되었던 기술과 활동 등에 대

해 이해하고 교육행동에 대한 계획을 세우는 것이 필요하다. 이 단계에서는 좀 더 체계적이고 광범위한 변화가 필요한 내용들이 다루어질 수 있으므로 위험집단이나 특수한 상황에 접하거나 특별한 요구를 가진 가족이나 개인을 대상으로 할 수 있다. 예를 들어 앞의 3단계 프로그램에서 부부폭력이 드러난 경우 훈련된 교육자로서 이 집단 밖에서 이 부부들을 돕길 원한다면 이 단계는 상담이나 개입이 된다. 이 단계의 교육사는 문제에 대한 측정과 개입을 위해 가족 사정과 가족개입기술이 필요하다. 따라서 Doherty(2003)는 비록 3단계가 가족생활교육자에게 가장 적정한 개입 수준이라 할지라도 개입이 적절한지 아닌지를 결정하기 위해서 4단계에도 익숙해야 됨을 강조한다. 경우에 따라 가족생활교육사는 3단계에서는 충분히 다루어지지 않은 특별한 욕구를 가진 가족이나 문제들도 다루어야 하고, 더 적극적인 문제해결방식이 필요한지 아닌지를 판단할 수 있어야 하기 때문에 전문가들과 연계해서 도움을 주는 방법도 학습하여야 한다.

⑤ 5단계 '가족지료' 단계: 이 단계는 문제가 있는 가족에 대한 치료적 개입이므로 명백히 교육의 범위를 넘어서지만, 가족생활교육사는 언제 다른 전문가에게 문제를 이관할지를 알아야 하므로 이 수준에 대한 이해 역시 필요하다. 이러한 기준이 필요한 이유에 대해 Doherty(2003)는 비록 가족생활교육자들이 다른 영역의 교육자들보다도 학습자들의 개인적인 주제에 대해 더 많은 관심을 가져야 하지만 너무 많은 관심과 관여는 상대방이 위협을 느낄 수 있으므로 문제가 될 수 있다고 경고한다. 참여자들이 자신의 이야기를 통해 자신들의 가치나 느낌을 표현하며, 집단에서 공개적으로 지금까지 받았던 상처들을 자세히 차례대로 이야기함으로써 고통스러웠거나 미해결된 감정을 표현할 수는 있겠지만, 이러한 표현이 경우에 따라서는 다음 몇 가지 이유 때문에 집단에는 위협이 될 수 있다. 첫째는 이러한 상황이 학습자들에게 긴장감과 불안감을 느끼게 할 수 있다. 만약 사전에 교육내용이 치료가 아니고 교육이라고 규정되었다면, 참여자들은 이 수업에 등록할 때 수업시간에 높은 강도의 자기노출과 같은 매우 강렬한 대인관계를 기대하지는 않았을 것이다. 만약 이런 일이 벌어지면, 비록 이러한 노출이 학습자들에 의한 자발적이라 할지라도,

참여자들은 긴장감과 불안감을 느낄 것이다. 둘째는 교육자의 문제를 다루는 기술과 능력의 부족으로 인한 혼란이 문제가 될 수도 있다. 만약 교육자가 일반적인 수준의 부모교육과 가족생활교육의 훈련만을 받았다면, 이와 같은 심각한 개인적 문제를 다루도록 훈련되지 않았을 것이다. 이 경우 교사 자신이 이 상황을 통제할 수 없어 스스로도 불안하거나 능력이 없다고 느끼고 교육환경을 매우 혼돈스러운 상황으로 만들게 되어 집단 통제가 어렵게 될 수 있다. 셋째로는 참여자들의 이탈을 야기할 수 있기 때문이다. 만약 이러한 과도한 정서적 상호작용이 집단상황에서 일어난다면, 한 개인의 미해결된 감정의 분출에 다른 참여자들이 불편해 할 것이며, 마음이 불편한 이들은 집단을 벗어나게 될 것이다. 따라서 프로그램을 제공할 때 연구자와 프로그램 개발자는 프로그램에 적절한 수준을 설정하고 이를 교육대상자들에게 홍보하며, 각 수준에 맞는 지식과 교육지침에 따라 교육하여야 할 것이다. 각 단계를 기초로 가족생활교육과 가족상담의 특징을 분석하면 [그림 3-2]와 같다.

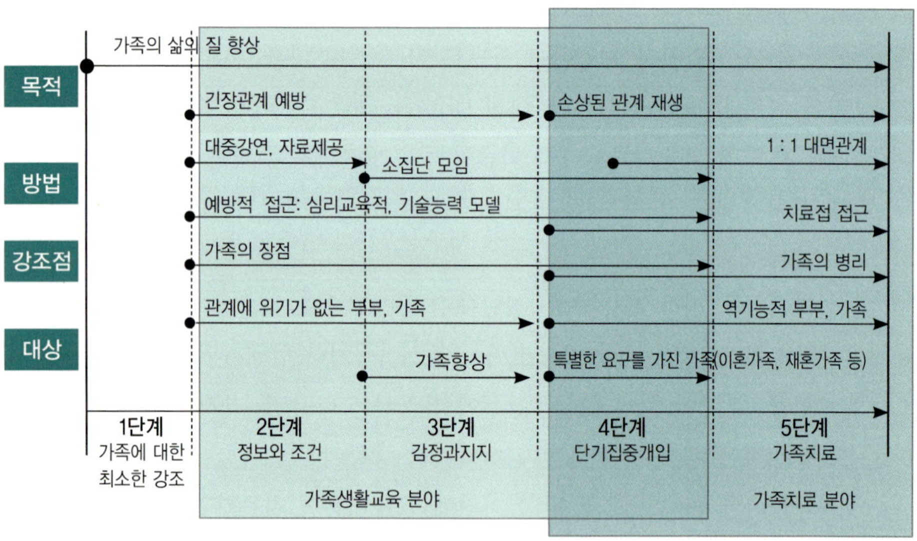

| 그림 3-2 | 가족 개입 수준에 따른 가족생활교육과 가족치료의 특징

2) 가족연구자, 가족생활교육사, 지역사회의 관계

가족연구자, 가족생활교육사와 지역사회의 관계에서 지식의 전달 방식에 대해서는 크게 2가지 모델이 있는데 [그림 3-3]과 같은 전통적 모델과 [그림 3-4]의 협력 모델이 있다.

① 전통적 모델: 이 모델은 지식의 전달이 연구자에서 교육사로 그리고 가족들에게 위에서 아래로 전달되는 방식이다. 가족학 연구에서 축적된 연구결과를 바탕으로 연구자들이 프로그램을 개발하고, 가족생활교육사나 부모교육자들이 실제로 도움이 필요한 가족들이 유용하게 사용할 수 있도록 교육하는 방식이다(Doberty, 2003). 이러한 지식의 전달체계 내에서는 연구자와 교육자 사이에 개방성과 유연성의 부족하다. 왜냐하면 연구자와 교육자 간의 교류가 없을 경우 각자 그들의 경험에 의해 제한되는 부분이 있어 전체를 볼 수 없으며, 지식의 일반화에 기여한 교육자와 가족들을 과소평가할 수 있기 때문이다. 즉, 전통적인 모델은 가족의 역할을 생산자로 한정하고 가족복지 증진을 위한 학문적 지식과 전문적 지식의 소비자로서의 역할만을 상대적으로 강조하지 않는다.

② 협력 모델: 이 모델에서는 시민으로서 가족과 연구자와 교육자가 함께하는 파트너십이 강조되며, 공동체 안에서 가족복지 증진과 이해를 위해 가족들의 활발한 역할이 강조되는 모델이다. 이 모델에서는 가족, 연구자와 교육자 모두가 지식의 보고로서 인식되고, 이들의 연합된 힘에 의한 협동 작업을 강조한다. 이 모델은 단순히 가족을 위한 것이 아니라 가족과 함께 부모나 교육자, 연구자가 가족에 대한 지식을 알기 위해 노력하며, 가족 내에서 생산적인 시민의식의 가치를 높이기 위한 노력을 요구한다.

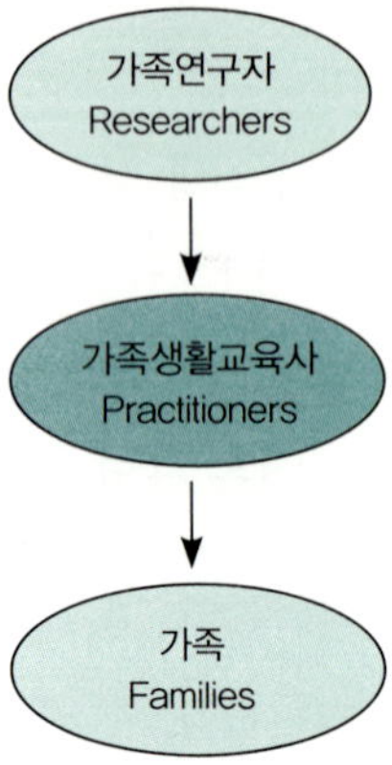

| 그림 3-3 | 전통적 지식전달 모델

*출처: Doherty(2003). p. 23.

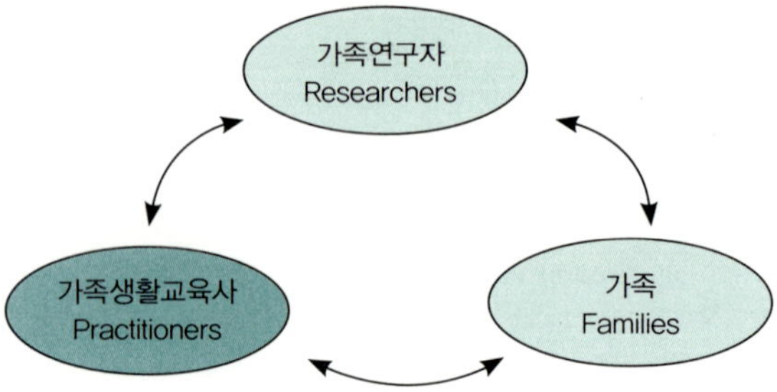

| 그림 3-4 | 지식전달의 협력 모델

*출처: Doherty(2003). p. 30.

현재 우리나라의 경우 대부분 연구자에 의해 연구와 프로그램 개발이 이루어지고, 가족생활교육자에 의해 가족으로 이어지는 전통적 전달체계에 기반을 둔 가족생활교육이 주로 실행되고 있으며, 교육의 효과 측면에서는 많은 논란이 있다. 역사 · 문화적 산물로서의 가족과, 주체적인 실행자로서의 가족의 역할 및 가족문화가 사회적으로 확산되는 점들을 고려해 볼 때 앞으로의 가족생활교육은 교육자의 촉진자 역할을 강조한 가족과 지역사회가 연계되는 협력 모델에 의한 가족생활교육의 개발이 더욱 많이 요구된다.

Chapter 4

가족생활교육의 기초 이론

가족생활교육을 위해서는 가족에 대한 기본적 이해가 필수적이다. 즉, 가족의 정의와 가족의 중요성 및 가족생활교육의 교육내용에 대한 철학과 관점 등 다양한 기준을 점검해야 할 것이다. 가치지향적인 가족과 관련된 교육의 경우 Dail(1984)의 가족생활교육사의 철학 구성을 위한 4가지 신념은 가족생활교육들이 필수적으로 점검해야 하는 기준이 될 수 있을 것이다.

Dail(1984)은 〈표 4-1〉과 같이 가족생활교육자의 철학 구성을 위한 네 가지 신념을 제시하였다. 즉, 가족생활교육사의 기본적 철학 형성을 위해 가족과 가족생활의 본질, 가족생활교육의 목적, 내용에 대한 신념, 가족의 학습과정에 대한 신념을 점검하는 것이 필요하다. Dail이 제안한 첫 번째 신념, 즉 '가족과 가족생활의 본질에 대한 신념'을 점검하기 위해 이 장의 1절에서는 가족을 보는 관점과 가족의 중요성 및 현대사회의 변화에 따른 가족의 변화 양상을 살펴보고자 한다. 두 번째 '가족생활교육의 목적에 대한 신념'을 위한 내용은 1장과 3장의 가족생활교육의 정의와 쟁점들에서 일부 다루었으므로 2절에서는 가족생활교육의 목적에 대한 신념을 점검하기 필요한 가족학의 이론들을 살펴보고자 한다. 세 번째 '내용에 대한 신념'은 가족생활교육에서 가장 중요하게 다루어야하는 주제이므로 2부의 가족생활교육의 주제별 각 장(7~10장)에서 자세히 다루게 될 것이다. 네 번째 '가족의 학습과정에 대한 신념' 형성을 위한 기초지식을 위해 본 장의 3절에서 가족생활교육을 위한 교육원리와 집단역학을 살펴볼 것이다.

표 4-1 Dail(1984)의 가족생활교육자의 철학 구성을 위한 네 가지 신념

신념	내용
가족과 가족 생활의 본질에 대한 신념	교육자 자신이 가족을 어떻게 정의 내리는가에 대한 신념으로, 다양한 가족에 대한 이해를 통해 편견을 없애고 다양한 집단과 효과적으로 상호작용할 수 있는 능력을 의미한다.
가족생활 교육의 목적에 관한 신념	가족생활교육의 목적이 행동을 바꾸고자 하는 것인지, 인식, 기술, 지식을 주기 위한 것인지에 대한 이해와, 교육을 통해 어떤 특정한 이데올로기와 신념 체계를 조장할 것인가를 점검하는 것이다. 또한 교육자가 성취하고자 하는 것이 무엇인지 왜 성취하고자 하는지 명확히 하는 것이다.
내용에 대한 신념	가족생활교육의 다양한 환경에서 필요한 적절한 주제와 적절한 주제가 토의될 수 있는 시기가 언제인가를 인식하게 하고, 편견과 성유형화에서 자유롭게 내용을 구성하게 하며, 적절한 정보자료들이 어디에 있는가에 대한 지식을 아는 것이다.
가족의 학습 과정에 관한 신념	가족이 어떻게 배우고 집단으로서 기능하며, 집단이 학습에 어떻게 영향을 받고 그 안에서 개인 성원의 학습과 생각이 어떻게 영향을 받는지에 대한 인식을 의미한다. 인간발달과 학습과정에 대한 이해는 교육자가 각각의 독자들에게 혹은 개인에게 가장 적절한 방법을 이용할 수 있는 능력을 높이며, 체계로서의 가족을 이해하고, 집단과정에 왜 모든 가족성원이 포함되어야 하는지에 대해 이해하는 것이다.

1 가족에 대한 이해

가족에 대한 이해를 위해 이 절에서는 학자들이 가족을 보는 3가지 관점을 소개하고, 가족의 중요성을 정리하였다. 또한 경제체제의 변화, 기술과 의학의 발달, 가족 가치관의 변화 등 중요한 사회적 변화를 중심으로 가족의 특성이 어떻게 변화하였으며, 이들의 요구가 무엇인가를 살펴본다.

1) 가족을 보는 관점

현대사회에서 가족을 보는 관점은 전통적, 자유주의(liberal)적, 여성학적 관점으로 구분된다. 각각의 모델은 이상적 가족과, 가족의 변화원인 및 가족문제 해결에 대한 다른 관점을 제공한다. 이 책에서는 Giele(2003)의 분류를 중심으로 논의하고자 하며, 이를 요약하면 〈표 4-2〉와 같다.

표 4-2 Giele(2003)의 가족을 보는 세 가지 관점

	전통적 관점	자유주의적 관점	여성학적 관점
이상적 가족모델	• 두부모가족	• 아동발달을 위해 부모가 안정된 수입과 좋은 직업이 있는 가족	• 여성의 자율성에 기초해 돌봄과 노동의 가치가 강조되는 대안적 가족
사회변화 원인	• 문화적 도덕성 약화와 종교심 약화	• 시장경제체제의 변화	• 지역사회의 상실
해결책	• 결혼을 제도화하고 활기차게 함으로써 가족의 가치회복 • 문화적 접근: 일, 물질소비, 혹은 여가생활보다도 상대적으로 가족활동에 우선권을 주어 결혼을 활기차게 하는 것 • 정부의 정책: 십대 임신 예방운동, 새로운 아버지운동, 전업주부를 위한 지지집단, 무책임한 출산을 하는 젊은이들을 위한 제재정책 • 혼외출산을 줄이고 아버지의 존재감을 강조하며, 자녀를 위해 결혼 생활에 어려움을 겪는 부부를 지원하여 두부모가족을 회복하는 것	• 정부 주도의 안전망 확충: 여성고용촉진, 빈곤의 효과 완화, 여성과 아동의 경제적 안전성 확충 • 평등한 기회제공, 다음 세대의 건강한 출산을 위한 기회 제공 • 물질적 빈곤가족 정책: 건강보험, 직업훈련, 빈곤 직장여성 세금혜택 지원 등 • 시간빈곤의 대체수단 지원: 부모휴가 등	• 자원봉사집단, 이웃, 지역사회 등의 사회적 지원망의 유지, 구축을 강조 • 전생활주기를 통해 남녀 모두가 양육 역할에 대해 유연성을 가지고, 여성과 남성의 교육과 고용을 증진 • 여성을 위한 최소 임금수준을 높이고, 높은 임금의 남성 위주의 직업에 쉽게 접근하도록 돕고, 직업훈련 지원

*출처: Giele, J.(2003). Decline the family. pp. 57–75의 내용을 정리함.

(1) 전통적(보수적) 관점

가족의 전통적 정의는 '결혼, 혈연, 혹은 입양에 의해 형성되는 사회적 관계'이며, 이러한 결합만이 일반적으로 법적인 효력에 있다. 또한 가족은 정서적 지지 및 유대감 제공, 자녀출산, 양육, 교육 및 사회화, 성적 배타성, 경제적 공동체, 집단으로서의 정체성/문화의 세대 간 전달 등의 기능들을 상당한 영속성을 가지고 수행하는 공동체를 의미한다. 특히 초기 구조기능주의 및 마르크스주의자들은 가족을 사회유지를 위해 필수적인 기능을 행하는 사회제도로 전제하고 가족을 하나의 단위로 규정해 왔다. 이런 관점에서는 그 안에 포함된 개인의 자율성이나 가족의 사회적 영향력은 간과되며, 사회의 변화에 영향을 받는 제도로 가족을 인식한다. 또한 가족은 사회로부터 고립된 자족적이고 자립적인 사적 영역이며 가족과 사회는 별도의 분리된 영역으로 인식된다(정현숙, 2004a). 이 관점에서 가족은 시민사회의 가장 기본적인 단위이기 때문에 사회의 가족에 대한 개입이 강조된다. 특히 이혼 증가, 아버지 부재로 인한 청소년의 학교생활 실패, 빈곤, 범죄, 약물 남용 등의 가족문제의 원인을 문화적으로 도덕성과 종교심의 약화 때문이라고 진단한다. 또한 한부모가족의 증가가 아동의 빈곤과 연결되기 때문에 가장 우려스러운 가족증상이라고 진단하며, 결혼의 필요성이나 중요성에 대한 개인과 사회의 관심이 감소하고, 이혼이나 비합법성에 대한 사회적 편견이 줄어드는 것을 문제로 지적하면서 젊은이들의 혼외 출산을 무책임한 출산이라고 비판한다.

따라서 가족문제 해결을 위해 가족원들이 일이나 물질적 소비, 혹은 여가생활에 관심을 갖기보다는 상대적으로 가족활동 전반에 우선권을 둠으로써 활기있는 결혼생활이 되도록 하는 것과 같은 문화적 접근이 중요하다고 강조한다. 구체적인 정부정책으로는 십대 임신 예방운동, 새로운 아버지운동, 전업주부를 위한 지지집단 등이 강조되며, 정부 주도의 가족가치 강화와 결혼강조 정책, 무책임한 출산을 하는 젊은이들을 위한 제재정책 등이 강조된다.

(2) 자유주의적 관점

자유주의적 관점에서 이상적인 가족은 경제적으로 안정된 가족이다. 즉, 아동의 정서적, 지적능력 발달을 위해 부모들이 좋은 직업과 안정된 수입이 있으며, 은퇴

후의 안정된 생활도 할 수 있는 충분한 수입이 있는 가족이다. 이 관점에서는 가족 변화의 원인이 시장경제체제의 변화 때문이며, 경제체제의 변화가 가족과 성역할을 변화시키면서 다른 다양한 관계의 변화도 유도했다고 가정한다. 특히 경제적 구조 변화로 가족이 새로운 요구에 직면하게 되지만, 가족이 이를 이겨낼 사회적 지지체제 없이 변화가 진행됨으로써 준비가 부족한 가족들에서 문제가 발생된다고 본다. 또한 여성의 직업참여가 증가하지만, 가족의 요구를 충족할 정도로 경제적 기능이 지원되지 않으면서, 더욱 중요하게 부각된 가족의 정서적 만족도 충족되지 못하기 때문에 가족이 쉽게 붕괴된다고 한다. 게다가 여성의 평등권에 대한 인식의 증가로 취업은 계속 증가하지만 직업 불안정성은 커지고 있다. 따라서 이 관점에서는 자녀교육 비용 등 경제적 요구가 증가하고 여성들은 더욱 취업을 하려 하는 순환적 체제 자체가 가족의 문제라고 인식한다.

이러한 문제를 해결하기 위하여 정부 주도의 안전망을 확충하는 것이 중요한데, 구체적으로는 여성의 고용촉진, 빈곤의 효과 완화, 여성과 아동의 경제적 안정성 확충, 평등한 기회 제공, 다음 세대의 건강한 출산을 위한 기회 제공 등과 같은 정책을 강조한다. 또한 시간과 물질적 빈곤퇴치를 위한 가족정책도 강조되는 것이 특징이다.

(3) 여성학적인 관점

여성학적인 관점에서는 가족을 지역사회까지 확대하여 적용한다. 이 관점에서는 보수적 관점에서 강조하는 제도로서의 가족과 자유주의적 관점에서의 가치도 인정하며, 여기에 더하여 여성의 가족에서의 종속적 지위와 관련된 문제해결을 통해 가족을 유지하고 아동을 건강하게 키울 수 있는 지역사회 환경을 조성하는 것을 강조한다. 특히 여성의 자율성에 기반을 둔 돌봄(caregiving)의 가치를 존중하고, 여성의 삶의 질과 인간관계에 더 많은 가치를 두는 대안적 정책을 강조한다. 가족이 건강하고 생산적인 새로운 세대를 키우고 모든 구성원들의 복지와 건강 증진을 위해, 전통적 관점의 가족개념에서 벗어나 가상적 친족(fictive kin)이나 친밀하고 지지적인 친족집단(전통적인 혈연, 남녀를 거부하는 남녀, 젊은이, 늙은이, 동성, 이성 등) 등으로 가족의 범위가 확장되어야 함을 강조한다. 왜냐하면 이들 각각의 가족은 나름대로 독특한 가족가치를 가진다고 인식하기 때문이다.

이 관점에서는 지역사회와 가족, 직장 간의 협조 부족이 성인들의 과도한 역할과 긴장을 야기시키게 되고, 자녀들이 과도한 역할로 어려움을 겪는 부모로부터 충분한 관심과 보호를 받지 못하기 때문에 이들에 대한 지원체계가 중요하다고 주장한다. 따라서 지역사회의 상실이 가족붕괴의 원인이 되므로 가족문제 해결을 위해서 지역사회 활성화를 강조한다. 건강한 시민사회가 가족과 개인의 복지를 증진시키며, 경제적 번영과 민주적 국가를 만들기 때문에 구체적으로는 자원봉사 집단, 이웃, 지역사회 등의 사회적 지원망을 유지하고 구축하는 정책이 중요하다고 인식한다. 또한 전생활주기를 통해 남녀 모두가 양육을 위한 역할에 유연해야 하며, 여성과 남성의 교육과 고용을 증진시키는 정책도 강조한다. 특히 아동과 어머니를 보호하기 위해서 ① 일자리를 보장하고 경제적 지원을 해주는 것, ② 아동양육 지원, ③ 건강보호, ④ 주거보장 등 4가지 가족정책을 강조한다. 또한 여성을 위한 최소 임금수준을 높이고, 높은 임금의 남성 위주 직업에 쉽게 접근하도록 돕고, 직업훈련을 제공함으로써 이러한 목적에 도달할 수 있다고 생각한다(Giele, 2003).

이러한 세 가지 가족관점은 각각 상호 배타적이라기보다는 서로 연관성이 높다. 보수주의자들은 두부모가족의 회복을 강조하며, 자유주의자들은 더 많은 그리고 안정적인 직업 제공을 통해 가족경제의 향상을 강조한다. 여성주의자들은 일과 가족생활의 새로운 요구를 잘 통합할 수 있도록 기존의 제도를 변경하고 새롭게 만들어야 하는 필요성에 초점을 맞춘다. 각각의 관점은 가족과 일을 어떻게 조화롭게 양립하고, 전생애주기 동안 남자와 여자가 일상의 요구를 잘 맞추면서도 조화롭게 살 것인가에 대한 유용하지만 다른 접근과 방법들을 제시한다.

현대사회에서 전통적 핵가족은 동거, 무자녀부부, 독신부모와 같은 다른 생활방식의 필요성에 따라 다양한 가족의 유형으로 새롭게 바뀌고 있으며, 새로운 가족구조에 의해 새로운 가족기능이 추가되기도 한다. 또한 가족구성원의 사회의 변화에 대한 인식의 정도도 많은 차이가 있다. 따라서 변화하는 다양한 가족을 제대로 이해하기 위해서는 이 세 관점을 조화롭게 받아들이는 것이 필요하다. 가족의 다양성을 받아들이고, 부모가 모든 공식적 안전망으로서 역할을 할 수 없다는 것을 인정하는 것도 중요하다.

가족과 아동을 위한 가장 이상적인 가족정책은 가족구성원들의 삶의 질과 국가의 궁극적인 복지를 위해 통합적인 관점을 갖는 방향으로 나가는 것일 것이다. 이를 위해 가족정책은 가족과 그 주변 제도 간의 동반자적 관계를 정착시키고, 공적인 관심과 사적인 추진력이 최대가 되도록 함께 연결하는 것이다. 현대적 의미의 새로운 가족 관점은 가족과 사회제도 사이의 유기적인 연관성을 강조하며, 사회현상의 다양성과 불확실성 속에서도 끊임없이 계속 변화하는 실체로 인정하는 것도 중요하다. 그 결과 가족을 사회와 사적 영역의 경계 혹은 관계성 위에 위치시키며 고립된 영역이 아닌 자율적인 영역으로 인식해야 한다. 즉, 사회역사적인 맥락에서 가족현상 혹은 가족문화를 분석하며, 가족행동의 내적 과정을 이해하는 것이 중요하다. 이러한 관점에서 가족은 상호작용하는 개인들의 연합이 된다. 이러한 가족은 집단으로서의 의미가 강조되지만, 점차 남편과 아내와 그들의 자녀로 구성되는 전통적인 문화의 단위로서의 규범적인 가족 정의에서 벗어나 다양한 개인의 삶의 영역으로서 가족을 보아야 함을 의미한다. 따라서 현대적 의미의 가족은 구조적인 형태보다는 성원과의 관계와 수행해야 할 기능 위주로, 그리고 관계와 기능 측면에서 정의하는 것이 바람직할 것이다.

2) 가족의 중요성

가족의 기능적인 면에서의 중요성은 이 책의 다른 부분들에서 많이 다룰 것이다. 이 절에서는 미시적 측면에서의 기능적 중요성보다는 거시적 측면에서의 가족과 사회의 관계 특성을 중심으로 가족의 중요성을 살펴보고자 한다. 특히 가족문화가 사회적으로 확산되는 사회적 가치의 산실이라는 점과 가족이 역사적, 문화적 구성체라는 관점에서 그 중요성을 살펴보고자 한다.

(1) 가족문화가 사회적으로 확산되기 때문

가족에서의 문제가 이제 더 이상 가족 구성원들 간만의 사적인 문제가 아니고 사회적으로 확산되며, 세대관계를 통해 가족의 중요한 가치들이 전수되고 이들가치가 다시 사회적으로 확산된다는 점에서 가족의 중요성이 강조된다. 가족문화의 사회적 확산에 대한 이론은 가족학자들과 문화학자들에 의해 제안되고 있다. Todd(1983, 1990)와 Hsu(1975) 등은 가족 또는 친족 조직의 관계적 특성이 전체 사회의 일반적인 행동양식이나 조직원리 및 지배적 가치관으로 어떻게 확산되는가를 밝힘으로써 가족문화를 통한 사회문화 분석의 가능성을 제시하였다(신수진, 1998). 지금까지 사회과학 분야의 연구들에서는 사회조직 원리가 가족관계에 영향을 주고 이들이 다시 사회조직 원리를 강화하는 방향으로 가족과 사회의 관계를 설명했지만, 이들은 가족에서 사회로 가치가 확산되는 영향을 강조하면서 이미 형성된 가족 구성 원리를 기반으로 개인들이 사회문화적 특성을 만들고 유지하는 원리를 설명하였다. 즉, 가족이라는 장(場)에서 태어난 인간이 기존의 가족관계를 학습하고, 나름대로의 적응 행태를 발전시켜 사회를 향해 나아감으로써 한 사회가 일정한 모습으로 문화를 형성, 유지시키게 된다고 설명하면서 이 과정에서 가족의 중요성을 부각하였다(신수진, 1998). 이러한 논의의 가능성은 앞에서 설명한 것과 같이 가족이 다른 사회제도와 달리 가족구성원들 간의 세대관계를 통해 상호작용이 이루어지는 특성 때문이다. 가족은 합법적, 관습적으로 형성된 친족관계를 통해 역사, 전통, 세대관계를 공유하며, 가족구성원들 간에 양육과 돌봄을 지원한다. 즉, 세대관계를 통한 사회화를 통해 가족문화가 계승되는 것이다(정현숙, 2004a).

또한 Todd(1983, 1990)는 가족행동의 특성 및 변화를 정치, 경제, 사회체제와 연관시켜 분석하면서 이데올로기의 형성 근거로서 가족을 강조하였다. Hsu(1975)도 '친족과 문화에 대한 가설(A Hypothesis on Kinship and Culture)'과 '심리사회적 항상성(Psychosocial Homeostasis)' 이론을 통해 가족문화의 사회적 파급에 대한 이론을 제안하였다. Hsu에 의하면 모든 생물체가 일정하고 유리한 물리적 안정 상태를 스스로 유지하는 경향이 있듯이, 모든 인간도 심리적, 관계적 평형 상태의 만족감을 스스로 유지하는 경향이 있는데 이것을 '심리사회적 항상성'이라고 명명하였다. Hsu는 인간이 어떻게 사회적, 문화적 존재로 살아가는지와 관련된 인간 존재의 요소를 [그림 4-1]과 같이 설명하였는데, 개인의 성격은 개인에 국한된 특성이 아니며, 그 개인이 처해있는 문화적 맥락에서 다른 개인들과의 관계나 신과의 관계 그리고 사물과의 관계를 어떻게 정의하는지에 따라, 또 각 관계에의 정서적 관여의 강도에 따라 영향을 받는 것으로 이해해야 한다는 점을 강조하였다(신수진, 1998).

그림과 같이 개인의 성향은 가장 안쪽의 무의식층에서 부터 가장 바깥의 외부세계가 모두 포함하지만, 이러한 항상성에는 가족과 같은 친밀한 사회와 문화(제3층)가 중요한 역할을 하게 되며, 이러한 과정을 통해 심리적, 관계적 평형상태의 만족감을 유지하게 된다.

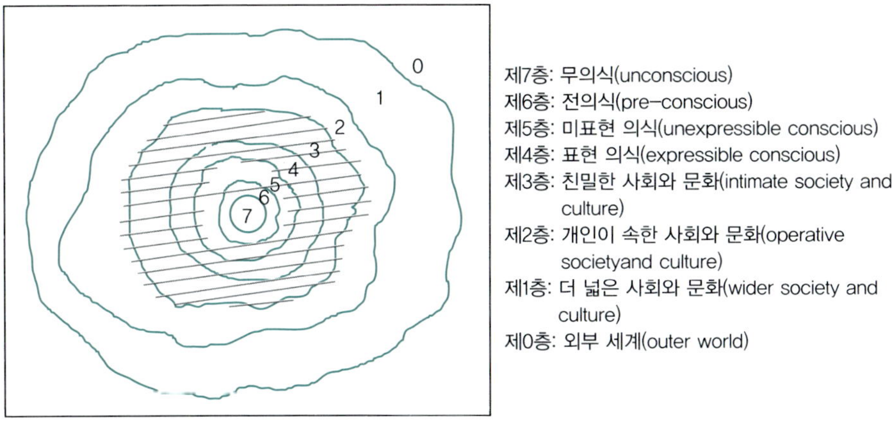

| 그림 4-1 | Hsu(1975)의 심리사회적 항상성

*출처: 신수진(1998). p. 34.

가족학자들(신수진, 1998; 정현숙 · 유계숙, 2001; Beutler, et al, 1989; Klein & White, 1996)도 사회제도 중에서 가족이 유일하게 세대관계를 포함하는 집단임을 강조한다. 가족 내에서 가족구성원들의 관계는 생물학적(출산)이며, 합법적, 관습적, 법적 특성으로 인해 확장된 보다 큰 조직(친족관계)과 연계되어 역사, 전통, 세대관계를 공유한다. 즉, 개인은 가족을 통해 특정 친족집단에 속하게 되며, 가족과 고향을 통해 마을, 지역사회에 존재하기 때문에 가족은 사적인 집단인 동시에 집단적이고 제도적인 차원까지 포괄하는 복합체로서의 성격을 지닌다. 이러한 세대관계와 친족관계와의 연계는 가족문화가 어떻게 사회문화로 확산되는지를 잘 보여 주는 예이다.

문화 관련 연구들(Lusting & Koester, 2003; Huntington & Harrison, 2001; Leigh, 2002; Lewis, 2000; Neuliep, 2000)에 의하면 앞으로의 세대는 문화의 세대이며, 문

화가 정치, 경제, 사회 전반을 통합하는 상위 개념임을 강조한다. 이들에 의하면 문화는 가치와 신념, 행동의 축적된 유형이며, 한 사회의 가치체계와 구성원의 행동 목록을 의미한다. 가치체계로서의 문화가 어떻게 형성되는가에 대해서는 Neuliep(2000)의 모델 [그림 4-2]에 잘 나타나 있는데, 이러한 모델은 가족문제의 사회적 확산(가족-사회-국가로의 관련성)의 이론적 근거가 될 수 있다.

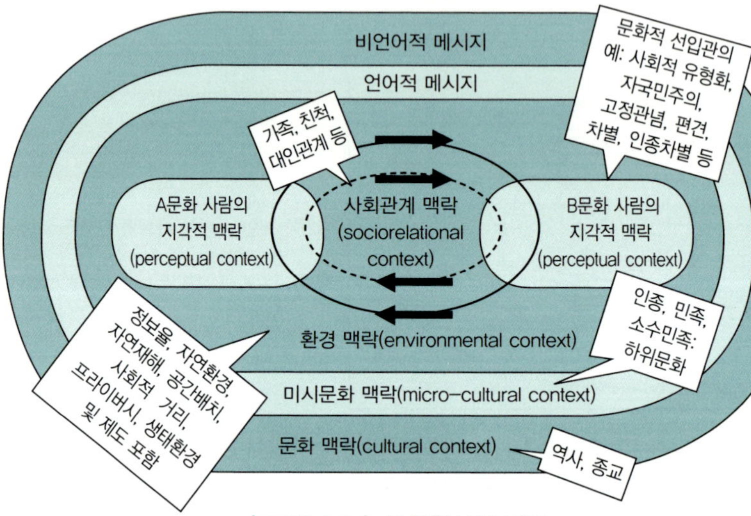

| 그림 4-2 | 문화형성의 맥락

*출처: Neuliep, J.(2000). Intercultural communication. p. 19에서 정리함.

전통적으로도 유교사상에서 다산은 [그림 4-3]과 같이 가족을 공과 사의 중간 영역에 배치하였다.

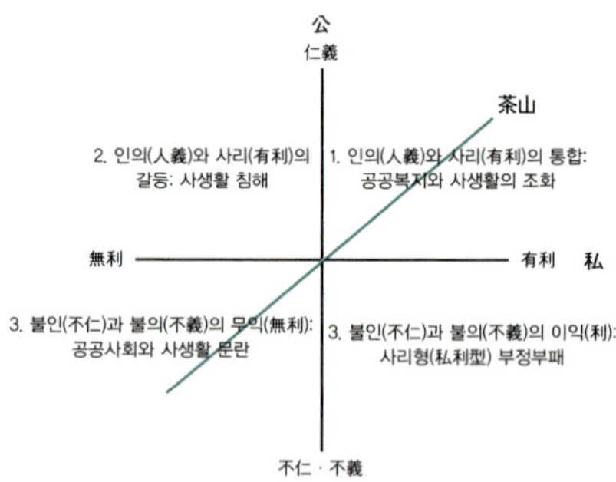

| 그림 4-3 | 다산의 실학사상에서 공(公)과 사(私)의 이차원 구도

*출처: 하덕웅(2002). p. 25.

(2) 역사적, 문화적 구성체로서의 가족

인간은 개별적인 존재이면서 동시에 사회적 존재이고, 자신의 정신적 존재를 문화 속에서 문화를 통해서 발전시킨다. 즉, 모든 문화는 사회 속에서의 가치실현이며 동시에 실현된 사회적 가치의 축적으로 우리에게 나타난다. 사회의식을 형성하는 첫 단계인 가족을 기본 단위로 하는 사회는 이렇게 인간의 문화가 성장하는 온상이다. 가족은 가족구성원 상호 간의 인간관계인 가족관계를 통해 가족문화를 형성하는데, 이러한 인간관계는 가족구성원 간의 권리와 의무의 관계이기도 하다. 실제로 가족관계는 가사분담이나 권리의무관계 및 일상생활의 모든 행위를 포함하는 가족행동의 총체이며, 역동적인 상호과정이므로 [그림 4-4]와 같이 가족을 둘러싼 근접환경인 동료나 직장 및 정치, 역사, 복지정책 및 사회환경 같은 문화적 맥락에 의해 영향을 주고받는다.

즉, 가족은 사회의 기본 공동체로서 독자적인 특질을 가지고 있는 동시에, 국가 또는 사회와 깊은 연관을 가지고 관습, 도덕, 법률이라는 사회적 가치관에 의해 상호 영향을 주고받는다. 이러한 상호작용에 따라 가족은 문화적 기능을 수행하게 된다. 이와 같이 가족이 사회문화적 가치를 전승하고 새롭게 구성하기 때문에 사회문화적 가치 혹은 가치관과 가족의 문제를 서로 분리하여 분석할 수는 없다. 이렇게 형성된 사회의 가치나 이데올로기는 일종의 문화적 무의식으로 사회구성원들이 그들의 세계를 이해하고 체험하는 매체가 되어 일상생활에서 문화적 관습으로 재생산되는 특징이 있기 때문에(서선희, 1995), 한 사회를 이해하는 핵심적인 요소가 된다. 어떤 문화라도 그 사회의 구성원들이나 혹은 법과 제도에 이러한 내용을 명시화하지 않았더라도 한 사회의 문화의 핵심에는 특히 강조되는 가족의 관념(중심적 가치)이 있고, 중심적 가치는 종교 · 정치 · 경제 등 문화의 모든 측면에 다양한 형태로 영향을 주고받게 된다. 이러한 이유로 가족은 역사적, 문화적 구성체로 볼 수 있으며, 바로 가족의 중요성이 여기에 있다.

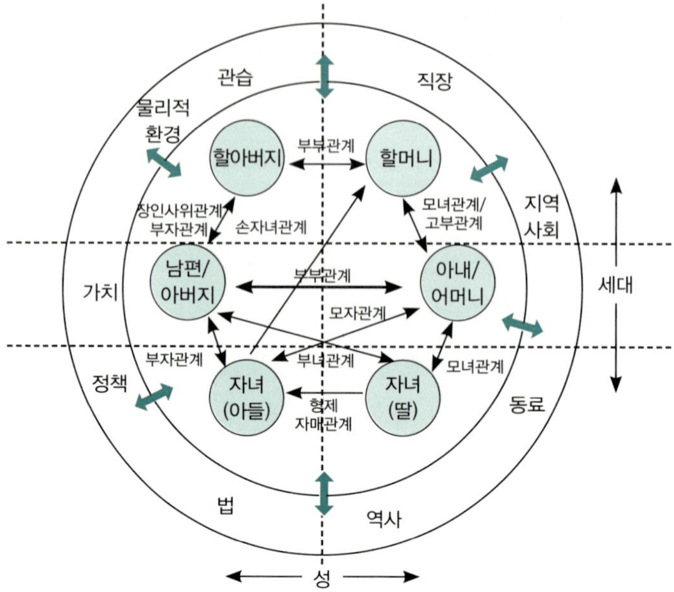

| 그림 4-4 | **가족 내의 가족관계와 가족관계에 영향을 미치는 사회적 환경**

*출처: 정현숙 · 유계숙(2001). p. 31.

3) 가족의 변화 요인

현대 한국 사회의 전반적인 변화는 가족 구조와 기능에 다양한 영향을 미치고 있다. 가족 역시 사회와의 상호작용을 통해 사회 전반에 다양한 변화의 원인이 되고 있다. 이 절에서는 경제체제의 변화, 기술과 의학의 발달, 가족가치관의 변화가 가족에 미친 영향을 살펴봄으로써, 가족과 사회가 어떻게 상호작용하며 변화하는지 이러한 변화가 가족생활교육과 어떠한 관련이 있는지 살펴본다.

(1) 경제체제의 변화

현대사회 변화 중 가장 혁명적인 변화는 경제체제의 변화이다. 농경사회에서 산업화 사회, 정보화 사회로의 경제체제의 변화는 가족의 기능과 구조에 가장 많은 영향을 미친 사회적 환경이다. 산업화 이전의 농경사회에서 가족은 가족구성원들에게 의식주를 공급하는 자급자족적 생산 단위로서 기능하였으며, 가족구성원 모두가 이러한 경제활동에 적극적으로 참여하였다. 그러나 산업화가 시작되면서 가족은 경제적 자급자족의 기능을 많은 부분 상실하고 각종 재화와 서비스를 소비하는 단위로 기능하게 되었다. 이러한 과정에서 남성들에게는 가족부양의 책임이, 여성들에게는 가사와 육아의 책임이 부여되는 성별 분업화가 이루어졌다.

초기 산업사회를 지나 산업화가 점차 고도화되면서 확대된 노동시장은 여성 노동인력을 어느 때보다도 필요로 하게 되었고, 특히 인플레이션이나 경기불황과 같은 상황들은 여성들, 특히 기혼여성들이 적극적으로 노동시장에 참여하는 결과를 가져왔다. 이와 함께 여성의 학력이 증가하고 자아실현에 대한 욕구와 함께 가족의 경제적 요구가 증가함에 따라 맞벌이부부는 이제 보편적인 현상이 되었다. 남성에 대한 여성의 경제적 의존이 감소함에 따라 여성들은 결혼과 가족생활에서 과거보다 더 많은 권력을 지니게 되었고, 생활양식에 대한 선택의 폭도 이전보다 커지게 되었다. 이러한 경제적 상황의 변화는 개인이 결혼과 가족생활 양식을 선택하는 데 영향을 미쳐 배우자선택 시 맞벌이가 선호되고, 경제적으로 독립한 여성들이 자발적으로 독신을 선택하며, 이혼을 원하는 기혼여성들이 이혼 후의 경제적 자립능력 때문에 더 이상 이혼을 꺼리지 않는 결과를 가져왔다(정현숙 · 유계숙 · 최연실, 2002). 그 결과 맞벌이가족과 한부모가족 등 다양한 가족이 증가하고 있다.

1980년대 후반 시작된 정보화는 이전과는 다른 형태로 가족생활의 광범위한 영역에 영향을 미쳤다. 정보화는 가족구성원 간 관계 변화(함인희, 1996)뿐만 아니라, 주부의 가사분담(조형, 1992), 가족 내의 의사소통 방식(김재은, 1997)을 변화시켰으며, 정보화로 인한 재택근무는 가족 내 남녀 간의 성별분업(이선이 · 최문경, 1997)에도 영향을 미쳤다. 이러한 변화는 정보사회의 발달로 인해 그 속도가 더욱 가속화되고 있다. 정보화 사회에서 가족관계는 가족원들과의 직접적인 관계보다는 가족 밖의 네트워크에 의존한 인간관계에 더 많은 시간을 보내게 되어 가족원의 개인화된 네트워크가 확장될 것으로 예측된다(조정문, 1997). 그 결과 다양한 가족의 증가와 함께 가족관계 내에서 개방성과 자율성이 증가하지만, 반대로 가족의 중요한 기능 중 하나인 정서적 기능과 교육적 기능 등에는 부정적인 역할을 하게 된다. 정보화 사회에서 가족구성원들은 다른 형태의 동료애를 필요로 하며, 아동양육은 점차 덜 중요한 가족 기능이 되면서 가족의 돌봄 기능들은 점차 사회로 이관되고 있어,

인간의 욕구를 충족할 기회와 도전에 직면하게 된다. 이미 사람들은 인터넷에서 동료애를 찾기도 하고 중요한 관계를 형성하기도 한다. 학교, 기업, 정부는 과거에 가족에서 행하던 보건과 의료, 아동양육, 은퇴 후 보호, 실업수당, 노인돌봄과 보호 등 기본적 욕구 제공의 요구에 직면하고 있으며 이미 이를 위한 다양한 제도나 정책이 시행되고 있다. 건강에 대한 특별한 요구나 정서적 요구를 지원하기 위한 지지집단이 증가하고 있으며, 여행동우회, 독서토론모임, 음식탐방모임 등 가족 밖에서 비슷한 흥미를 가진 사람들의 모임도 증가하고 있다(정현숙, 2004c).

(2) 기술과 의학의 발달

두 번째 가족에 영향을 미친 사회적 환경은 기술과 의학의 발달이다. 기술 및 의학의 발달 중 가족에게 영향을 미친 획기적인 사건이 1960년대 피임약의 개발일 것이다. 피임약의 발달로 임신 여부와 시기를 조절할 수 있게 되면서, 여성은 출산으로부터 자유로워졌다. 피임약이 보편화되면서 여성의 혼전 성관계가 증가하고, 출산 시기를 조절할 수 있게 되었으며 여성들의 사회진출은 더욱 증가하게 되었다. 이러한 일련의 변화는 궁극적으로 양성평등한 성역할에 대한 요구와 변화로 이어진다. 새로운 기술의 발달은 자동화된 가사노동 보조제품, 여가생활 제품의 발전으로 이어졌으며, 컴퓨터, 휴대전화 등의 등장으로 다양한 의사소통이 가능하게 되었다. 가사노동의 자동화로 주부들의 여유 시간이 증가하는 한편 가족의 안식처 기능이 새롭게 조명되기 시작했다. 또한 새로운 기술을 둘러싼 전통적 가치관과 새로운 가치관의 갈등 및 대립 역시 심화될 가능성도 제기되고 있다(정현숙 외, 2003).

피임약의 개발과 양성평등한 성역할은 출산율 저하로 이어지고 가족 수의 감소로 연결된다. 가족 수의 감소는 형제 수의 감소로 인한 아동발달의 환경변화를 의미하기 때문에, 가족 수의 감소는 자녀들의 형제관계 및 부모자녀관계에 직접적인 영향을 미친다(Hernandez & Myers, 2003). 형제가 많은 가정의 아동은 돌봄과 친밀한 동료애의 기회가 많기 때문에, 가족 수의 감소는 아동기에서 성인기에 이르기까지 가능한 잠재적 동료애가 절대적으로 감소된다는 의미이기도 하다. 그러나 한 가족의 제한된 자원을 고려해 볼 때 형제가 많은 대가족에서 성장한 아동은 자녀 수가 적은 가족의 아동보다 교육기회가 제한될 수 있기 때문에 성인이 되었을 때 고위 직업을 가질 가능성이 상대적으로 적다. 따라서 가족 수의 감소는 교육과 직업 및 경제적 성취에 더 좋은 기회를 제공하기도 한다.

또한 의학의 발달은 유아 사망률 감소와 평균수명의 연장으로 인한 노인인구의 증가로 이어진다. 2013년 기준 한국인의 평균수명은 남자는 73세, 여자는 81.4세로 수명 연장은 한동안 지속될 예정이다(통계청, 2014). 평균수명의 증가는 가족의 생활주기에서 자녀출가 후 노부부만이 남는 기간이 장기화되고 결국 노인부양의 문제가 제기되지만, 우리 사회에서 자녀가 노부모를 부양하는 비율은 점차 감소하고 있다. 평균수명의 연장은 부모역할을 하는 기간의 연장으로, 그리고 노인부양에 대한 부담은 부모자녀관계의 변화로 이어지면서 부모역할에 대한 새로운 관점이 요구된다.

(3) 가족 가치관의 변화

가족에 영향을 미친 사회적 현상 중 하나가 성역할의 변화이다. 여성들의 교육수준이 향상되고 사회진출이 활발해지고, 1960년대와 1970년대에 전개되었던 여성운동의 영향으로 남성은 생계부양자로서 그리고 여성은 어머니와 가정주부로서의 전통적인 역할 구분이 도전받아 왔다. 그 이후 비록 이념적이나마 남녀평등은 상당한 진전을 이루어 오늘날, 특히 여성들은 가정이나 일터에서 예전과는 다른 역할을 기대받는다(정현숙, 2002b).

일반적으로 남성 지배적 통제구조인 전통 사회에서는 정치, 경제, 사회, 문화 등 모든 제도에서 남성과 여성은 격리되었다. 그러나 이러한 남성 지배적 사회구조는 산업화의 사회적 요구에 의해 가족의 구조와 기능이 변화하였다. 여성의 노동력을 요구하는 사회적 필연성에 따라 여성들에게 보다 많은 사회 참여 기회가 주어졌으며, 노동시장에 진출하는 여성들이 급증함으로써 여성들 스스로가 자신의 인생을 통제할 수 있는 능력이 과거보다 커졌으며, 그 결과 이전의 전통적인 성역할과의 충돌은 불가피하게 되었다. 여성들은 사회진출을 통해 과거에는 금지되었던 남성적 역할을 경험하고, 남성 또한 가족의 항상성 유지나 여성들의 요구에 의해 가사와 육아에 참여함으로써, 남녀는 각각 부양자로서의 남성 역할과 가사 및 육아담당자로서의 여성 역할을 모두 수행하면서 통합된 성역할을 획득하는 방향으로 나아가고 있다. 그 결과 남성들은 변화하는 가치관에 혼란을 보이기도 하지만, 성정체감 혼란의 상황에서도 집안일도 분담하고, 아내의 경제적 지원을 당연히 여기게 되고, 아내가 사회에서 일익을 담당하고 있음에 자긍심을 느끼기도 한다. 또한 자녀양육에서 아버지 역할의 중요성이 강조됨에 따라 과거의 권위주의적 아버지상에서 탈피하여 보다 적극적이고 양성적인 태도로 자녀양육에 참여하는 아버지들도 늘어나고 있다(정현숙 외, 2002). 이러한 과정에서 슈퍼맨으로서 다양한 역할을 수행하도록 요구받는 아버지들이 역할과중을 경험하기도 하며, 여성들 역시 슈퍼우먼의 역할을 수행해야 하는 어려움에 직면하기도 한다. 이러한 경제체제와 기술 및 의학의 발달과 성역할의 변화로 가족은 구조와 기능 면에서 다양해지고 있으며, 가족경제가 향상되고 양육방식이 변화하면서 다양한 가족 가치관의 변화를 경험하고 있다.

4) 한국 가족의 인구사회학적 특징

사회의 변화에 따라 나타난 한국 가족의 특징은 크게 가족 크기의 변화, 가족의 다양성 증가, 가족경제의 향상, 가족의 양육방식의 변화와 결혼에 대한 태도 변화로 요약 설명할 수 있다.

(1) 가족 크기의 변화

우리나라의 가족 형태별 가구는 2010년과 2030년을 비교하면 〈표 4-3〉과 같이 17,359에서 22,261로 약 22% 이상 증가할 것으로 예측되고 있다. 그러나 가구당 평균 가족 수는 1975년 5명에서 1990년에는 3.7명, 2000년에는 3.1명, 2010년에는 2.7명으로 감소하고, 2035년도에는 2.17명으로 더욱 감소할 것으로 예측된다. 이들 가구 중 부부가족은 [그림 4-5]와 [그림 4-6]과 같이 15.4%에서 22.7%로 증가하지만, 부부와 자녀가족은 37%에서 20.3%로 감소하며, 1인가구가 2035년에는 34.3%로 증가할 것으로 예측된다.

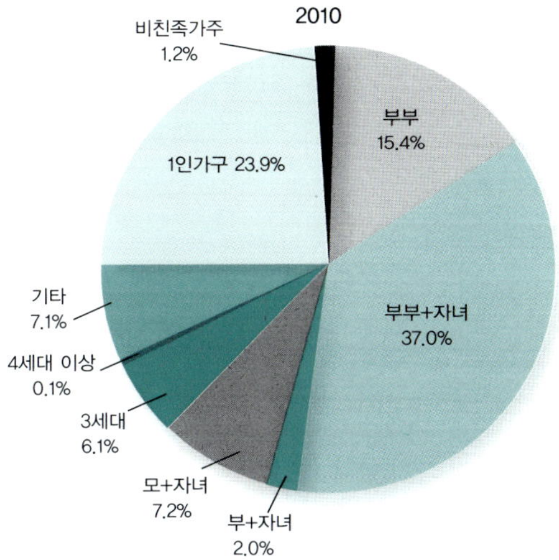

| 그림 4-5 | 가구유형별 가구(2010년)

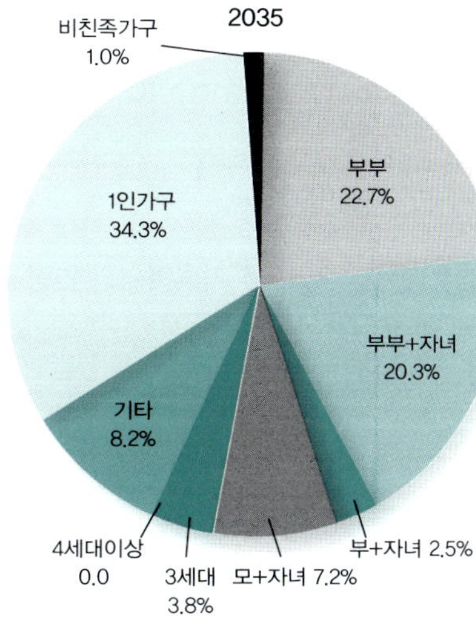

| 그림 4-6 | 가구유형별 가구(2035년)

*출처: 통계청(2012). 장래가구추계: 2010년~2035년. p. 10, p. 20.

표 4-3 가구유형별 가구추계(2010~2035년)

(단위: 천 가구, %)

		가구					구성비				
		2010	2012	2015	2025	2035	2010	2012	2015	2025	2035
전국	계	17,359	17,951	18,705	20,937	22,261	100.0	100.0	100.0	100.0	100.0
	부부	2,666	2,874	3,179	4,264	5,053	15.4	16.0	17.0	20.4	22.7
	부부+자녀	6,427	6,294	6,059	5,264	4,509	37.0	35.1	32.4	25.1	20.3
	한부모+자녀	1,595	1,677	1,784	2,039	2,165	9.2	9.3	9.5	9.7	9.7
	3세대 이상	1,074	1,047	1,003	898	855	6.2	5.8	5.4	4.3	3.8
	기타	1,240	1,305	1,395	1,671	1,826	7.1	7.3	7.5	8.0	8.2
	1인가구	4,153	4,539	5,061	6,561	7,628	23.9	25.3	27.1	31.3	34.3
	비친족가구	205	214	225	241	225	1.2	1.2	1.2	1.1	1.0

*출처: 통계청(2012). 장래가구추계 시도편: 2010~2035. p. 18.

이러한 가족 크기 변화는 결혼 후 자녀들의 분가와 1인 가구의 증가 및 기혼여성의 출산율 감소가 그 원인이다. 〈표 4-4〉에서 2010년 평균 자녀수는 2.4명이지만 나이가 젊을수록 출생 자녀 수가 감소하는 것을 알 수 있다. 40~44세를 기준으로 할 때 17.7%는 자녀 1명, 64.9%가 2명, 13.2%가 3명이며, 50대는 2~3명이, 60대는 2~4명, 70대는 3~5명이 주류를 이루는 것에서 연령별로 급격한 차이를 볼 수 있다.

표 4-4 2010년 기혼여성의 연령급간별 출생자녀 수

연령	0명	1명	2명	3명	4명	5명	6명	7명	8명	9명	10명 이상	평균
합계	607,138	2,719,021	6,972,218	2,518,299	1,131,972	657,492	348,822	165,651	69,465	23,762	12,982	2.4
15~19	2,394	1,747	86	13	0	0	0	0	0	0	0	0.5
20~24	23,181	38,671	10,079	725	56	10	0	0	0	0	0	0.8
25~29	147,126	283,668	112,043	13,524	899	72	7	3	0	0	0	1.0
30~34	147,031	556,317	539,891	72,166	5,494	428	81	39	5	0	0	1.4
35~39	74,006	465,759	1,067,516	180,877	13,275	1,643	158	78	21	3	0	1.8
40~44	48,366	345,547	1,260,711	255,908	31,223	1,835	379	60	0	0	0	1.9
45~49	42,548	317,370	1,308,527	260,931	38,354	1,776	354	23	12	0	0	2.0
50~54	35,198	288,716	1,180,473	289,213	55,392	10,759	2,898	888	528	1,041	3	2.1
55~59	23,678	151,270	708,512	367,442	99,000	24,357	5,822	1,661	770	713	30	2.3
60~64	15,741	84,744	383,066	385,209	164,782	54,995	15,095	4,083	1,263	368	890	2.8
65~69	14,080	58,010	184,197	306,318	231,463	113,998	40,010	13,110	3,886	1,065	849	3.3
70~74	13,454	46,065	97,452	198,227	228,811	167,539	82,672	32,548	10,747	2,926	1,607	3.9
75세+	20,335	81,137	119,665	187,746	263,223	280,080	201,346	113,158	52,233	17,646	9,603	4.5

*출처: 통계청(2010). 인구총조사. 연령 및 출생자녀수별 기혼여성인구(15세 이상).

가족 크기는 아동에 대한 부모의 양육방식과 부모-자녀 간의 상호작용 패턴에 영향을 미칠 뿐만 아니라 자녀들의 사회에서의 기회에도 영향을 미친다. 가족의 크기가 커지면 자원이 제한되기 때문에 가족 내의 갈등이 많아지고 부모들도 더 권위적인 양육방식을 나타내는 경향이 높다. 또한 규칙을 제정하는 방식이나 행동수정 방식, 애정표현 방식에서도 차이가 나는데, 가족의 크기가 커질수록 부모역할에서의 긴장이 커지고 이러한 긴장은 부모의 복지와 결혼만족도에 부정적 영향을 미치기 때문이다(정현숙, 2004c). 또한 Gerson(2003)은 가족 수의 감소가 형제 수의 변화를 의미하며 아동의 가장 중요한 사회적 지원망인 형제자매관계의 단절을 의미하기 때문에 아동의 삶에 혁명적 사건임을 강조한다. 형제는 연령, 욕구, 활동이 가장 비슷한 가족성원이기 때문에 가족원 중 가족 자원의 가장 큰 경쟁자이며, 형제 수가 많은 가족의 아동은 상대적으로 돌봄과 친밀한 동료애 기회가 더 많기 때문에 형제들은 가장 중요한 동료이기도 하다. 따라서 형제 수의 감소는 아동기에서 성인기에 이르기까지 가능한 잠재적 동료애의 감소를 의미하고, 이러한 아동의 정서적 경험의 제한은 정보화사회에서 가족의 정서적 기능 약화를 가속화시키는 원인이 된다.

(2) 가족의 다양성

결혼과 가족에 대한 태도가 변화하고, 이혼, 재혼 및 여성취업이 증가하면서 가족구조와 형태도 다양해지고 있다. 앞의 〈표 4-3〉에서 2010년의 경우 핵가족이 전체의 61.2%, 2035년도에는 52.7%를 차지하지만, 핵가족도 부부와 미혼자녀, 한부모와 미혼자녀, 조부모와 손자녀가족 등 구조가 다양하다. 이러한 결과로 볼 때 우리나라 가족은 구조적으로는 전통적 직계가족의 형태에서 벗어나 부부와 미혼자녀로 구성된 부부가족(conjugal family)의 형태로 변화한다고 볼 수 있다. 특히 장남의 분가율이 증가하면서 3세대 가족은 감소하고, 부부가족은 계속 증가하고 있다. 3세

표 4-5 가족 형태별 가구(2010~2035년)

(단위: 천 가구)

연도	계	핵가족					직계가족			
		부부	부부+미혼자녀	부+미혼자녀	모+미혼자녀	조부모(한조부모)+손자녀	부부+양친	부부+한부모	부부+미혼자녀+부모	부부+미혼자녀+한부모
2010	17,359	2,666	6,427	347	1,248	119	25	134	134	518
2015	18,705	3,179	6,059	410	1,374	153	24	140	114	447
2020	19,878	3,704	5,651	465	1,463	190	22	141	95	379
2025	20,937	4,264	5,264	511	1,528	231	20	136	79	322
2030	21,717	4,756	4,892	544	1,568	275	17	126	65	276
2035	22,261	5,053	4,509	564	1,601	321	15	114	53	240

*출처: 통계청(2012). 장래가구추계 재구성.

대 가족과 부부가족에서 아동의 지위와 위치는 매우 다른 양상을 나타낸다. 조부모와 손자녀의 깊은 애정 관계는 조부모에게는 손자녀의 전인생주기에 걸쳐 중요한 심리적 발달을 도모해 준다는 자부심을 느끼게 하며, 손자녀에게는 조부모의 인생을 통한 경험과 지혜를 제공해 준다는 점에서 의미가 있으며, 이러한 점들이 노년기의 통합이라는 발달과업에 도움이 되기도 한다(서동인, 1996). 그러나 부부가족에서는 이러한 세대 간의 관계가 약화될 수도 있다. 따라서 다양한 가족형태에 따라 가족환경이 차이가 나며, 이러한 점이 가족관계 전반에 다른 영향을 미치게 된다.

(3) 가족경제의 향상

우리 사회는 산업화가 지속적으로 진행되면서 국가의 대내외 경제력이 전체적으로 향상되었다(〈표 4-6〉 참조). 이러한 경제력의 향상은 사회구성원의 삶의 질과 복지에 대한 관심의 확대로 연결되며, 가족의 여가문화에도 커다란 변화를 가져온다. 그 이유는 국가의 경제력 향상은 가족의 경제력 향상도 의미하기 때문이다. 우리나라 도시근로자 가구의 월평균 소득은 1980년 이후 지속적으로 증가하고 있으며, 2014년 흑자율도 28.4%에 이른다(〈표 4-7〉 참조). 경제력을 포함한 가족의 사회경제적 지위는 가족의 경제적, 사회적 자원이다. 가족의 경제적 자원은 가족의 모든 활동에 필수적이고 생활의 질적 향상과 직접적으로 관련되며 때로는 가족 내에 긴장과 갈등 요인이 되기도 하지만, 사회 관계망에서의 접근 가능한 자원이 되기도 한다. 이러한 자원은 부모의 자녀양육행동과 아동의 성격, 학업성취, 성역할의 발달, 스포츠 참여 유형, 비행 정도 등 다양한 영역에 영향을 미친다(정현숙, 2004c). 방하남과 김기헌(2001)에 의하면 부모의 교육수준과 지위 및 소득이 높을수록 자녀의 대학 진학률이 높은데, 이 경우 소득과 같은 경제적 요인보다는 부모의 학력과 지위 등 문화적 요인이 자녀의 대학 진학에 미치는 영향이 크기 때문이라고 한다. 따라서 아동발달에 미치는 가족의 사회경제적 지위는 이러한 지위에 따른 부모의 자녀에 대한 가치관과 양육 행동의 차이로 나타난다. 즉, 가정경제 향상이 중요한 이유는 증가된 경제력은 가족의 삶의 질을 향상시키고, 자녀들의 교육기회를 확대시키기 때문이다. 실제로 〈표 4-8〉과 같이 도시가구의 소비지출비용 중 교육비와 교통통신비용이 차지하는 비중은 거의 모든 시기에 매우 높은 수준이다.

표 4-6 국민총소득, 국내총생산 및 국민처분가능소득 추이(1980~2014년) (단위: 십억 원)

시점	국민총소득 (GNI, 명목)	1인당 국민총소득 (명목, $)	국내총생산 (GDP, 명목)	국민처분가능소득 (명목)	노동소득 분배율(%)
1980	39,083.40	1,686.0	39,471.30	35,599.30	50.6
1990	197,414.70	6,505.0	197,712.30	174,018.90	56.8
2000	630,614.30	11,865.3	635,184.60	521,717.20	57.8
2001	683,447.10	11,180.2	688,164.90	562,163.90	58.9
2002	758,862.60	12,735.4	761,938.90	628,067.50	58.2
2003	807,778.00	14,160.9	810,915.30	665,177.50	59.6
2004	874,238.70	15,898.3	876,033.10	719,941.50	59.1
2005	912,608.60	18,508.2	919,797.30	750,310.70	61.2
2006	962,446.60	20,823.2	966,054.60	790,894.70	61.8
2007	1,040,091.80	23,032.8	1,043,257.80	857,994.00	61.2
2008	1,104,414.30	20,463.4	1,104,492.20	900,584.90	61.9
2009	1,148,981.80	18,302.9	1,151,707.80	924,761.30	61.9
2010	1,266,579.80	22,169.7	1,265,308.00	1,028,321.70	59.4
2011	1,340,529.80	24,302.1	1,332,681.00	1,082,939.30	59.9
2012	1,391,595.50	24,696.0	1,377,456.70	1,118,055.40	60.9
2013	1,439,644.40	26,178.9	1,429,445.40	1,155,996.00	61.7
2014	1,496,593.40	28,180.4	1,485,078.00	1,200,190.40	62.6

*출처: 한국은행(2015). 국민계정(2010년 기준) 연간지표(1953~2014).

표 4-7 도시근로자 가구의 월평균소득 및 가계지출추이(1990~2014년) (단위: 원, %))

시점	소득	처분가능 소득	가계지출	소비지출	평균 소비성향	흑자율
1990	945,268	790,966	733,552	579,250	73.2	26.8
2000	2,388,231	1,977,216	1,901,770	1,490,755	75.4	24.6
2001	2,658,217	2,194,607	2,091,157	1,627,547	74.2	25.8
2002	2,835,445	2,359,036	2,173,816	1,697,407	72.0	28.0
2003	2,930,755	2,420,949	2,302,636	1,792,829	74.1	25.9
2004	3,112,474	2,562,307	2,447,295	1,897,128	74.0	26.0
2005	3,252,090	2,682,559	2,560,612	1,991,081	74.2	25.8
2006	3,444,054	2,832,565	2,682,362	2,070,874	73.1	26.9
2007	3,656,201	2,993,230	2,826,582	2,163,611	72.3	27.7
2008	3,900,622	3,183,581	3,025,570	2,308,529	72.5	27.5
2009	3,853,189	3,126,794	3,036,739	2,310,344	73.9	26.1
2010	4,007,671	3,233,269	3,209,504	2,435,102	75.3	24.7
2011	4,248,619	3,415,276	3,364,698	2,531,355	74.1	25.9
2012	4,492,364	3,619,444	3,494,821	2,621,901	72.4	27.6
2013	4,606,216	3,714,006	3,547,588	2,655,378	71.5	28.5
2014	4,734,603	3,806,607	3,651,849	2,723,853	71.6	28.4

*주: 처분가능소득=소득 · 비소비지출흑자율=(흑자액/처분가능소득)×100평균소비성향=(소비지출/처분가능소득)×100

*출처: 통계청(2015e). 가계동향조사, 가구당 월평균 가계수지(도시, 2인 이상).

표 4-8 도시가구 당 월평균 가계수지 구성비 추이(2004~2014년)

(단위: %)

구분	2004	2005	2006	2007	2008	2009	2010	2011	2012	2013	2014
식료품 · 비주류음료	15.1	14.6	14.2	13.8	14.1	13.8	13.9	14.2	14.2	14.0	13.8
주류 · 담배	1.5	1.5	1.5	1.4	1.3	1.2	1.2	1.2	1.1	1.1	1.1
의류 · 신발	6.3	6.3	6.3	6.4	6.2	6.1	6.4	6.5	6.8	6.8	6.6
주거 · 수도 · 광열	9.7	9.8	9.9	9.7	9.7	9.8	10.1	10.1	10.4	10.8	10.4
가정용품 · 가사서비스	3.4	3.6	3.5	3.7	3.5	3.6	3.8	3.8	3.8	4.0	4.1
보건	5.7	5.9	6.2	6.4	6.2	6.5	6.7	6.5	6.5	6.6	6.6
교통	11.6	12.0	12.5	12.4	12.4	12.4	11.9	12.3	12.3	12.4	13.1
통신	7.3	7.0	6.8	6.7	6.3	6.2	6.1	6.0	6.2	6.2	5.9
오락 · 문화	5.5	5.4	5.4	5.3	5.2	5.2	5.5	5.4	5.5	5.6	5.8
교육	11.3	11.3	11.4	11.9	12.8	13.5	13.0	12.3	11.7	11.4	11.2
음식 · 숙박	14.2	13.8	13.4	13.5	13.6	13.0	12.7	12.5	12.7	12.9	13.1
기타상품 · 서비스	8.5	8.6	8.9	8.8	8.7	8.6	8.9	9.2	8.8	8.2	8.4

*출처: 통계청(2015e). 가계동향조사

(4) 아동양육방식의 변화

가족의 중요한 기능 중 하나는 자녀의 사회화 기능이다. 그러나 1980대 이후 맞벌이가족을 비롯한 다양한 가족이 증가하고 다양한 보육관련 정책들이 시행되면서 유아의 가족 밖 양육이 증가하고 있다. 우리나라의 아동보육시설과 보육아동수도 점차 증가하여, 1995년 9천여 개 시설에서 2014년도에는 4만 3천여 개로 증가하였으며, 보육아동수는 3,844명에서 23,318명으로 거의 5배 이상이 증가하였다(〈표 4-9〉 참조).

표 4-9 보육시설 및 보육아동 수(1995~2014년)

(단위: 개소, 천 명)

연도	총 시설 수	아동 수	국·공립	직장	가정
1995	9,085	294	1,029	87	3,844
1999	18,768	641	1,300	207	6,703
2000	19,276	686	1,295	204	6,473
2005	28,367	989	1,473	263	11,346
2006	29,233	1,040	1,643	298	11,828
2007	30,856	1,100	1,748	320	13,184
2008	33,499	1,136	1,826	350	15,525
2009	35,550	1,175	1,917	370	17,359
2010	38,021	1,280	2,034	401	19,367
2011	39,842	1,349	2,116	449	20,722
2012	42,527	1,487	2,203	523	22,935
2013	43,770	1,487	2,332	619	23,632
2014	43,742	1,497	2,489	692	23,318

*출처: 보건복지부(2014). 보육통계.

어머니 취업으로 인해 가족 밖에서 양육이 이루어지는 학령 전기 아동이 집에서 양육되는 아동과 비교하여 발달적인 측면에서는 차이가 없다는 연구들이 대부분이다. 그 이유는 외부의 양육이 어머니 역할의 박탈이 아니며, 돌보는 사람이 제한되어 있고, 유아양육자 간 관계가 지속적이고 양육자가 개별아동에게 반응적일 때는 다양한 사람과 유아가 애착을 형성한다고 보기 때문이다. 즉, 아동양육 환경의 질적 환경이 아동발달에 중요하기 때문에 이러한 질적 환경 조성의 필요성이 강조된다. 그러나 가정 밖의 양육은 이제는 더 이상 맞벌이가족에서만의 문제가 아니가 일반적인 현상으로 자리 잡고 있다.

(5) 결혼에 대한 태도 변화

1970년부터 2015년까지 시계열적으로 시간에 따른 혼인건수와 조혼인율의 추이를 재구성하면 [그림 4-7]과 같다. 조혼인율과 혼인건수는 비슷한 패턴을 나타내는

데, 1970년대 초 감소하다 1980년대 정상을 이루고 고원 현상을 보이다 1996년에 다시 정점을 이룬 후 계속 감소 추세에 있으며, 2004년부터 다시 증가하는 M자 패턴을 나타낸다. 이후 점차로 감소하는 경향을 보인다. EU 국가의 경우 1970~2007년 동안 조혼인율은 7.9건에서 4.9건으로 감소하였으며, 조이혼율은 0.9건에서 2.1건으로 상승하였다(한국보건사회연구원, 2013). 2004년 이후 총혼인건수와 증감률은 〈표 4-10〉과 같다.

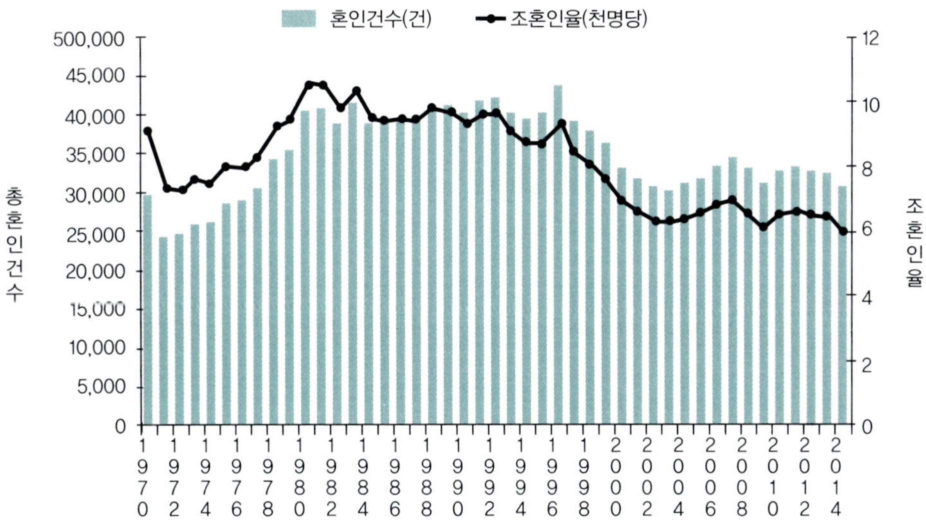

| 그림 4-7 | 혼인건수 및 조혼인율 추이(1970~2014년)

*출처: 통계청(2014). 혼인 · 이혼 통계.

표 4-10 혼인건수 및 조혼인율 추이

연도	2004	2005	2006	2007	2008	2009	2010	2011	2012	2013	2014
혼인건수(천 건)	308.6	314.3	330.6	343.6	327.7	309.8	326.1	329.1	327.1	322.8	305.5
증감(천 건)	6.1	5.7	16.3	12.9	−15.8	−18	16.3	3.0	−2.0	−4.3	−17.3
증감률(%)	2.0	1.8	5.2	3.9	−4.6	−5.5	5.3	0.9	−0.6	−1.3	−5.4
조혼인율	6.4	6.5	6.8	7.0	6.6	6.2	6.5	6.6	6.5	6.4	6.0

*출처: 통계청(2014). 혼인 · 이혼 통계.

평균 초혼 연령도 상승하여 〈표 4-11〉과 같이 1999년 남자 29.1세, 여자 26.3세에서 2014년에는 남자 32.4세, 여자 29.8세로 계속 증가하고 있다. 연령별로 혼인율도 점차 만혼현상을 보여 준다(〈표 4-12〉, 〈표 4-13〉 참조). 이러한 사회적 변화로 인한 가족의 변화는 매우 규범적이며 예측 가능한 변화임을 알 수 있다. 그러나 이러한 새로운 변화에 대한 우리의 대처방식과 문제해결 지식은 매우 부족하여, 가족생활교육의 필요성이 대두된다. 새롭게 변화된 가족의 의미에 대한 이해를 높이며, 가족의 역할과 가족의 요구에 대한 지원을 통해 가족의 삶의 질을 높이기 위해서는 가족생활교육이 그 역할을 하여야 할 것이다.

표 4-11 평균 초혼 연령 추이

(단위: 세)

연도	1999	2000	2001	2002	2003	2004	2005	2006	2007	2008	2009	2010	2011	2012	2013	2014
남	29.1	29.3	29.6	29.8	30.1	30.5	30.9	31.0	31.1	31.4	31.6	31.8	31.9	32.1	32.2	32.4
여	26.3	26.5	26.8	27.0	27.3	27.5	27.7	27.8	28.1	28.3	28.7	28.9	29.1	29.4	29.6	29.8

*출처: 통계청(2014). 인구동향조사.

표 4-12 남자의 연령별 혼인건수

(단위: 천 건)

연도	2004	2005	2006	2007	2008	2009	2010	2011	2012	2013	2014
계	308.6	314.3	330.6	343.6	327.7	309.8	326.1	329.1	327.1	322.8	305.5
19세 이하	1.2	1.0	1.0	0.9	0.8	0.6	0.7	0.8	0.8	0.9	1.0
20~24세	16.0	14.6	14.8	13.5	11.1	9.2	9.6	9.4	9.0	9.4	9.6
25~29세	112.8	108.5	114.6	116.8	107.5	97.9	96.8	93.6	84.2	78.5	69.8
30~34세	102.0	104.3	111.4	117.1	110.8	106.3	116.2	123.4	129.9	132.5	123.8
35~39세	31.0	35.2	39.9	44.7	46.1	45.1	49.0	49.1	49.1	48.5	47.6
40~44세	18.2	20.0	19.4	19.7	20.2	19.5	21.4	21.5	22.2	22.0	22.2
45~49세	12.5	14.2	13.4	13.9	13.8	13.3	13.6	12.3	12.2	11.7	11.8
50~54세	7.1	8.0	7.5	7.9	8.3	8.5	9.1	8.9	9.0	8.8	8.7
55~59세	4.1	4.6	4.4	4.6	4.6	4.7	4.9	5.1	5.5	5.4	5.8
60세 이상	3.6	3.9	4.1	4.4	4.5	4.7	4.8	4.9	5.1	5.1	5.2

*출처: 통계청(2014). 혼인 · 이혼 통계.

표 4-13 여자의 연령별 혼인건수

(단위: 천 건)

연도	2004	2005	2006	2007	2008	2009	2010	2011	2012	2013	2014
계	308.6	314.3	330.6	343.6	327.7	309.8	326.1	329.1	327.1	322.8	305.5
19세 이하	5.0	5.8	7.7	6.1	6.5	5.3	5.8	5.1	4.7	4.4	3.8
20~24세	53.4	48.3	48.9	44.4	37.3	30.7	32.0	30.5	28.5	27.7	25.9
25~29세	145.4	146.5	158.0	167.6	156.0	144.0	146.2	141.8	131.8	124.5	111.7
30~34세	53.0	57.3	62.4	68.2	69.3	70.5	80.2	89.9	98.1	102.4	97.7
35~39세	20.4	22.1	22.7	25.0	25.5	25.0	26.5	26.3	27.2	27.3	28.3
40~44세	14.9	15.6	13.6	13.9	13.6	13.6	13.9	13.5	14.0	14.0	14.0
45~49세	9.6	10.7	10.7	9.5	9.9	10.3	10.6	10.5	9.8	9.5	10.0
50~54세	4.2	5.0	4.6	5.0	5.6	5.9	6.5	6.8	7.3	7.2	7.5
55~59세	1.6	1.9	1.8	2.0	2.2	2.3	2.6	3.1	3.4	3.6	4.0
60세 이상	1.1	1.1	1.4	1.6	1.5	1.8	1.9	2.1	2.3	2.3	2.4

*주: 연령 미상 포함.

*출처: 통계청(2014). 혼인 · 이혼 통계.

2 가족생활교육의 기초이론

가족생활교육의 기초이론은 프로그램 개발과 실행뿐만 아니라 교육과정의 개발을 위해서도 중요하다. 가족을 이해하기 위한 많은 이론들이 있으나 Powell과 Cassidy(2001)는 가족생활교육에서는 가족체계이론, 생태학적 이론, 교환이론, 가족발달이론의 중요성을 강조한다. Roy와 MacDermid(2003)도 NCFR의 교과과정 중 가족과 사회(Families in society)의 교육과정을 구성하는 데 생태학적, 발달론적, 체계론적 이론의 중요성을 강조하였다. 이러한 이론적 관점과 성역할 변화가 가족에 미치는 영향을 고려하여 이 절에서는 가족체계이론, 생태학적 이론, 가족발달이론과 여성학이론을 가족생활교육을 위한 기초이론으로 살펴보고자 한다.

1) 생태학적 이론

인간의 삶의 경험은 사회 제도 안에서의 기회를 재규정해 줄 수 있기 때문에 가족생태학적 관점은 가족을 이해하는 데 매우 중요한 이론적 관점이다. 예를 들면, 청소년기 때 가족이 빈곤을 경험하더라도 이를 잘 극복하면 그 이후의 삶이 긍정적일 수 있다. 또한 조부모들이 손자녀들을 돌봐줄 수 있다면 부모는 더 좋은 직업을 가질 수 있게 되고, 일과 가족을 더 조화롭게 수행할 수도 있게 된다. 즉, 가족이 사회를 구성하고, 마찬가지로 사회도 가족생활에 영향을 미치기 때문에 생태학적 관점에 대한 이해는 가족생활교육에서 필수적인 이론 중 하나이다.

생태학적 관점은 사회를 보는 관점 중 하나로 우리가 성장하고 자라온 환경과 상호 관련된 맥락을 포함하여 분석하는 관점 혹은 이론이다. 생태학적 이론은 가족이 사회로부터 고립된 체계가 아니라는 점을 강조한다. 즉, 가족행동을 이해하기 위하여 문화적 맥락, 시간, 장소, 성(性), 라이프스타일 등 외적요인이 미치는 영향을 고려하는데(Walcheski & Bredehoft, 2003), 그 이유는 가족이 많은 체계의 조직 속의 하나로 존재하는 것이 아니라 다른 체계와의 관계를 통해 영향을 주고받기 때문이다. 이 관점에서의 가족과 전체 사회와의 관계를 볼 때 가족생활교육자는 가족의 욕구뿐만 아니라 이들이 살아가는 생태학적 환경의 영향도 고려하여야 한다.

Darling(1987)은 가족생활교육을 위한 생태적인 환경을 [그림 4-8]과 같이 설명한다. 이 관점에서는 가족이 사는 환경을 크게 자연환경(natural environment), 인간행동환경(human behavioral environment), 인간이 건설한 환경(human constructed environment)으로 구분한다. 자연환경은 음식, 공기, 물 등 시간과 공간 내에서 생존을 위한 기본적인 자원을 제공해 주는 환경이다. 자연환경이 인간의 생명유지를 위한 자원을 제공해 준다면, 인간 건설환경은 자연과 가족을 중재하는 중요한 역할을 하는 환경이다. 예를 들면 도로, 건물, 기계뿐만 아니라 인간의 사회문화적 환경을 변화시키는 가치, 법, 언어 등 물리적 생물학적 환경을 수정하는 모든 것이 포함된다. 인간의 행동환경을 구성하는 사회적 패턴이나 인간의 정서, 감성이 포함되는 환경은 인간행동환경이며, 이 환경 안에서 가족구성원들이 사회화되며 인간으로 양육되기 때문에 중요하다(Darling, 1987).

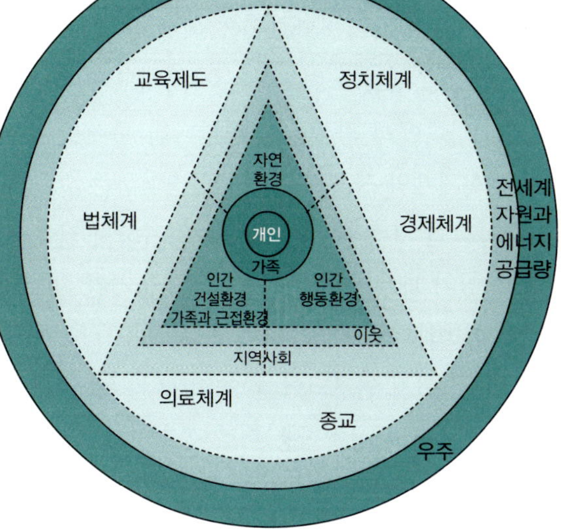

| 그림 4-8 | 가족의 생태구조

*출처: Darling, C.(1987). Family life education. p. 820.

규제체제는 가족과 가족을 둘러싼 사회적 물리적 환경을 연결시키기 위해 고안된 체계이다. 이들 체계는 서로 상호작용하며 더 큰 사회환경과 연결된다. 이들 요소들은 각기 독특한 기능을 하지만 함께 전세계의 자연 에너지 공급량에 따라 영향을 주고받기도 한다. 궁극적으로 모든 에너지는 태양으로부터 나오므로 생태계의 체계는 지구뿐 아니라 전 우주를 포함하게 된다. 이러한 우주환경에 대해 아직 모르는 부분이 많기 때문에 이러한 환경이 현재나 미래에 미칠 영향에 대해서는 정확히 알 수 없다. 그러므로 가족에 대한 이해는 가족생활을 지배하는 규칙을 발견하는 것보다는 실제 가족생활이 어떻게 이루어지고 있으며, 구성원 각각의 행동 및 사고가 어떻게 만들어지는가에 대한 이해를 통해 가능해진다. 앞 절에서 설명한 [그림 4-2]의 Neuliep(2000)의 모델도 가족, 사회와 문화간의 관계에 대한 생태학적 관점을 잘 보여 준다.

2) 체계론적 관점

체계론적 관점 혹은 이론도 가족생활교육을 이해하는 중요한 이론 중 하나이다. 이 관점에서는 역동적인 가족생활과 변화하는 사회제도가 서로 어떻게 맞추어져 가는가에 관심을 갖는다. 가족에서 좌절을 경험한다면 문제를 해결하기 위해서 가족뿐만 아니라 가족이 사회체계와 상호작용하면서 경험하는 요구와 지원도 함께 검토하여야 한다. 또한 역동적인 가족생활의 욕구와 일치하지 않은 사회적 제도의 경우 유연성을 높일 필요가 있기 때문에 가족과 가족을 둘러싼 체계의 특성을 이해하는 것도 중요하다는 것이 이 이론의 기본적인 강조점이다.

체계는 생물학 분야에서 먼저 연구되어 온 개념이다. 독일 생물학자인 Bertalanffy는 체계를 '복합적 요소들 간의 상호작용'으로 규정하고 생물학에서의 체계연구를 통해 모든 체계에 적용될 수 있는 일련의 원칙을 추출해 냈는데 이 이론이 일반체계이론이며, 이러한 개념이 여러 사회과학 영역으로 확산되었다.

가족체계이론은 일반체계이론을 체계로서의 가족에 적용시킨 것이다. 가족체계이론은 Broderick과 Smith(1979)가 관계형성이나 의사소통과 같은 가족현상을 연구하는 데 적용한 이후 가족학 분야의 주요 이론으로 자리 잡았다. 가족체계이론은 가족 안에서 각 개인의 역할이 전체 속에서 어떻게 작용하고 있는가를 보여 주는데, 전체성(holism)에 기초한 가족체계 원리는 개인의 문제를 고립적이고 개별적인 현상이 아니라 가족원의 상호관계와 전체분석을 통해 이해한다. 즉 전체는 부분의 합보다 크며, 각각의 요소를 합친다고 해서 체계가 산출되는 것도 아니다. 가족체계는 각 성원들의 상호작용으로 나타나며, 가족원 간의 상호작용 없이는 가족체계도 있을 수 없다. 가족체계이론은 또한 인간체계가 자기성찰적 특성을 지니고 있다고 가정한다. 따라서 가족은 외부환경에 대한 개방성과 가족 내 성원들 간의 상호작용으로 변화하는 상황이나 요구에 민감하게 반응하며, 안정성과 균형상태를 유지하기 위하여 일련의 상호작용 패턴을 형성하고 가족원의 행동을 제한하는 규칙을 형성하게 된다(정현숙 · 유계숙, 2001).

가족체계이론에서는 가족을 특별한 범위(boundary)와 규칙, 기대, 세대 간의 상호작용 패턴을 운영하는 살아 있는 유기체로 인식한다(Powell & Cassidy, 2001). 가족에서 일부분의 변화는 가족 전체에 영향을 미칠 뿐만 아니라 가족체계도 변화시킨다. 가족성원은 전체로서 작용하며 상호 연결되어 있기 때문에 가족체계의 변화는 개별 가족구성원에게 영향을 미치며, 동시에 가족체계 전체에도 영향을 준다. 이런 패턴은 세대를 거쳐 형성되며 항상성을 유지한다. 또한 가족체계는 더 큰 지역사회, 문화, 동료체계와 같은 사회적 시스템의 일부이다. 이들 시스템은 가족의 모습을 형성하는 데 중요한 영향을 미치며 가족체계의 변화를 촉진하거나 대항하기도 한다. 이 이론을 통해 가족생활교육자는 전체로서의 가족과 한 체계의 변화가 다른 체계에 영향을 미치는 원리 및 가족체계 내에서의 상호작용 패턴에 관심을 가진다.

3) 발달론적 관점

개인의 삶과 사회제도는 고정된 실체가 아니라 계속 변화하며 움직이기 때문에 가족생활교육사는 발달론적 관점에 대한 이해가 필요하다. 왜냐하면 가족의 삶의 조건과 가족과 개인의 생애과정은 고정된 것이 아니라 계속 변화하는 환경 속에서 존재하며 그 자체도 시간에 따라 변화하기 때문이다. 변화는 지속적이며, 개인과 제도 간의 관계는 시간에 따라 변화한다. 이러한 관점은 가족생활교육의 교육내용의 구성과 가족 내의 역동을 이해하는 데 기초가 된다.

가족발달이론은 생애 과정 동안 거치게 되는 특별한 단계로의 가족 변화에 관심을 두는데, 시간에 따른 체계로서의 관계가 어떻게 이동하는가에도 초점을 맞춘다. 가족발달론적 관점은 가족생활교육에서 개인 및 가족성원이 그들의 인생과정을 통해 부모, 배우자, 직업인, 학생 등 다양한 역할을 연속적으로 하게 되며, 가족성원들은 이러한 역할을 하는 데 도움을 주어야 한다는 것이다. 가족의 단순한 변화가 아닌 발달을 설명하기 위하여 이 이론의 중요한 개념은 가족체계의 종단적인 경로(carrer)와 가족이 한 조직으로서 거치게 되는 각 단계에서의 역할인 발달과업(developmental task)이다. 이 이론에서는 가족을 상호작용하는 개인들의 집합체로 보기 때문에, 중요한 연구문제는 가족시간(family time)에 대한 분석이다. 가족의 시간은 내적으로는 가족구성원의 생리적, 심리적, 혹은 사회적 욕구에 의해 예견되며, 외적으로는 사회적인 기대나 생태학적인 제재 등 사회적인 영향으로 예견할 수 있는 일련의 단계가 있다고 규정된다. 이러한 점들 때문에 가족발달이론이 다른 가족이론과 구별되며, 개인의 생활주기를 분석하는 생애과정(life course)이론과 유사점이 있다고 인식된다(정현숙, 2002c).

생활주기(life cycle)에 대한 개념은 각 단계별로 독특한 가족의 일련의 행동 유형, 즉 유한한 가족의 자원에 의한 수요와 공급의 관계를 설명하기 위해 농촌 사회학자들과 인구통계학자 및 경제학자에 의해 1930년대에 처음 도입되었다. 이후 인구학자인 Glick(1960)은 센서스 자료를 이용하여 생활주기의 개념을 가족에 접목시켜 결혼, 자녀의 출산, 자녀의 분가, 빈둥우리 가족(empty nest), 배우자의 죽음으로 인한 결혼의 붕괴에 이르는 가족이 거치게 되는 일련의 연속된 단계를 설정하고 이를 가족생활주기라고 명명하였다. 발달과업의 개념은 정신분석학파의 이론에 근거하는데, Havighurst가 개인의 발달단계와 접목하여 이 개념을 확대하였다. Hill과 Hanson(1960), Aldous(1978)는 가족발달적 접근법의 다섯 가지 기본 가정을 정리하였다. 첫째, 가족의 행위는 과거와 현재의 사회환경과 개인 조건과의 함수 관계에 있다. 즉, 가족의 행동은 현재뿐만 아니라 과거의 목표, 기대 등을 통한 가족구성원들의 경험들이 축적되어 나타난 것이라는 것이다. 둘째, 각 가족구성원들 간의 상호작용에서는 연령에 따라 독특한 역할이 부여되므로 인간의 행위는 인간의 발달과 연결지어서 이해해야 한다는 것이다. 셋째, 비록 체계로서의 가족이 중요하지만 인간은 행위자(actor)인 동시에 반응하는 주체(reactor)이기 때문에 가족 구조 내에서 개인이 가장 중심이 된다. 이러한 개인은 그들이 성숙해 감에 따라 타인과의 상호관계에서 행동을 주도하기도 하고, 환경에서의 자극에도 적절히 반응하기도 하며, 가족구성원에게 의존적인 방식으로도 반응 하기도 한다. 넷째, 가족과 그 구성원들은 가족의 발달수준에 따라 그들 스스로 혹은 더 큰 사회의 집단 성원에 의해 규정된 과업(발달과업)을 수행해 나가야만 한다. 그러므로 개인과 집단의 발달은 사회환경으로부터의 자극과 잠재적인(혹은 발달된) 능력들로부터 알 수 있다. 다섯째, 가족들은 비슷하고 일관적인 유형으로 시간에 따라 변화해 나간다. 마지막으로, 사회적 환경에서의 개인은 가장 기초가 되는 자율체계이다.

가족발달단계에 대한 비판점도 많지만 이 이론은 가족을 연구하는 데에서 가족을 보는 시각뿐 아니라 연구방법상 많은 공헌을 하였다. 이 이론은 가족현상(즉, 시간에 따른 가족의 변화와 시간에 따른 상호작용 유형의 변화)을 설명하기 위해서 사회-제도적, 상호연관성 및 개인적 변인 등 미시적 분석과 거시적 분석을 모두 포함하며 가족을 하나의 분석 단위로 봄으로써 가족의 총체적인 접근법을 제시하고 있다. 이러한 장점으로 인해 가족발달이론은 가족학 분야의 가족생활교육 영역뿐 아니라 임상분야나 사회사업 분야 등 다른 다양한 사회과학 분야의 연구 틀로 사용되고 있다.

4) 여성학적 관점

여성학적 시각은 최근 변화하는 가족관계의 특성 중 하나가 여성의 취업과 교육수준의 증가로 인한 성역할 변화이며, 남녀 간의 의식과 행동상의 변화 속도의 차이가 다양한 가족문제의 원인이 되고 있다는 점에서 그 중요성이 강조되고 있다. 또한 가족원의 역할과 사회적 성과 관련된 문제를 집중적으로 조명하기 위해서도 여성학적인 시각은 중요하다.

1960년대 이후 활발해진 여성해방운동은 전통적인 성별 분업을 가정하는 구조기능론적 관점에 이의를 제기하며 여권론이라는 새로운 관점을 발달시켰다. 여권론은 매우 다양한 이론적 편차를 지니며, 크게 자유주의적 관점, 사회주의적 관점, 그리고 급진주의 여권론으로 구분된다. 사회주의적 여권론과 급진주의적 여권론을 접목시키려는 시도와 여성해방론이나 제3세계 여성들의 경험을 중심으로 한 종속이론적 여권론도 대두되면서 여성학적 관점의 스펙트럼은 매우 다양하다. 18세기 계몽주의에 뿌리를 둔 자유주의 여권론은 공공정책을 통하여 여성들에게 동등한 기회가 주어져야 함을 강조하고, 사회제도와 법의 개혁을 주장한다. 여성에게도 남성과 균등한 법적 지위와 교육 및 취업의 기회가 주어진다면 여성의 예속적 지위와 전통적인 성역할은 바뀔 것이라고 주장한다. 그러나 이 관점은 점진적인 개혁만을 주장할 뿐 기존 제도의 구조적 문제는 간과한다는 한계점이 있다. 사회주의 여권론은 자본주의에 대한 급진적인 관점으로 여성억압의 기원을 설명하는데 성의 특성이 사회, 경제, 정치와 어떻게 발달되고 지속되는지에 초점을 맞춘다. 즉, 자본주의 발전과정에서 여성이 노동참여에서 배제된 것이 여성억압의 원인이라고 보며 성에 따른 노동분화를 반대한다. 급진적 여권론은 여성의 억압을 결정하는 것은 계급보다는 가부장제에 기반한 남녀관계라고 인식하고 가부장제를 여성억압의 가장 중요한 원인으로 본다. 특히 여성억압의 주된 원인이 여성의 출산기능 때문이며, 성적 불평등을 해소하기 위해 기술혁신으로 인공임신을 가능케 하여 여성들만이 애를 낳고 키우는 제도적 관습을 제거해야 한다고 주장한다. 또한 여성억압의 원인이 친족제도에 있다고 보아 전통적 가족제도를 탈피하여 여성들의 동성연애를 주장하는 등 급진적인 관점을 가지고 있다(정현숙 · 유계숙, 2001). 이러한 여권론적 관점은 여성억압의 사회적 원인에 대한 설명은 다르지만, 남녀의 불평등 해소를 위한 실천 방안과 남녀 간 조화를 위한 환경을 조성하는 데 많은 기여를 했으며, 가족관계에서 부부관계, 부모자녀관계에서의 자율성과 평등에 대한 새로운 시각을 제시한다는 점에서 가족생활교육을 구성하는 데 매우 중요한 관점이다.

3 교육원리와 집단역학

가족생활교육은 두세 명의 소집단 모임에서부터 100명 이상의 대형집단 공개강의에 이르기까지 다양한 크기의 집단으로 운영된다. 따라서 집단의 크기에 따른 집단의 구성원들 간 역동성은 교육과정 구성과 운영에서 매우 중요한 요소이다. 이러한 이유로 교육의 기본원리와 집단역학에 대한 이해는 가족생활교육사가 습득해야 하는 중요한 교육내용 중의 하나이다. 교육원리의 내용을 다루는 데는 Powell과 Cassidy(2001)의 효과적인 가족생활교육의 조건이 기준이 될 수 있을 것이다. 이들은 가족생활교육이 효과적으로 이루어지기 위해서는 건강가족적 관점과 예방적인 접근에 기초하여, 학습자의 요구와 집단역학에 대한 이해를 바탕으로, 다양한 매체와 교육적 자료를 통해 이루어져야 함을 강조한다. 가족에 대한 관점(4장 1절)과 요구도 분석(5장)은 다른 장에서 다루므로 이 절에서는 집단역학에 대해 중점적으로 다루고자 한다.

1) 집단의 정의와 종류

Shaw(1981)는 서로 영향을 주고받으며 상호작용하는 두 명 이상의 모임을 집단으로 정의한다. 소집단은 5~7명이 이상적이며, 집단 간의 상호작용을 위해서는 20명 이내가 적당하다고 한다. 그러나 Clarke과 Bredehoft(2003)는 집단의 목적에 따라 적절한 인원은 차이가 있는데 애착형성이 목표일 때는 2명이, 토론이나 대화가 목적일 때는 3~4명이, 공동작업을 위해서는 6명이, 브레인스토밍을 위해서는 10명 이상이 효과적이며, 팀워크나 감정이입을 위한 효율적인 집단 크기는 12명(경우에 따라서는 10~15명)정도 일 때 효과적이라고 한다.

이러한 소집단 내에서는 일반적으로 집단의 활동을 이끄는 촉진자(가족생활교육사나 부부모임의 지도자 등)와 집단성원 간에 상호작용이 이루어지고, 집단이 성취하고자 하는 공동의 목표가 있다. 집단구성원들 간에는 대화를 통해 상호 영향을 주고받으며, 그 과정에서 가치와 기대 자원을 공유하여 서로 의존적인 특징이 있다. 이러한 집단은 가족생활교육의 목적과 Doherty(2003)의 가족생활교육의 개입 수준, 다루는 주제 및 대상에 따라 다양한 집단으로 구성할 수 있다. Bertcher와 Maple(1996)은 가족생활교육의 목적에 따라 다음과 같이 집단을 분류하였다.

① 치료집단: 치료집단을 형성하는 목적은 집단 내의 개인 기능이나 복지에 영향을 미치는 중요한 심리사회적 문제의 변화에 있다. 이 집단의 지도자는 고도의 훈련을 받은 전문가로 전문가와 집단원과의 상호작용 강도가 매우 높다.

② 지지집단: 지지집단은 이혼 이후의 어려움이나 알코올 중독 처치를 위해서나 부모지지를 위한 집단 등 집단 구성원 간의 지지와 격려를 통해 비슷한 문제를 가진 사람들의 문제극복을 위해 구성한다. 상호작용의 강도는 중간 정도이며, 비공식적으로 이러한 문제를 돕기 위한 훈련을 받은 사람이나 상담이나 교육, 복지전문가가 지도자가 될 수 있다.

③ 교육집단: 교육집단은 지식습득과 기술교육, 가치 등의 교육을 위해 설계된 집단이다. 이 집단에서는 학습을 정의적 행동으로 가정하며, 상호작용 강도는 위의 두 집단에 비해 낮거나 중간 정도이지만 교육을 위해 다루는 주제나 상호작용하는 집단의 특성, 그리고 교육시간에 따라 차이가 있다.

④ 과제집단: 과제집단은 특별한 과제를 수행하기 위해 형성되는데, 집단문제 해결에 책임이 있는 관리자가 지도자 역할을 맡는다. 교육 혹은 지지집단이 경우에 따라 특별한 프로젝트에 대해 과제집단 역할을 하기도 한다.

⑤ 거주집단: 병원이나 감옥 등 거주에 제한이 있는 사람들을 대상으로 하는 집단으로 이들의 참여는 자발적이지 아닐 수도 있으며 집단지도자(예를 들면 병원원장 등)에 의한 요청에 의해 이루어질 수도 있다.

⑥ 인터넷집단: 다양한 주제를 토론하기 위해 형성된 방식으로 익명의 사람과 주제를 심도있게 논의할 수 있는 장점이 있다. 이 집단은 개인적 문제나 민감한 주제에 대면집단 참여를 꺼리는 사람들에게 효과성이 높은 집단방식이다.

이러한 집단은 가족생활교육 현장에서 다양하게 적용할 수 있는데, 다루는 주제나 환경, 대상의 문제 수준 및 요구에 따라 다양하게 구성할 수 있다. 그러나 각각의 집단을 운영할 수 있는 지도자의 역할과 능력이 집단의 성공적 운영에 매우 중요하므로, 각 집단이나 단체에서는 적절한 교육과 훈련을 받은 지도자에 의해 운영될 수 있도록 관리하여야 한다.

2) 집단교육의 중요성

가족은 친밀한 인간관계를 통해 타인과 관계를 맺고자 하는 인간의 기본적인 욕구와 소속감에 대한 욕구 및 친밀감에 대한 욕구를 충족시켜 준다는 점에서 그 중요성이 강조된다. 인간의 친밀감에 대한 욕구는 가족구성원들이 서로 감정을 공유하고, 걱정과 근심을 함께 나눔으로써 충족되며, 이를 통해 사회적 통합을 향한 욕구를 충족할 수 있다(정현숙, 2004c). 소집단은 가족과 같은 방식으로 인간의 관계맺음에 대한 욕구를 충족시켜 주고, 비슷한 요구를 가진 사람들이 서로 지지적인 관계 경험을 제공해 준다는 점에서 유사 가족과 같은 기능을 한다. Berne(1963)에 의하면 사람들이 집단에 참여하는 가장 기본적인 이유가 생존의 욕구 때문이라고 한다. 즉, 만지기, 보기, 듣기 등 신체적 감각에 대한 자극을 원하는 생물학적 요구와, 말하고 걷고 함께 놀기 등 시간을 구조화하려는 심리적인 욕구를 충족하기 위해서라는 것이다. 또한 사람들과 친해지고, 생각이나 느낌을 공유하려는 친밀감에 대한 사회적 욕구와, 다른 사람으로부터 지지받고 보호받고자 하는 안전에 대한 생리학적인 욕구도 소집단 상호작용을 통해 얻을 수 있다는 것이다. Vella(1994)도 소집단이 대집단보다 이야기할 수 있는 분위기를 쉽게 만들 수 있고 집단 내에서 건설적인 경쟁과 협력, 지지를 이뤄내기 쉽기 때문에 이러한 요구 충족에 효과적이라고 한다.

또한 교육적인 관점에서도 집단과정이 중요하다. 가족생활교육이 효과적이기 위해서 경험적 학습 모델이 중요한데 집단에서 이러한 경험이 가능하다. 즉, 대인관계에서 행동변화는 학습자가 활발한 참가자들 안에서 역동적인 과정을 경험할 때 더욱 잘 이루어지기 때문에 학습자들이 새로운 상황을 경험하고 새 방법을 시도하고 새 기술을 실습하도록 자극할 수 있는 지도자가 있는 집단 경험이 학습의 중요한 장이 되기 때문이다.

이러한 집단교육이 효과적이기 위해서는 인간생활의 강력한 추진력인 인간의 소속에 대한 욕구와 애정에 대한 욕구를 충족시키기 위해 상호작용적인 관계를 조성하는 것이 중요하다. 체계론적 관점에서도 부분의 합이 전체보다 크다는 개념을 강조한다. 즉, 개개인이 스스로 문제해결을 하기보다는 집단성원이 함께 문제해결을 할 때 추진력이 배가될 수 있다. 따라서 가족생활교육자는 교육을 위한 집단 특성과 요구를 잘 파악하여 효율적으로 운영하는 것이 필요하다.

3) 효과적 교육책략

Mace 부부(1981)는 효과적인 가족향상 프로그램을 위해 다음과 같이 여섯 가지 조건을 강조하였는데 이러한 조건은 가족생활교육 전반에 적용할 수 있을 것이다.

첫째, 상호신뢰와 유대감을 형성하기 위해 일주일에 한번 3시간씩의 프로그램에 다섯 번 이상 만나는 것(15~18시간)이 필요하며, 둘째, 기술을 효과적으로 가르치고, 집단과 라포형성을 할 수 있는 훈련된 지도자가 필요하며, 셋째, 역동적으로 내용을 잘 전달하기 위해서 이론에 기초하여 잘 조직된 정보가 필요하며, 넷째, 개인의 삶과 관계에 직접 실생활에서 적용할 수 있는 정보가 필요하며, 다섯째, 유인물,

예제 등 교육내용을 강화할 수 있는 자료나 새로운 정보를 실제로 해볼 수 있도록 돕는 특별한 추수(follow up) 프로그램이 필수적이며, 여섯째, 교육을 통해 수립한 개인적 목표나 새로 배운 기술을 새로운 습관으로 실천하도록 결심하는 것, 그리고 미래의 계획을 수립하는 것, 개인이 전체의 교육내용을 검토하고 의사결정을 할 수 있는 기회 등을 제공하는 것이 중요하다. 또한 Vella(1994)도 Mace 부부의 내용과 유사하게 가족생활교육이 효과적이기 위해서 〈표 4-14〉와 같은 과정과 원리를 강조하였다.

이러한 원리들은 공통적으로 집단을 통한 과제 중심적인 성인학습의 기본 원리를 강조한다. 이런 학습은 〈표 4-15〉와 같은 다양한 시청각적 감각 자료를 이용할 때 더욱 효과적이다. 이밖에도 자연물과 식자재 및 음식 등 다양한 재료를 이용한 교육과 춤, 노래 등 오락적 요소를 이용한 교육과 자연에서의 활동과 운동을 이용한 교육도 이루어지고 있다. 예를 들면, 아버지와 자녀의 등산을 통한 가족문화교육, 미술을 이용한 노인들의 자서전 쓰기 등이 그 예이다.

표 4-14 Vella(1994)의 효과적 교육책략을 위한 조건

1. 프로그램에서 학습자의 독특한 욕구를 파악하기 위한 요구도 분석
2. 집단의 규칙을 설정하고, 집단에서 두려움 없이 편안히 상호작용할 수 있는 안정된 환경 제공과 교육과정에서의 안정성
3. 교사에 대한 신뢰감과 동일시를 위해 학습과 발달을 위한 교사-학습자 간 건강한 관계 형성
4. 일정한 시간에 학습자가 받아들일 수 있는 지식의 양을 이해하고 준비하는 것, 다양한 강화행동을 마련하는 등 일련의 내용과 강화에 대한 주의깊은 집중력
5. 예제 혹은 연습에 초점을 두고 학습자 입장에서 행동하고 반영하기 위한 실습(praxis)
6. 학습자의 인생경험과 통찰을 가치있게 평가하고 이를 이용하여 학습자 스스로 학습의 주체임을 존중하기
7. 생각, 느낌, 행동을 학습경험으로 통합시켜 학습의 인지적, 정의적, 정신운동적 측면을 통합함.
8. 배운 정보와 원리를 즉각적으로 적용하도록 하는 학습의 즉각성
9. 교사역할을 수용, 존중하면서 학습자와 함께하는 자신의 역할을 변화시킬 수 있는 명확한 역할과 역할의 발달
10. 과업을 완수하기 위하여 소집단의 팀워크를 이용함.
11. 참여자의 적극적 행동과 참여를 조장하고 학습자가 학습한 것을 잘 수행할 수 있도록 참여자와 약속함.
12. 역할놀이, 실습과 평가(측정)를 통해 참여자들의 성취를 측정해야 할 책임감

표 4-15 다양한 학습방식과 학습경험

청각적인 학습	시각적인 학습	운동적인 학습
제시/강의 노래, 시, 이야기 유머 오디오테이프 토론	컴퓨터그래픽 시범과 모델링 측정도구를 이용한 개별적 측정 브레인스토밍 칠판 만화 책, 읽기 과제 슬라이드, OHP 포스터 영화 필름 비디오테이프	퍼즐, 게임 받아 적기 질문 카드 역할놀이 지필검사 일기쓰기 그림 그리기 조작적인 자료(진흙, 도미노 등) 집단활동(2, 3인) 일렬로 과제주기, 과제발표

*출처: Barbe(1985). Growing up learning(Powell & Cassidy(2001), p. 67에서 재인용).

P·A·R·T

Ⅱ 가족생활교육의 과정

가족생활교육의 전문성과 교육효과를 좌우하는 가장 중요한 점은 좋은 프로그램을 개발하고 이를 대상 집단에 효과적으로 잘 전달하는 것이다. 좋은 프로그램의 조건(Ooms, Bouchet & Parke, 2004; Sillman et al., 2001)은 크게 세 가지로 볼 수 있는데 첫째, 결혼과 가족건강에 대한 양질의 일련 연구와 다양한 대상의 특별한 요구를 포함해서 경험적으로 프로그램이 개발되는 것이다. 둘째, 과학적 방법으로 프로그램에 대한 평가가 이루어지는 것이다. 셋째, 결혼과 관계에 대한 새로운 연구결과에서 도출된 새로운 지식이 주기적으로 추가되어 프로그램이 보완되는 것이다. 즉, 좋은 프로그램의 조건은 이론과 다양한 연구결과에 기초해 프로그램을 디자인하는 설계 부분과, 과학적인 평가와 수정이 중요한 과정이다. 이러한 프로그램의 효과는 사람들의 자발적 참여와 프로그램 운영자의 체계적 실행을 통해 효과적으로 전달하는 과정을 통해 가능하다. 2부에서는 가족생활교육의 과정을 개발, 실행, 평가로 나누어 5장에서는 좋은 프로그램의 계획과 설계 등 개발과정을 살펴보고, 6장에서는 실행방법과 프로그램의 효과적인 평가방법과 수정과정을 살펴본다.

Chapter 5

가족생활교육 프로그램 개발

Clarke와 Bredehoeft(2003)는 가족생활교육을 설계하는 과정인 '계획의 바퀴(Planning Wheel)'를 통해 프로그램개발 과정을 설명하였다. 이들은 수양부모들을 위한 6시간 교육계획을 수립하는 계획의 바퀴를 [그림 5-1]과 같이 제시하였는데, 이 단계는 '나는 그것을 믿는다, 내가 원하는 것은, 결과물, 어떻게 할 것인가, 계획실행, 평가'의 6단계로 각 단계별로 필요한 기본적인 계획을 제시하고 있다. 이들의 1단계 '나는 그것을 믿는다'는 프로그램을 개발하기 위해 가장 중요한 첫 번째 단계로 이 프로그램과 대상 및 집단역할 등에 대한 '철학이 무엇인가' 하는 것이다. 이 단계는 가장 중요한 단계임에도 불구하고 많은 개발자들이 간과하는 영역이다. 두 번째 단계 '내가 원하는 것'은 프로그램의 '목적'을 설정하는 단계이다. 세 번째 단계 '결과물'은 이러한 철학과 목표에 근거해 무엇을 어떤 방법으로 구성할 것인가 하는 교육내용을 결정하는 단계이다. 네 번째 '어떻게 할 것인가' 하는 단계는 전 단계에서 구성한 프로그램을 효과적으로 전달하기 위한 구체적인 방법과 하위목표를 설정하는 단계이며, 다섯 번째 단계는 '프로그램 실행'단계이며, 마지막은 '평가'단계로 프로그램과 실행에 대한 평가를 통해 다시 환류하게 되는데, 이러한 이유로 계획의 바퀴로 명명하였다.

이와 같이 프로그램 개발은 계획에서 평가에 이르는 연속적인 일련의 과정이다. 각각의 과정은 후속 과정을 위해 반드시 선행되어야 하는 발달적, 체계론적 과정으로 결과는 다시 새로운 프로그램을 위한 자원으로 피드백된다. 이 장에서는 1단계에서 4단계까지를 프로그램 개발 과정으로 보고 각각의 과정에서 고려할 점과 이론적 특성을 살펴보고 효과적인 실행과정과 평가과정은 다음 6장에서 자세히 다룬다.

프로그램의 철학

1. 나는 다음을 믿는다(I believe that)

a. 수양부모와 자녀는 중요하다.
b. 수양부모역할은 자녀가 생존할 수 있는 환경을 제공하는 것이다.
c. 주어지는 정보가 아동의 사회적 정서적 발달에 도움이 될 것이다.
d. 수양부모는 우리가 필요하다고 생각하는 것보다 자신의 필요를 더 잘 알 것이다.
e. 수양부모들끼리 집단을 통해 더 잘 알 것이다.

이 프로그램의 목적 수립을 위한 가장 좋은 방법은 프로그램 공급자와 수요자(수양부모)의 요구를 파악하는 것이다.

목적 설정

2. 내가 원하는 것은(What I want)

나는 각각의 수양부모들이
a. 각 발달단계에서 적절한 분노표현과 정서적 욕구를 요약한 것을 잘 이해하기 원한다.
b. 각 발달단계에서 최적의 방식으로 분노를 다루는 기회를 가지고 그들의 경험을 공유하기를 원한다.
c. 수양자녀를 도울 수 있다고 생각하는 행동 변화를 원한다면 선택하기를 원한다.

일반적인 목적을 성취하는 가장 좋은 방법은 각 단계에서 한 가지 활동을 제공하는 것이고 가능한 그들이 원하는 만큼 사람을 초대하는 것이다.

교육내용과 방법

3. 결과물(End Product)

- 무엇: 성발달에 대한 정보와 각각에 대한 확인, 각 단계에서의 적절한 혹은 부적절한 분노의 표현
- 얼마나: 6단계로 정보 제공
- 언제: 6시간의 워크숍
- 누구에게: 참여를 원하는 수양부모

어떤 사람은 듣는 방식을 선호하고, 혹은 행동함으로써, 봄으로써 잘하기 때문에 세 가지 기회를 제공하는 것이 중요하다.

프로그램 실행계획

4. 어떻게 할 것인가(How to do it)

Ⅰ. 소개와 개별적인 목표 설정
Ⅱ. 각각의 6단계에서
  a. 정서발달, 책임감과 분노와 확신에 대한 정보제공을 위해 강의
  b. 각 단계의 분노표현을 다루는 역할놀이
  c. 특별한 수양자녀를 위한 새 행동에 대한 계획, 학습과 인식을 위한 소집단 토론

각 개인은 자신들이 강조하기를 원하는 발달단계를 경험할 권리를 가진다. 주의 깊게 계획하고 각 단계에 시간을 공평하게 분배한다.

실행

5. 계획 수행(Carry out the Plan)

워크숍이 가치가 있다면 즉각적이고 장기적인 결과를 평가하는 것이 가치가 있다.

평가

6. 평가(Evaluate)

a. (3)에 근거해 각 참여자들에게 평가
b. 3개월 후 부모행동의 변화와 아동의 사회정서발달에 도움이 되었는지 인터뷰

다음 워크숍을 위해 (6)에서 얻은 것은 무엇인가?

| 그림 5-1 | 6단계 계획 모델을 이용한 수양부모를 위한 6시간 워크숍 설계의 예

＊주: 내용의 이해를 돕기 위해 이탤릭체는 저자가 추가함.

＊출처: Clarke(1998). Clarke & Bredhoeft(2003)에서 재인용(p. 133).

1 프로그램 계획과 설계

프로그램 계획과 설계과정에서 중요한 과정은 전반적 수행계획 수립과 요구도 조사를 통한 기초 자료를 확보하는 일이다. 이러한 기초자료는 프로그램의 철학을 점검하기 위해서도 중요하다.

1) 1단계: 전반적인 수행계획의 수립

좋은 프로그램은 가족학 이론과 교육대상자의 요구도에 기초하고, 각 프로그램이 목적하는 성과를 잘 나타낼 수 있는 프로그램일 것이다. 특히 성장 배경과, 문화적 배경이 서로 다른 대상자들을 위한 프로그램을 설계할 때에는 적어도 다음 네 가지 차원을 중요하게 고려해야 한다(Morris, 1983; Ramsey, Vold & Williams, 1989). 이 차원들은 첫째, 대상가족의 욕구, 기대, 강점을 이해하기, 둘째, 대상가족의 욕구, 기대, 강점에 부응하는 목적과 목표를 실징하기, 셋째, 적절한 프로그램을 설계하고 시행하기, 넷째, 프로그램의 효과에 대한 평가하기이다. 비록 셋째와 넷째가 프로그램 설계 시 직접적으로 다루어지지는 않지만, Clarker과 Bredehoeft(2003)의 '계획의 바퀴(Planning Wheel)'에서와 같이 일련의 연속적 과정에 포함되며, 프로그램 계획 수립 시 평가계획까지 포함하여야 한다. 따라서 〈표 5-1〉과 같이 전체적인 수행계획을 수립하는 것이 필요하다.

수행계획을 세울 때 우선 점검해야 하는 점은 계획한 프로그램이 시행될 지역사회의 다양한 문화적 특성에 대한 검토이다. Myers-Walls, Myers-Bowman과 Dunn(2003)은 다양한 지역사회의 문화적 특성을 점검할 수 있는 점검표 〈표 5-2〉를 통해 집단의 속성을 이해하고 이에 근거한 사회의 다양한 문화적 욕구를 포함한 프로그램 개발을 강조한다. Ooms, Bouchet와 Parke(2004)도 좋은 프로그램의 조건이 바로 다양한 인구의 다양한 요구를 포함한 프로그램임을 강조한다. 이러한 점들은 또한 프로그램의 철학에 반영해야 할 점들이기도 하다.

표 5-1 프로그램 설계 시 고려해야 할 내용

계획과 설계	프로그램 개발	실시	프로그램 평가	프로그램 수정
• 대상과 과정, 방법에 대한 철학 • 실시 주체 • 문제정의 및 요구분석 • 관련 정보의 확보 • 실시대상 계획: 가족생활주기, 가족형태, 가족의 특정 상황, 연령, 직업, 사회계층 등 • 활동내용 • 실시방법 계획: 대상과 집단구조, 교육형태, 실시시간과 기간, 진행상의 기술 • 프로그램 담당자 • 자원동원(예산안, 인적 · 물적 자원) • 평가방법 계획 • 재교육(후속 프로그램)의 실시 여부	• 프로그램 구성의 철학 및 강조점과 이론적 모델 • 프로그램 개발 배경 및 필요성 • 전체 프로그램 목적과 세부 프로그램의 목적 • 활동계획과 내용 • 장비/도구 • 환경/장소 • 실시 시간	• 시행 • 진행과정 점검	• 과정/형성 평가 • 결과/총괄 평가: 효과성, 효율성, 서비스 질, 이용자 만족도/사전 사후 검사/실험집단과 통제집단을 이용하여 프로그램 평가	• 평가자료를 기초로 다른 프로그램 개발을 위한 자료나 프로그램 수정자료로 활용

표 5-2 Myers-Walls, Myers-Bowman과 Dunn(2003)의 지역사회 문화 특성 점검표

인구/환경적 맥락	
인구분포	1. 모집단의 민족, 인종, 국가 구성은 어떻게 되나? 2. 모집단의 구성원이 얼마나 유사 혹은 차이가 있는가? 정의된 그룹, 또는 다양한 그룹이 적절하게 혼합되어 있는가? 3. 표적 그룹에서 연령층이 어떻게 되나? 최대 연령 범위, 또는 동일 연령 또는 다른 연령의 동일 그룹과 분리 그룹이 있는가?
지리와 기후	1. 지역(강, 산, 먼 거리 등) 내에서 지리적 장애가 있는가? 만약 있다면 집단으로 사람들에게 접근하는 것에 영향을 주는가? 2. 지역사회 안에서 기후에 영향을 주거나 사람들 상호작용을 방해하는 것은 무엇인가? 3. 연도 또는 계절은 이동과 사람들의 상호작용에 영향을 주는가?

사회경제적 지위	1. 관심 지역사회의 사회경제적 지위와 복지는 어떠한가? 2. 지역사회의 다양성, 혹은 사회적 지위의 범위, 또는 유사한 사회경제적 지위에 있는 사람들의 특성은 어떠한가? 3. 사회경제적 지위의 다양성에서 볼 때 표적집단이 좀 더 특별한 이유는 무엇인가?
종교적 지향	1. 모집단의 지배적 종교는 무엇인가? 종교적 성향의 범위는? 그 지역에서 파악되지 않은 종교집단이 있는가? 2. 종교적 가치 또는 당신의 프로그램과 충돌 가능한 지역사회 내에서의 가치가 있는가?
연령과 지역사회의 성숙 정도	1. 그 지역사회에서 얼마나 오랫동안 거주했는가? 많은 사람들이 세대를 거쳐서 살고 있는가? 얼마나 오랫동안 출생지에 대한 생각을 하는가? 2. 지역사회에서 살고 있는 구성원은 최근에 증가 또는 감소하고 있는가? 3. 모집단에서 이동성은 어느 정도인가? 영구적인 것은?
지역사회의 자원	1. 당신의 모집단에게 유효한 자원과 서비스는 무엇인가? 충분한가? 너무 많은가? 사라지는 또는 중복된 서비스의 구체적인 종류는? 2. 모집단에게 알맞고 얻기 쉬운 유효한 자원은? 3. 이용된 자원은? 사람들이 그것에 편안하게 접근하거나 또는 자원과 관련된 사회적 불명예, 불신, 또는 무관심 정도는?
인종차별과 차별의 정도	1. 표적집단 내에 다른 인종, 민족 배경, 종교, 사회적 성, 또는 성적 지향이 섞여 있는가? 2. 지역사회에서 차별과 관련된 정책은? 이러한 정책들이 보호하는 인구는 실제보다 과소평가되거나 혹은 그들의 부당한 권력행사가 있는가? 3. 최근 지역사회에서 차별과 관련되어 발표된 사건이 있는가?
아동에 대한 관점	
아동양육의 책임	1. 모집단에서 아동양육의 첫 번째 책임은 누구에게 있는가? 개인, 부모, 확대가족, 지역사회, 부족 또는 다른 사람? 2. 사회적 서비스로서 아동 보호, 또는 가족생활교육 프로그램 참여에 대해 가족 중 의사결정을 하는 사람은 누구인가?
아동양육에 투자	1. 삶의 영역에서 아동양육은 어떤 위치인가? 2. 모집단에서 사람들이 아이 양육을 위해 많은 시간을 보내는가? 또는 그들이 자신의 여가시간에도 아동양육에 대해 얼마나 생각하는가? 3. 아동양육에 많은 시간을 투자하거나 또는 아동양육에 좀더 많은 시간을 투자하기를 원하는가?

아동의 가치	1. 아이들이 가족과 지역사회에 공헌 정도는? 발달적 기여, 노동력 또는 노후의 가치로 인식되는가? 2. 아이들이 고통받는 문제와 욕구의 범위는 무엇이고, 또는 긍정적인 방법으로 아이들이 공헌하지 않는 점은 무엇인가? 아이들의 욕구에 대한 분노와 책임 때문에 양육을 피한다면 방법은?
아동의 역할	1. 아이들의 탄생은 축복인가? 임신과 출산은 축하와 즐거움의 원인으로 보이는가? 출산에 대한 압박 수준은 어떠한가? 2. 어떠한 점 때문에 아이들을 무거운 짐으로 느끼는가? 아이들을 짐으로 여기는 모집단 가족은 얼마나 되나?
대인관계	
갈등을 다루는 법	1. 모집단에서 사람들은 갈등에 대해 스스로 어떻게 표현하는가? 갈등을 개방적이고 자유롭게 표현하는가, 아니면 가능하면 피하는가? 2. 모집단은 다른 사람들과 잘 지내는가? 죄의식, 속임수, 물리적인 폭력을 사용하는가? 3. 모집단은 얼마나 공격적인가? 그들은 화를 어떻게 표현하는가? 4. 누구의 욕구가 지배적인가? 5. 개인적 욕구와 필요에 관심을 두지만, 하위집단이나 공동 그룹 욕구와 필요에도 민감한가? 6. 만약 갈등이 있다면 누구의 욕구가 우선인가? 아동, 노인, 개인, 특별 집단, 다른 사람?
타인과의 문제 공유	1. 문제공유에 대해 어떤 관점을 원하는가? 수용, 개인적 정보 또는 약점 공유인가? 2. 모집단에서 다른 사람과 문제를 공유하게 될 때 이들의 책임은 무엇인가? 3. 모집단에서 사람들이 그들의 이웃보다 더 좋게 보이기 위한 노력을 하는가?
함께 일하는 방식	1. 모집단에서 사람들이 경쟁이나 협력이 생활에 도움이 될 것이라고 믿는가? 2. 모집단의 우선적 기제가 경쟁 혹은 협력인가? 이런 경향이 나이나 성에 의해 변하는가? 3. 모집단은 다른 집단과 경쟁적인가?
성에 대한 관점	1. 모집단에서 여자/남자의 의미는 무엇인가? 2. 모집단에서 지배적인 성(남성/여성)은? 어떤 환경인가? 3. 가사에서 남자와 여자가 어느 정도 역할을 공유하는가? 4. 아들 또는 딸에 대한 관점과 가치는 다른가?

*출처: Myers-Walls, Myers-Bowman & Dunn(2003). Cultural Characteristics Questionnaire. pp. 186-188.

전체적인 계획을 세운 뒤 가족생활교육사가 일하는 현장에서 프로그램을 계획하기에 앞서 가족생활교육 프로그램의 타당성을 확보하기 위하여 다음의 사항들이 검토되어야 한다.

① **프로그램 기획가능성과 기획유형 검토:** 건강가정지원센터와, 사회복지관, 교회(종교집단)와 기업 등에서의 요구는 매우 다양하기 때문에 교육이 이루어지는 환경에서의 프로그램 기획가능성을 검토하고 이에 맞는 계획이 이루어져야 한다. 실제로 기획유형에 따라 프로그램의 내용과 방법은 많은 차이가 있을 것이다. 이 과정에서 〈표 5-2〉의 내용 중에 있는 종교적 지향에서 설명하였듯이 프로그램에서 다루고자 하는 가치가 프로그램 참석자들이 받아들일 수 있는지 등이 검토되어야 한다. 3장에서 학교, 종교기관, 미디어 등 가족생활교육의 다양한 환경을 설명하였다. 각각의 환경은 자신들이 전문적으로 잘 다룰 수 있는 주제가 있다. 이러한 점을 고려하여 각 환경에서 특화된 주제를 통해 독자를 다양화하는 기획이 필요하다. 정무성과 정진모(2001)은 크게 4가지의 기획유형을 세안하였다. 첫 번째는 '요구중심 기획'으로 가족생활교육이 계획을 세우기 전 프로그램 참가자가 무엇을 원하는지 사전에 측정하여 프로그램 기획에 반영하는 유형이다. 두 번째는 '문제해결 중심기획'으로 대상 집단이 가지고 있는 어려운 문제들을 나열하고 이러한 문제가 발생하는 원인을 근본적으로 해결하기 위해 프로그램을 기획하는 방법이다. 세 번째는 '자원활용 중심기획'으로 관련 지역이나 집단이 보유하고 있거나 구할 수 있는 인적 · 물적자원을 최대로 활용할 수 있도록 계획을 수립하는 것을 의미한다. 마지막으로 '참여기획'은 프로그램에 관련된 사람 모두가 기획에 참여하는 방법이다. 그러나 이러한 방법들은 상호 배타적이라기보다는 최선의 프로그램을 만들기 위하여 서로 접목되어야 하며, 3장에서 다룬 가족생활교육의 개입 수준에 따라 적절한 기획방법을 적용할 수 있을 것이다.

② **프로그램 실현을 위한 타당성 검토:** 프로그램의 타당성을 확보하기 위해 기획에 필요한 정보를 파악하는 것이 필요하다. 이를 위해서는 프로그램의 필요성, 기대하는 결과. 가능한 기존 서비스, 프로그램의 개발과 시행을 위한 자원(인적 · 물적자원) 여부, 프로그램의 개발과 시행을 위한 관련 체계, 계획하는

프로그램의 기관 내외의 승인 획득 가능성 여부 등 프로그램의 실현가능성을 다각도로 분석하는 과정이 필요하다.

③ **계획하는 프로그램의 근거 이론 검토:** 가족생활교육은 다루는 주제의 유연성으로 인해 과학적인 평가를 받는 데 많은 한계점이 있으며, 개인의 경험에 근거한 판단은 다루는 내용의 객관성을 답보하기 어렵게 만든다. 따라서 가족학과 관련된 최근의 이론과 연구 등 객관적 사실에 기초한 프로그램 개발은 프로그램의 신뢰성과 타당성을 얻기 위한 과정이므로 이론에 기반한 프로그램 개발이 중요하다. 이와 같은 타당성을 검토한 뒤 구체적인 계획과 설계에 들어가게 되는데, 기획의 타당성을 확보하기 위한 다음 과정이 요구도 조사이다.

2) 2단계: 요구도 조사

가족생활교육이 생애과정의 다양한 발달단계에 있는 개인과 가족의 욕구에 기초한 교육임을 가정할 때 프로그램은 가족생활교육 대상자들의 욕구에 기초하여 개발되어야 한다. 프로그램 계획 시 필요한 조사는 크게 세 가지로 구분된다. 가족생활교육자 대상들이 필요하다고 생각하는 것을 조사하는 요구도 조사와, 잠재적인 수요자가 필요로 하는 욕구와 지원유형이 무엇인가를 측정하는 수요조사와 특정 지역사회 전체의 자산, 기술, 시민, 제도 등의 능력을 조사하여 정리하는 지역의 자산조사 등이 있다. 이 절에서는 교육대상자와 잠재적인 대상자를 통한 요구도 조사를 중심으로 설명하고자 한다.

(1) 요구의 종류

요구도 조사에서 중요한 것은 〈표 5-3〉과 같이 Arcus와 동료들(1993)이 제시한 교육대상자들을 위한 다양한 요구에 대한 이해와 함께 이러한 요구들이 프로그램에 적절히 포함될 수 있도록 설계하는 것이다. 요구도 조사는 문헌고찰을 통해 중요한 이론과 방법론 및 대상의 발달단계에 맞는 특성에 대한 조사뿐만 아니라 대상자들의 지각된 요구 파악 등 크게 4가지가 포함된다.

표 5-3 Arcus와 동료들(1993)의 요구의 종류 및 특성

종류	정의 및 특징
지각된 욕구 (felt needs)	• 잠재적 학습자가 연구자에게 알려주는 요구 • 주제에 대한 일반적인 정보에서부터 아주 특별한 요구에 이르기까지 프로그램의 기준을 제공해 줌: 필요성, 지지 및 정보인지 정도, 시간에 대한 욕구(주중, 주중 저녁, 주말 등), 교육방법 등
교육자의 욕구 (ascribed needs)	• 추정되는 욕구, 학습자 이외의 누군가에 의해 알려진 것으로서 그 집단이나 사람들에게 욕구로 규정된 것 • 교육 분야의 연구와 전문가들의 이론 등에 기초한 욕구
미래의 욕구 (future needs)	• 아동, 성인이 그들에게 닥칠 규범적, 발달적 변화에 대한 준비를 위해 필요한 욕구
발달적 욕구와 능력 (developmental needs & abilities)	• 가족발달단계와 연령에 따라 다른 교육적 욕구가 있으므로, 가족생활교육 대상자들의 연령과 발달단계에서의 요구를 조사

① 지각된 욕구

지각된 욕구는 교육시간이나 방법 등 일반적인 것에서부터 실제 교육을 위해 필요로 하는 교육내용 등 아주 특별한 주제에 이르기까지 교육대상자가 프로그램 개발자에게 알려주는 요구이다. 이러한 요구는 매우 개인적이고 가족생활교육의 주제에 대한 학습자의 경험에 기초한다. 지각된 욕구가 직접적이고 즉각적으로 적용할 수 있는 내용을 다루기 때문에 이러한 욕구가 프로그램 개발에 고려되지 않을 경우, 일부 내용이나 방법이 교육대상자의 기대와 맞지 않기 때문에 교육대상자들은 프로그램의 가치에 대해 의혹을 가지게 될 수 있다. 지각된 욕구를 통해 교육자들은 학습자를 더 잘 이해하게 되고, 라포 형성과 감정이입 등에 도움을 받을 수 있다.

② 교육자의 욕구

학습자 이외의 이론이나 연구 등에 의해 알려진 것으로서 그 집단이나 사람들에게 필요할 것으로 규정된 것들이다. 예를 들면, 성교육을 담당하는 교사는 부모가 유아의 성폭력에 대한 중요성을 인식하지 못하는 경우에도, 아동의 건강한 성장과 발달을 위해 이러한 정보가 제공되어야 한다고 결론을 내릴 수 있다. 그러나

Powell과 Cassidy(2001)는 이러한 욕구가 비교문화적 프로그램을 개발할 때는 신중히 접근하여야 함을 지적하였다. 왜냐하면 중요하게 여기는 가치가 문화적으로 차이가 있기 때문에 프로그램을 적용하게 되는 그 문화에서 규정하는 가족의 건강성에 대한 가치를 인정하는 것이 중요하기 때문이다. 따라서 각 문화의 상대적 장점에 대한 가치판단을 하기보다는 타문화에 대한 존엄성에 기반하여 모든 문화적 집단의 독특성에 가치를 부여하고, 개인과 가족의 욕구에 맞추어 프로그램을 개발하여야 한다. 왜냐하면 가족생활교육 프로그램은 다양한 욕구와 기대와 다양한 문화적 집단의 강점에 민감하여야 하기 때문이다. 교육자는 개인이 다양한 문화에서 효과적이고 의미있게 살 수 있도록 돕고, 프로그램 개발자는 이러한 다양성을 프로그램에 적용시킬 수 있는 융통성이 필요하다. 따라서 사람들이 다중문화적 사회에 적응하기 위해 한 문화집단에만 초점을 맞추기보다는, 집단의 욕구가 학교나 지역사회 더 크게는 사회의 공동 목표와 함께 가도록 프로그램이 개발되어야 한다. 이를 위해서는 교육자의 교육내용과 방법에 대한 민감성이 요구된다.

③ 미래의 욕구

아동이나 성인이 그들에게 닥칠 규범적 발달적 변화를 준비할 수 있는 미래에 필요하게 될 욕구도 검토되어야 한다. 스트레스가 많은 사건도 어떤 자원이 가능하고 미래에 기대되는 것이 무엇인가를 확실히 이해한다면 그 문제를 쉽게 다룰 수 있을 것이다. 예를 들면, 예상치 않은 임신을 한 청소년이나, 임신을 한 신혼부부의 경우 이들에게 향후 가능한 자원이 무엇이며 임신으로 인해 야기되는 미래의 변화들이 어떠할지에 대해 교육하는 것은 임신 이후부터 부모역할 수행의 발달과정에서 겪을 수 있는 문제예방을 위해 매우 중요하다.

④ 학습자의 발달적 욕구와 능력

프로그램을 개발하고 운영할 때 교육자는 참여자의 발달적 욕구와 능력을 이해해야 한다. 교육 대상자들의 읽기 능력이나 운동 능력, 인지적 능력 등에 대한 이해는 효과적인 교육을 위한 필수 과정이다. 특히 현장에서 만나게 되는 다양한 연령과 능력의 사람들이 교육현장에서 최상으로 학습하도록 돕기 위해서는 이들의 인지적 능력을 이해해야 한다. 아동발달학자인 Piaget의 인지발달단계를 예를 들어보면, 인지발달단계가 전조작기에 속한 유아들에게 부피에 대한 지식을 가르칠 수는 없을 것이다. Schaie(1978)는 아동기와 성인기는 지식습득 단계가 차이가 있는데 아동기와 청소년기가 '지식습득'단계라면 성인기는 지금까지 내가 아는 것을 어떻게 이용해야 하는가에 관심이 있는, 지식을 실행에 옮기는 '지식 이용'단계라고 구분하였다. 따라서 성인들을 대상으로 하는 교육에서는 이들의 이러한 발달적 단계를 고려하여 교육에서 다루고자 하는 학습개념을 삶의 경험으로 연결시키는 것이 중요함을 강조하였다. 또한 부모교육의 예를 들어보면, 임신하지 않은 초기청소년들에게 부모역할기술을 교육하는 것은 발달적 관점에서 볼 때 효과적이지 않다. 왜냐하면 이들의 인지능력이 아직은 부모역할이 어떨 것이라는 명확한 개념화를 할 정도로 발달되지 않았으며, 부모역할에 대한 필요성도 인식하지 않기 때문이다. 따라서 학습자의 발달적 욕구와 능력에 기반한 프로그램 개발과 적용이 필요하다.

(2) 요구조사 방법과 내용

현장에서 프로그램 개발을 위해 가장 많이 사용하는 방식은 프로그램 참여자에게 '지각된 요구'를 직접 측정하는 것으로, Morgaine(2003)에 의하면 이러한 방식은 미국에서도 가장 많이 채택된다고 한다. 그러나 앞에서도 지적하였듯이 직접 수집한 정보가 개인의 욕구와 항상 일치하지 않을 수도 있으며, 중요한 정보가 제한될 수도 있다. 왜냐하면 가족성원들이 그들 자신과 그들의 일상적 삶에 대한 잘못된 신념을 가질 수도 있으며, 중요한 내용에 대한 필요성을 인식하지 못할 수도 있기 때문이다. 이런 경우 가족생활교육사는 Vella(1994)의 3단계 방법을 활용하는 것이 적절할 것이다. Vella(1994)는 〈표 5-4〉와 같이 질문, 학습, 관찰의 3단계 방법을 제시하였다. 1단계에서는 직접관찰, 사례연구, 전화 인터뷰, 포커스 집단, 질문지, 간접 증거자료조사 등 다양한 질문을 통해 프로그램 대상기관과 대상자들의 지각된 요구를 조사하는 것이다. 특히 관련 정보를 확보하고 실시대상에 대한 계획(가족생활주기, 가족 형태, 가족의 특정 상황, 연령, 직업, 사회계층 등)을 점검하며, 실시방법(대상과 집단구조, 교육형태 및 실시 시간과 기간, 진행상의 기술)과 자원동원(예산, 인적 · 물적 자원) 가능성 등을 점검한다. 결국, 어떠한 방법을 활용하는가 하는 것은 프로그램 개발자의 인식론에 기초한다. 두 번째 단계는 교육자가 문헌고찰 등을 통해 학습하는 단계로 '교육자의 욕구'가 검토되어야 하며, 세 번째 단계는 수동적 관찰자의 관점에서 문화를 이해하는 것이다.

표 5-4 Vella(1994)의 요구조사 각 단계별 특징과 방법

1단계	2단계	3단계
질문(ask)	학습(study)	관찰(observe)
1. 첫 번째 질문과정: 탐색과정 • 관련 기관의 허락이 필요한지 등 점검 • 허가 종류나 필요성은 주제의 민감성이나 참여자의 연령에 따라 다양함 2. 두 번째 질문과정: 프로그램 설계를 위한 집단의 지각된 요구 측정 • 무엇에 대해 알고 싶은가 등 요구분석은 매우 다양한 환경에서 가능 • 방법: 직접 관찰, 사례연구, 전화 인터뷰, 포커스 집단, 질문지, 간접 증거자료 조사, 기타	• 교육자가 문화와 연령 집단에 대해 문헌고찰을 통해 연구 • 중요 문헌을 읽고, 대상이나 주제에 대해 편견 없는 통찰과 이해를 위한 연구과정 • 시간과 인내력이 요구되지만 효과적 프로그램 개발에 필수적 과정	• 수동적인 관찰자의 관점에서 준거집단의 가치와 문화, 그들의 삶에서의 요구나 어려움을 이해하기 위해 관찰

좀 더 구체적으로 각각의 과정에서 사용할 수 있는 방법론은 다음 5가지 방법이 있으며, 시간, 내용, 가능한 자원에 따라 다양하며 각각의 방법들은 고유의 장단점이 있으므로 목적에 따라 다른 방법론을 적용할 수 있다.

① 질문지법

다른 방법에 비해 손쉽게 자료를 얻을 수 있으며, 개인이나 소집단 수준의 현상보다는 사회적 수준의 특징이나 경향 등을 수집할 때 특히 유용하다. 질문지는 적은 시간과 비용으로 대량의 자료를 확보할 수 있는 이점과 구조화된 반응 범주에 연구자의 관점이 개입되어 있거나 모든 가능한 응답을 다 포함시키기 어렵다는 단점이 있으나 초기 요구도 조사에는 효과적이다.

② 면접

면접법은 질문지의 단점을 보완하여 보다 심층적이고 질적인 연구에 이용되는데, 응답자의 반응 해석에서 연구자의 가치나 선입견을 배제하는 것이 중요하다. 질문지법과 마찬가지로 면접법도 응답자가 연구집단을 어느 정도 대표하느냐 하는 표집의 편파성 문제가 있으며, 응답자가 자신의 행동을 과연 얼마나 잘 인식하고 있는지에 대해 확신이 어렵다. 그리고 응답자의 자발성과 능력에 전적으로 의존하기 때문에 응답자가 사회적 바람직성을 의식하여 응답하므로 왜곡된 정보를 얻을 가능성도 있다. 그러나 프로그램 참여 경험자나 특별한 요구가 있는 가족구성원들을 대상으로 면접을 할 경우 이들의 요구를 효과적으로 측정할 수 있는 장점이 있다.

③ 관찰법

조사법을 통하여 응답자가 보고한 내용과 실제 행동 간에는 차이가 있을 수 있다. 이러한 점을 보완하기 위하여 개발된 관찰법은 가족들의 비언어적 행동이나 자연적인 상황에서의 행동을 연구하는 데 매우 적절하다. 그러나 실제로 요구도 조사에서 관찰법을 통해 자료를 수집하는 데는 많은 한계가 있으나 관찰법을 통하여 얻게 되는 심층적인 정보들은 가족생활교육의 대상자나 기관을 이해하는 데 매우 중요하다. 또한 프로그램 운영과정에서 관찰자로서 참여하여 얻게 되는 자료는 프로그램 운영에 관한 실제적인 자료와 평가를 위한 자료로 활용할 수 있다.

④ 사례연구

전통적으로 사례연구는 임상가나 가족치료자들이 문제가 있는 개인이나 소집단을 심층적으로 분석할 때 자주 이용되어 왔다. 사례연구에서는 주로 면접이나 참여관찰, 또는 기존의 심층적인 기록들을 이용하여 자료를 수집한다. 이 방법은 특정 사례에 초점을 두어 연구하기 때문에 얻어진 연구결과를 일반화시킬 수 없다는 단점이 있다(정현숙 · 유계숙, 2001). 그러나 기관에서 장기적인 프로그램, 예를 들면 건강가정지원센터의 '가족봉사단' 등과 같은 장기적 프로그램에 대한 사례연구는 향후 프로그램의 개선과 새로운 프로그램을 개발하는 데 중요한 자료가 될 수 있다.

⑤ 포커스 집단

일련의 집단에게 심층적으로 태도 등을 물어보는 질적인 방법이다. 집단성원들이 서로 자유롭게 참석하는 상호작용적인 집단상황에서 질문이 이루어진다. 일대일의 대면관계보다 더 자연스러운 상황에서 사람들을 인터뷰하게 되므로 참여관찰도 함께 이루어진다. 상대적으로 빨리 정보를 수집하고 적은 비용으로 신뢰할 수 있는 자료를 얻을 수 있는 반면, 일대일 대면면접보다 통제가 어렵고 정보 양이 많아 훈련된 관찰자와 함께 작업이 이루어져야 효과적이다(Marshall & Rossman, 2005).

2 프로그램 개발

기획단계에서 프로그램에 대한 기본적인 계획수립을 통해 프로그램 개발 배경 및 필요성이 정리되고 요구도 조사에 의해 대상 집단의 욕구가 분석되면 프로그램 개발 단계로 들어간다. 프로그램 개발 시에는 우선 프로그램 구성에 관한 철학(프로그램의 목표나 이론적 모델)이 검토되고, 전체 프로그램의 목적과 세부 프로그램의 목표를 명확히 함으로써 구체적 활동계획이 수립된다.

1) 프로그램 구성 철학

가족생활교육 프로그램을 구성하기 위해서 프로그램 개발자는 4장(〈표 4-1〉 참조)에서 설명했던 Dail(1984)의 가족생활교육사의 철학 형성을 위한 네 가지 측면에서의 신념, 즉 가족과 가족생활의 본질, 가족생활교육의 목적, 내용에 대한 신념, 가족의 학습과정에 대한 신념을 통해 자신의 철학을 우선 점검하는 것이 필요하다. 왜냐하면 가족생활교육은 교육자의 가족에 대한 철학이 교육내용이나 교수법 등에 반영되므로 매우 중요하기 때문이다.

(1) 가족과 가족생활 본질에 대한 신념과 철학

첫 번째로 프로그램을 개발할 때 가장 중요한 것은 개발자가 가족과 가족생활의 본질에 대해 어떠한 태도를 갖는냐 하는 것이다. 4장의 1절 가족의 이해와 12장의 윤리에서 다루었듯이 변화하는 사회에서의 가족의 의미를 이해해야 하며, 윤리적 가치판단을 위한 기본적인 지식도 이해해야 한다. 그러나 무엇보다 중요한 것은 현대적 의미의 가족은 구조적인 형태보다는 성원과의 관계와 수행해야 할 기능 위주로, 그리고 관계와 기능 측면으로 정의하여야 하며, 다양한 가족에 대한 개방적인 태도와 신념을 갖는 것이며, 이러한 신념이 프로그램에 반영되어야 한다.

(2) 가족생활교육 목적에 대한 신념

두 번째는 가족생활교육의 목적에 대한 신념이다. 교육자가 가족생활교육을 통해 이루고자 하는 목적이 무엇인가 하는 것이다. 교육을 통해 가족원들의 행동을 바꾸고자 하는 것인지, 인식을 변화시키고자 하는지, 혹은 기술이나 지식을 습득하도록 하는지에 따라 다른 방법론이 적용될 것이다. 그러나 가족생활교육지기 어떤 특정 이데올로기와 신념체계를 조장하는 것은 적절하지 않다. 부부교육을 위한 가족향상 분야에서는 〈표 5-5〉와 같이 가족성장, 기술, 종교, 여가 모델 등 프로그램의 목적을 네 가지로 분류한다. 또한 3장에서 다룬 Doherty(2003)의 부모교육과 가족교육자를 위한 가족 개입의 수준을 교육의 목적과도 연결하여야 할 것이다.

표 5-5 가족향상의 이론적 모델

가족향상 모델	프로그램의 예	특징
가족성장 모델 (family growth models)	제일안식교, *The Family Cluster*	가족이 발달/변화할 수 있도록 가족들 간 상호작용을 통한 집단과정을 강조함
기술 모델 (family skill models)	Satir, *People Making* Guerney, *Relationship Enhancement* L'Abate, *Enrichment: Structural* Intervention	실습을 통한 기술을 가르침
종교적인 모델 (family-based religious models)	ME: 가족주말경험 (*Family Weekend experience*)	설교적이며 종교적인 기초
여가/사교 중심 모델 (family-based models for recreation and socializing)	Otto & Kilmer, *Family Fun Council & family camps*	가족이 함께하는 즐겁고 오락적인 경험을 통해 강해진다는 데 기초함

*출처: 정현숙(1998a). p. 61.

(3) 내용에 대한 신념과 철학

세 번째는 가족생활교육의 내용에 대한 신념으로 다양한 교육환경, 생애과정, 가족유형 및 대상 등을 고려할 때 적절한 주제가 무엇인지 그리고 각각의 주제가 효율적으로 전달될 수 있는 방법과 시점을 점검하는 것을 의미한다. 또한 가족에 대한 편견과 성 유형화 등에서 자유롭게 내용을 구성하며, 적절한 정보와 자료들이 어디에 있는가에 대해서도 전문적인 지식을 갖는 것도 포함된다.

(4) 가족의 학습과정에 관한 신념

네 번째는 개인이나 가족의 학습과정에 관한 신념이다. 이는 개인이나 가족이 어떻게 배우고 집단 안에서 기능하며, 집단이 학습에 어떻게 영향을 받고 그 안에서 개인 성원의 학습과 생각이 영향을 받는지에 대한 인식이다. 인식론은 그리스어

'epistm(지식)'에서 유래한 용어로 지식에 대한 철학적 명제이며 우리가 세상을 어떻게 알아가는가의 문제를 다룬다. Morgaine(2003)은 지식은 모든 인간에게 적용되고 발견될 수 있는 사실의 총합으로 보아야 하며, 인간의 욕구는 보편적이며, 행동은 지식을 습득한 후 진화되는 것이라고 주장한다. 그러나 최근에는 이러한 전통적 관점에서 해석학적, 비판적 관점도 등장하였으며 이러한 관점에 따라 사람들의 학습과정에 대한 새로운 교사의 역할이나 교수방법 등이 제안되기도 한다. 따라서 프로그램 개발자들은 본인이 어떠한 인식론, 패러다임으로 프로그램을 개발할 것인가를 살펴보는 것이 중요하다.

2) 대상 선정

가족생활교육 프로그램이 정부나 학교 등 외부 기관의 필요와 요구에 의해 계획되는지, 각 기관의 지도자에 의해, 아니면 실무자들에 의해 이루어지는지에 따라 교육내용과 대상은 달라진다. 사회복지의 경우 서비스 대상자의 선정 과정은 일반집단, 위기집단, 표적집단, 클라이언트 집단으로 구분된다. 예를 들면, 특수학급의 경우 '특수학급 재학생 전체'가 일반집단이 되며, 이들 중 가장 영향 받기 쉬운 사람들의 특징과 문제경험이 있는 집단, 예를 들면 '특수학급 재학생 중 따돌림 경험학생'이 위기집단이다. 이들 중 프로그램의 대상이 되는 대상, 즉 '따돌림 경험학생 중 내성적 학생'이 표적집단이 되는데, 표적집단 중 프로그램 참가 집단은 '표적집단 중 참여에 동의한 학생'으로 구성되며 이들이 클라이언트 집단이 된다(정무성 · 정진모, 2001). 가족의 경우 Doherty(2003)의 개입 수준으로 볼 때 3단계에 해당하는 단기적 개입의 경우는 이러한 모델을 적용하여 대상을 선정할 수 있다.

그러나 일반적인 예방 모델의 경우는 전체 인구가 대상이 된다. 따라서 프로그램의 목적과 이 프로그램으로 가장 효과적으로 영향을 받을 수 있는 집단을 선정할 수 있다. 지식 제공이 목적일 경우는 다양한 연령의 이질적인 집단도 효과적일 수 있으며, 집단 간 상호작용이 중요한 과정일 경우는 직업과 교육수준 등이 어느 정도 동질한 집단이 더 효과적일 수도 있다. 일반가족이 대상일 경우 가족생활주기, 가족형태, 가족의 특정상황, 연령, 직업, 사회계층 등 프로그램의 목적과 내용에 따라 적절한 대상을 선정할 수 있다.

3) 접근방식의 선택

가족생활교육의 접근방식은 가족생활교육방법의 다양성에서 설명한 것과 같이 개인 모델, 집단 모델, 대중매체 모델 중에서 기관과 프로그램의 목적 및 대상의 특징에 따라 적절한 방식을 선택할 수 있으며, 여러 가지를 혼합한 활동으로도 구성할 수 있다.

4) 목적과 목표의 설정

프로그램의 목적은 거시적이고 포괄적이고 궁극적이며 일반성을 갖는 개념이고, 목표는 목적보다는 구체성을 가진 개념이다. 즉, 목적은 바라는 결과에 대한 추상적이고 일반적인 진술이며, 목표는 바라는 관찰 가능한 그리고 측정 가능한 결과에 대한 구체적이고 조작적인 진술이다. 이러한 목표는 다시 하위목표로 세분된다(김영숙 외, 2002, p. 161). 따라서 각각의 가족생활교육 프로그램은 전체로서 목적을 설정하며, 각각의 하위 프로그램은 이러한 전체의 목적에 맞게 목표가 세워지고, 각각의 세부 프로그램도 하위목표를 갖게 된다.

프로그램의 목표는 전체 프로그램의 목적, 목표 및 세부 프로그램 각각의 목표와 활동의 목표 등이 단계적으로 제시되어야 한다. 예를 들면, 정현숙 · 유계숙 · 임춘희 · 전춘애 · 천혜정(2000b)의 재혼준비교육프로그램 '준비된 재혼, 또 다른 행복'프로그램의 목적은 재혼가족을 형성할 개인들이 재혼가족생활에 대하여 정확하게 이해하며, 현실적인 기대를 갖고 재혼가족생활에서 야기될 수 있는 문제들에 대한 사전 논의를 통해 성공적인 재혼생활이 되도록 돕는 것이다. 이를 위해 4회기의 프로그램을 개발하고, 각 회기별 목적과 구체적인 교육계획을 수립하였으며, 그중 1회기의 내용은 〈표 5-6〉과 같다.

표 5-6 '첫 번째 모임: 재혼부부 바로보기'의 강의안

구분	단계	내용	시간	준비물	자리배치	역할분담
목표		1. 재혼가족의 특징에 대해 전반적으로 이해한다. 2. 재혼생활을 위한 자신의 준비상태를 점검한다.				
프로그램		내용	시간	준비물	자리배치	역할분담
	도입	1. 프로그램에 대한 전반적 소개 2. 동의서 작성 3. 자기소개 시간	5분 5분 20분	이름표, 동의서, 필기도구	원형	주강사
	활동 및 강의	1. 작업 1: 재혼에 대해 바로 알기	20분	간단한 선물, 워크시트		주·보조강사
		2. 강의 1: 재혼과 초혼의 차이점	10분	워크시트, OHP	원형	주강사
		3. 작업 2: 비디오시청과 소감나누기 -재혼에 대한 고정관념, 재혼생활의 긍정적 측면에 대해 알아보기 -재혼준비 시 고려할 영역점검	40분	비디오, 워크시트, OHP 간단한 다과	비디오시청 자리배치	주강사
		4. 휴식	10분			주·보조강사
		5. 작업 3: 자신의 재혼준비상태 점검(재혼준비교육의 필요성 강조)	30분	재혼준비척도 워크시트 배경음악	원형	
	종결	1. 제1단계 요약하기 2. 소감과 향후 프로그램에 대한 기대 발표	10분	워크시트		주·보조강사

*출처: 정현숙 · 유계숙 · 임춘희 · 전춘애 · 천혜정(2000b). 재혼준비교육프로그램 개발 및 평가. p. 6.

5) 프로그램 내용 구성

프로그램 내용을 구성할 때 고려해야 하는 기준으로 정지운과 김지자(1986, 정무성 · 정진모, 2001에서 재인용)는 프로그램 전체 목적과의 연계성, 대상의 능력수준과 흥미에 적합성, 서비스 가능성, 포괄성과 다양성, 실용성과 현실성, 지역성, 적절성과 효율성의 원리와 자발성의 원리 등 여덟 가지 기준을 제시하였다. 이러한 기준 중 가장 중요한 것은 프로그램이 추구하는 목적에 맞는 다양한 활동을 선정하고 프로그램이 실행되는 지역과 대상의 요구에 적절한 내용을 포함하는 것이다. 효과적 활동계획 수립을 위해서는 〈표 5-7〉과 같이 Powell과 Cassidy(2001)의 기준이 효과적으로 적용될 수 있을 것이다. 이 절에서는 가족생활교육 프로그램 중 집단 프로그램을 중심으로 도입, 전개, 종결로 나누어 각 단계에서 고려해야 할 점들을 살펴본다.

표 5-7 Powell과 Cassidy(2001)의 효과적 가족생활교육의 조건

1. 건강한 가족체계의 기능을 증진시킬 때
2. 가족 안에 있는 독특한 사회적 문화적 맥락을 잘 포함하고 이를 지지할 때
3. 가족의 자발적 노력을 강조할 때
4. 내용적으로 가족생활주기와 다양한 인생경험을 포괄하고, 교육이 지속적으로 제공될 때
5. 치료보다는 예방에 초점을 맞출 때
6. 개인의 변화와 행동/태도 변화를 강조하는 학습과정이 계획되었을 때
7. 계속적 강화를 위해 추수활동을 포함해서 교육시간이 15~18시간이 될 때
8. 다양한 스타일의 학습활동이 포괄적으로 포함되었을 때
9. 연습을 통한 학습을 할 때(반영을 통한 행동)
10. 개인 삶의 경험에 대한 정보를 이용하고, 즉각적으로 이용할 수 있도록 설명이 보완될 때
11. 학습자의 경험, 문화와 개인의 가치지향을 존중할 때
12. 기술에 대한 모델을 보여 주고 토론과 의견을 낼 수 있는 환경을 제공해 줄 때
13. 소규모 집단 토론을 이용할 때
14. 잘 계획되고, 최근의 데이터(자료)를 이용할 때
15. 준비된 학습활동이나 토론 후에 짧은 강의가 포함될 때
16. 집단의 요구도 조사에 기초하여 프로그램이 개발될 때

*출처: Powell & Cassidy(2001). p. 63.

(1) 도입부

Mace(1979)는 '진단', '성장계획 수립'과 '새로운 기술과 도구 제공'의 세 가지 요소가 포함된 결혼향상 프로그램이 부부들에게 효과적으로 적용 가능하다는 점을 강조하는데 앞의 두 가지 요소는 프로그램의 도입부에 매우 중요하다. 우선 개인이나 관계에 대한 교육에서 중요한 것은 자신들의 상황에 대한 정확한 진단에서 출발하는 것이 효과적이다. 따라서 도입부의 '진단'과정에서 현재 관계를 진단하여 어떠한 점들이 왜 불만족스러운지 그 영역을 파악하는 것이 필요하다.

이러한 진단을 바탕으로 개인이나 부부들이 받아들일 수 있거나 혹은 바람직하다고 생각하는 목적을 달성하기 위하여 변화할 필요가 있는 것이 무엇인지를 판단하여 '성장계획(Growth Plan)'을 수립한다. 이러한 목적을 달성하기 위하여 새로운 도구나 기술들을 적용하여 관계 향상을 이룰 수 있다. 따라서 도입부에 참여자들이 현재 상황을 파악하고, 미래에 대한 계획 수립과정을 포함시키는 것이 좋다. 7장에서 소개할 PREPARE/ENRICH의 경우도 부부들의 강점과 약점 등을 측정하는 11개 영역의 질문지를 통해 앞으로의 성장계획을 짜도록 구성되어 있다.

(2) 집단구성계획 및 활동계획 수립

① 집단구성

4장의 집단의 정의와 종류에서 설명하였듯이 상호작용을 위한 교육의 목적에 따라 치료집단, 지지집단, 교육집단, 과제집단, 거주집단, 인터넷 집단 등으로 집단을 구성할 수도 있으며, 집단역학에 기반한 집단의 크기도 계획할 수 있다. 또한 집단 내에서 어떠한 활동을 중심으로 프로그램을 운영할 것인가 활동방법도 수립하여야 한다.

집단의 역학관계에서 볼 때 관계의 향상을 위해 부부들의 독자적 노력(supervised self-effort)을 강조하는 방법, 상담, 부부집단 상호작용(couple group dynamics) 등 ME에서 활용하는 세 가지 방법(Mace, 1979) 중 어떠한 방식으로 운영할 것인가도 계획할 수 있는데, 구체적 방법은 대상의 특성이나 다루는 주제에 따라 다양하다. 부부관계 향상에서 많이 사용하는 세 가지 방법의 특징과 진행방법을 요약하면 〈표 5-8〉과 같다.

표 5-8 가족향상의 진행방법 및 진행상의 주의점

진행방법	내용
개별적 부부지도	• 주말에 등록, 부부문제를 이야기하고, 개별적으로 반응을 쓴 뒤, 각자 방에서 부부가 서로 토의함. • 격리, 자극, 지지를 강조하며, 부부의 의미 있는 만남을 증진함. • 다른 부부와 상호작용은 없음(부부들 간의 비밀보장이 중요).
상담	• 문제에 초점을 맞추기보다는 개발되지 않은 잠재 영역을 발견하는 긍정적 행동지향적 접근 • 갈등해결과 분노 관리법, 불일치 해결 방법등을 실습할 수 있는 기회 제공
집단 상호작용	• 가족향상에서 가장 많이 이용하는 방법(6~8주 저녁 프로그램으로 진행) • 지지그룹 모임은 1년 이상 지속됨(부부집단에 의해 유도됨). • 교육과 훈련, 부부끼리의 의견교환, 집단 의견교환이 포함됨.

*출처: 정현숙(1998a). p. 62.

이러한 진행방법과 병행하여 프로그램을 수행하는 체제는 〈표 5-9〉와 같이 주말숙박 프로그램, 성장집단(growth group), 지지집단(support group)으로 구성할 수 있다. 주말숙박 프로그램과 성장집단의 효과에 대한 연구는 제한되어 있어(Dyer & Dyer, 1990), 어느 체제가 효과적인가에 대해서는 아직 알 수 없다. 주말숙박 프로그램과 성장집단을 비교한 Davis 등의 연구(1982)에 의하면, 성장집단 참석자들이 숙박 프로그램 참석자들보다 결혼만족도가 향상되었으며, 남편들보다는 아내들이 더 많은 변화가 있었음을 보고하였다. 반면, Stedman(1982)은 이러한 결론을 내리기에는 좀 더 체계적인 연구를 통한 재검토가 필요하다고 주장하였다. 그러나 Mace(1979)는 부부가 초기의 효과적인 집단경험을 하고, 계속적인 성장을 하고 있는 부부들로 구성된 지지집단과 함께 일 년 정도 모임에 참여한 부부에게서 프로그램의 효과를 발견하였다. 그러나 무엇보다 중요한 것은 집단을 이끄는 지도자들의 융통성과 훈련 모델의 내용에 따라 적절한 방법을 선택하는 것이다. 그러나 일정한 대상을 중심으로 이러한 연속적인 집단 구성을 통한 지원은 가톨릭의 ME 프로그램을 제외하고는 현실적으로 기관에서 운영하는 데에는 많은 어려움이 있다. 우리나라에서는 거의 대부분이 성장집단체제로 교육이 이루어지고 있다. 그러나 주말숙박 프로그램의 형태가 아니라 1회성의 프로그램이나 성장집단체제로 프로그램을 운영하더라도 지지집단 형태의 후속활동에 대한 계획을 체계적으로 세우는 것은 행동이나 인식의 변화나 유지를 위해서 매우 중요하다.

표 5-9 프로그램의 체제

종류	내용
주말 숙박 프로 그램	• 대부분은 부부가 일상의 환경에서 벗어나 주거시설이 갖춰진 곳에서 금요일 저녁부터 일요일 오후까지 실시(ME) • Mace(ACME)의 모델은 적어도 한 지도자 부부가 여덟 쌍 부부를 지도하게 하며, 성직자와 한 쌍의 지도부부가 지도함. • 많은 사람들이 참여할 수 있도록 미니 주말 프로그램도 제안됨. 시간적 제약이 있는 사람들을 위해 금요일 저녁과 토요일 오전, 오후에 실시하며 잠은 집에서 자게 함.
성장 집단	• 주말숙박 프로그램의 다른 형태로 약 6주 동안 1주일에 한 번씩 두세 시간 일정한 시간에 만나는 형태 • 주말숙박 프로그램과 같은 주제를 다루나 더 긴 시간을 할애하고 있음.
지지 집단	• 주말숙박 프로그램에 참여했던 사람들을 위한 후속 활동 • 주말숙바 프로그램에서 부부들의 태도는 어느 정도의 변화가 있으나 지속적인 변화를 위해서 지지집단 필요성을 ACME와 National Marriage Encounter에서는 강조함. • 약 3~4주에 한 번씩 3시간 동안 5~8쌍 부부모임으로 구성하나 지역에 따라 차이 있음. • 주로 한 가지 주제를 다루며, 주말 프로그램에서 배운 기술을 연습함.

*출처: 정현숙(1998a). p. 64.

가톨릭의 ME는 현재 20년의 연륜이 쌓여 국민운동으로 자리 잡고 있다. 각 교구 단위로 금요일부터 2박 3일간 서로 모르는 30여 쌍의 부부가 함께 합숙하며 프로그램이 진행된다. 이 프로그램을 운영하는 WWME한국협의회에 의하면 전국적인 조직과 해외지부가 결성되어 있으며 〈표 5-10〉과 같이 ME가족은 2014년 12월 기준 전국적으로 총 18만 4천 쌍에 이른다고 한다. 이밖에도 한국기독교상담문화원, 한국능률협회, 서울시가정상담소, 성장상담연구소 등 다양한 기관에서도 부부를 대상으로 1박 2일 프로그램을 실시하고 있다(한겨레, 1994. 11. 1.; 한국일보, 1994. 1. 17.). 또한 전국시군구의 건강가정지원센터나 다문화가족지원센터 등에서 가족캠프나 부부캠프가 운영되고 있으나, 여가와 오락, 참여활동이 중심이 된 형태로 운영되어 관계에 초점을 맞추는 전문적인 교육은 상대적으로 미흡한 실정이다. 이러한 프로그램의 전문성과 내용에 대해서 뿐 아니라 일반적으로 프로그램의 효과는 검토되고 있지 않으며, 프로그램 실시 후 전반적인 만족도를 검토하는 정도로 효과에 대한 평가가 이루어지고 있다.

표 5-10 WWME 한국협의회 ME가족 현황(2014. 12. 31 기준)

교구	주말회수	부부(쌍)	사제(명)	수도자(명)	합계(명)
서울(대)	1,299	29,518	543	626	60,205
안동	79	1,748	17	43	3,556
대구(대)	326	7,370	156	154	15,050
수원	381	9,007	103	138	18,255
인천	363	8,964	120	165	18,213
광주(대)	185	4,626	103	103	9,458
부산	322	6,716	132	164	13,728
제주	6	75	0	2	152
전주	114	2,821	37	74	5,753
마산	159	3,868	63	75	7,874
원주	158	3,199	65	76	6,539
청주	122	2,603	61	46	5,313
대전	154	3,162	71	52	6,447
춘천	173	3,784	59	90	7,717
군종	1	24	1	0	49
의정부	113	2,378	60	62	4,878
해외	37	507	12	11	1,037
합계	3,992	90,370	1,603	1,881	184,224

*출처: 한국ME(http://www.mekorea.or.kr).

② 활동계획

가. 경험적 학습활동 계획 수립

프로그램 개발 시 활동계획을 수립할 때 중요한 것은 학습자가 효과적으로 내용을 학습하기에 적절한 학습전략을 찾는 것이다. 일반적으로 가족생활교육에서는 경험적인 학습을 강조한다. 그 이유는 경험은 학습에 앞서고, 상상하는 것보다는 실제로 행하는 학습이 더욱 강력하게 영향을 미치고, 경험적인 학습을 통해 사람들은 행동을 배우게 되기 때문이라고 가정하기 때문이다. 따라서 프로그램 진행과정에서의 다양한 과업 성취를 위해 사용하는 가장 기본적인 방법은 경험적인 학습과 집단과정(Dyer & Dyer, 1990; Mace, 1979; Mace & Mace, 1981; Smith et al., 1979)이며, 이러한 이유로 Vella(1994)도 4장의 효과적 교육책략에서 경험적 학습을 강조하였다.

실제로 대인관계에서의 변화는 학습자가 적극적으로 참여하는 역동적인 학습과정에서 일어날 수 있다. 따라서 부부들이 새로운 상황과 새로운 방법을 경험하고 새로운 기술을 연습할 수 있는 기회를 제공해야 한다는 것을 의미한다(Dyer & Dyer, 1990). 또한 집단에서의 역동적인 과정(group process)은 경험적인 학습이 일어날 수 있는 환경을 제공해 준다. 강의식 수업은 수동적이며, 경험적 학습은 능동적, 활동적이다. 강의를 듣거나 시청각자료를 이용한 시청은 학습자들 간에 익명성이 보장되므로, 학습자들이 활동과정에서 상처받을까 고민하지 않아도 된다. 가족생활교육이 개인과 관계 모두를 대상으로 하며, 가족향상의 경우는 관계 자체가 초점이므로 체계에 포함된 성원들의 관심을 집중시킬 수 있는 방법을 선택하는 것이 프로그램 계획이나 운영과정에서 중요하다. 이러한 이유로 Dyer와 Dyer(1990)는 비록 관계가 프로그램에서 초점이지만 개인적 성장 없이는 관계가 이루어지지 않기 때문에 개인적 성장을 높일 수 있는 경험적 학습의 중요성을 거듭 강조하고 있다.

나. 활동내용과 방법 선택

활동내용을 구성할 때는 학습내용에 어울리는 다양한 기술이 포함되어야 하며, 참가자의 특성에 맞게 내용이 구성되어야 한다. 이러한 기술은 방법을 수행하기 위한 개별적인 과정을 의미하는데, 무엇보다 중요한 것은 지역사회의 특성, 대상의 요구 등에 기초해 다양한 방법을 함께 사용하는 것이다. 또한 활동 내용은 쉽게 이해될 수 있도록 조직화되어야 한다. 이를 위해서는 참가자의 특성과 수준에 적합한 자료들을 활용하여야 하며, 프로그램을 운영하는 지도자의 경험과 능력에 적합한 지도법을 선택하는 것도 중요하다. 특히 활동내용은 참가자의 주체성과 자주 활동을 촉진할 수 있는 것이 효율적이라고 한다. 프로그램을 효과적으로 운영하기 위해서는 다양한 학습기술 또한 필요하다.

김영숙 등(2002)은 활동을 위한 다양한 방법[강의법, 발문법, 토의법, 문제해결법, 실습법, 견학학습법, 조사학습법(야외학습법), 단체활동법(극기활동: 등반, 야영, 국토순례, 심성개발활동), 탐사활동(오리엔티어링, 유적지 탐방 및 학술조사활동, 동굴 및 수중탐사활동), 안전구호활동(안전생활 훈련활동 · 대피방호훈련활동 · 재해구호활동 · 지역사회 봉사활동), 공학매체 활용법(평면매체, 입체매체, 영화, TV, 컴퓨터 매체 등)]을 제안하였는데 프로그램의 특성과, 환경, 지도자 및 학습자의 특성에 따라 적절히 활용할 수 있을 것이다.

가족향상에서는 구조화된 기술, 모델링, 대화, 집단토의 등의 기법들이 운용된다. 각 방법의 특징과 적용 시 주의점은 〈표 5-11〉과 같다. 프로그램에서 어떠한 기술을 선택하는가하는 것은 개별지도자의 능력과 교육 가능한 기술수준을 반영하는 것이므로 능력있는 지도자들이 중요하다. 그러나 이러한 기술 중 집단토의를 활용할 때는 효율적인 운영을 위해 집단의 규칙을 정하는 것이 중요하며, 이러한 집단의 규칙은 첫 회기에 만들어져야 한다. Mace(1979)에 의하면 부부집단에 참석하는 경우 문제를 말하지 않는 부부들은 집단의 도움을 받을 수 없으므로 집단에서 부부들은 남의 방해를 받지 않고 자발적으로 이야기할 수 있어야 하며, 이를 위해 집단의 규칙을 설정하는 것이 필요하다고 제안한다. 구체적 규칙으로는 '이 교육프로그램은 토론집단이 아니므로 참가자들은 다른 부부에 대항할 수 없고 서로 도와야 한다'와 같은 것이다. 또한 '서로를 진단하거나 상담할 수 없다', '집단에서 이야기한 모든 내용에 대해 비밀을 지킨다'와 같은 기본적인 규칙을 설정하고 집단토의를 활용하면 문제해결에 효율적이다.

표 5-11 가족향상 프로그램에서 이용되는 기술 및 사용상 주의점

	방법	주의점
구조화된 기술	• 인간관계 훈련에 기초 • 상황을 설정하고 운영할 지도자가 제안하는 활동에 참여하도록 요구됨. • 이 과정은 학습에 대한 욕구를 자극하는 수단이며, 문제해결에 효과적임.	• 기술 연습 시 지도자에 지나치게 의존할 때 집단 상호작용의 효율성이 감소되므로 지도자의 노력이 필요함.
모델링	• 지도자에 의한 모델링이 가장 효과적이므로 지도자가 부부인 것이 바람직함. • 집단과 관련지어 대화를 나누고 문제를 해결하는 것이 효율적인 지도자임. • 부부간의 대화가 모델링의 기초임.	• 대집단의 경우 모델링 기회가 지도자나 소수 부부에게만 제한됨. • 소집단의 경우 모든 부부들이 서로를 보여 줌으로써 부부관계에 대한 금기를 깰 수도 있음.
부부간의 대화	• 부부가 얼굴을 맞대고, 합의한 주제로 듣기, 자기노출, 공감기술 등을 이용해 이야기하는 것 • 여러 부부가 동시에 부부간 대화나 집단을 향한 개방적 부부대화를 함.	• 부부집단이 각각 동시 대화 시 배경음악(시간: 20분 정도)이 효과적임. • 개방적 부부대화는 지도자 부부가 실시하며 5~8쌍 규모가 적절하나, 지나치게 의존하면 부부들 긴장 수준이 높아짐.
집단토의	• 주제를 가지고 집단이 대화하는 것	• 지적토론이 될 수 있어 최소한으로 제한 • 지도자의 진단, 분석, 충고보다는 경험 나누기를 유도하는 것이 효과적임.

*출처: 정현숙(1998a). p. 63.

(3) 프로그램 진행단계

프로그램의 진행은 1회기성의 프로그램에서 매주 1회기씩 몇 회기 동안 지속되는 프로그램도 있다. 한 회기의 경우나 일련의 회기인 경우 모두 도입–활동–마무리로 각 단계가 이루어진다. 2회기 이상 이루어지는 프로그램의 경우, 현재 개발되어 운영되고 있는 많은 프로그램은 회기별로 다른 주제를 다루는 경우가 대부분이다. 예를 들면, 결혼준비교육의 경우 성에 대한 이해, 재정관리, 자녀교육 등 다양한 주제를 한 회기씩 강의나 작업을 통해 그 주제를 2시간 정도의 시간에 제공하게 된다. 이러한 프로그램의 목적이 정보를 제공하는 것이라면 이러한 방식도 효율적일 수 있으나, 지나치게 다양한 주제를 한 회기씩 제공하는 것은 학습자의 입장에서는 과부화에 걸릴 가능성이 높다. 따라서 정보를 제공하는 프로그램일 경우도 같은 주제를 다양한 방식으로 반복적으로 제공하는 것이 필요하다.

그러나 프로그램의 목적이 관계향상일 경우는 이러한 다양한 주제를 다루는 것은 매우 비효율적이다. 관계향상이 목적일 때는 Dyer와 Dyer(1990)가 제안한 다음의 5단계 과정이 효과적이다.

① **'안정감과 일체감 형성'단계:** 대부분 사람들이 가족의 사적인 내용들이 노출되는 것에 대한 걱정과 미심쩍음, 혹은 거부감을 가지고 프로그램에 참여하기 때문에 긍정적인 집단 경험을 위해서는 이러한 거부감을 가능한 빨리 제거하도록 하는 것이 필요하므로, 첫 번째 단계가 라포를 형성하는 과정이 되어야 한다. 일단 새로운 상황에서 편안함을 느끼면 참가자들은 그들의 배우자와 또 다른 부부들과도 서로 상호작용하기 때문에 안정감과 일체감을 갖도록 돕는 작업이 필요하다. 그러나 이 단계에 지나친 자기노출은 다른 구성원을 불안하게 하거나 불편하게 하므로 지도자가 이 단계를 잘 운영하여야 한다.

② **'자각'단계:** 두 번째 단계는 부부 혹은 부모-자녀 등 관계에 포함된 구성원들이 현재의 관계에서 어떻게 기능하고 있는지를 평가하는 단계이다. 가족교육이나 향상의 궁극적인 목적은 개인과 가족의 성장이므로, 현재 이들이 만족하는 부분은 무엇이며 어떠한 변화를 통해 관계를 더욱 만족스러운 상태로 만들 수 있는가를 평가하는 것은 매우 중요하다. 이러한 과정을 통해 가족구성원들이 성장에 대해 긍정적 태도를 갖고 변화의 잠재력을 인식하고, 변화를 향한 새로운 방법과 생각을 갖게 되면 이 단계는 성공적이라고 볼 수 있다.

③ **'기술과 지식습득'단계:** 상대적으로 많은 시간과 노력이 필요한 단계가 세 번째 단계로 새로운 기술과 지식을 습득하여 과거와는 다른 새로운 문제해결 방식을 적용해 봄으로써 변화가 일어나게 하는 과정이다. 실제로 연습과 실제적으로 기술을 적용해 볼 수 있는 실습 등이 효과적인 교육책략이며, 반복적인 활동이 요구된다.

④ **'성장을 위한 계획'단계:** 앞의 세 단계를 거치면서 인식의 변화와 기술 습득이 되면, 다음 단계는 향후 관계에서 실제적인 변화가 이루어지는 것이다. 이를 위해서는 구체적인 행동계획을 수립하여야 하며 계획수립 자체를 프로그램 과정에 포함하는 것도 효과적이다. 이 단계에서 가장 강조해야 할 점은 의도

성으로, 이것은 관계에 속한 구성원들이 그들 관계의 결과에 책임감을 인식하는 것이다. 이러한 의도성이 중요한 이유는 책임감을 인식할 때만이 변화를 위한 행동계획을 적극적으로 수행할 수 있기 때문이다.

⑤ **'축하의식과 종결'단계:** 이상의 일련의 과정을 통해 새로운 계획을 수립함으로서 관계에서의 일체감을 다시 강화하고, 그 관계의 노력을 축하하기 위한 의식으로 마무리할 때 그 프로그램은 매우 효과적인데, 이러한 의식이 관계를 견고히 하기 때문이다. 종교기관에서는 예배나 미사 등을 축하의식으로 활용하기도 하며, 결심을 축하하는 의식을 계획하기도 한다.

이러한 프로그램의 진행과정은 구조화 정도에 따라 구조화된 모델(지도자가 전 과정의 진행을 책임지는 형태)과 덜 구조화된 모델(참여자들의 요구와 활동이 더 첨가되어 개별적인 지도자가 과정을 책임지는 형태)(Dyer & Dyer, 1990)로 나누기도 한다. 구조화된 모델보다는 덜 구조화된 모델이 집단의 요구와 특성에 따라 융통성 있게 운영할 수 있어 진행에 도움이 될 수도 있다.

6) 예산계획

프로그램이 효율적으로 운영되기 위해서는 필요한 예산이 확보되어야 하므로 프로그램 개발과정에 예산계획도 수립하여야 한다. 총예산에는 인건비, 관리비, 사업비, 기자재 및 집기 구입비, 운영비 등이 포함된다. 프로그램 예산 수립에서 가장 우선 검토하여야 할 내용은 프로그램을 운영하는 기관의 재정 상태이다. 일반적으로 각 기관이 자체 예산을 이용하여 프로그램을 개발하고 시행하기도 하지만, 여성가족부, 서울시, 보건복지부, 사회복지공동기금 등 정부기관의 사업에 공모하여 선정된 경우 프로그램을 운영하는 경우도 많이 있다. 자체 예산을 활용할 경우 성규탁(1998)은 재정능력 범위 안에서 조직의 목적을 달성할 수 있도록 사업계획을 마련하고, 마련된 사업계획에 대해서는 재원을 충분히 제공해 주어야 함을 강조한다. 그러나 정부기금의 경우는 직접 현금으로 지출되는 직접비만을 지원하는 경향이 있기 때문에 각 기금의 목적에 따라 예산 배정을 적절히 하는 것이 필요하다.

프로그램의 참여를 위해 참가비를 받는 사업도 많이 있으며, 일부 복지관 사업이나 건강가정지원센터의 사업의 경우 학습자에게 무료로 제공되는 프로그램도 많이 있다. 참가비 여부에 따라 학습참가자들의 참여도나 적극성은 차이가 크게 나므로, 기관들에서는 이들의 참여를 촉진할 수 있는 방안들을 마련하여야 한다.

Chapter 6

가족생활교육 프로그램 실행과 평가

좋은 프로그램들이 많이 개발되지만 프로그램의 목적에 맞게 체계적으로 프로그램이 시행되지 못한다면 프로그램의 목적을 달성할 수 없다. 또한 개발된 프로그램이 체계적으로 수행되고, 그 과정과 내용 및 효과에 대한 전반적인 평가가 이루어지지 않으면 프로그램 목적의 수행여부를 판단하기 어렵다. 따라서 가족생활교육의 전문성 확보를 위해서는 프로그램 개발, 시행, 체계적인 평가와 이를 통한 환류의 연속적인 과정을 섬섬하는 것이 매우 중요하다. 이 장에서는 프로그램 실행과정에서의 준비사항에서부터 실시과정에서 빈번하게 발생되는 주제와 해결책들을 다루고, 다양한 평가과정을 점검한다.

1 프로그램 실행

프로그램을 실행하기 전에는 전체적인 준비사항을 점검하고 각 회기별, 혹은 각 작업별로 구체적인 세부사항을 점검하여야 한다. 좀 더 구체적으로 프로그램의 원활한 운영을 위한 사전 검토는 한국청소년개발원(1997)의 항목점검표를 활용할 수 있다. 크게 7가지 점검사항을 제시하였는데, 첫째는 프로그램 실행장소 준비점검으로, 지정된 날에 장소 사용 여부나 실행장소의 시설 및 설비 적절성, 책상과 의자, 명찰 준비와 장소 안내 표시의 부착 등을 점검한다. 둘째는 필요한 교재교구의 준비상태 점검으로 칠판, 필요한 기자재와 마이크 등의 점검이다. 셋째는 필요한 자료준비 점검으로, 참여자 수만큼의 자료와 필기구 등의 준비상태를 점검한다. 넷째는 장소의 배치 적절성 검토로 책상, 의자, 마이크 등의 위치와 지도자, 자문가, 기록자, 배석자의 위치 점검이다. 다섯째는 기록준비 점검으로 기록계획, 녹음기 및 컴퓨터 사용 여부와 기록용지, 필기구 등의 준비사항을 점검한다. 여섯째는 참석자들에 대한 통지 여부 점검으로, 목적, 일시, 장소와 준비물과 미리 조사해 올 항목에 대하여 잘 알렸는지 점검하고 강사를 비롯하여 스텝에 대한 연락 여부를 점검한다. 일곱째, 참여자들에 대한 안내를 점검하고, 마지막으로는 종료 후의 모임계획 여부를 점검한다. 이러한 점검과 함께 스텝들의 역할분담 내용을 확인하고, 프로그램 진행계획상의 시간배분이나 방법을 다시 점검하여 기상조건과 지도자나 참여자의 사정, 실행 장소 변경 등 특별한 상황변화에도 대응할 수 있도록 각각의 항목을 최종적으로 점검하여야 한다. 이러한 준비상태를 점검한 후 프로그램 진행단계별로 계획된 프로그램을 운영할 때 다음과 같은 점들이 검토되어야 한다.

1) 일반적인 프로그램 진행단계

일회성 공개강좌에서부터 2박 3일의 프로그램에 이르기까지 매 회기의 일반적인 프로그램 진행은 도입, 전개, 종결의 과정을 거친다. 이 절에서는 각각의 과정의 특징과 운영방법을 소개한다.

(1) 도입단계

① 라포형성

도입단계는 모든 프로그램에서 가장 중요한 단계이다. 첫모임에서 도입단계는 강사와 참석자 간, 그리고 참석자들 간 라포형성을 위한 시간이다. 비록 참석자들이 공동의 목표를 위해 프로그램에 참석하였으나, 모두 같은 생각을 하고 있으며 비슷한 수준의 욕구와 기대를 가지고 있다고 볼 수 없다. 따라서 이 단계에서 강사의 인식이 매우 중요한데, 강사는 집단 구성원들의 삶의 환경, 학습양식, 삶의 역사 등이 다름을 이해하여야 한다. 이를 위해 가족생활교육사들은 참여자들이 실제로 경험하고 있는 삶의 실체에 좀 더 효과적으로 접근할 수 있는 다양한 책략을 이용하여야 한다. 이러한 이유로 4장의 〈표 4-14〉에서 Vella(1994)는 학습자의 경험, 문화와 개인의 가치지향을 존중할 때 가족생활교육이 효과적임을 강조하였다.

② 집단운영을 위한 규칙 설정

5장에서 집단토의 기술을 사용할 때 집단규칙 설정의 중요성을 강조하였는데, 마찬가지로 프로그램 도입단계에서는 교육과정 전체에 적용되는 기본적인 규칙(ground rules)을 제정하는 것이 프로그램을 효율적으로 운영하기 위해 필요하다. Gross(1993)는 몇가지 중요한 규칙을 제안했는데 '프로그램에 자발적으로 참석한다', '의견이 아니라 경험을 공유한다', '참여자의 모든 기여는 가치 있게 받아들이고 비판하지 말아야 한다', '집단 내에서는 자유롭게 질문하고 서로에 대한 관심을 표현해야 한다', '서로에 대한 존중과 비밀을 보장한다'와 같은 내용이 포함되어야 한다고 주장하였다, 또한 기본적 규칙을 첫 시간에 정하는 것이 바람직하다고 한다.

③ 도입단계에서 다룰 주제들

2회기 이상 연속적으로 이루어지는 교육과정에서 도입단계는 지난 모임을 다시 정리하고 오늘의 주제와 어떤 연관성을 갖는가를 설명함으로써 연속적인 강좌의 흐름을 조성하는 단계이기도 하다. 도입단계에서는 일반적으로 프로그램에 대해 전반적인 소개를 하며, 참석자들이 교육 프로그램에의 참여를 적극적으로 유도하기 위해서 동의서(〈참고 6-1〉 참조)를 작성하는 시간을 가지고 이에 서명하며, 참석자들간의 친밀감 형성을 위해 자기소개를 한 뒤 집단에서 발표할 기회를 가지며(이때 진행자를 소개하는 것도 효과적이다), 연속적인 교육과정에서는 지난 모임을 다시 정리하고, 과제도 점검하며, 오늘의 주제를 소개하는 시간으로 운영할 수 있다.

참고 6-1 **동의서의 예: '준비된 재혼, 또 다른 행복'에서**

재혼준비교육 프로그램 참가를 위한 동의 사항(부부용)

우리는 재혼준비 교육 프로그램에 함께 참여하기로 신청합니다. 우리는 각자

1. 재혼준비 교육 프로그램에서 배우는 내용에 대하여 같이 토론하고 그 내용을 실천하도록 노력하겠습니다.
2. 프로그램에서 제시된 과제물을 성실히 수행하도록 노력하겠습니다.
3. 상대방의 말을 비판하지 않도록 하겠습니다.
4. 의문점이 있으면 강사에게 질문하도록 하겠습니다.
5. 교육에 끝까지 참가할 것을 약속하겠습니다.

_____년 ____월 ____일

예비 남편 ________________________ 인

예비 부인 ________________________ 인

*출처: 정현숙 · 유계숙 · 임춘희 · 전춘애 · 천혜정(1998). 준비된 재혼, 또 다른 행복 Workbook.

④ 효과적 교사 역할

3장 Doherty(2003)의 가족생활교육의 개입 수준에 따라 가족생활교육사의 역할은 다양하지만, 교육사로서 가장 중요한 준비는 다루는 주제와 집단역학에 대한 명확한 이해와 함께 이를 운영할 수 있는 전문성을 갖는 것이다. 교육사가 집단에서 어떠한 역할을 하느냐에 따라 필요한 전문성은 차이가 있다. Napier와 Gershenfeld(1983)는 집단의 활동을 촉진하는 역할을 하는 경우와 직접 교육을 담당하는 역할로 구분하였다. 두 경우 모두 사전계획과 목표를 가지고 집단에 임하지만 역할에서는 차이가 있는데, 촉진자는 집단 전체에 대한 책임이 없으나 교사는 지도자로서 특별한 집단에 책임이 있으며, 학습을 통제하고 자료를 제공하고 집단 경험이 일어나도록 조장하는 역할을 한다. 따라서 대부분의 가족생활교육에서 지도자는 교사로서의 역할을 하게 된다. 이 과정에서 지도자는 효과적으로 자신의 역할을 수행해야 하는데, Leiberman, Yalom과 Miles(1973)는 효과적인 지도자의 특성을 네 가지로 요약하였다.

가. 집단에 대한 돌봄실천: 지도자는 우정, 보호, 애정, 피드백, 지지와 격려를

통해 집단에 대한 돌봄을 실천하여야 한다. 이때 돌본다는 것은 단순히 따뜻하게 챙겨 주는 것 이상으로 교사로서 가족을 지원한다는 헌신적 행동을 포함하는 개념이다.

나. 집단 구성원들에게 집단과정의 중요성 이해시킴: 성원들이 계획을 세우고, 목적을 향해가는 집단과정의 중요성을 이해하도록 돕는 것 또한 중요한 교사의 덕목이다. 이를 위해서는 과제를 명확히 제시하고 변화에 대한 계획을 제공하여야 하고, 사람들이 교사들의 지도와 행동에 의해 배운다는 것을 이해해야 한다.

다. 집단에 정서적 자극 제공: 집단성원들의 정서적 참여를 강요하는 것이 아니라 격려를 통해 정서적 자극을 주어야 한다.

라. 집단과정 운영: 목표를 세우고 모임의 과정에 대해 지도하고, 집단을 구조화하거나 필요한 경우 한계를 설정하는 능력을 의미한다. 집단구성원들을 대화에 끌어들이고, 질문하고, 과정을 제안하는 등의 의사결정을 포함한다.

이러한 교사가 되기 위해 교사는 끊임없이 자신의 역할과 자신의 말뿐만 아니라 행동이 집단에 미칠 영향을 점검하며, 자신의 편견을 극복하도록 노력하여야 한다. 또한 가족상담가들이 수퍼비젼을 통해 자신을 계속 점검하는 것과 마찬가지로 가족생활교육사들도 새로운 교육과정과 매체 및 교육공학 등에 대한 워크숍과 교육에 참여함으로써 자신을 전문가로 발전시켜야 한다.

(2) 전개단계

전개단계에서는 11장의 〈표 11-3〉에서 강조한 가족생활교육사의 자질이 무엇보다 중요하다. 지적능력 못지않게 교사의 효과적인 사회적 기술과 자신감과 유연성, 의사소통능력 등이 발휘되어야 하는 과정이다. 모든 프로그램들이 처음 계획한대로 그 과정이 순조롭게 이루어지지 않으므로 전개과정에서 무엇보다 중요한 것은 참여자들의 흥미, 욕구와 능력수준에 따른 변화를 민감하게 받아들일 수 있도록 계획을 융통성 있게 수정하여야 하며, 프로그램 실행과정에 포함된 모든 사람들 간의 원활한 의사소통체계를 마련하여 상황에 대처해야한다. Schultz(1989)는 집단과정이 효과적으로 전개되는지를 점검하기 〈표 6-1〉과 같은 점검표를 제안하였는데, 이러한 점검표를 통해 지도자는 집단이 효율적으로 상호작용할 수 있도록 격려자, 공동학습자, 활동조정자, 활동촉진자 등 다양한 역할을 수행해야 한다. 특히 지도자는 자신의 시선을 참여자들의 눈높이에 맞추고 참여자를 인격체로 인정하며, 언행을 일치하여야 한다. 가족생활은 개인의 일상적인 삶의 반영이므로 언행을 일치시키는 것이 가족생활교육사들에게는 특히 중요하다.

표 6-1 Schultz(1989)의 효과적인 집단과정을 위한 점검표

- 집단에서 모든 사람이 말할 기회를 가졌는가?
- 설명(comment)이 이해되고 모두가 피드백을 받았는가?
- 집단성원의 생각과 의견에 개방적인가? 표면적으로 논쟁이 허용되는가?
- 자신의 생각이 받아들여지지 않았어도 그 사람이 집단에서 인정을 받는가?
- 집단이 이기고 지는 상황을 피하는가?
- 집단구성원들이 문제의 파악과 의사결정 과정이 효과적으로 이루어지도록 서로 돕는가?
- 단순히 반대하는 것에 동의하기보다는 서로가 차이에 직면하도록 독려하는가?
- 집단의 목표를 향해 함께 일하는가?

(3) 종결단계

대부분의 경우 종결단계는 지나치게 간략화하는 경향이 있다. 그러나 연속적인 프로그램의 경우 종결단계는 내용을 정리하고, 정리한 내용을 집에서 활용할 수 있는 방법을 제공하거나, 과제 등을 통해 다시 정리할 기회를 제공하는 시간으로 활용되어야 한다. 또한 2회기 이상 연속적 프로그램의 경우는 다음 회기 프로그램에 대한 소개뿐만 아니라 다음 프로그램에서 활용될 수 있는 과제를 소개함으로써 자연스럽게 참석을 유도할 수도 있다. 일회성 프로그램의 경우 프로그램에 대한 평가를 수행해야 한다. ACME의 마지막 단계인 '축하의식과 종결과정'은 집단, 혹은 부부가 일체감을 다시 강화하고, 관계를 축하하며, 애정을 견고히 하는 과정으로 그 효과가 매우 크다고 한다. 종교 기관에서는 종결과정에 예배나 미사 등 정리와 결심을 하는 작업을 활용한다. 실제적으로 '나에게 편지 쓰기', '상장주기' 등 상징적인 의식을 통해 종결할 경우 그 효과가 크다.

2) 가족생활교육 실시과정에 빈번하게 일어나는 문제들

(1) 계획한 프로그램이 제대로 운영되지 않을 때

가족생활교육 프로그램을 효과적으로 실행하기 위해서는 프로그램 실행에 필요한 제반 여건을 확보해야 하는데, 특히 인적자원을 확보하고 조직화하여 명확한 업무분담과 역할 수행을 잘 할 수 있도록 사전준비를 철저히 하는 것이 중요하다(한국청소년개발원, 1997). 그러나 사전준비를 철저히 한 경우에도 인적체계나 역할분담, 경우에 따라서는 장소나 장비 등의 문제로 예상치 않게 일정에 차질을 빚게 되는 경우가 있다. 또한 각각의 활동이 프로그램의 목적과 목표에 맞게 개발되었다 할지라도 집단구성원의 특성에 따라 효과적으로 운영되지 않을 수도 있다. 이러한 경우에는 실행과정이 융통성 있게 적절히 조정되어야 하는데, 특히 가족생활교육사는 집단구성원의 심리적, 정서적 요구에 민감하고 융통성 있게 대처하여야 한다. 예를 들면, 신혼부부를 위한 성교육 프로그램에 결혼생활 20년 된 부부가 참석한다거나, 재혼부부를 위한 교육에 딸이 새혼한 친정어머니가 참석할 수도 있다. 이런 경우 각각의 가족구성원의 욕구를 살펴서 이들의 관점도 포함될 수 있도록 융통성 있게 프로그램을 조절하여 운영하여야 한다. 이를 위해서 가족생활교육사는 집단역학이나 사회적 기술 등에 대한 최신 연구나 기술을 적극적으로 학습하고 이를 적용하도록 노력해야 한다. 상담사의 경우는 수퍼비젼을 통해 능력을 향상시키지만, 가족생활교육사는 상대적으로 추수교육이 제한되어 있다. 이러한 상황에 대비해 가족생활교육사도 집단을 이끄는 교육자, 촉진자 역할을 할 수 있도록 전문적 능력 향상을 위해 노력해야 한다.

그러나 이러한 것보다 우선되어야 하는 것은 프로그램의 운영결과에 대한 꼼꼼한 기록과 문제점들을 점검하여 환류하는 체계를 갖추는 것이다. 즉, 프로그램 개발에서 운영, 평가, 환류의 순환적인 과정을 체계적으로 점검하여 이러한 문제점들을 최소화하여 프로그램의 목적을 달성하도록 노력하는 것이 중요하다.

(2) 집단이 교육자의 능력에 벗어나는 질문을 할 경우

교육과정에서 지도자는 참석자들에게 전문가로 인식된다. 이런 경우 교육의 효과가 높을 수는 있으나, 교육자 입장에서는 자신이 모든 것을 아는 것으로 잘못 인식하여 권력을 독점하는 경우가 발생될 수 있다. 앞의 〈표 6-1〉에서 Schultz(1989)도 효과적인 집단과정에서 중요한 것은 집단성원이 모두 말할 기회를 가지며, 목표를 향해 함께 노력하는 과정을 강조하였다. 그러나 지도자에게 권력이 집중될 경우 지나치게 지도자에게 기대게 되어 교육생들이 자발성을 잃게 된다. 특히 집단과정에서 기술연습 시 지도자에 지나치게 의존할 때 집단 상호작용의 효율성이 감소되므로 자발성을 강조하여 운영하려는 지도자의 노력이 필요하다. 따라서 지도자는 촉진자로서의 역할을 수행하면서 역할을 균형있게 조절하여야한다.

반면 참석자들의 입장에서는 지도자를 전문가로 인식하기 때문에 강사의 능력 밖의 질문을 많이 하는 경우도 발생할 수 있다. 특히 가족생활교육 과정에서 참석자들은 주제와 관련된 정책이나 법에 대한 질문을 많이 하는 경향이 있다. 예를 들어, 2015년 폐지된 간통제나, 새로 개정된 가족법에 대한 질문 등 교육자가 미처 숙지하지 못하고 있는 주제나, 교육자의 능력을 벗어나는 개입을 요구하는 경우도 있다. 지도자가 모르는 문제일 경우는 솔직히 인정하고 관련 자료를 추후 보내주거나, 참고할 수 있는 방법을 알려주는 것이 잘못된 정보를 주는 것보다 바람직하다. 또한 교육자의 능력을 벗어나는 주제는 전문가에게 이관해 주어야 한다.

(3) 집단의 자기노출 수준을 통제할 수 없을 때

Doherty(2003)의 3, 4단계 개입 수준에서는 높은 수준의 자기노출이 일어날 수 있는 환경이다. 자기노출은 개인의 변화를 위한 초기 단계이며 집단역동에 긍정적일 수도 있으나 자기노출 수준이 너무 높을 경우 집단 운영이 어려운 상황이 발생하기도 하고, 일부의 지나친 노출이 집단구성원들에게 불편을 초래할 수도 있다.

Powell(1969)은 자기노출을 다섯 수준으로 구분한다. 가장 낮은 5수준은 상투적인 의사소통의 단계로 다른 사람을 인식하여 날씨(오늘 날씨 어때?)나 질문에 대한 표면적인 반응(잘 지내? 너는?)이 일어나는 단계이다. 4수준은 자신에 대한 연대기적 정보에 대한 노출이 이루어지는 단계이다. 이 수준은 주로 만남의 첫 단계에서 이루어지는데 이름, 직업, 결혼 지위, 자녀의 수 등의 정보들이 주로 교환된다. 3수준은 개인의 생각이나 태도에 대한 찬성 혹은 반대 등의 의견이 포함되는 수준이다.

2수준은 분노, 죄의식, 슬픔, 상처받음과 같은 부정적 정서를 포함한 개인적 감정을 드러내는 과정이다. 최고의 자기노출단계인 1수준은 자신의 개인적 비밀을 노출하는 과정이 포함된다. 이 수준에서는 사람들에 의해 거부나 실망이 나타날 수도 있는데 자신의 공포에 대한 행동이나 생각이 드러나기도 한다. 이 수준은 집단구성원 간에 신뢰감이 있을 때 도달할 수 있다. 그러나 이 수준은 경우에 따라서 집단과정에 위험이 될 수도 있다. 그러나 우리나라 사람들은 개인의 사생활이나 감정을 공유하는 것이 서로 도움이 된다고 생각하기 때문에 1단계의 노출 수준이 이혼집단, 재혼집단 등 동질집단의 경우 친밀한 관계를 맺을 수 있는 가능성을 높일 수도 있다. 그러나 일반 부모교육 프로그램이나 부부관계향상 프로그램에서 지나친 개인의 사생활이 노출되는 경우 집단역동성에 방해가 되는데, 이는 상대적으로 강도가 약한 다른 사람들의 경험이 묻혀버리기 때문이다. 따라서 지나치게 한 사람의 자기노출 수준이 눈에 띄게 높을 때는 지도자가 이를 적절히 지도하여 개별적인 상담으로 연결시키는 것이 바람직하다.

또 다른 상황으로 집단 전체의 노출 수준이 높아져서 지도자가 이들의 감정에 효율적으로 대처하지 못하게 되는 상황이 발생하기도 한다. 예를 들면, 재혼준비 프로그램이나 한부모를 위한 부모교육에서 이혼이나 사별 등의 정서적인 어려움을 겪은 사람들이 한 구성원의 서러움을 듣는 순간 자신들의 미해결된 감정들을 풀어놓기 시작하면서 집단구성원 전체의 노출 수준이 급격히 높아질 수 있다. 이러한 경우 Powell과 Cassidy(2001)는 다양한 집단에서 개인을 드러내지 않고 사적인 문제를 토의하는 기술이 필요한데, 다른 사람들의 사례를 활용하거나 가상적 상황과 같은 간접적 방법들을 활용하는 것도 효과적이라고 한다. 그러나 재혼가족이나 이혼가족과 프로그램을 진행한 저자의 경험에 의하면 이들의 감정적 정화과정은 이들 삶의 과정에서뿐만 아니라 프로그램의 효과에서도 매우 필요한 과정이라고 생각한다. 따라서 이들이 자신의 감정을 충분히 집단에서 드러내고, 이 과정을 통해 아픔을 극복할 수 있도록 하는 과정 자체를 프로그램에 충분히 포함하는 것이 필요하다. 그 이유는 이러한 종류의 프로그램에 대한 평가에서 많은 참석자들이 자기노출을 통한 감정의 공유를 위한 시간 부족을 일관되게 지적하고 있기 때문이다.

(4) 지도자에 대해 선입견과 관심이 있을 때

가족생활교육자는 가족과 관련된 다양한 주제를 다루기 때문에 다른 교사와 달리 역할모델이 되도록 기대받는다. 그렇기 때문에 가족생활교육자는 집단촉진자로서의 개인적인 윤리기준을 명확히 하고 능력과 행동이 일치되도록 하는 것이 중요하다. 실제로 저자는 1박 2일의 부부교육에 남편과 함께 참석한 경험이 있다. 참석자들은 우리 부부의 말하는 법, 같이 걸어가는 모습, 밥 먹는 태도 등 일거수일투족에 대해 관심을 보이고 평가를 하곤 하였다. 피부관리전문가의 피부가 탄력이 없다거나, 비만치료사가 비만이라면 누가 그 전문가의 관리를 받을 것인가? 자신이 강의하는 내용에 대해 확신이 있을 때 교육은 더욱 효과적일 수 있다. 따라서 프로그램 지도자는 참여자들의 눈높이에 맞게 교육을 진행하고, 참여자를 인격체로 인정하며, 언행을 일치하는 것이 중요하다. 프로그램 진행과정에서 집단과 한 약속은 메모를 하고 반드시 지키도록 노력하여야 한다. 또한 집단구성원들도 어떤 경험을 공유하고 싶지 않을 경우는 피할 수 있는 권리가 있는 것처럼 교사도 사생활권이 있음을 인식시키는 것도 중요하다.

(5) 집단 내의 갈등에 직면할 때

집단과정에서는 다양한 갈등이 발생된다. 지도자와 학습자 간뿐만 아니라 집단구성원 간에도 갈등이 발생된다. 집단구성원 간에 발생할 수 있는 갈등을 Beebe와 Masterson(1990)은 가짜갈등, 단순한 갈등, 자아갈등의 세 종류로 분류하고 각각의 갈등을 다루는 방법을 제안하였다.

① **가짜갈등**: 문제를 개인이 잘못 이해한 데서 발생되는 갈등으로, 지각의 명확화를 위해 대상에게 질문을 하고, 방어적이기보다는 지지적인 환경을 만들어 줌으로써 해결할 수 있다. 또한 적극적 듣기과정을 통해 잘 듣고, 질문과 재해석할 수 있는 기회를 주는 것도 효과적이다. 이러한 갈등은 주로 참석자의 교육수준에 따른 이해력 차이에서 비롯될 수도 있으며, 지도자가 내용을 전달하는 과정에서 의사소통의 문제로 발생될 수도 있다. 많은 가족생활교육사들이 학술적인 용어를 일반화해서 사용함으로써 교육자들이 개념을 이해하지 못하는 상황도 발생되고 있다. 이러한 이유로 참여자의 눈높이에 맞는 접근이 필요하다.

② **단순한 갈등:** 진행과정에서 수행해야 하는 행동에 대해 개인이 동의하지 못할 때 발생하는 갈등이다. 이 경우도 잘 듣고 자신의 문제인식을 명확히 하는 과정이 필요하며, 의견차이 조정을 위해 문제해결방법을 이용하거나, 토의를 통해 대안을 찾는 과정을 제안할 수도 있다. 또한 추후 논의를 위해 이 문제를 연기시킴으로써 어느 정도 긴장을 해소할 수도 있다.

③ **자아갈등:** 자신의 자아가 남들에게 공격을 받는 경우에 발생한다. 자아갈등은 집단구성원들이 친밀한 집단인 경우에 자주 발생된다. 예를 들어 특정 기업에서 직원들을 대상으로 하는 집단 프로그램의 경우 이들의 친밀감이 서로의 자아를 공격하는 형태로 나타날 수 있다. 이런 경우도 집단구성원이 평가적이거나 판단적인 의견보다는 제안을 하고, 개인에 대한 공격을 하지 않아야 된다는 규칙을 참석자와 함께 합의하여 정하는 과정이 필요하다. 또한 적극적 듣기와 다양한 의견을 수용할 수 있는 문제해결방법을 활용할 수 있다. 그러나 무엇보다도 집단에서의 규칙을 명확히하는 것이 선행되어야 한다.

(6) 시간이 부족한 경우

프로그램 개발과정에서 계획한 내용이 처음 계획대로 수행되기는 어렵다. 참석자들의 성향이나 교육 당일의 조건 등 여러 가지 상황으로 시간 계획이 제대로 이루어지지 않을 수 있다. 그러나 참석자들에게는 제시간에 시작하고 끝내는 행위가 지도자를 평가하는 하나의 기준이 될 수도 있다. 따라서 첫 시간부터 시간에 맞게 실시하여 집단이 지도자의 능력을 믿게 하는 것이 중요하다. 특히 우리나라의 경우 시간에 대한 관념이 명확하지 않은 경향이 있다. 많은 프로그램들이 두 시간 정도의 제한된 프로그램을 실시하게 되는데, 참석자들이 모두 참여하기까지 많은 시간이 소요되는 경향이 있다. 따라서 프로그램 개발과정에서 각 집단의 특성에 맞는 시간에 대한 요구를 점검하고 시간 계획을 세우는 것이 중요하다. 또한 시작 시간 30분 정도는 이러한 차질을 고려한 프로그램을 준비하는 것이 필요하다. 그러나 시간이 늦어질 경우 신속히 양해를 구하고 비록 시작은 늦어져도 제시간에 끝내도록 융통성 있게 운영하는 것이 필요하다.

그러나 프로그램에 따라 제한된 시간에 완수할 수 없는 많은 내용을 구성하여 제시간 내에 전체 과정이 이루어지기 불가능한 계획이 수립되는 경우도 많이 있다. 프로그램을 실시하기 전 리허설을 통해 전체적인 시간배분 등을 점검하고, 한 회기에 너무나 많은 내용을 다루기보다는 같은 내용을 다양하게 경험하도록 하는 방법이 효과적이다.

(7) 집단과정 운영에서의 문제점들

집단과정이 개인의 경험 공유를 통한 교육적 효과가 있으나 개인에게 고통이 되는 경우도 있다. 예를 들면 집단원 중 한 사람을 속죄양으로 만들어 구성원들이 괴롭히거나 빈정거리는 행동을 하는 경우가 있다. 가장 효과적인 집단은 성원들이 서로의 상호작용에 긍정적이고 몇 사람, 혹은 지도자에게 권력이 집중되는 것이 아니라 공유되는 집단이기 때문에 이런 문제가 발생할 경우 프로그램 효율성이 떨어질 수 있다. 따라서 첫 시간에 참가자들에게 가족생활교육 프로그램은 토론집단이 아니며, 다른 사람이나 부부에 대항할 수 없고 서로 도와야 한다는 점을 강조하고, 서로를 진단하거나 상담할 수 없으며 단지 토의 중인 주제에 대해 나의 경험을 이야기한다는 집단의 규칙을 설정하는 것이 중요하다. 그럼에도 이런 일이 발생될 경우는 지도자가 적극적으로 개입하여 역기능적 상호작용을 차단하여야 한다.

집단에서 한 사람이 토론이나 의견제시에 지나치게 우세한 경우도 있으며, 지나친 농담을 하거나 장난 식으로 응답하여 집단과정을 방해하는 경우도 발생된다. Mace(1979)도 문제를 말하지 않는 부부들은 집단의 도움을 받을 수 없기 때문에 남의 방해를 받지 않고 자발적으로 이야기할 수 있어야 한다는 점을 강조한다. 따라서 모든 사람이 말할 수 있는 기회가 제공되어야 하므로 한 사람이 대화를 독점할 때는 지도자가 방해자의 심리적 욕구를 분석하는 것이 필요하다. 대부분의 경우는 관심받고 싶은 욕구가 이러한 방해로 표현될 수도 있기 때문이다. 따라서 관심을 표명함으로써 문제를 해결할 수도 있으며, 방해자에게 중요한 역할을 부여하여 그들의 욕구를 충족시켜 줌으로써 이런 문제를 중재할 수 있다.

(8) 심한 정신적 상처가 있는 사람이 있어 개입이 필요한 경우

프로그램의 목적이 예방적 교육을 표방하지만 정신적 혹은 정서적으로 상처가 있는 참석자의 자유로운 집단 참여를 통제할 수는 없다. 특히 특별한 요구가 있는 한부모가족이나 재혼 · 이혼집단이나, 일반 부부들을 대상으로 한 경우에도 가정폭력의 경험이 있는 등 부정적 정서를 경험한 대상이 집단에 포함될 수 있다. 프로그램 진행 초기에 프로그램의 목적과 대상에 대한 설명이 이루어져야 하며, 대안적 방법에 대한 안내도 이때 이루어지는 것이 좋다. 자기노출과정에서 상처가 드러나기도 하지만, 많은 경우 교육 전후 감정이입적인 지도자에게 개인적으로 찾아와 상담을 청하거나 의견을 구하는 경우도 발생된다. 가족생활교육자가 가족상담에 관한 지식과 기술을 가지고 있지 않다면 윤리적인 관점에서 반드시 적절한 도움을 줄 수 있는 전문가나 기관을 추천하여야 하며, 비록 가족상담사 자격이 있는 경우에도 집단과정에서 이를 다루기보다는 개별적인 사례로 다시 다루는 것이 바람직하다.

(9) 교육사의 가치나 교육내용이 집단구성원들의 가치와 맞지 않을 때

효과적인 교육사가 되기 위해서는 자신이 어떠한 가치와 신념과 철학을 가지고 있는가를 명확히 아는 것이 중요하다. 이러한 중요성 때문에 NCFR의 윤리강령(12장 참조)에서도 "가족학자들은 타인을 존중하고, 모든 인간의 존엄성을 인정하며 어떤 경우에도 상대를 이기적으로 허용하지 않는다"(1조 1항), "가족학자는 성이나 인종, 결혼 지위, 종교, 국가, 신체적 조건, 사회경제적 지위에 따라 비윤리적인 편견을 가져서는 안 된다(1조 2항)"를 가장 우선적으로 강조한다. 따라서 비록 집단이 나와 다른 가치를 가지고 있다 할지라도 항상 존중하여야 한다. 그러나 모든 사람들이 따라야 하는 법과는 명백히 구별하여야 한다. 그러나 제사 문제와 같이 자신의 종교적 교리와 어긋나는 문제 등은 교육사 스스로 다루지 않는 것이 바람직할 것이다. 또한 가톨릭 단체에서는 이혼이나 재혼이 교리에 어긋나기 때문에 성당에서 실시하는 교육에서 이 문제를 다룰 수는 없다. 따라서 다루는 주제가 집단구성원에게 맞는지를 검토해야 한다. 교육이 이루어지는 환경에 따라 각각의 특징과 장점이 있기 때문에 교육환경에 따라 주제 선택을 차별화하여 특화하는 것이 바람직하다.

2 프로그램 평가

평가(evaluation)는 가족생활교육의 발전을 위해 가장 중요한 과정 중 하나이다. Haffner와 Goldfarb(1997)가 잘못된 평가를 하느니 차라리 평가를 안 하는 것이 더 바람직하다고 한 것에 평가의 중요성이 잘 나타나 있다. 특히 가족생활교육 프로그램의 평가정보를 통해 그 프로그램의 효과를 알면 프로그램 선택에 도움이 되며, 개발자들은 개선점을 파악해 더 나은 프로그램으로 발전시킬 수 있다. 따라서 프로그램 전반에 대한 평가는 매우 중요한 교육적 과정이다. 가족의 삶의 질 향상을 위해 가장 우선되는 과제는 좋은 프로그램의 개발이지만, 프로그램의 질적 향상을 위해 특히 중요한 것은 개발된 프로그램에 대한 자체 평가와 실행된 프로그램의 효과성을 측정하여 프로그램의 유용성을 판단하는 것이다. 따라서 이 절에서는 가족생활교육 프로그램 평가의 의미와 목적 및 평가과정을 자세히 살펴보고자 한다.

1) 평가의 의의와 목적

평가는 교육자가 프로그램에 대해 더 잘 알아가는 과정이다. 평가는 어떤 프로그램이나 계획(project) 혹은 자료의 가치와 장점을 체계적으로 분석하는 것이다(Treichel, 2003). 이때 프로그램은 어느 정도 장기적인 기간 동안 제공되는 교육적 활동을 의미하며, 계획은 짧은 기간 동안 이루어지는 교육적 활동을 의미한다. 자료는 책이나 교육과정, 비디오, 학습 가이드 등을 의미한다. 이와 같이 평가는 다양한 교육적 활동에 대한 가치를 분석하는 것이다. 그러나 Patton(1997)은 이러한 개념에다 프로그램의 효과를 증진시키고, 프로그램에 대한 판단을 할 수 있도록 하며, 또한 미래의 프로그램 개발에 대한 결정에 도움이 되는가를 판단하기 위하여 프로그램의 결과와 특성 및 활동에 관한 체계적인 정보를 수집하는 과정으로 확대해서 평가를 정의한다. 이러한 정의뿐만 아니라 Preskill과 Torres(1999)는 가족생활교육사가 자기 자신과 자신이 속한 기관의 질적 향상을 위하여 학습을 하는 것과 지역사회를 발전시키기 위해 운동가(혹은 행동가)들이 그들의 발전을 위해 점검하는 것도 평가의 목적에 포함되어야 한다는 점을 강조한다. 즉, 평가과정은 기관이 하고 있는 것에 대한 가치에 대해 끊임없이 토론하고 지속적으로 탐구하는 과정도 포함된다.

일반적으로 평가는 프로그램의 관리능력을 향상시키고, 프로그램의 자원을 조정하고 개발하는 데 영향을 준다. 정무송과 정진모(2001)는 평가의 목적을 크게 4가지로 정리하였는데 첫째, 프로그램 기획에 피드백을 제공하여 프로그램의 향상을 도모하기 위해서, 둘째, 프로그램 실행의 타당성을 제공하기 위해서, 셋째, 재정지원기관의 조건을 만족시켰는지 확인하기 위하여, 그리고 마지막으로 프로그램의 마케팅을 위한 자료로 사용하기 위해 실시한다고 한다.

2) 평가과정

평가의 일반적인 과정은 우선 평가 근거와 목적을 확인하고, 준거설정과 평가활동을 기획하여 평가자료 수집계획 수립, 자료수집과 평가결과 분석의 4단계의 과정을 거친다. 한국청소년개발원(1997)에서 제시한 네 단계의 구체적 방법은 다음과 같다.

① 1단계, 평가준비단계: 평가근거와 목적을 확인하고 평가준거를 설정하는 단계이다. 이 단계에서는 평가활동의 정당성과 근거를 확인하며, 프로그램의 목적과 목표 및 내용분석을 통해 영역과 차원의 내용을 구체화하는 단계이다.

② 2단계, 기획단계: 이 단계는 평가활동을 기획하는 것이다. 평가목적을 구체화하며, 평가의 관점과 모형을 확인하고 평가 상황과 여건을 확인하여 구체적인 평가일정을 확정한다.

③ 3단계, 판단근거수집단계: 평가자료 수집계획을 수립하고 평가자료를 수집하는 단계이다. 이 단계에서는 자료의 출처를 확인하고 자료의 적합성을 판단하여 평가도구를 모색한다. 체계적이고 합리적인 수집활동을 통해 자료를 수집하고 분석하여 평가지표를 산출 정리한다.

④ 4단계, 평가결과활용단계: 평가결과의 분석과 판단을 통해 결과를 보고하는 단계이다. 내용을 종합 정리하여 종합적으로 판단하고 대상자에 따라 형태, 일시, 방법을 결정하고 결과를 정리하여 권고와 제언을 하게 된다.

3) 평가 내용과 방법

어떠한 내용을 평가할 것인가는 기관이나 개발자의 목적이나 프로그램의 목적과 내용에 따라 다양할 수 있다. 일반적으로 프로그램의 질과, 프로그램의 효과성 및 효율성 등 세 가지 관점에서 평가가 이루어진다.

(1) 프로그램 질 평가

가족생활교육의 전문화를 위한 가장 중요한 과제가 프로그램의 질이다. 따라서 프로그램의 질은 다양한 방법으로 점검되어야 하는데 학자들에 따라 다양한 방법이 제안되고 있다.

① Powell과 Cassidy(2001)의 교육과정의 질 평가 방법

이들은 프로그램의 가치는 내용과 과정이지 포장한 상품이 아니라는 점을 강조하면서 다음의 질문들을 통해 교육과정의 질을 체계적으로 평가해야 한다고 주장한다. 1단계는 교육과정에 깔린 이론, 가치와 철학적 기초를 검토하는 단계이다. 2단계에서는 교육과정의 명시적 혹은 비명시적인 목적이 무엇인가를 검토한다. 3단계에서는 제시된 특별한 자료들이 교육대상 집단의 욕구에 맞는지, 또한 이 과정이 Doherty(2003)가 제시한 적절하다고 여겨지는 참여 수준에 맞는 것인가를 검토한다. 4단계는 그 과정이 목적과 일관성이 있는가를 검토하며, 5단계는 그 방향이 이 교육과정을 제시하는 데 충분하고 명백한가를 검토한다. 마지막으로 6단계에서는 이 교육과정이 교육대상자들의 요구에 적절하게 맞는가를 질적으로 평가한다.

② Clarke와 Bredehoft(2003)의 평가기준

이들은 개발된 프로그램을 평가할 때 다음과 같은 점을 검토해야 한다고 한다. 첫째, 프로그램 참가자들이 받아들일 수 있는 가치가 반영되었는가? 둘째, 실현가능성으로 프로그램을 실시할 만한 정치적 승인과 경제적 자원을 동원할 수 있는가? 셋째, 준비성에 대한 평가로 프로그램의 주관 기관이나 조직이 제안한 프로그램을 진행할 만한 준비가 되어 있는가? 넷째, 합리성에 대한 평가로 프로그램이 객관적 사실에 근거하여 준비되었는가? 다섯째, 참여자의 요구와 특성에 대한 평가로 발달단계, 욕구 등이 잘 반영되었는가? 여섯째, 이론적 근거 및 개입수준 설정이 적정한가? 이 다섯 가지 요소의 검토를 강조한다.

③ Hughes의 평가기준

Hughes는 표준화된 프로그램에 대해 이론적으로 일곱 가지 영역에 대한 구체적인 개량적 분석틀을 〈표 6-2〉와 같이 제시하였다.

표 6-2 Hughes의 가족생활교육 평가지침

평가자 이름	날짜
교육대상	____ 전문가(교사, 심리학자, 아동지도전문가 등) ____ 준전문가(가정방문자, 교사보조 등) ____ 부모(독신, 계, 입양, 십대 등) ____ 아동(연령 범위 혹은 가족 유형) ____ 일반 대중
교육자료	____ 뉴스 자료 ____ 브로슈어 ____ 슬라이드/비디오 ____ 프로그램 커리큘럼 ____ 기타
* 다음 각각의 내용에 대해 1(매우 낮음), 5(매우 높음)로 평가하시오(N/A: 적용 안 됨.)	
I. 이론과 연구	
1. 예방/개입 이론이 명확히 진술	1 2 3 4 5 N/A
2. 대상에게 주제가 중요함	1 2 3 4 5 N/A
3. 제공할 정보에 대한 자료	1 2 3 4 5 N/A
4. 최근 연구결과에 기초한 자료	1 2 3 4 5 N/A
5. 중요한 연구자료를 포함한 자료	1 2 3 4 5 N/A
6. 연구결과를 정확히 이용한 자료	1 2 3 4 5 N/A
7. 연구결과를 명확히 제시한 자료	1 2 3 4 5 N/A
8. 연구와 다른 자료로부터 적절한 논의를 이끈 자료	1 2 3 4 5 N/A
9. 연구결과와 결론의 제한점을 제시한 자료	1 2 3 4 5 N/A
II. 배경(context)	
10. 가족이 포함되는 환경(학교, 직장, 탁아기관, 교회)에 관한 배경정보	1 2 3 4 5 N/A
11. 문화와 사회경제적 지위(SES)의 영향을 적절히 고려함.	1 2 3 4 5 N/A
12. 정치, 경제, 기타 거시사회적 영향을 적절히 고려함.	1 2 3 4 5 N/A

III. 실제(pracice)	
13. 주제에 적절한 예방개입을 위해 새로운 내용을 첨가함.	1 2 3 4 5 N/A
14. 기존 프로그램(다른 프로그램, 전문가, 임상적 결과) 자료에 기초함.	1 2 3 4 5 N/A
15. 임상적 연구/실제로부터 나온 결과를 정확히 이용한 자료.	1 2 3 4 5 N/A
16. 교육/개입전략과 기술이나 임상연구/실제에 기초함.	1 2 3 4 5 N/A
17. 제한점을 제시함.	1 2 3 4 5 N/A
IV. 교수계획	
1. 목적에 맞는 활동	1 2 3 4 5 N/A
2. 대상(연령, 가족구조, 성, 인종)에 적절한 활동	1 2 3 4 5 N/A
3. 교수활동과 학습활동을 이끌 수 있는 지시가 충분함.	1 2 3 4 5 N/A
4. 다양한 활동과 체제를 이용함.	1 2 3 4 5 N/A
5. 강의, 토론, 학습 간의 균형을 이룸.	1 2 3 4 5 N/A
6. 구조적, 비구조적 활동이 적절히 이용됨.	1 2 3 4 5 N/A
7. 활동/주제를 소화하기에 충분한 시간 할애	1 2 3 4 5 N/A
8. 교수도구(OHP, 자료, 유인물 등)의 적절성	1 2 3 4 5 N/A
9. 교수/실습에서의 잠재적인 문제가 토의되고 해결책이 제안됨.	1 2 3 4 5 N/A
10. 주제와 관련된 자료와 대상에게 적절한 길이	1 2 3 4 5 N/A
V. 제시방법(presentation)	
11. 대상이 읽기에 적절함.	1 2 3 4 5 N/A
12. 대상에게 예시가 적절함.	1 2 3 4 5 N/A
13. 자료가 대상에게 매력적임.	1 2 3 4 5 N/A
14. 인종/민족의 범위가 적절히 묘사됨.	1 2 3 4 5 N/A
15. 다양한 가족 유형의 포괄성	1 2 3 4 5 N/A
16. 사진/그래프 등의 적절성	1 2 3 4 5 N/A
17. 전반적인 디자인과 배치의 질(quality)	1 2 3 4 5 N/A
VI. 실행과정(implementation process)	
1. 프로그램 이용방법에 대한 일반적인 정보가 제공됨.	1 2 3 4 5 N/A
2. 프로그램에 적절한 대상이 제시됨.	1 2 3 4 5 N/A
3. 프로그램으로 혜택을 받을 수 없는 대상에 대한 제한점이 제시됨.	1 2 3 4 5 N/A
4. 마케팅/대상 모집자료나 제안점이 제시됨.	1 2 3 4 5 N/A
5. 실행을 하는 데 있어서의 종단적 문제가 명확히 제시됨.	1 2 3 4 5 N/A
6. 예산문제가 제시됨.	1 2 3 4 5 N/A
7. 실행 시 지역사회와 기관의 문제가 설명됨.	1 2 3 4 5 N/A
8. 실행 시 예기되는 문제와 해결책이 제시됨.	1 2 3 4 5 N/A
9. 스텝, 자원봉사자 훈련이 충분한가?	1 2 3 4 5 N/A
10. 관련 자료가 시행자/훈련자에게 제공되는가?	1 2 3 4 5 N/A

VII. 평가(evaluation)	
1. 적절한 대상에 대한 요구도조사 과정의 제시	1 2 3 4 5 N/A
2. 사용된 자료의 제공	1 2 3 4 5 N/A
3. 프로그램을 이용하는 사람들이 접촉 가능한 책임소재의 제시	1 2 3 4 5 N/A
4. 프로그램 만족도 결과의 제시	1 2 3 4 5 N/A
5. 내담자의 프로그램에 대한 만족도를 측정하는 과정이 제공됨.	1 2 3 4 5 N/A
6. 스텝 훈련자나 담당기관으로부터의 피드백이 논의됨.	1 2 3 4 5 N/A
7. 스텝 훈련자나 담당기관으로부터의 피드백을 얻는 과정이 제공됨.	1 2 3 4 5 N/A
8. 비판적인 프로그램의 특징에 대한 평가가 제공됨.	1 2 3 4 5 N/A
9. 프로그램 대상 집단에 미치는 프로그램 효율성이 명확히 제시됨.	1 2 3 4 5 N/A
10. 프로그램의 효율성에 대한 제한점이 명확함.	1 2 3 4 5 N/A
11. 평가에 영향을 미치는 준거가 제공됨.	1 2 3 4 5 N/A
전반적 평가 • 중요 문제점이 무엇인가? • 어떤 점이 수정되면 유용할 것인가? • 본 자료는 어떤 대상과 상황에서 사용될 때 유용할 것인가?	

*출처: www.hec.ohio-state.edu/hdfs/courses/frhd862h/flerev.h

④ Ooms, Bouchet와 Parke(2004)의 기준

위의 학자들은 프로그램 자체에 초점을 맞췄다면 이들의 기준은 정책을 입안하는 지위에 있는 사람들이나 예산을 집행하는 사람들이 고려해야 하는 점들을 제시하였다. 이들은 결혼과 관계향상과 같은 가족생활교육의 성공적 적용을 위해서는 프로그램에 대한 질뿐만 아니라 지역사회의 환경과 자원 등을 함께 평가하여 결정을 내리는 것의 중요성을 강조한다. 이들은 정책입안자들이 새로운 프로그램에 대한 예산을 배정할 것인가를 검토할 때 다음과 같은 내용을 고려하여 프로그램의 질을 평가하여야 함을 강조한다. 첫째, 공무원, 지역사회지도자, 프로그램 수행자들이 예를 들면 가정폭력과 같이 지역사회뿐만 아니라 다양한 분야에서의 잠재적인 비판과 의심의 여지가 있지만 중요하지만 시간이 걸리는 일을 하려는 의지와 자원이 있는가? 둘째, 새로운 인구에게 (결혼)프로그램을 적용하는 경우, 현재의 프로그램과 교육과정을 경제, 인종, 혹은 문화적으로 다양한 집단의 요구에 맞도록 체계적으로 수정하였는가? 셋째, 결혼한 부부뿐만 아니라 더 나은 공동부모역할을 원하는 결혼하지 않은 부모들에게도 적용될 수 있도록 정책가나 프로그램 수행자들이 포괄적으로 접근하는가? 넷째, 새로운 프로그램을 시도하는 프로그램 집행자가 워크숍 등을 통해 실제 교육을 담당하는 사람들을 체계적으로 훈련하여 새로운 서비스가 잘 전달하도록 운영할 수 있도록 능력을 발달시키는 데 노력을 기울였는가? 마지막으로 지도자들이 좋은 이론과 가능한 연구에 기초해 프로그램과 정책을 개발하고 공공기금을 체계적으로 사용하여, 연구와 평가에 비용을 투자하기 위해 적극적으로 노력했는가? 등 포괄적인 환경 요인을 검토하는 것이 바람직하다고 한다.

(2) 프로그램의 효과 평가

프로그램의 효과평가는 어떠한 점을 강조하느냐에 따라 다양한 모델이 제안되고 있다.

① 프로그램 평가 모델

김영숙과 동료들(2002)은 프로그램 효과 평가 모델을 목표지향, 관리지향, 수혜자지향, 전문성지향, 반론지향, 참여자지향 평가모형 등 여섯 가지를 제시하고 있다. 목표지향 평가모형은 가장 많이 활용되는 것으로 설정된 프로그램 목표와 참여자들의 실제 성취수준을 비교하는 것이다. 관리지향 평가모형은 프로그램의 계획과 실행, 개선에 대한 의사결정에 필요한 정보수집과 제공 활동을 강조한다. 수혜자지향 평가모형은 프로그램의 목표와 상관없이 수혜자의 요구를 바탕으로 실제적인 결과 가치를 평가하는 것이다. 전문성지향 평가모형은 특정 분야의 전문가 의견을 바탕으로 프로그램을 판정하는 평가적 접근방식이다. 반론지향 평가모형은 의사결정 과정의 사법적 심리절차를 적용하여 반대 입장을 포함한 청문회 형식으로 프로그램 장점을 합리적으로 판단하는 평가적 접근방법이다. 참여자지향 평가모형은 평가자가 여러 집단의 다양한 판단과 준거를 조합하여 프로그램에 직접, 간접으로 관련된 개인과 집단의 다양한 욕구와 가치를 직관적 형태로 기술하는 방법이다. 이들 방법 중 가족생활교육 분야에서 프로그램 개발과정에서는 전문성지향 평가모형이, 프로그램 실행의 전반적 효과는 목표지향 평가모형이 많이 이용된다.

② 효과성 평가와 효율성 평가

효과성 평가는 목표지향 평가모형의 하나로 프로그램들이 주어진 목표와 목적을 얼마나 성취했는지와 결과가 프로그램의 개입에 의해 발생한 것인지를 판단하는 데 중점을 둔다. 효과성 평가에는 사후검사 통제집단설계, 사전-사후검사 통제집단설계, 시계열설계 등이 이용된다. 반면 효율성 평가는 프로그램에 투입된 비용과 프로그램의 성과를 대비시켜 그 경제성을 확인하는 데 초점을 두는데 비용회계나 비용-편익분석, 비용-성과분석 등이 이루어진다. 이 절에서는 이은해 · 이미리 · 박소연(2006)의 실험연구방법 중 일부를 소개한다.

가. 사후검사 통제집단설계: 실험설계의 한 방법으로 집단을 무선 배정하여 한 집단에 실험처치를 하고 두 집단에 사후검사를 실시하는 방법이다. 이 설계는 두 집단으로 구성되고 무선화가 이루어졌으므로 역사와 성숙의 효과가 통제되고 사후검사만 실시되므로 사전검사의 효과를 통제할 수 있어 내적 타당성이 높은 설계로 단순하면서도 행동과학 분야의 실험설계 중 가장 좋은 설계로 평가받는다.

나. 전후검사 통제집단설계: 사후검사 통제집단설계에 사전검사가 추가된 형태이다. 통제집단이 있다는 것과 참여자의 무선화를 통해 두 집단 간 등질화가 성립된다는 것이 장점이며 진형설계로서 유용성이 높다.

다. 시계열설계: 준실험설계로 한 집단으로 처치를 하되 시간계열에 따라 처치 전과 처치 후에 여러 차례 관찰 또는 검사를 하는 설계방안이다. 이 설계는 심리치료나 교육실험에서 통제집단으로 동등한 대상을 구하기 불가능한 경우 적용된다. 그러나 역사와 성숙의 효과가 통제되기 어려우며 결과분석이 어렵다.

라. 단일사례 사전-사후검사설계: 단일사례설계는 한 명 또는 소수를 대상으로 하여 실험처치의 효과를 연구하는 방안으로 시간계열설계의 또 다른 형태이다(이은해 · 이미리 · 박소연, 2006). 〈표 6-3〉의 예와 같이 통제집단 없이 실험집단만으로 단일집단 사전-사후검사를 실시하여 차이를 통해 교육효과를 평가하기도 한다.

표 6-3 재혼준비도 사전-사후검사 및 Wilcoxon 분석결과

재혼준비도	사전검사 점수 평균(표준편차)	사후검사 점수평균(표준편차)	Z값
재혼에 대한 올바른 인식(1단계)	17.86(2.80)	19.60(2.07)	146
전혼생활에 대한 객관화 및 자존감 고양(2단계)	18.71(2.36)	22 00(2 45)	1.62
재혼가족에서의 부모역할준비(4단계)	21.14(2.55)	21.60(2.07)	0.00
재혼준비도(총점)	57.71 (5.02)	63.20(4 76)	−2.02

*출처: 정현숙 · 유계숙 · 임춘희 · 전춘애 · 천혜정(2000b). p. 9.

③ 양적평가와 질적평가

효과성과 효율성 평가를 할 때 어떤 방법으로 자료를 수집하는가에 따라 양적평가와 질적평가로 구분된다. 양적평가는 행동변화를 객관적 측정방법을 사용하여 평가하며, 객관적인 척도를 이용하여 지도자와 참여자들에게 프로그램 내용과 구성을 포함한 운영 전반에 관한 사항을 평가하는 방법이다. 질적평가는 심층면접이나 관찰법을 활용하여 참여자 행동변화를 주관적으로 평가하는데, 관리자와 직원들에게 서술식 질문지를 활용하여 프로그램의 아이디어, 구성 등의 효율성을 주관적으로 평가한다(기영화, 2001). 이와 같이 양적평가와 질적평가는 자료수집 방법에서 차이가 나며, 상호 배타적이라기보다는 목적에 따라 상호 보완적으로 활용된다.

④ 진단평가, 형성평가와 총합평가

평가의 목적에 따라서도 평가가 구분되는데 평가의 목적이 행동의 변화를 측정하기 위한 것인지, 혹은 지도전략을 수립하기 위해서인지, 아니면 참여자의 목표달성도를 측정하기 위한 것인가에 따라 진단평가, 형성평가, 총합평가로 구분된다. 이들 평가방법은 목적과 실시 시기와 강조점에서 차이가 난다. 진단평가는 행동의 점검을 통해 효율적 지도전략 수립을 위해 프로그램 실행 전 실시하며, 형성평가는 실행 도중에 참여자들의 진전과정을 점검하고 지도전략을 개선하여 지도활동을 점검할 목적으로 실행 도중 인지적 행동특성을 평가하는 방이다. 총합평가는 설정된 목적과 목표달성을 종합적으로 평가하는 것으로 프로그램 실행 후 후속 프로그램의

전략수립이나 자격 등을 판정하는 기능을 한다(김영숙 외, 2002). 이러한 평가과정은 앞에서도 설명하였듯이 과정으로서의 평가를 다시 강조하는 것이다. 각 단계마다의 평가는 교육이 효과적으로 운영되고, 프로그램이 목적하는 바가 참여자들에게 가장 적절한 방법으로 전달될 수 있도록 하는 점검 과정이므로 체계적인 계획을 통한 평가가 각 단계마다 이루어져야 한다.

P·A·R·T

Ⅲ

가족생활교육 중요 영역의 원리, 이론과 실제

Family Life Education

개인, 관계, 가족 전체를 교육대상으로 하는 가족생활교육은 대상의 발달단계와 특성에 따라 매우 다양한 교육이 이루어진다. 3부에서는 가족생활교육의 중요 영역 중 우리나라에서 많은 교육이 이루어지는 관계 향상교육과 부모교육을 포함한 부모자녀관계 영역, 성교육 영역과 다양한 가족 영역을 살펴보고자 한다. 각 영역을 이해하기 위해 각 장별로 중요 원리와 프로그램 개발을 위한 이론 및 기존에 개발된 프로그램을 소개한다. 또한 각 영역의 관련 정보를 얻을 수 있는 인터넷 사이트 및 관련 기관에 대한 정보를 소개한다.

Chapter 7

관계향상교육

가족 내의 내적 역동성에 초점을 맞추는 관계향상교육은 크게 결혼준비교육과 부부관계 향상교육으로 나눌 수 있다. NCFR의 가족생활교육의 교육과정에 의하면 관계향상분야에서 다루어야 할 중요내용은 ① 가족구성원과 그들 관계에서의 개인의 발달, ② 가족의 구성, 역사, 전통 및 축하의식, ③ 가족의 교환과 전이 및 가족구성원들의 다른 욕구와 기대, ④ 긴장원과 긴장의 극복, ⑤ 가족의 역할과 규칙, ⑥ 라이프스타일의 선택과 변화, ⑦ 가족의사소통과 감정 표현, ⑧ 세대 간의 역동, ⑨ 보호와 지도, 애정 및 지지의 근원으로서의 가족에 대한 이해 등 9가지가 핵심이다(Bredehoft, 1997, 2001). 특히 가족구성원들 간의 협력과 갈등을 포함한 내적 사회적 과정에 대한 지식과, 스트레스와 갈등해결방법을 포함한 부부, 부모자녀관계에서의 의사소통 패턴과 문제들, 문제해결 및 의사결정에 대한 기술, 가족의 다양한 스트레스와 위기관리방법 등에 관한 지식이 이 분야에서 가장 중요한 교육내용이다. 또한 가족생활주기에 따라 경험하게 되는 가족의 규범적 긴장과 점차 증가하는 이혼, 재혼, 장애우가족 및 저소득층 가족 등 특별한 요구를 가진 가족들의 긴장과 위기극복에 대한 지식을 바탕으로 가족의 장점과 약점을 이해하는 것이 이 분야 교육의 핵심적인 내용이다. 특히 가족이 경험하게 되는 예상 가능한 혹은 예상치 못하고 발생되는 긴장원들도 중요 교육내용으로 다루어진다. 이러한 교육내용은 가족체계이론과 생태학적 이론 및 가족발달이론에 바탕을 두고 있다(Walcheski & Bredehoft, 2003).

이러한 구체적인 기술과 지식 습득 이전에 관계향상교육을 담당하는 교육자나 교육대상자들 모두가 우선적으로 습득해야 하는 개념은 결혼이 무엇이며, 건강한 부부관계가 무엇인가를 이해하는 것이다. 전통적인 결혼에서는 남녀가 엄격한 역할 구분이 있었으며, 주변의 압박이 결혼생활을 유지하게 하는 기능을 하였다. 그러나 21세기에 들어오면서 결혼의 상호보호와 만족이 강조되고 평등한 배려와 존중이 결혼의 기반이 되고 있다. 이러한 결혼에서 가장 중요한 것은 서로 존중하며, 관계에서 평등한 권리와 의무를 지니며, 서로의 역할을 함께 만들기 위해 '노력'하는 것이다. 즉, 결혼에서의 일방적인 의존성에서 벗어나 '파트너십'에 기반을 두어야 한다. 따라서 개인의 선택에 의해 만들어지는 결혼관계는 서로간의 친밀감을 바탕으로 행복을 추구하는 개인의 욕구에 뿌리를 둔 자연스러운 특성으로 정의되어야 한다. Lewis와 Gossett(1999)는 건강한 결혼의 조건 여덟 가지를 제시하였다. 첫째, 파트너가 서로 관계에 대해 함께 정의를 내리고, 둘째, 자율성과 친밀성이 특성인 강한 결혼의 유대를 지니며, 셋째, 배우자가 서로의 생각과 느낌에 흥미를 가지며, 넷째, 서로의 감정 표현을 격려하며, 다섯째, 일어날 수 있는 불가피한 갈등이 고조되거나 절망으로 빠지지 않도록 하며, 여섯째, 문제해결기술이 있으며, 일곱째, 중요한 기본적 가치들을 공유하며, 여덟째, 변화와 스트레스를 극복하는 능력이 있는 것이라고 강조한다.

이 장에서는 이상의 결혼과 부부관계에 대한 건강가족적 관점을 기초로 결혼 전 커플을 대상으로 한 결혼준비교육과 결혼한 부부 대상의 결혼관계향상교육으로 나누어 각 대상별 관련 이론과 실제 교육 프로그램을 살펴보고, 각 분야의 교육자료를 정리하고자 한다.

1 결혼준비교육

1) 결혼준비교육의 필요성

우리나라의 가족 구조는 급격하게 핵가족화되고 있다. 통계청의 2010년 인구주택총조사보고서에 의하면 전국 가구 중 1세대 가구와 2세대 가구는 각각 23.3%, 68.4%로 부부 중심의 가구가 전체의 91.7% 이상을 차지하고 있다. 이와 같은 부부 가족에서는 사회적 관계망에서의 지원과 제재보다는 부부역할이 결혼생활의 성공에 더 중요한 영향을 미친다. 실제로 결혼만족도 연구에서도 부부의 결혼만족도는 부부 개인의 특징이나 사회적 지원보다는 부부간 관계적 특징, 예를 들면, 성, 여가생활, 부부간의 헌신(commitment), 부부간의 긍정적인 의사소통 등이 더 중요한 영향을 미친다(이기영 외 1995; 정현숙 · 유계숙, 2001). 이와 같이 결혼생활에서 부부의 관계기술이 결혼생활 유지에 필수적이지만 결혼을 앞둔 예비부부들이 이러한 기술을 습득할 기회는 매우 제한되어 있으며 이로 인해 부부들의 이혼율과 가족폭력은 증가하고 있는 실정이다. 이는 부부들이 결혼생활에서 필수적인 갈등을 해결하는 데 필요한 최소한의 기술을 가지고 있지 못하기 때문이라고 볼 수 있으며, 결혼한 부부들이 갈등을 건설적으로 해결할 수 있도록 지원할 필요성을 지적하는 것이다. 결혼한 부부들이 건설적인 갈등해결방법을 결혼과정에서 시행착오를 통해 배우기를 기대하기에는 그 대가가 너무 크다. 왜냐하면 최근의 가족문제의 증가 및 이로 인한 부부 및 자녀들에게 미치는 부정적인 영향, 특히 이혼의 부정적인 영향(예: Wallerstein & Blakeslee, 1989; Wallerstein, Lewis & Blakeslee, 2000)은 우리가 생각하는 것보다 훨씬 크기 때문이다.

우리 사회는 매우 급격히 변화하기 때문에 결혼과 가족에 대한 과거의 가치관으로는 현재의 생활에 적절히 대처할 수 없다. 게다가 정보화 시대의 개인주의 사회에서 정서적인 안정을 제공하는 장소로서 또는 가족의 가치를 교육하는 곳으로서의 가족의 중요성은 더욱 커지고 있으나 가족의 안정성은 위협을 받고 있다. 그러나 대부분의 사람들은 구체적으로 어떻게 변해야 하는지 방법을 몰라 혼란스러워하고 있다. 따라서 이제는 행복한 가족생활을 유지하기 위해서 구체적인 노력을 해야 하며 새로운 방법들을 배워야 한다. 우리 사회에서는 현실적으로 공교육에서 사랑이 무엇이며, 어떤 것이 질적인 삶인가에 대해 체계적으로 가르칠 수 있는 교과목이 매우 제한된다. 그리고 가족의 문제는 가족문제가 발생하고 나서 배우기에는 그 대가가 너무나 크다. 따라서 결혼준비교육이 절실히 필요하다고 볼 수 있다.

특히 최근에 증가하는 이혼율은 올바른 결혼관과 부부관의 확립이 이루어지지 못한 결과로 나타난 현상으로 볼 수 있다. 전세계적으로 결혼의 의미와 결혼에 대한 기대는 변화하고 있다(Ford, 2002. 4. 23.). 우리나라의 경우 1985년 이후 뚜렷이 나타나기 시작한 이혼율 급증은 '이혼이 금기가 아니라 경우에 따라서 할 수도 있다'든가 '결혼은 반드시 해야 하는 것이 아니라 경제력만 있으면 독신도 괜찮다'는 생각과 같이 결혼의 의미와 가족에 대한 가치관이 바뀐 '전후세대'들이 결혼의 대안으로 이혼을 선택함으로써 생긴 현상이라는 점이다(한국가족학회 편, 1993). 우리의 경우도 결혼에 대한 의미가 다양하게 변하고 있으나 이에 대해 대부분의 사람들은 막연하게만 인식할 뿐 구체적으로 가족관계에서 어떻게 적용해야 하는지는 혼란스러워 한다. 따라서 이러한 혼란을 극복하는 역할을 결혼준비교육이 담당할 수 있을 것이다.

2) 결혼준비교육의 효과

부부관계에 대한 교육효과를 분석한 많은 연구들은 부부관계가 형성되기 전인 미혼 시기의 교육이 매우 효과적이며, 교육효과도 지속적이라고 보고하고 있다. Gallagher(2002. 4. 23.)는 결혼전교육을 받은 예비부부들의 결혼만족도가 받지 않은 집단보다 높으며, 부정적 감정교환, 폭력률과 이혼율이 낮다는 점을 강조하였다. 박말순(1998)도 결혼 전 부부교육이 결혼 후 부부의 의사소통과 갈등해결에 효과적임을 보고하였다. 정현숙(2004b)의 연구에서도 결혼전교육을 받은 사람들이 결혼 후 교육을 받지 않은 사람들보다 결혼만족도가 높았다.

가족상담 분야의 연구에 의하면 결혼 및 부부문제가 시간이 지나면서 점차 나타나는 것이 아니라 결혼 초기부터 시작된 것임을 알 수 있다. 2014년 전체 이혼한 부부 중 결혼 지속년수가 4년 이하인 부부가 23.5%로 가장 많은 비율을 차지하는 것은 이러한 현상을 반영한 것이라 할 수 있다. 실제로 결혼준비교육의 효과에 대한 연구에 의하면 결혼준비교육에 참여한 예비부부가 그렇지 않은 예비부부보다 관계향상, 갈등해결, 성에 대한 태도, 평등한 역할이 향상된다(박미경 · 김득성, 1997). 또한 결혼 전 결혼생활에 필요한 기술(의사소통기술, 갈등해결기술 등)을 교육받은 집단은 이혼이나 가정폭력 발생 비율도 낮다(이정연 외, 1996, pp.68-69에서 재인용). 따라서 점차 증가하는 이혼과 가족폭력 등 가족문제를 예방하고 가족의 삶의 질을 높이기 위한 노력의 일환으로 미혼남녀를 대상으로 하는 가족생활교육 확산이 필요하며, 이를 위해 우리 현실에 적합한 교육 프로그램이 개발되고 보급되어야 할 것이다.

3) 결혼준비교육의 가치와 목적

결혼준비교육을 포함한 결혼과 관계향상 프로그램은 앞에서도 설명하였듯이 결혼 자체가 아니라 '건강한 결혼'을 조장하고 지지하며, 다양한 인구의 다양한 요구를 포함하고 자발적일 때 프로그램의 효과가 있다. 또한 프로그램은 적절한 연구결과에 기초해 디자인되고 과학적으로 평가될 때 최상의 효과를 얻을 수 있다(Ooms, Bouchet & Parke, 2004). 그렇다면 이러한 교육을 통해 얻고자 하는 것은 무엇인가?

Stanley(2001)는 결혼준비교육을 포함한 가족생활교육의 가치를 세 가지로 요약하였는데, 우선 결혼과 가족관계에 대한 교육은 사람들이 가능한 빨리 위험적인 요소들을 줄이면서 행동할 수 있도록 돕는 데 가장 중요한 가치가 있으며, 또한 가족삶의 기초로서 건강한 결혼의 혜택을 이해할 수 있도록 돕는 데 있으며, 현재나 혹은 미래에 직면하게 될 다양한 어려움에 처했을 때 사용할 수 있는 자원을 이해하도록 돕는 데 중요한 가치가 있다고 설명하였다. 즉, 삶의 과정에서 접하게 되는 중요한 생활사건을 미리 준비하여 대처하여 문제를 예방할 수 있도록 교육하는 것이 가족생활교육의 기본 목표이다. 이러한 논의의 핵심에는 건강한 결혼과 가족관계가 성인과 아동발달에 긍정적 영향을 미친다는 연구에 기반을 두고 있다.

그렇다면 건강한 결혼이란 무엇인가? Stanley, Markman과 Whitton(2002)은 건강한 결혼은 일상생활의 상호작용에서 정서적 안전성, 유해한 공포로부터의 자유, 미래에 대한 안전함이 있는 관계로 이런 요소들이 관계를 가치있게 한다고 한다.

(1) 상호작용에 있어서의 정서적 안전성

건강한 결혼관계는 중요한 문제에 대해서 부부들이 정서적이고 지지적이며, 그리고 개방적으로 서로 이야기할 수 있는 정서적 안정성이 있는 것을 의미한다. 이러한 관계는 갈등의 고조나, 비판, 철회, 요구-철회, 비난 등의 부정적인 상호작용이 상대적으로 적은 관계이기도 하다. 실제로 많은 연구들(Christensen & Heavey, 1990; Fincham & Beach, 1999; Gotman & Notarius, 2000; Stanley, Markman & Whitton, 2002)에서 행복한 부부와 불행한 부부를 구분하는 가장 중요한 기준이 상호관계에서의 부정적 측면의 존재 여부라는 것이 밝혀지고 있다. 부정적 상호작용이 많은 관계는 만성적 긴장과 별거, 이혼 등으로 진행될 가능성이 크다. 부부들의 부정적 상호작용은 아동의 건강문제, 학교성적의 하락, 다양한 행동문제 등을 유발하게 하는 위험환경이다(Cummings & Davis, 1994; Grych & Fincham, 1990). 따라서 지속적이고 만성적이며 부정적 상호작용은 갈등을 유발하고 아동과 성인 모두를 위험에 빠지게 하므로 정서적 안전성은 건강한 결혼의 중요한 요소이다.

(2) 유해한 공포로부터의 자유(개인적 안전성)

신체적 혹은 정서적 유해나 위험에 대한 공포가 없는 자유로운 관계가 건강한 관계이다. 가정폭력은 여성과 아동을 특히 위험에 빠지게 하며, 정신건강, 신체건강 문제와 죽음에까지 이르게 한다(Straus & Gelles, 1990). 따라서 개인적 안전성이 유지되는 관계가 건강한 결혼의 요소이다.

(3) 미래에 대한 몰입을 할 수 있는 안전성

두 사람이 서로 상호 지지하고 팀워크를 이뤄 미래를 함께하기로 명확하게 결심할 수 있는 안전성이 확보된 관계를 건강한 관계로 규정한다. 자신들의 미래에 완전히 투자하기 위해서는 관계의 미래에 대한 확신과 안정감이 요구된다. 왜냐하면 부부들이 미래에 대한 헌신과 부부로서의 정체성이 없다면 관계가 지속될 수 없기 때문이다. 관계에 대한 헌신은 부부가 서로에게 기꺼이 시간을 투자하고, 서로가 건강한 형태의 희생을 하는 것을 의미한다(Van Lange et al., 1997). 건강한 헌신은 개인적 손해나 분노감 없이 상대에게 베푸는 것이다. 그 결과 건강한 관계와 결혼에서는 높은 관계만족도와 낮은 부정적 상호작용이 특징이며, 또한 이혼의 잠재성도 낮다(Johnson, Stanley, Glenn, Amato, Nock, Markman & Dion, 2002). 관계에 대한 헌신, 긍정적 의사소통, 종교적 복지감, 감사와 애정표현, 시간 함께 보내기, 스트레스를 극복하는 능력(Olson, DeFrain & Olson, 1999) 등도 건강한 가족의 특징이며, 이러한 기술이 결혼준비교육이 추구하는 목표이다.

4) 결혼준비교육의 교육내용

지금까지 개발된 결혼전교육의 중요한 교육내용은 결혼관계의 발달을 위해 의사소통과 갈등해결 같은 개인 상호적인 기술이 중점적으로 다루어져 왔다. 이러한 교육을 통해 커플들이 그들의 장점과 성장 영역들을 평가하고, 잠재적으로 문제를 일으킬 내용들을 검토하게 함으로써 결혼을 늦추거나 혹은 관계를 다시 한 번 생각해 볼 수 있도록 돕는다. 프로그램마다 강조점은 차이가 있으나 Dyer와 Dyer(1999)는 개인으로서 그리고 커플로서 관계 성장에 대한 공약, 서로를 이해할 수 있는 의사소통 체계, 창조적으로 갈등을 해결하는 능력과 친밀한 관계를 만들고 유지하는 능력을 핵심적인 교육내용으로 강조하였다. Stahman과 Salts(1993)도 결혼전교육이 결혼만족도에 영향을 미치는 요인들에 초점을 맞춰야 하며 〈표 7-1〉과 같은 내용의 교육을 강조한다.

이러한 내용뿐만 아니라 우리나라에서는 추가적인 내용 구성이 요구된다. 왜냐하면 결혼과 가족에 대한 이념이 급격하게 변화하고 있으며, 혼인이나 부부관계에 대한 규범적인 역할에 대한 가치도 매우 다양하기 때문이다. 따라서 결혼준비교육에서는 사회변화에 따른 가족의 변화와 관계의 성장을 위한 개인적 자원 등 〈표

표 7-1 Stahman과 Salts(1993)의 결혼전교육의 교육과정

• 서약으로서의 결혼 • 원가족과 각자의 성장 배경 • 파트너의 기질과 성격 • 의사소통기술 • 역할기대 • 커플 상호작용 형태	• 갈등해결 • 의사결정기술 • 경제력과 재정관리 기술 • 여가 및 오락적 흥미 • 인생목표와 기대	• 성적 관심과 기대 • 자녀와 부모역할 • 종교적, 도덕적 가치와 기대 • 관계 장점 확인하기 • 결혼식 계획

표 7-2 결혼준비교육 영역의 세부 영역과 교육내용 안

주제	세부 영역	교육내용
사회변화에 따른 가족의 변화	• 인구통계학의 이해 • 가족변화 원인 • 가족변화의 결과	• 인구구조, 출산율, 취업률, 이혼율, 재혼율, 결혼 연령 등 • 사회변동과 가족의 변화-다양한 가족의 출현 • 거시적, 미시적 변화의 원인분석 • 사회와 가족에서의 다양한 의식의 변화가 가족관계에 미치는 영향 이해
부부관계의 중요성 인식	• 부부관계가 모든 가족관계의 핵심임을 인식하기 • 부부가 수행해야 할 역할 인식하기	• 결혼에서 부부간의 표현적 역할의 중요성 인식 • 직업/일상생활에서 새로운 부부관계로 삶을 유지하기 위한 도구적 역할 수행 • 부부와 주위 사람과의 관계 형성 • 가족 간 유대와 가족의 역동성 이해
관계의 시작	• 결혼 의미와 동반자 의식	• 결혼 의미의 탐색-결혼의 동기 • 결혼 의식의 의미 • 결혼생활의 계획(일-가족의 조화/가족계획과 부모관/재정계획/친족관계/갈등해결의 중요성) • 결혼생활에 대한 현실적 기대
	• 사랑	• 사랑의 의미와 속성 • 성공적인 사랑의 방법 • 사랑과 결혼의 관계
	• 배우자 선택	• 배우자선택이론기준 • 배우자선택에 영향 요인 • 배우자선택 시 고려할 점
관계의 성장을 위한 개인적 자원인적 자원	• 자존감 습득과 자신과 타인의 자존감 획득	• 나를 알기-내 파트너 알기 • 자존감의 중요성 • 자존감 증진 방법
	• 개인적 자율성 획득	• 자율성의 중요성 • 자율성 습득 방법
	• 관계에 대한 책임감과 관계에의 몰입	• 결혼의 의무와 권리 • 관계에 대한 책임감 • 관계에의 몰입을 위한 조건

*출처: 정현숙(2000). p. 8.

7-1〉과 같은 기본적인 정보를 제공해 주는 교육도 제공할 필요가 있다. 각각의 영역에 대한 이론적 기초는 다음 절 부부관계향상교육에서 자세히 다루고자 한다.

5) 효과적 결혼준비교육의 조건

대학생들은 잘 훈련된 전문가들에 의해 이루어지는 간결하면서도 고품격이며, 저비용의 자발적 결혼전 프로그램에 흥미를 나타낸다고 한다(Silliman & Schumm, 1995). 또한 결혼에 관한 교육이 아니라 결혼을 위한 교육에 초점을 맞출 때 효과적이며, 기술을 설명하고 참가자들이 충분한 실습 기회를 가질 때 효과적이다(Powell & Cassidy, 2001). 실제로 충분한 연습을 통해 기술을 능숙하게 쓸 때 효과적이므로 기술을 설명만 하는 것은 효과적이지 않다. 그러나 대부분의 경우 교육의 중요성에 비해 교육이 자발적이지 않기 때문에 국가 차원에서의 지원도 매우 중요하다. 따라서 미국의 여러 주의 주정부 차원의 지원(〈표 7-3〉 참조)은 많은 시사점이 있다.

결혼준비교육은 개별 커플을 단위로 하는 경우와 5~10커플을 동시에 교육하는 집단교육으로 구성한다. 커플을 개별적으로 교육하는 경우는 이들의 관심과 문제를 직접적으로 다룰 수 있는 장점이 있으나 다른 커플들의 상호작용을 관찰할 수 없는 단점이 있다. 반면, 집단교육은 중요한 결혼 이슈에 대해 다른 사람들의 견해를 듣고 문제해결을 위한 다양한 방법들을 배울 수 있는 장점이 있다. 그러나 그룹 상황에서 자기노출을 꺼릴 수 있어 중요한 문제에 접근하지 못할 가능성도 있다(Gleason & Prescott, 1977).

표 7-3 미국 각 주의 중요 결혼준비교육정책 및 특징

	플로리다 주	테니시 주	뉴 멕시코 주	일리노이 주
법안명칭	Marriage Preparation and Preservation Act of 1998	Tennessee Marriage Education Legislation: Senate bill 0899, 2001	senate Bill 482, 784, 497 of 2001	
교육시간 및 요구	• 결혼준비교육: 4시간		• 3회 이상의 최소한 6시간의 교육과 상담(미네소타 주: 12시간)	• 4시간의 혼전교육을 받은 자에게만 결혼증명서 지급
교육내용	• 혼전교육: 갈등해결, 의사소통기술, 경제적 책임감, 아동과 부모역할의 책임감, 이혼 전 상담 결과에서 나온 중요 내용들		• 중등학교 교과과정: 결혼의 가치와 혜택, 갈등해결과 의사소통, 이혼의 사회, 경제, 건강적 의미와 아동에게 미치는 영향	
교육자격자 규정	• 심리학 자격 • 임상사회복지사 • 결혼과 가족상담가 • 정신건강상담가 • 공무원이나 종교기관의 훈련 받은 사람 • 이런 과목을 강의하고 있는 학교상담사 • 각 순회재판관은 지역강의 제공자와 소득수준에 따라 다르게 비용을 받거나 무료로 제공하는 사람의 명부 작성	• 심리학자 • 임상사회사업가 • 자격 있는 결혼과 가족 치료사 • 임상목회 치료사 • 전문상담가 • 심리검사자 • 종교 기관의 공식적인 대표 • 기타 주법원에서 공식적으로 승인된 자	• 종교 기관의 공식적 대표나 그에 의한 임명자 • 주법에 의해 자격을 갖춘 결혼과 가족치료사 • 정신의학자 • 심리학자 • 전문임상정신건강상담사 • 개별사회복지사 • 가족생활교육전문가	• 종교지도자 • 행동건강전문가
교육수료 혜택벌칙	• 혜택: 결혼자격증 비용 32.5$ 면제 • 벌칙: 결혼증명서 발급을 3일간 유예	• 결혼자격증 비용 62.5불 중 60불 감면(주 재무부에서 지불)	• 소득신고 시 결혼 유지나 혼전교육을 받은 경우 100불 감면	• 결혼증명서 발급 60일간 유예

6) 결혼전교육 프로그램의 실제

(1) 미국의 결혼준비교육

북미에서 인기 있는 청소년을 위한 결혼준비교육은 〈표 7-4〉와 〈표 7-5〉와 같다. 이 프로그램 중 이 절에서는 활용도가 높은 몇 가지 프로그램을 소개하고자 한다.

표 7-4 미국에서 인기 있는 청소년을 위한 결혼준비교육의 예

제목	특징, 내용, 대상 및 홈페이지	교육자료
Connection: Relationships and Marriage	• 결혼에 초점을 맞추고 비판적, 치료적인 접근이 아닌 관계의 성공 요인을 다룸. 배우자선택 맥락에서의 데이트와 동반자관계가 갖는 긍정적인 미래 및 관계기술 소개. 결혼은 사적인 관계이지만 결혼, 이혼, 미혼모 등의 사회적 결과를 다룸. • 16~20세 대상 • www.buildingrelationshipskill.org	• 교사용 교재 • 학생 교재 • 비디오자료 (You can Marry for keeps)
RQ: Relationship Intelligence	• 관계기술과 갈등해결방법을 직접 교육하며, 결혼의 성공을 위한 기술로서 관계기술, 성격발달, 성적 절제를 연결시키며, 아동과 성인 및 지역사회에 결혼이 갖는 보호적 기능을 강조함. • 미국의 35개 주의 교회와 학교에서 이용함. • www.freeteens.org	• 교사용 교재 • 학생용 교재 • 일기
The Art of Loving Well	• 독서와 토론 및 활동을 통해 가족생활과 사랑의 관계를 매우 강력하고 효과적으로 제시함. 초기에는 십대 임신예방을 위해 다양한 관점에서 결혼과 사랑을 다루며, 결혼의 혜택에 대한 과학적 연구나 관계기술 등은 다루지 않음. • 보스턴 대학에서 개발되어 3개 주의 만 명 이상의 학생을 대상으로 현장 검증됨. • 7~12세 대상이며, 47개 주에서 활용됨. • www.bu.edu/sed/lovingwell	• 교재 • 교사용 가이드북

Building Relationships	• 혼전교육과 준비의 중요성을 강조하지만, 두부모가족이나 결혼에 대해서는 이중적인 관점을 가지며 결혼의 과학적 이유나 문화적 특성은 거의 다루지 않음. • 13~18세 대상으로 유타 · 미네소타 주에서 주로 사용되며, 교회와 500여 곳의 학교에서 활용됨. • www.prepare-enrich.com	• 교재 • 교사용 가이드북
Connections: Dating and Emotions	• 관계기술 프로그램으로 결혼의 목적이나 역사, 중요성에 대한 내용보다는 낭만적 관계에서 직면하는 갈등이나 문제들을 다룸. • 13~17세 대상으로 15회의 55분 세션으로 구성됨. • 35개 주의 400여 학교에서 사용함. • www.buildingrelationshipskills.org	• 교재 • 교사용 가이드북
EQ: The Social Emotional Intellignece Program	• 12가지의 성격발달과 12가지의 관계발달의 원리 교육 • www.smartmarriages.com	• 교사용 가이드북
PAIRS Kids	• 성인대상 프로그램인 PAIRS를 5~12학년의 아동에게 적용한 것으로 '돌봄행동'증진을 목적으로 개인의 이익을 강조 • 학교 교실이나 소규모 집단의 교육으로 일리노이와 플로리다 주의 100여 개 학교에서 활용됨. • www.pairs.com	• 교사 훈련 교재 및 가이드북
Partners	• 결혼, 가족, 아동에 영향을 미치는 법적제도와 관계기술 등이 혼합되어, 이혼이 아동과 부부에게 미치는 영향과 이혼 예방을 강조함. • 5개 비디오는 각각 가족법의 한 측면과 한 가지 의사소통 기술을 보여 줌. • 미국변호사협회 가족법분과에서 만든 것으로 PAIRS의 의사소통기술과 개념을 활용하며, 9~12학년 대상의 50분씩 10주 프로그램. • 35개 주의 100여 개 학교에서 활용됨. • www.abanet.org/family/partners	• 교사용 교재 • 비디오
WISEP For Teens	• 가족과 관계기술에 대한 심리학적 접근으로 정신건강과 자존감 향상을 위해 의학적, 치료적 보기를 활용하며, 섭식 장애(eating disorder), 자살, 결혼 등의 주제가 '관계'의 맥락에서 분석됨. • 활동 중심의 2회기의 내용을 9~12학년에게 적용하며, 34개 주와 캘리포니아의 45지역의 학교에서 활용됨. • Wendy@elite.net	

표 7-5 미국과 캐나다의 결혼준비교육 프로그램 목표와 내용 분석

프로그램명	실시기관 및 창안자 (시작 연도)	목표	내용
Minnesota Couple Communication Program (MCCP)	Miller, Nunnally, Wackman (1982년)	• 직접적이고 개방적인 의사소통능력 향상	• 의사소통기술 습득 • 상호작용 양상에 대한 지각의 기술 습득 • 4단계(말하기 기술, 듣기기술, 갈등해결, 의사소통양식)
Premarital Relationship Enhancement(PRE)	Guerney (1964, 1977)	• 부부의 의사소통 개선으로 만족스럽고 기능적인 관계 형성, 듣기와 말하기 기술에 초점을 둔 의사소통기술 습득 → 의사소통과 관계강화 증진	• 4단계: 청자와 화자의 역할 연습(자신의 정서, 생각, 원망을 정확하게 표현하고, 느낌을 수용, 상대에게 전달)/ 배운 역할 연습 / 갈등영역에 대한 의사소통/ 갈등해결
Growth Counseling for Marriage Enrichment (GCME)	Clinbell(1979)	• 파트너간 요구일치를 통한 관계 증진 • 친밀하고 개방적 부부관계 • 인격존중과 책임, 평등, 자유	• 4단계: 관계의 힘 인정, 확인/ 성장 영역 확인/ 변화를 위한 재계약/ 행동
Prevention and Relationship Enhancement Program (PREP)	Markman, Stanley, Floyd, Guerney (1980년대)	• 결혼 어려움 극복과 이혼 예방	• 효과적으로 말하기/듣기, 의사소통 유형, 커플 간 즐거움 추구, 문제해결, 수용과 친밀감 증진, 신뢰, 성생활의 4단계
Premarital Assessment Program (PAP)	Salt, Buckner(1983)	• 관계 질 평가(효과적 의사소통, 문제해결능력, 갈등협상) • 문제 검토(친구, 가족과 친척관계, 종교, 가치, 오락, 재정, 양육, 성, 애정) • 필요시 전문가에게 도움을 요청하도록 함.	• 커플의 데이트 역사, 개인과 커플의 기대 · 목표 · 역할 · 요구, 가족 · 육아 · 재정 · 친구 · 오락, 의사소통과 갈등해결, 가치와 성

Training in Marriage Enrichment (TIME)	Dinkmeyer, Carlson(1986)	• 커플이 사랑하고 지지하는 관계를 확립하기 위해 필요한 기술을 배우고 적용하도록 함.	• 책임수용, 격려, 우선권과 가치, 정직하고 일치적인 의사소통 • 선택기술, 갈등해결과정, 갈등해결과정의 적용, 평등한 결혼
Preparation for Marriage Workshop (PMW)	Nickols, Nickols		• 혼전상담, 의사소통, 갈등, 지지체계 구축 • 시간과 돈을 벌고 사용하는 생활 공유 • 성생활, 헌신, 결혼계획
Marriage Preparation Handbook (MPH)	British Columbia Council for the Family2판(1984), Canada	• 결혼을 잘 준비함으로써 결혼과 가족해체 예방 도움. 커플의 풍부하고 의미있는 관계 형성 도움	• 결혼준비, 의사소통, 갈등, 지지체계 구축, 시간과 돈을 벌고 사용하는 생활 공유, 성생활, 헌신, 결혼계획
A Resource Book For Instruction (RBI)	British Columbia Council for the Family Canada	• 인지적(일반적 대인관계) • 정서적(효과적 의사소통)	• 기대와 현실, 정체감과 가치 • 관계에서의 역할, 의사소통(듣기와 말하기, 친밀감) • 창조적 갈등, 성생활, 생활양식, 미래 성장

*출처: 박미경(1997). 예비부부를 위한 결혼준비교육 프로그램. p. 55.

① "Building Relationships(이하 BR)" 프로그램

이 프로그램은 PREPARE/ENRICH의 연구를 바탕으로, Olson과 DeFrain, Olson의 딸인 Amy Olson이 함께 10대(13~18세)를 대상으로 이성교제와 인간관계에서 친밀한 관계를 발전시키고 유지할 수 있도록 돕기 위해 개발한 프로그램이다(Olson, DeFrain & Olson, 1999). 의사소통과 갈등이론, 가족체계이론과 건강가족적 관점에 기초하여 건강한 관계를 위한 태도와 인식들을 소개하고 있다. 또한 자기주장과 적극적 경청, 건설적 갈등 해결, 언어적/비언어적 의사소통 표현, 재정 관리와 예산 세우기, 목표 설정과 달성 단계, 멘토(mentor) 찾기 등에 대한 활동을 강조한다. 교재(*Building Relationships: Developing Skill for Life*)는 13장으로 이성교제, 의사소통, 애정과 성, 원가족, 재정관리, 가치와 신념 등 이성교제, 배우자선택 등 결혼에 관심이 있는 사람들에게 가장 중요한 관계 영역들이 주제이다. 각 장은 열 개 항목의 AWARE quiz(〈표 7-6〉 참조)로 시작하여, 그 답에 대해 논의하는 형식으로 되어 있다. 이 프로그램은 학교와 교회 등에서 실시할 수 있으며, 5회에서 20회까지 다양하게 회기를 조절할 수 있다. 훈련된 지도자가 없어도 지도자 교재를 활용하여 교육이 가능하다.

표 7-6 "Building Relationships: Developing Skills for Life"의 Aware Quiz

1. TV나 영화에서 보이는 가족의 모습은 현실 속의 가족의 모습과 같다. ☞ False

가족이란 무엇인가? 거의 대부분 사람은 가족에서 자라고, 언젠가 자신의 가족을 만들 것이라고 계획한다. 하지만 가족이라는 용어가 모든 사람에게 같은 느낌과 생각을 갖게 하지는 않는다. 그럼에도 불구하고 우리는 자라온 자신의 가족 또는 대중매체를 통해 보여지는 가족의 경험을 바탕으로 다양한 가족들을 일반화하려는 함정에 빠지기 쉽다.

대중매체는 가족을 실제보다 훨씬 극적으로 표현하므로(실제보다 더 성적이며, 폭력적이고, 문제가 많으며, 지나치게 부유하거나 빈곤하게 묘사), 전형적이며, 현실적인 가족의 모습을 보기가 쉽지 않다. 만일 당신이 건강한 가족들이 존재한다는 것을 알지 못한다면, 삶을 더 행복하게 하기 위해 찾아야 할 것이 무엇인지 알지 못할 것이다.

American Heritage Dictionary에는 가족을 1. 부모와 그들의 자녀, 2. 혈연 또는 결혼으로 맺어진 사람들의 집단, 3. 가족의 구성원, 4. 공통적인 특성들을 가지고 있는 집단으로 정의하고 있다. 당신이 생각하기에 당신의 가족구성원이라 생각되는 사람들을 적어보라. 그리고 사전적 정의와 맞는지 비교해 보라.

2. 미혼모가족은 가족이 아니다. ☞ False

가족을 한 마디로 정의하는 것은 쉽지 않다. 왜냐하면 다양한 형태의 가족들(전통적 두 부모 가족, 한부모가족, 부자녀가족, 다양한 재혼가족…)이 존재하고 있기 때문이다. 하지만 우리가 일반적으로 바라는 가족을 정의한다면 "서로 사랑하고 돌보는 사람들"이다. 오늘날의 모든 가족이 이 정의에 부합하지는 않지만, 모든 가족구성원들이 서로 사랑하고 돌보는 방법을 발견할 수 있다면 멋진 세상이 될 것이다.

3. 전형적인 가족 유형은 부모와 자녀가 함께 사는 것이다. ☞ False

가족들의 특성과 구조는 각기 다르지만, 그 기능은 일반적으로 비슷하다. 우리가 자란 가족은 우리의 많은 필요들(기본적이고 경제적 필요, 정서적 필요, 사회적 필요)을 채워주었다.

- 기본적이고 경제적 필요들: 음식, 안식처, 의복, 건강관리. 행운으로 이러한 모든 필요들을 공급해 줄 수 있는 가족 안에 태어났다면, 자녀로서 당연하게 여길 것들이다.
- 정서적 필요들: 정서적 지지, 수용, 양육, 안전 등 가족이기 때문에 조건 없이 주어지는 것들이다.
- 사회적 필요들: 자녀의 사회화에서 가족의 역할. 사회화는 어린이가 가족과 사회 안에서 받아들여지는 행동이 무엇인지 부모와 다른 가족원들로부터 관찰, 모방, 강화를 통해 배우는 과정이다. 또한 가족은 우리를 교회, 학교, 친구와 같은 다른 사회 기관들과 연결해 주는 연결고리이다.

미국의 경우, 직장을 다니는 아버지와 가정주부인 어머니와 두 자녀로 구성된 전통적인 가족은 더이상 일반적이지 않다. 1950년대에는 이러한 가족이 70%가 넘었지만, 오늘날은 33%만이 남편이 일하고 아내는 집에 머문다. 그리고 이들 중 15%만이 자녀가 있다. 미국 가족의 동향을 살펴보면 한부모가족이 늘고 있다. 부모 중 한쪽과만 사는 아이들의 비율이 1970년대 12%, 1980년 22%, 1990년 28%, 1997년 30%로 점점 늘고 있다. 사회학자들은 현재 두 살인 아이들의 60%가 18세 이전에 한쪽 부모와 살 것이라고 한다.

4. 오늘날 18세 생일을 맞는 아이들 중 한부모와 살고 있는 아이들이 반이 넘는다. ☞ True

재혼가족(부부 모두 또는 한쪽이 이전 결혼에서 낳은 자녀들을 데리고 결혼) 또한 증가(1997년에 20%)하고 있다. 주된 원인은 이혼과 재혼의 증가인데, 이혼한 사람의 75%가 재혼을 하고 있다.

초혼(first marriage) 50%, 재혼가족(blended/stepfamilies) 20%, 한부모가족(single parent) 30%

5. 이혼한 사람들 대부분이 재혼하지 않는다. ☞ False

현대의 결혼 실태를 보면, 여전히 90% 이상의 사람들이 결혼을 하고 있지만, 불행히도 그중 50% 이상이 이혼을 한다. 이것은 50% 이상의 기혼자들이 결혼에서 경험할 도전을 준비하지 못했기 때문이라고 볼 수 있다. 그들은 결혼식 준비에는 많은 시간을 보내지만 남은 생애 동안 좋은 파트너가 될 준비는 거의 하지 않는다.

6. 사람들은 종종 자신의 가족이 가진 강점들에 대해 생각한다. ☞ False

모든 가족은 문제를 가지고 있고, 또한 강점을 가지고 있다. 우리는 보통 우리의 강점에 초점을 맞추기보다는 문제에 초점을 맞춘다. 사실 대부분의 사람들이 자기 가족의 강점들을 깨닫지 못한다. 당신 가족의 강점들은 무엇인지에 대해 생각해 보라. 건강한 가족의 특성: 헌신, 감사와 애정, 긍정적 의사소통, 시간 함께 보내기, 영적 안녕, 스트레스에 대처하는 능력이 건강가족의 특성이다.

7. 결혼한 부부 50% 이상이 이혼한다. ☞ True

미국의 평균 결혼 기간은 7년이다. 결혼이 위기이며, 행복한 결혼을 유지하기는 어렵다. 불행한 결혼생활을 하는 부부들은 서로를 비난한다. 그러나 결혼생활에서 경험하는 다양한 도전을 효과적으로 극복할 수 있는 기술이 부족한 것이 원인이다. 결혼 의무를 함께 이뤄가고자 하는 헌신이 있을 때 성공적인 결혼생활이 가능하다.

8. 평균 결혼 기간은 7년이다. ☞ True

결혼생활이 지속되지 못하는 데에는 여러 이유가 있겠지만, 가장 큰 이유는 배우자의 부정, 애정의 상실, 성격차이, 경제적 문제, 신체적 학대, 알코올 중독, 성문제, 친인척 문제, 자녀 유기, 의사소통 문제 등이 있다. 나이 또한 중요한 요인이다. 결혼 당시 부부의 연령(특히 10대인 경우)은 이혼을 예측하게 하는 요인이다. 나이가 어릴수록 정서적으로 성숙이 덜되고, 사회에서 직업을 얻는 데 필요한 교육과 경험이 부족하여 안정적인 결혼생활을 하기 어렵다. 따라서 대부분 전문가들은 결혼 연령이 높을수록 행복한 결혼생활을 할 가능성이 높다는 것에 동의한다.

9. 나이가 들어 결혼하면 행복한 결혼생활을 할 가능성이 높다. ☞ True

많은 사람들이 자신들은 결혼해서 영원히 행복하게 살 것이라는 결혼에 대한 비현실적 기대를 갖고 있다. 하지만 이것은 헌신과 노력 없이는 불가능하다. 이혼의 가장 일반적인 이유는 헌신의 부족과 행복한 결혼으로 발전시킬 수 있는 기술의 부족이다. "더이상 사랑하지 않아"라는 소리를 많이 한다. 그들 중 많은 수가 자신의 불행을 감추고, 그것에 대해 말하는 것을 꺼린다. 마침내 그들은 서로에 대해 긍정적인 마음도, 부정적인 마음도 사라지게 된다. 어떤 경우에는 그들의 문제에만 초점을 맞추어 그들의 강점에 대한 통찰력을 잃어버린다. 그러나 결혼을 회복하기 위한다면 건강성 위에 새롭게 관계를 발전시키면 된다.

10. 두 파트너 모두가 결혼생활 향상을 위해 노력할 때만이 결혼생활이 유지될 수 있다. ☞ True

가족은 가장 오래되고 회복력 있는 제도이다. 인간 생활이 시작되었을 때부터 사람들은 정서적, 신체적, 사회적 지지를 얻기 위해 가족을 이루었다. 최근에 가족이 사라질 것이라고 예언한 사람도 있지만, 가족은 계속 존속할 뿐만 아니라 변화하고 발전할 것이다. 가족의 형태는 다양해지겠지만 가족의 가치는 지속될 것이다.

가족은 친밀함을 제공하기도 하지만 또한 불일치와 갈등을 낳는다. 이 책은 가족 안팎에서 만족스러운 인간관계를 발전시키고 유지하기 위해 어떻게 할 수 있을까에 초점을 맞추고 있다. 건강하고 행복한 관계는 노력할 만한 가치가 있는 목적이다.

*출처: Olson, DeFrain & Olson(1999). pp. 4–16 내용 중 발췌하여 정리함.

② CONNECTIONS 시리즈

건강하고 행복한 관계를 위한 기초 기술들을 십대에게 가르치는 프로그램으로 연령에 따라 두 가지 프로그램이 있다. CONNECTIONS는 고등학교 교사인 Charlene Kamper에 의하여 개발되어 미국의 35개 주에서 400곳이 넘는 곳에서 사용되고 있다. 학교, 청년 모임과 단체에서 사용하며, 교사, 청소년 지도자, 상담사들은 최소한의 전문적 준비를 거쳐 지도자가 될 수 있다. 지도자 훈련 또한 가능하다.

- CONNECTIONS: Dating and Emotions(13~17세, 8~10학년): 이 프로그램은 십대 초반의 청소년들에게 관계 초기에서 발생할 수 있는 도전들을 이해하고, 관계 후기를 위한 건강한 기초를 수립하도록 돕는다. 십대들에게 매력적인 다양한 활동들을 통해, 관계를 발전시키는 방법, 의사소통을 위한 효과적인 방법들, 파괴적인 유형들 이해하기, 정서 다루기와 다양한 관계에서의 기본적인 상호관계 기술들을 교육한다.
- CONNECTIONS: Relations and Marriage(16~20세): 성인 초기의 낭만적 연애관계에서는 갈등이나 압박과 같은 정서들에 직면하게 된다. 따라서 이 프로그램은 관계를 이해하고, 이끌어 나가며, 관계에 관해 현명한 결정을 내리기 위한 실제적 방법들을 제공한다. 이 프로그램은 자각, 관계 이해, 의사소통, 갈등 등의 주제를 다룬다. 실제적인 안목을 열어주는 매우 재미있는 The Engaging Marriage Game이 추가되어 있다.

③ PARTNER: A Curriculum for Preserving Marriages

미국 변호사협회의 가족법 분과가 후원하는 PAIRS Foundation이 개발한 PARTNER는 비디오와 지도자 지침서를 이용하여 교육하는데, 고등학교 11~12학년에 맞게 고안되었다. 이 프로그램은 교사훈련을 필요로 하지는 않으며, 10주 프로그램 동안 지방 변호사가 격주로 학급토의를 이끈다.

이 프로그램의 중요내용은 학생들에게 결혼을 결정할 때 어떤 점을 고려할 것인지를 다루고, 의사소통과 협상기술을 익히도록 하며, 관계에서 어떻게 스트레스를 다룰 것인지를 가르칠 수 있도록 고안되었다. 열 번의 강의는 50분씩 비디오를 보는 것으로 시작되는데, 그 내용은 자녀를 가진 젊은 맞벌이부부의 일반적인 어려움에 관한 것이다. 그들의 의견 차이는 결국 한 배우자가 이혼을 고려하여 변호사를 찾기에 이르게 되는데, 이로써 결혼 파경의 혹독한 실제가 어떠한 것인지를 배우게 된다.

교육과정은 학생들로 하여금 갈등의 실제 원인을 규명하고, 격렬한 논쟁을 통해 그 관계를 어떻게 그만둘 수 있는지를 발견하도록 돕는다. 이를 위한 구체적인 방법은 역할극을 통해 대안책을 가르쳐 주며, 일상생활에서 배운 의사소통기술들을 이용하도록 지지하는 방식이다. 이밖에도 이 프로그램에서 다루는 교육내용은 자신의 삶을 위한 계획을 어떻게 수립할 것인지를 교육하며, 가족법과 이러한 법이 실제로 삶에 어떻게 영향을 미치며, 결혼에서의 문제와 갈등이 무엇인지를 이해시키고, 문제를 다루는 데 필요한 의사소통과 협상기술들을 가르치며, 복잡한 이혼의 실제에 대해 생각해 보게 하는 내용으로 구성되어 있다.

④ RQ: Relationships Intelligence

이 프로그램은 교우관계, 가족, 친밀감과 사랑, 남녀의 차이점, 분노와 그 밖의 다른 감정 다루기, 정체성, 의사소통기술, 결혼의 이점과 함정, 문화의 이해와 숙달과 같은 쟁점들을 다루는데 교육내용은 과학, 문학과 심리학의 내용을 함께 접목시켰다. 학생용 교재에는 '자가채점검사지(self-inventory)', 질문란, 최신가요와 E. B. White, Tolstoy, O'Henry 같은 작가의 소설을 포함하며, 상호작용적 접근을 강조한다. 교사지침서는 학생 교재에서 제시된 활동들과 부록, 파워포인트/슬라이드 스크립트가 함께 있는 개요가 포함되어 있다.

'사랑, 친밀감, 성적 만족을 통해 성숙하는 개인들의 결합'으로 결혼을 묘사하며, 성공적인 결혼에 이르는 성격발달과 금욕 등 관계기술들을 다루는데 구체적인 교육내용은 다음과 같다.

- 결혼의 의미, 이점, 함정에 대한 통찰력 있는 논의들
- 많은 수의 '자가 채점 검사지'활동, 소설 발췌, 실제 삶의 고증과 실례
- 남성/여성의 차이와 '사랑에 빠짐'에 대한 연구
- 친밀함의 네 단계: 끌림, 심취, 관련, 돌봄
- 완전하고 영원한 친밀함의 가능성이 있는데, 왜 미성숙한 관계에 머무르려 하는가?
- 의사소통 향상, 오해 피하기
- 자신의 핵심 가치 이해, 갈등을 공정하게 해결하기, 폭력 줄이기
- 자신의 태도와 행동에 대한 책임 갖기, 사랑의 윤리 배우기
- 가족, 친구, 공동체 안에서 어떻게 영향을 미치고 투자할 것인가?

⑤ The Art of Loving Well

건강한 우정, 연애, 결혼과 가족관계에서는 우리 자신과 다른 사람에 대한 민감성과 통찰력을 요구한다. 〈The Art of Loving Well〉은 삶과 다양한 관계들의 복잡성을 드러낸 좋은 문헌들을 통해, 청소년기 동안의 책임있는 사회적, 성적 가치들을 갖도록 장려한다. 이 교육과정은 독서와 파트너, 교사, 친구들과의 대화를 통해 간접적으로 배우도록 돕는다. 〈The Art of Loving Well〉 교재는 유서 깊은 고전에서부터 최신의 청소년 문학까지 41개의 여러 민족의 문학 작품들을 포함한다. 세 부분(Early Loves and Losses, Romance, Commitment and Marriage)은 또한 사회적이고 정서적 기술들, 효과적인 의사소통, 비평적 사고, 의사결정, 갈등해결과 너무 이른 성적 활동의 절제를 강조하는 활동들을 포함한다. 이러한 주제들이 헌신적이고 성실한 사랑과 우정의 가치를 강화한다고 가정한다.

연방정부의 지원 하에 보스턴대학교에서 개발된 〈The Art of Loving Well〉은 마인, 매사추세츠, 사우스 캐롤라이나 주의 8, 9학년의 영어 수업과 보건 수업에서 10,000명의 학생들에 의해 그 효과가 현장 검증되었으며 점차 더 많은 학교에서 활용하는 추세이다. 교육의 효과에 대한 통

제집단과 실험집단의 비교연구에서 청소년의 태도와 행동에 대한 긍정적 영향이 높은 프로그램으로 평가되었다.

⑥ EQ(Social-Emotional Intelligence)

미국의 8학년(우리나라의 경우 중학교 2학년) 학생들에게 관계 세우기 기술들을 가르치기 위한 구조화된 사용하기 쉬운 프로그램이다. 학생들은 high-EQ의 원리와 실습을 익히는 동시에 부모, 담임교사, 자원봉사 교사(십대 후반 또는 대학생 또는 젊은 성인)와 함께 'EQ' 체험을 하게 된다. 따라서 동시에 3세대 관계를 증진시키는 작용을 하게 되는 장점도 있는 프로그램이다. EQ는 한 시간 반의 24회기의 강의로 구성되어 있으며, 참여하기 쉽고 재미있으며 연령에 따라 다르게 적용할 수 있도록 고안된 구조화된 프로그램이다. 이 프로그램은 또한 가정에서 부모뿐만 아니라 학교, 클럽, 교회에서도 사용이 가능하며, 특별히 시간적 편이성과 비용의 효과성이 있는 프로그램을 원하는 사립학교나 교회학교 교사 또는 상황에 이상적이라는 평가이다.

EQ의 지도자용 교재는 어린 학생들에게 EQ 지도를 위한 해석, 어떻게 EQ 프로그램을 받아들일 것인지에 대한 효과적인 조언들, 자원봉사 교사 모집과 훈련을 위한 방법, 단계별 교육계획, 실습, 재미난 이야기, 과제, 배부 자료, 나이에 맞게 적용하는 교수법 등이 포함되어 있어 지도자들이 쉽게 학급에서 적용할 수 있다. 지도자용 교재는 교육내용과 배부 자료, 연령 범위별(1학년, 2~4학년, 5~8학년)로 수정된 세 가지 버전을 소개한다. 또한 EQ 교사와 학생들이 만들어 입을 수 있도록 디자인된 EQ 티셔츠도 포함되어 있다. 지도자 훈련이 필수는 아니지만 출장 훈련이나 전화 회의로도 훈련이 가능하다. 포스터, 오디오 테이프 등의 보조 자료도 제공된다.

⑦ PAIRS for PEERS

이 프로그램은 국제적으로 효과가 입증된 PAIRS를 청소년에게 적용한 것이다. PEERS(관계 기술 향상 실습: Practical Exercises Enriching Relationship Skills)를 위한 PAIRS(인간관계 기술의 실제 적용: Practical Applications of Interpersonal Relationship

Skills)는 초등학교, 중학생, 고등학생 상급 학년 학생들과 그들의 부모와 가족들에게 다음과 같은 역동적 기술들을 가르치기 위해 고안된 프로그램으로 경험적이고 종합적인 프로그램이다. 구체적인 교육내용은 다음과 같다.

- 공감 능력 개발
- 자존감 향상
- 오해 피하기
- 개인의 차이와 독특성 인정
- 개인의 태도와 행동에 대해 책임지기
- 과거와 현재의 경험 이해하기
- 의사소통 향상
- 공평하게 갈등 해결하기
- 폭력 피하기
- 원가족에 대한 인식
- 다른 사람에 대한 태도, 정서, 행동의 영향력 깨닫기
- 건강하고 긍정적인 관계에서 풍부함과 수행 가능성 평가

이러한 개념에 대한 활동과 도구를 학생들이 직접 선택하게 되고 이를 통해 긍정적 가치를 발달시키고 통찰력을 키우게 하는 것이 목적이다. 십대를 위한 PEERS 테이프는 관계에서의 정서, 행동, 태도들을 이해하는 데 도움을 주며, 지지적이며 지속적인 관계를 유지하는 데 필요한 기술을 습득하게 한다.

PEERS는 200쪽의 학생용 워크북과 지도자용 교본을 사용하여 학급이나 소그룹 단위로 운영 가능하며, 고등학교 프로그램은 각 10회씩 세 단원으로 구성되어 있다(9학년을 위한 기초 10회, 10학년을 위한 중급 10회, 11학년을 위한 고급 10회). 중학교 프로그램은 2단원으로 구성되어 있다(중학생과 초등학교 상급 학생들을 위한 기초 10회와 고급 10회). 각 회기는 간단한 강의, 역할극, 동료 지도, 심상유도, 일기 쓰기와 그룹 토의를 포함하며, 의사소통과 갈등해결, 자기이해, 향상으로 나뉜다. 전체 과정의 길이는 변경이 가능하며, 각 회기와 단원들은 별개로 또는 연속으로 활용할 수 있으며 지도자 훈련은 필요하지 않다.

⑧ PREP(Prevention and Relationship Enhancement Program)

PREP의 개발자 Howard Markman과 Scott Stanley는 결혼한 지 20년 이상 된 부부를 대상으로 한 연구를 통해 결혼의 장래 문제를 예측하는 핵심변인이 커플의

결혼 전 의사소통 방식이라는 것을 발견했다. 이러한 결과에 따라 이들은 보다 효과적인 의사소통과 보다 만족스러운 결혼에 이르도록 하는 기술을 가르칠 수 있는 중재 프로그램을 개발하고 정교화하였다. 이들의 작업은 National Institutes of Mental Health에 의해 지원되었고, 지금도 계속 지원이 이루어지고 있다. 이 프로그램에는 의사소통을 향상시키기 위한 연습과 전략, 갈등 다루기, 관계 유지와 향상기술 등이 포함되어 있다. PREP은 12시간 프로그램으로 6시간은 의사소통과 갈등 다루기에 초점을 맞추며, 6시간은 우정, 친밀감, 헌신 등의 주제를 다룬다. PREP은 일반적으로 약혼한 커플 또는 기혼 커플에 적용되지만 젊은 독신의 성인들에게도 유용하다고 알려져있다. 첫 부분은 십대에게도 유익한 갈등과 의사소통을 주제로 하며, 교재 《Fighting for Your Marriage》는 결혼교육을 하는 사람들 누구에게나 중요한 배경지식을 제공한다.

PREP은 말하는 사람/듣는 사람(Speaker/Listener)이라는 의사소통 실습에 따라 커플들이 듣고, 각자가 들은 것을 반복하고, 피드백하도록 돕는다. 이 기술은 보다 나은 의사소통에 이르는 정확하고 역동적인 듣기 양식을 강조한다. 또한 커플들에게 숨겨진 또는 근거 없는 가정들이 어떻게 오해와 잘못된 의사소통을 불러오고 그릇된 결론에 이르게 하는지를 알게 하고, 이러한 오해들이 다른 지각상의 왜곡으로 연결되는지를 가르쳐주며, 표면상으로는 별 것 아니지만 논쟁이 붙어 잠재적으로는 더 큰 문제의 원인이 될 수 있는 문제들을 인식할 수 있는 방법을 교육한다. 또한 PREP은 갈등을 줄이고 해소하는 기술과 기초적인 규칙을 교육하며, 두 사람 간의 일상의 경험을 강조하고, 염려, 즐거움, 느낌, 좌절, 꿈과 같은 것들에 더 적극적이고 긍정적인 관심을 기울일 것을 장려하면서 우정 어린 시간과 즐거운 시간을 함께 할 수 있는 실제적인 조언과 간단한 전략들을 제공한다. PREP은 커플들에게 그들의 미래 가족에 대한 소망과 기대뿐만 아니라, 그들 관계에 핵심적인 믿음에 대해서도 서로 이야기하고, 용서가 결혼생활의 친밀감을 유지하고 깊게 하는 데에 중요한 요인이라는 것을 강조하면서 용서 과정의 단계도 설명한다. PREP은 헌신에 대해 많은 시간을 할애하는 데 함께해야만 한다는 생각인 '구속하는 몰입'과 자발적인 참여를 원하는 긍정적 욕구와 관련된 '헌신적인 몰입'을 구분하면서 이 두 가지 형태의 몰입이 결혼생활 유지에 있어서 모두 중요함을 강조한다.

PREP은 약혼하였거나 결혼한 커플들을 위한 최고의 프로그램으로 평가받고 있다. 특히 이 프로그램에서 다루는 전략과 기술이 배우기 쉽다는 점과 중고등학생, 성인, 대학생 등 폭넓은 적용이 가능하다는 것도 장점으로 평가된다.

PREP은 지도자 훈련이 필수적이며, 첫 단계인 1일 워크숍은 미국 전역서 개최된다. 3일 워크숍도 1년에 네 차례 개최된다. 지도자 워크숍 참가자들은 지도자용 교본과 카탈로그, 책, 교본, 비디오 · 오디오테이프, 필름, 보드게임까지 구매할수 할 수 있다. 종교에 따라 CPREP(기독교용)이나 Fighting for Your Jewish Marriage(유대교용)도 있다.

(2) 우리나라의 결혼준비교육

우리나라의 결혼준비교육은 다양한 사설단체와 종교기관, 대학에서 이루어지고 있다. 그러나 미국과 같이 표준화된 교육과정에 의한 지도자 교육이 이루어지거나 기관에서 지속적으로 이루어지는 표준화된 프로그램은 매우 제한적이다. 대부분의 논문에서 제안된 프로그램도 일회성으로 그치는 경우가 대부분이다. 이 절에서는 정현숙(2005a)에 의해 개발된 '결혼완전정복' 프로그램의 개발과정, 내용, 평가방법 등을 자세히 소개하고자 한다.

① 정현숙(2006)의 〈파워커플 사랑충전〉과 〈결혼완전정복〉[01]

이 프로그램은 30세 미만으로 현재 사귀는 파트너가 있는 미혼 남녀 163명, 결혼 5년 이내의 신혼부부 142명, 중년기 부부(초혼으로 결혼 20년 이상)를 대상으로 한 요구도 조사에 기초하여 개발되었다. 대상의 특성에 따라 다양한 형태의 교육이 필요하다는 연구결과에 따라 집단교육, 게임 도구, 책 등 다양한 매체의 프로그램을 개발하였다. 결혼전교육을 위한 가족향상 프로그램으로는 3회기의 '파워커플, 사랑충전' 프로그램이 개발되었으며, 이를 기초로 책을 이용한 교육을 위해 《결혼완전정복》이 개발되었다. 또한 관계교육에서 의사소통에 대한 중요성과 가족향상 프로그

01 이 내용은 정현숙(2004b). '결혼전교육 프로그램 개발을 위한 기초연구'. 정현숙(2005a). '결혼준비교육 프로그램의 개발 및 평가' 내용을 정리하였다.

램의 효과적 운영을 위해 '서로 알기 Genga 게임'이 개발되었다. 이들 각 프로그램의 특징 및 내용은 다음과 같다.

가. 결혼전관계향상 프로그램

이 프로그램은 결혼을 앞둔 커플들이 자신과 배우자의 특성과 결혼의 의미를 이해하고 결혼생활에서 예상되는 관계적 속성을 학습함으로써 커플 관계 향상을 목적으로 개발되었다. 프로그램의 명칭은 "파워커플, 사랑충전"이며, 총 3회기로 각 회기당 두 시간씩 교육이 이루어진다. 이 프로그램은 관계향상에 가장 중요한 것이 개인과 파트너 및 관계의 특성에 있다는 이론적 관점에 따라 커플들이 자신과 서로에 대한 이해를 높이기 위해 다양한 측정도구를 사용하여 관계를 진단하며, 집단간의 토론보다는 커플 두사람간의 상호작용에 초점을 맞추었다. 이를 위해 각 회기당 세 명의 조교가 보조요원으로 활용된다. 또한 수업 중 상호작용도 강조하지만 제한된 교육시간으로 인해, 교육 이후 배운 내용에 대해 충분히 토론하는 것을 목적으로 상의를 최소로 하면서, 각 프로그램 종결 부분에 과제를 주고 배운 내용을 복습하고 검토하는 방식을 채택하였다. 또한 제한된 시간을 효과적으로 활용하고 자율적인 추후학습을 원활하게하기 위하여 교육내용 및 참고내용을 유인물로 배부한다. 각 회기별 교육목표와 내용은 〈표 7-7〉, 〈표 7-8〉과 〈표 7-9〉와 같다.

표 7-7 1회기 "너에게 나를 알려 주마"의 교육목표 및 내용

구분		내용	시간	준비물
목표		• 결혼에 대한 현실적 기대를 한다. • 결혼의 의미를 이해한다. • 나와 파트너를 안다. • 나의 결혼준비도 상태를 점검하여 교육 필요성을 인식한다.		
프로그램		내용	시간	준비물
	도입	프로그램 전반적인 소개 동의서 및 사전질문지 작성 자기소개 시간	5분 20분 10분	이름표, 동의서, 필기도구, 사전 조사지 간단한 다과 배경음악
	작업 및 강의	작업 1: 결혼준비도 점검	10분	결혼준비척도
		강의 1: 결혼이란 무엇인가?	5분	
		작업 2: 나의 결혼 이유: 네가 진짜로 원하는 게 뭐야	10분	결혼동기척도
		강의 2: 결혼준비가 필요한가?	5분	연령별 기대여명
		작업 3: 결혼준비 영역 점검	5분	결혼준비도척도 프로파일
		휴식	10분	간단한 다과
		작업 4: 나와 배우자를 알기 I–내 인생의 10대 뉴스	20분	10대 뉴스표
		작업 5: 나와 배우자를 알기 II–서로 알기 젠가 게임	30분	젠가게임
	종결	제1단계 요약하기 과제: '나와 내 가족' 내용을 파트너와 대화하기	5분	유인물

표 7-8 2회기 "남자와 여자의 의사소통"의 교육목표 및 내용

<table>
<tr><td>목표</td><td colspan="4">• 성의 의미, 성적 자아로서의 나와 파트너를 이해한다.
• 성이 관계에 미치는 영향을 이해한다.
• 관계향상을 위한 개인의 자원에 대해 학습한다.</td></tr>
<tr><td rowspan="11">프로그램</td><td></td><td>내용</td><td>시간</td><td>준비물</td></tr>
<tr><td>도입</td><td>1회기 내용 점검
과제 내용 확인</td><td>5분</td><td>이름표, 필기도구, 간단한 다과, 배경음악</td></tr>
<tr><td rowspan="8">작업 및 강의</td><td>강의 1: 성이 무엇인가요?</td><td>20분</td><td>성영역별 점검표</td></tr>
<tr><td>작업 1: 남자와 여자가 차이가 있나요?</td><td>10분</td><td>워크시트</td></tr>
<tr><td>작업 2: 나의 성역할: 나는 어떤 여자, 어떤 남자인가?</td><td>10분</td><td>성역할 측정표</td></tr>
<tr><td>작업 3: 성지식 점검</td><td>10분</td><td>성지식 측정표</td></tr>
<tr><td>휴식</td><td>10분</td><td>간단한 다과</td></tr>
<tr><td>강의 2: 성이 관계에 미치는 영향</td><td>10분</td><td></td></tr>
<tr><td>작업 4: 성행동에 대한 자기진단</td><td>20분</td><td>성행동 자기진단표</td></tr>
<tr><td>작업 3: 의사소통에 대한 상식</td><td>10분</td><td>의사소통 상식표</td></tr>
<tr><td>종결</td><td>2회기 요약하기
과제: '배우자 간 비슷하면 결혼생활에 도움이 되는 50가지'에 대해 파트너와 대화</td><td>10분</td><td>특성표</td></tr>
</table>

표 7-9 3회기 "결혼을 위한 준비"의 교육목표와 내용

목표	• 자신의 결혼준비도를 점검하여 대화 영역을 확인한다. • 나와 우리의 인생설계를 파트너가 함께 계획한다. • 나, 가족, 사회의 관련성을 이해한다.			
프로그램		내용	시간	준비물
	도입	1회기 내용 점검 과제 내용 확인	5분	이름표, 필기도구, 간단한 다과, 배경음악
	작업 및 강의	작업 1: 결혼준비도 점검	10분	결혼준비척도
		강의 1: 일과 가족의 조화	5분	점검표 워크시트
		강의 2: 친인척관계를 어떻게 할 것인가?	10분	점검표 워크시트
		강의 3: 가족의 재정계획	10분	점검표 워크시트
		강의 4: 파트너와의 갈등해결은?	10분	점검표 워크시트
		휴식	10분	간단한 다과
		작업 2: 부모역할 상식: 점검해 봅시다	10분	부모역할 점검표
		작업 3: 나는 부모될 자격이 있는 사람인가?	10분	점검표 워크시트
		강의 5: 바람직한 삶의 영역	10분	삶의 영역표
	종결	제3단계 요약하기 사후검사 우수참석자 시상	20분	사후 조사지 행복면허증 선물

나. 책을 이용한 결혼전교육

결혼전관계향상 프로그램인 '파워커플, 사랑충전'의 내용을 기초로 개발된 책은 《결혼완전정복(정현숙, 2005b)》으로 총 5장으로 구성되었다. 각 장의 이해를 돕기 위해 관련 영화에 대한 비평과 각 회기별로 중요한 내용은 '자기 진단표'와 '행복한 결혼생활을 위한 처방전'으로 정리되어 있어 자기진단이 가능한 것이 특징이다. 또한 결혼 관련 정보를 참고자료로, 결혼준비와 관련된 내용이 "알고 계십니까?"에 포함되어 있다.

다. 교육자료

'서로 알기 젠가(genga) 게임': 교육방법의 다양성을 통한 교육의 효과를 높이기 위해 이 프로그램에서는 게임도구가 개발되었다. 게임 도구는 '서로 알기 젠가 게임'으로 성장과정, 원가족과의 과거, 현재, 미래의 관계, 자신과 파트너의 성격과 특징, 성과 친밀감, 미래계획, 현재의 삶의 영역에 대한 이해 등 6개 영역 51개의 질문으로 구성된 나무 블록이다. 젠가 게임은 나무 블록을 이용해 무너뜨리지 않고 탑을 쌓아가는 게임으로, 탑을 쌓는 동안 한 개 한 개의 블록을 꺼내어 블록에 쓰인 문항을 파트너가 서로 묻고 대답하면서 나 자신은 물론 파트너, 나아가 서로의 관계를 보다 구체적으로 알아가는 게임이다. 이 게임을 통해 파트너와 함께 즐거운 시간을 보낼 뿐만 아니라, '파트너와 친밀감 형성', '파트너와 나를 알기', '의사소통 기술향상', '함께 시간 보내기', '원가족에 대한 이해'를 높일 수 있다. 이 게임은 개별적으로도 부부와 커플이 서로를 알기 위해 이용할 수 있으며, '파워커플, 사랑충전' 프로그램에서도 이용된다.

• 프로그램 평가

책에 대한 객관적 평가는 불가능하여 관계향상 프로그램을 중심으로 결혼전교육 프로그램의 효과를 분석한 결과는 〈표 7-10〉과 같다. 사전사후검사 및 3회기 모두

표 7-10 결혼준비도 영역별 사전사후 평균과 표준편차

영역	사전검사 평균(sd)	사후검사 평균(sd)
나를 알기	3.7(0.38)	3.9(0.54)
개인의 성숙도	3.1(0.29)	3.2(0.38)
파트너 알기	3.5(0.49)	3.7(0.86)
맞벌이 · 경제문제 대화	2.9(0.83)	3.4(0.77)
의사소통방식	3.0(0.61)	3.1(1.19)
자녀 · 친인척문제 대화	2.6(1.09)	2.7(1.16)
관계의 질	3.8(0.64)	4.5(0.33)

참여한 사람들을 대상으로 이들의 결혼준비도와 각 영역별 평균과 표준편차를 살펴본 결과 전반적으로 사전검사보다 점수가 향상되었다.

프로그램 전반에 대한 민족도, 각 회기별 만족도 및 자신감 향상에 대한 사후검사 결과는 〈표 7-11〉과 같다. 2회기 이상 참석한 18명의 평가 결과, 프로그램을 통해 커플 관계 향상에 대해 5점 만점에 4.5로 높게 평가하였으며, 각 회기별 만족도로 4.4~4.6의 높은 만족도를 나타냈다. 또한 프로그램 관련 만족도도 대체로 높았으나, 총기간과 단계별 소요시간에 대한 만족도는 다른 영역에 비해 낮게 나타났다.

프로그램 관련 만족도의 추후분석을 위한 개방형 질문에서 참석자들은 "커플의 문제점에 대한 구체적 분석을 위한 시간 마련"과 "3일간의 연속진행방법", "홍보의 강화", "기간을 길게" 해주기를 기대하였다. 이 프로그램의 긍정적인 측면에 대한 개방적 평가에서는 "성숙한 인간관계의 바탕이 무엇인지 알게 됨", "서로에 대해 많이 알게 됨", "사랑, 연애, 가족에 대해 깊이 있게 생각할 기회가 됨", "자신에 대해 돌아볼 기회가 됨", "나와 가족에 대한 생각이 변화됨", "대화하기 어려운 문제를

표 7-11 프로그램에 대한 사후평가 결과*

영역		평균(sd)
프로그램을 통한 커플 관계 변화와 자신감 향상		4.5(0.53)
프로그램의 도움 정도(1~5점)		4.3(0.46)
각 회기별 만족도 (범위: 1~5점)	1회기: 너에게 나를 알려 주마	4.4(0.52)
	2회기: 남성과 여성의 의사소통	4.6(0.55)
	3회기: 결혼준비	4.5(0.76)
프로그램 관련 만족 (범위: 1~5점)	전제적인 교육내용	4.5(0.53)
	총 기간	3.4(0.52)
	교육내용 3단계 구성	4.1(0.76)
	각 단계별 소요시간	3.9(0.64)
	교육진행자	4.0(0.93)
	교육진행방법	4.0(0.76)
전체 프로그램을 평가(100점 만점)		90.63(6.05)

* 각 영역의 응답자 수는 참석 인원에 따라 차이가 있음.

자연스럽게 이야기하게 됨"을 프로그램의 강점으로 지적하였다. 사전사후 검사와 프로그램에 대한 전반적인 평가 결과 이 프로그램은 프로그램의 목적에 따른 효과는 거두었다고 평가할 수 있다.

2 부부관계 향상교육

1) 부부관계 향상교육의 필요성

여성의 경제적 지위변화와 결혼 후 일-가족 양립의 어려움, 이로 인한 기회비용에 대한 여성들의 변화된 태도로 우리나라의 혼인율과 출산율은 감소하고 있으며, 이러한 감소의 원인이 젊은이들의 결혼에 대한 거부로 해석하는 경향이 증가한다. 그러나 우리나라의 혼인율에 대한 종단적 연구를 통해 정현숙(2006)은 혼인율의 변화가 결혼에 대한 부정적인 태도로 인한 감소라기보다는 여성들의 고학력과 취업으로 인한 만혼현상과 원치 않는 자녀를 조절하는 피임방법의 개발, 경기침체로 인한 일시적인 결혼의 지연, 결혼 경사도 현상으로 인한 결혼 대상자 부족 등 구조적인 특성에 기인하는 바가 크다는 점을 강조한다. 양성은(2004)도 20대 미혼 대학생들이 매우 전통적인 가족관을 가지고 있으며, 가족을 유자녀가족으로 동일시하며, 무자녀부부를 불임으로 인한 불쌍한 부부, 혹은 자유로움과 자아성취를 강조하는 이기적인 부부로 보는 등 이들을 부정적으로 인식한다고 한다. 또한 20대 미혼자들의 70%와 기혼자들의 79%가 결혼에 대해 긍정적인 태도를 나타내고 있다(심복기 외, 1997). 이와 함께 결혼에 대한 기피나 결혼제도의 불합리성에 대한 많은 비판에도 불구하고 재혼율이 증가하는 현상을 볼 때 여전히 결혼의 지위가 매우 중요한 개인의 사회적 역할임을 알 수 있다. 따라서 우리 사회에서 결혼은 중요한 사회적 의미를 지니며, 결혼으로 형성된 부부관계가 가족의 기초로서 중요성이 있으므로 이들의 삶의 질 향상을 위한 교육은 매우 필요하다고 볼 수 있다.

박민자(2004)는 1980년대 이후 혼인 관련 논문 분석을 통해 1970년 이후 우리의 혼인제도가 제도적 결혼에서 우애적 혼인으로 변화되었으며, 2000년 이후는 결혼의 의미를 개인의 성장, 자아실현 등 개인 중심적인 가치를 중시하는 방향, 즉, 관계를 통한 자아실현을 강조하는 방향으로 변화되었다고 분석하였다. 이러한 현대적 의미의 가족에서는 정서적 친밀감에 바탕을 둔 부부관계가 중요한 위치를 차지한다. Burgess와 동료들(1971)은 이러한 새로운 부부관계를 동반자적 가족(companionship family)으로 명명하고 전통적이고 제도적인 가족과 구분한다. 이러한 관점에서 결혼은 일상생활에서의 민주성과 평등성이 가장 중요한 가치이다(Giddens, 2003; Mason, Fine & Carnochan, 2003). 결혼의 유지는 부부관계에서 나오는 보상이 관계를 계속하게 하는 요인이 되므로 서로에 대한 신뢰와 평등적 권리와 의무의 관계, 서로에 대한 존중과 민주적 원리에 기반을 둔 부부관계가 중요하다. 이러한 중요성 때문에 Giddens(2003)는 성적평등은 민주주의의 기본적인 원리일 뿐만 아니라 행복과 직접적으로 관련 있다는 점을 강조한다.

우리나라 가족관계는 구조상으로는 핵가족으로 살지만 친인척과의 관계가 돈독한 수정확대가족의 형태를 취하고 있으며, 가부장적 직계가족의 원리가 지배한다. 그러나 우애적 혼인과 평등적 부부관계를 원하는 여성들은 이러한 불평등적 가족제도에 대한 거부로 독신을 선택하게 경향도 있다(정현숙, 2006). 동반자적 관계는 지역사회의 견해와 관습 등의 외부적 강요보다 상호 인간관계 내부의 응집력에 의존하기 때문에 관계의 질이 낮아질 때 이혼의 가능성이 높고, 덜 안정적이다. 따라서 Powell과 Cassidy(2001)는 파트너의 성장과 관계에 대한 이해, 서로를 이해할 수 있는 의사소통의 의미 이해, 창조적 변화를 유도하기 위해 갈등을 활용할 수 있는 능력을 갖는 것, 그리고 친밀감을 유지하고 창조하는 능력과 같은 최소한의 기술들이 부부관계에서 필요함을 강조하였다. 바로 이러한 점이 부부관계 향상교육이 필요한 이유이다.

2) 부부관계 향상교육의 효과

부부관계 향상을 위한 프로그램 효과분석은 많은 학자들에 의해 이루어졌다. Guerney와 Maxson(1990)은 10년간의 결혼교육 문헌고찰을 통해 관계기술훈련이 결혼만족도를 높이고, 장기적으로 이혼율을 줄이는 데 효과적이었다고 한다. 특히 훈련기간이 길고, 프로그램이 기술을 더 강조하고, 적절한 감독 하에 실습이 더 많이 행해질수록 프로그램은 더 효과적이다. Miller와 동료들의 부부대화법에 대한 효과분석에서 최규련(1997)도 비슷한 연구결과를 보고하였으며, 정석희(1992)도 부부관계향상을 위한 의사소통프로그램에 참여한 부부들의 의사소통 능력이 향상됨을 제시하였다.

3) 부부관계 향상교육의 교육과정[02]

(1) 부부관계 향상교육의 이론적 기초

실제로 행복한 결혼을 위한 부부관계의 내용에 대해서는 구체적인 지침이 내려진 적이 없으며, 가족생활교육 현장에서 강조하여야 할 부부관계교육의 내용에 대해 학자들이나 학회 차원에서 합의된 적도 없다. 지금까지 대부분의 부부관계교육의 주제는 예비 교육대상의 요구도를 분석하거나 가족학 분야의 연구에서 중요하게 대두된 변인을 중심으로 교육이 이루어져 왔다. 따라서 같은 주제를 교육하는 경우에도 구체적인 교육내용은 매우 다양하다. 따라서 가족생활교육 분야의 이론화를 위한 첫 번째 단계로 부부관계 프로그램에 보편적으로 적용될 수 있는 부부교육의 교육 주제와 하위 영역을 살펴보는 것이 필요하다. 이를 기초로 대상의 특징이나 요구에 따라 다양한 교육 프로그램을 발전시킬 수 있을 것이다.

① NCFR의 교육과정

부부관계교육의 내용에 대한 이론적 근거를 살펴보기 위하여 우리보다 먼저 가족생활교육이 활발히 이루어지고 있는 미국의 경우를 통해 우리 실정에 맞는 부부관계교육의 내용과 범위를 살펴볼 수 있을 것이다. NCFR의 가족생활교육 교육과정 지침(Family Life Education Curriculum Guideline)은 인간발달과 성욕, 대인관계, 가족 상호작용, 가족자원관리, 부모교육, 윤리(ethics), 가족과 사회를 포함하는 하위

02 이 내용은 정현숙(2000)의 "부부관계교육프로그램의 교육내용안" 내용 중 일부를 수정하여 게재함.

영역과 각 영역에서 다루어야 할 내용을 제안하였다. 이러한 영역과 내용, 가족생활에 대한 정의와 관련된 기준은 4장의 [그림 4-8]과 같이 가족생태학적 접근(family ecosystem approach)에 기초하고 있다. 이러한 생태적 관점 중 인간행동환경과 규제체계는 가족생활교육의 모든 영역에 적용될 수 있을 것이다. 그러나 우리의 경우 가족생활교육의 주제별로 교육내용을 구성하기보다는 가족관계의 유형, 즉 부부관계, 고부관계, 형제관계, 부모자녀관계 등으로 구분하여 각 관계에 적합한 내용을 제시하고 있다. 따라서 이 절에서도 이러한 관점을 부부관계에 초점을 맞추고, 인간행동환경과 규제체계를 포함하여 가족 내의 역동성을 [그림 7-1]과 같이 정리하였다.

② 세대와 가족생활주기 개념의 적용

근접 환경에 둘러싸인 가족은 상호작용하는 개인들의 연합으로 그 관계의 핵심은 부부관계가 자리잡고 있다. 가족을 이해하기 위해서는 이들 관계를 규정하는 외적인 틀인 세대와 성, 가족생활주기에 대한 이해가 필요하다. 부부관계는 종적으로는 부모세대와 자녀세대로 '세대'라는 개념으로 분류될 수 있으며, 횡적으로는 남편과 아내라는 역할이 '성(性)'이라는 개념으로 구별된다. 또한 [그림 7-1]에서는 표시하지 못했으나 시간의 변화(가족생활주기)에 따른 관계의 변화도 부부관계를 이해하기 위해서는 포함되어야 할 주제이다. 이러한 개념들은 4장 [그림 4-8]의 인간행동환경의 기본개념으로 볼 수 있다.

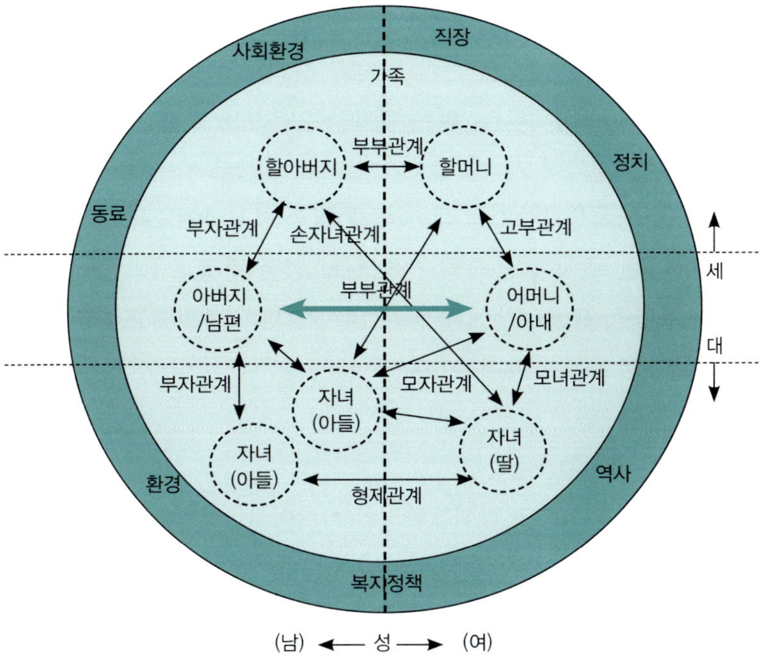

| 그림 7-1 | **가족 내의 역동적 생태구조**

*출처: 정현숙 · 유계숙(2001). 가족관계, p. 32.

체계 내에서 부부관계의 역동성은 크게 세대로 구분되는 부모자녀관계와 고부관계, 자녀들로 이루어진 형제관계에 의해 영향을 주고받는다. 현대의 젊은 세대의 문화는 단순한 부분문화(subculture)가 아니고 그 나름대로 기성세대와 대립되는 대항 문화적 성격을 띠고 있다(한완상, 1990). 한완상(1990)은 우리나라의 구조적 모순과 갈등을 가장 잘 나타내는 것으로 지역 갈등과 이념 갈등, 세대 갈등의 세 개념을 강조하고 있다. 특히 정치, 경제, 사회, 문화, 국제문제 등의 분야에서 현안으로 인식된 문제 영역들에서 세대 변수가 다른 어떠한 변수보다도 강력한 예견력을 갖는다고 지적하고 있다. 따라서 한 가족구조 내에서 공존하는 가족원들을 이해하기 위해서, 또한 중간세대를 형성하고 있는 부부 자신의 이해를 위해서도 세대에 대한 이해가 요구된다.

인간행동환경의 하나로 부부관계에 중요한 영향을 미치는 변인 중 하나가 가족생활주기(family life cycle)이다. 가족생활주기는 일반적으로 결혼에 의해 형성된 가족이 출산이나 사망, 자녀의 성장, 은퇴 등 외부 사회와의 관계 변화에 따라 거치게 되는 일련의 발달단계로 정의된다. 많은 학자들은 부부의 결혼만족도와 자존감, 자녀와의 관계 등 많은 영역이 가족생활주기에 따라 다양하게 변화되어 간다고 지적하고 있다. 따라서 가족생활주기에 대한 이해 역시 부부관계교육을 위해서는 중요하게 다루어져야 하는 주제이다. 특히 가족생활교육은 평생교육과 계속교육의 특성을 갖기 때문에(유영주, 1998), 생애과정에서의 발달과 가족관계를 파악하기 위해서 가족생활주기에 대한 이해가 필수적이다.

③ 성(sex)과 젠더(gender)

성(sex와 gender)은 중요한 인간행동환경의 하나이다. 인간은 성적인 존재이므로 남자냐 여자냐 하는 생물학적인 특징과 남녀의 행동에 대한 사회적 기대를 습득하는 과정인 사회화의 상호작용에 의해 자신의 행동적 특징을 습득해 나간다. 즉, 많은 사람들의 행동을 결정하는데 가장 중요한 요인은 사람들의 성별이다(정현숙 · 유계숙 · 최연실, 2002). 따라서 부부관계를 이해하기 위해서는 부부를 구성하는 남성과 여성에 대한 이해에서 출발하여야 하며(성역할 등), 이들 부부가 형성되는 이유 및 과정에 대한 이해, 부부간 성에 대한 이해가 교육 내용에 포함되어야 한다.

④ 부부관계의 내적 역동성

이상과 같은 외적인 틀과 함께, 부부의 상호작용을 설명하는 다양한 인간행동적인 개념 중 내적인 상호작용의 틀에 대한 교육도 필요하다. 의사소통이나 갈등해결방법 등의 내적인 상호작용을 위한 틀은 관계의 발달과 성장을 위해 필수적인 주제이다. 실제로 현재 개발된 부부관계 프로그램에서 갈등해결과 의사소통은 모든 프로그램에서 중요한 주제이다. 또한 예비부부에서부터 중년부부에 이르기까지 다양한 가족생활주기에 따른 프로그램 개발은 발달적 관점에서의 부부관계의 차이를 잘 나타내고 있다.

⑤ 한국가족의 특징에 대한 내용

부부관계교육을 위해 고려해야 하는 또 다른 중요한 주제 중의 하나는 변화하는 한국 가족의 특징이다. 우리나라의 경우 4장의 [그림 4-8]의 규제 체계 중 정치체계, 경제체계, 교육체계로 가족관계에 중요한 영향을 미치는 체계이다. 경제체계 중 1인당 국민 총생산량은 1980년 39,471억 원에서 IMF의 영향으로 1997년 이후 감소하였으나, 2014년 우리나라 GDP는 1,485,078억 원으로 세계 11위의 경제 규모를 나타내고 있다. 이러한 경제력에 힘입어 1980년 경제활동인구는 14,431천 명에서 2014년에는 26,536천 명으로 증가하였으며, 이 중 여성의 비율은 1980년에 38.2%에서 2010년에는 42%로 증가하였다(통계청, 2015c). 맞벌이가족에서 여성의 취업은 궁극적으로는 올바른 부모역할 수행을 위한 경제적 이유가 가장 크지만 역할갈등과 다양한 긴장원으로 인해 부모역할에 대한 긴장수준과 부부간 갈등은 매우 크다. 따라서 부부관계에서 직업과 관련된 내용은 부부가 함께 점검해야 하는 중요한 주제 중의 하나이다.

⑥ 다양한 가족에 대한 이해

다양한 가족과 가족문제의 출현도 부부관계를 이해하는 데 고려해야 하는 중요한 요인이다. 다양한 가족(한부모가족, 분거가족, 늦둥이가족, 이혼가족, 재혼가족, 독신가족, 소년소녀가장가족, 동성가족, 맞벌이가족, 무자녀가족, 미혼모가족, 확대가족 등)의 출현은 가족관계에 많은 영향을 미치고 있다. 이러한 다양한 가족의 출현은 다양한 가족문제(이혼, 가정폭력, 알코올 중독, 청소년 가출, 성폭력 등)와 그 맥을 함께하고 있다. 그러나 이러한 다양성에 비해 우리의 인식 수준은 아직 Demos(1975)가 지적한 과거의 가족에 대한 향수(nostalgic view of yesterday; happy, stable family life)를 간직하고 있다. 따라서 사회적 변화에 따른 가족의 변화와 다양한 부부간의 문제를 어떻게 다룰 것인가 하는 내용이 부부교육에 포함되어야 한다.

⑦ 부모자녀관계에 대한 이해

부모자녀관계는 건강한 부부관계를 위해 반드시 다루어야 하는 주제이다. 정현숙 등(2000a)은 재혼가족에 대한 실태연구를 통해, 재혼가족에서 부모자녀관계의 확립이 결혼생활의 성공에 중요한 요인임을 밝히고 있다.

⑧ 건강가족적 요소

Stinet, Sanders, DeFrain 등이 제시한 건강가족(strong family)적 관점에서의 연구결과(유영주 · 정민자, 1993)는 몇 가지 중요한 시사점을 제공한다. 사랑, 존경, 개성 존중, 이해, 칭찬, 인정, 자아(ego) 설정, 지지, 진실, 훌륭한 의사소통 유형 등의 특성이 가족의 건강성의 요인이며, 다른 사람에게 감사 표현하기, 기꺼이 함께 시간을 보내고 활동에 참여하기, 종교 생활을 영위하는 가족 또한 건강한 가족이라고 할 수 있다. 이상의 여러 요인을 실천하기 위해서는 부부 개인이 자존감과 자율성을 획득하는 것이 필요하며, 관계에 대한 책임감과 관계에 몰입하려는 태도가 우선되어야 함을 강조한다. 이러한 특성들은 [그림 4-8]의 인간행동환경의 기본이 된다. 다양한 아동학과 가족학의 연구결과(Cox et al., 1989; Frank, Jacobson, Hole, Justkowski & Huyck, 1986)에 의하면, 자신에 대한 긍정적 관점인 자존심은 건강한 부부관계와 부모자녀관계에 중요한 영향을 미치는 변인이다. 특히 자존감이 높은 사람의 특성은 건강가족적 관점에서 나타난 여러 특징을 실천하는 사람들이다. 따라서 부부관계의 이해를 위해서는 개인적 차원에서 자존감과 자율성의 획득 그리고 관계에 대한 책임감이 우선 교육되어야 하며, 이러한 변수들을 개인적 자원과 부부 공동의 자원으로 구분하여 [그림 7-2]와 같이 나타낼 수 있다.

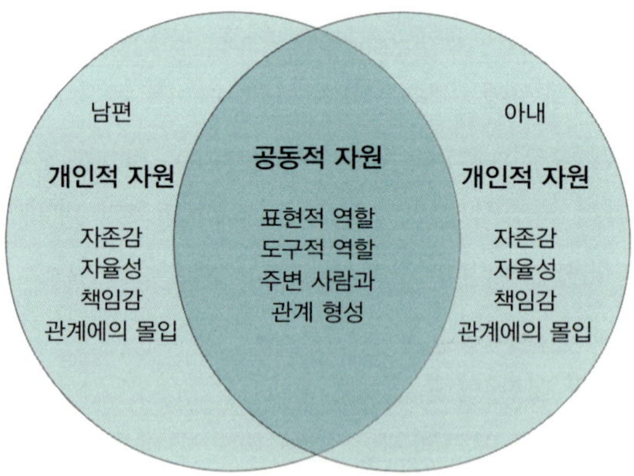

| 그림 7-2 | 건강한 부부체계를 위한 자원

(2) 교육내용 안

인간생태학적 관점, 체계론적 관점, 발달적 관점, 건강가족적 관점 및 가족학 분야의 연구를 종합해 볼 때 우리나라의 가족생활교육 중 '부부관계'교육에서 다루어야 할 내용은 부부관계의 이해, 성공적인 부부관계, 발달단계에 따른 부부관계, 부부관계의 위기, 다양한 가족의 부부관계 등 다섯 가지 영역으로 나눌 수 있다. 구체적인 내용은 〈표 7-12〉와 같이 제안하고자 한다. 〈표 7-12〉에서 제안된 주제에 대한 구체적인 세부 영역은 〈표 7-13〉에서 〈표 7-17〉까지 다시 정리하였다.

표 7-12 부부관계교육을 위한 가족생활교육 프로그램의 주제 영역

주제	세부영역
부부관계의 이해	1. 사회의 변화에 따른 가족의 변화 3. 관계의 시작 2. 부부관계의 중요성 인식 4. 관계의 성장을 위한 개인적 자원
성공적인 부부관계 (공동의 자원)	1. 평등적 역할 5. 부부의 성 2. 여가활동 6. 부모와 자녀 3. 가족과 친족, 친구 7. 갈등해결과 의사소통 4. 종교적인 지향 8. 재정관리
발달단계에 따른 부부관계	1. 시간에 따른 결혼관계의 발달적 변화 1) 신혼기 2) 중년기 3) 노년기 2. 발달적 위기와 발달과업 3. 세대관계의 이해
부부관계의 위기	1. 가정폭력과 성적학대 2. 이혼과 별거 3. 가족 스트레스
다양한 가족의 부부관계	1. 재혼가족에서의 부부관계 2. 맞벌이가족에서의 부부관계 3. 분거가족의 부부관계 등

① 부부관계의 중요성에 대한 이해

〈표 7-12〉의 영역 중에서 가장 중요시 다루어야 하는 부분이 '부부관계의 이해' 영역이다. 왜냐하면 전통 사회에서 한국 가족의 구조는 아버지 중심의 혈연적 직계가족이 이상형이었으며 가장 보편적인 가족 형태였다. 이러한 사회에서는 부자관계가 가장 중요하며, 부부관계나 형제관계는 모두 부자관계에 종속되는 하위관계로 개념화되었다. 그러나 사회변화와 더불어 현대의 가족은 비록 부모자녀관계가 관계

의 중심에 놓여 있기는 하지만, 부부관계의 중요성이 점차 증가되고 있다. 특히 자유연애의 확산과 부모의 자녀의 결혼에 미치는 영향의 감소, 개인주의의 발달 및

표 7-13 부부관계교육 – '부부관계의 이해' 영역의 세부 영역과 교육내용 안

주제	세부 영역	교육내용
사회변화에 따른 가족의 변화	• 인구통계학의 이해 • 가족변화의 원인 • 가족변화의 결과	• 인구구조, 출산율, 취업률, 이혼율, 재혼율, 결혼연령 등 • 사회변동과 가족의 분화, 다양한 가족의 출현 • 거시적, 미시적 변화의 원인분석 • 사회와 가족에서의 다양한 의식의 변화가 가족관계에 미치는 영향 이해 • 가족생활교육과 상담의 필요성 강조
부부관계의 중요성 인식	• 부부관계가 모든 가족관계의 핵심임을 인식 • 부부가 수행해야 할 역할 인식하기	• 결혼에서의 부부간 표현적 역할의 중요성 인식 • 직업, 혹은 일상생활에서 새로운 부부관계로서의 삶을 유지하기 위한 도구적 역할의 수행 • 부부와 주위 사람과의 관계 형성 • 가족 간 유대와 가족 역동성 이해
관계의 시작	• 결혼 의미와 동반자 의식	• 결혼 의미 탐색–결혼의 동기 • 결혼 의식의 의미 • 결혼생활의 계획(일과 가족의 조화/가족계획과 부모관 재정계획/친족관계/갈등해결의 중요성) • 결혼생활에서의 현실적인 기대
	• 사랑	• 사랑의 의미와 속성 • 사랑의 이론적 접근 • 사랑의 유형 • 성공적인 사랑의 방법 • 사랑과 결혼의 관계
	• 배우자선택	• 배우자선택이론과 선택기준 • 배우자선택에 영향 요인 • 배우자선택 시 고려할 점
관계의 성장을 위한 개인적 자원	• 자존감의 습득과 자신과 타인의 자존감 획득	• 나를 알기–내 파트너 알기 • 자존감의 중요성 • 자존감을 증진시키는 방법
	• 개인의 자율성 획득	• 자율성의 중요성 • 자율성 습득방법
	• 관계에 대한 책임감과 관계에의 몰입	• 결혼의 의무와 권리 • 관계에 대한 책임감의 의미 • 관계에의 몰입을 위한 조건

동반자적 결혼에 대한 중요성이 높아짐에 따라 부부관계가 결혼생활에 미치는 중요성은 증가하고 있다.

그러나 사회변화에 따른 전반적인 사회의 분위기는 변화가 있으나, 우리의 의식수준은 여전히 혈족적 직계가족에 대한 이상이 뿌리 깊게 잠재되어 있는 실정이다. 이러한 측면이 가족생활의 강화를 계획하는 많은 가족생활교육자들에게 부부교육의 중요성을 다시 한 번 강조하는 이유가 된다. 특히 제도적 결혼에서 동반자적 결혼으로 변화하고 있는 현대가족과 결혼의 특징을 볼 때 부부관계의 질이 결혼의 성공과 중요한 관계가 있음을 알 수 있다. 따라서 이제는 두 사람의 결혼으로 성립된 가정에서 부부관계가 어떻게 자리를 잡아야만 이러한 변화에 적응할 수 있는가를 구체적이고 현실적인 관점에서 살펴보아야 한다. 많은 가족학의 연구결과(정현숙 · 유계숙 · 임춘희 · 전춘애 · 천혜정, 2000a; Belsky, 1984; Bristol, Gallagher & Schopler, 1988; Cox, Owen, Lewis & Henderson, 1989; Goldberg & Easterbrooks, 1984; Noller & Fitzpatrick, 1991)와 상담 분야의 연구(유은희, 1994)도 부부관계가 부모자녀관계 및 다른 가족의 하위 관계에 미치는 영향을 강조하고 있다. 따라서 현대와 같은 가족구조 안에서 부부관계 및 부모자녀관계는 함께 재조정이 이루어져야 한다고 볼 수 있다. 따라서 〈표 7-12〉의 세부 영역에서 지적한 바와 같이 '사회변화에 따른 가족의 변화' 내용과 가족에서 '부부관계의 중요성'에 대한 인식과, 새로운 결혼관을 위한 '관계의 시작' 영역에 대한 교육이 이루어져야 한다. 또한 건강가족적 관점과 [그림 4-8]과 [그림 7-2]에서 중요하게 지적되었던 인간행동환경의 기본인 자존감, 자율성, 책임감이 개인과 결혼생활에 미치는 중요성에 대한 내용이 부부관계교육에 포함되어야 한다.

② 부부의 상호작용 틀에 대한 이해

〈표 7-12〉에서 부부교육의 또 다른 영역은 부부의 상호작용을 설명하는 다양한 인간행동적인 개념 중 내적인 상호작용의 틀에 대한 교육이다. [그림 7-2]와 〈표 7-12〉에서 지적하였듯이 평등적인 역할, 여가활동, 가족과 동료관계, 종교적인 지향, 의사소통, 성, 부모와 자녀관계, 갈등해결 및 재정계획은 내적인 상호작용을 위한 틀로서 관계의 발달과 성장을 위해 필수적인 주제이다. 이러한 요소들은 성공적

인 부부관계를 위한 부부 공동의 자원이다. 이를 정리하면 〈표 7-14〉와 같다. 특히 평등적 역할과 부부의 성, 의사소통과 갈등해결은 부부관계교육에서 중시되고 있는 주제이다.

표 7-14 부부관계교육 – '성공적인 부부관계' 영역의 세부 영역과 교육내용 안

주제	세부 영역
평등적 역할	• 성(Gender)의 개념 • 남녀의 공통점과 차이 • 성역할 발달에 영향을 미치는 요인들 • 성역할이 영향을 미치는 가족관계의 내용 • 성역할 습득의 결과 • 평등한 부부 • 평등한 성역할을 위한 방향
여가활동	• 여가활동의 결혼관계에서의 중요성 • 부부 여가활동의 종류 및 방법
가족과 친족, 친구	• 친족관계 • 노부모와의 관계 • 고부관계 • 친구관계와 부부관계의 조화
종교지향	• 결혼생활에서 종교심의 중요성
부부의 성	• 성의 개념과 중요성(사랑과 성/성차/성에 대한 그릇된 관념들) • 남녀의 생리적 구조 • 남녀의 성반응단계 • 임신과 불임 • 피임 • 성과 관련된 문제들(혼전 성관계/성병 및 성기능 장애/낙태/성폭력) • 즐거운 성생활을 위한 준비
부모와 자녀	• 부모역할에서의 동반자 역할 인식 • 부모됨의 의미-부모됨의 동기 • 가족계획 • 부모역할의 특징 • 자녀양육 유형과 효과적인 부모역할
건설적인 갈등해결	• 부부갈등의 양상 • 부부갈등의 해결 • 부부의 의사소통 유형 • 효과적인 의사소통
재정계획	• 가계경제의 의미 • 필요성 • 가족생활주기에 따른 재정계획 • 재정계획의 실제

③ 가족생활주기에 따른 부부관계의 이해

인간행동환경의 중요 영역인 가족생활주기에 대한 이해 역시 부부관계교육을 위해서는 중요하게 다루어야 하는 주제이다. 특히 평생교육의 특성을 갖는 가족생활교육의 속성을 볼 때 생애과정에서의 발달과 가족관계를 파악하기 위해 가족생활주기에 대한 이해가 중요하다. 특히 점차 기간이 증가하는 중년기에 대한 올바른 준비는 노년기의 준비만큼 중요하다. 따라서 〈표 7-15〉와 같이 새로운 가족관계를 형성하는 신혼기의 준비를 위한 교육과 중노년기의 변화와 발달과업, 가족관계의 변화에 대한 준비와 교육이 요구된다. 특히 노인인구 증가로 고령화 사회로 진입됨에 따라, 성공적 노년을 맞기 위해 통합적인 노년기 준비교육 필요성이 강조되고 있다. 이들 노인은 교육수준, 생활수준 및 사회에 대한 욕구면에서 과거의 노인과는 다를 것으로 예상되며(Riley & Riley, 1994), 평균수명의 증가로 인해 과거보다는 부부가 함께할 기간이 길어질 것으로 예상된다. 따라서 이들의 성공적인 노년의 부부관계를 위해 생물학적인, 심리적인 변화를 이해하는 것뿐 아니라, 역할의 변화와 상대적으로 다양해진 세대관계에 대한 이해도 요구된다.

표 7-15 부부관계교육 – '발달단계에 따른 부부관계'영역의 세부 영역과 교육내용 안

<table>
<tr><th>주제</th><th colspan="2">세부 영역</th></tr>
<tr><td>신혼기</td><td rowspan="3">• 시간에 따른 결혼관계의 발달적 변화(신체, 인지, 정서, 도덕성, 성격, 사회성, 성적발달 및 변화, 역할변화 등)
• 발달적 위기와 발달과업
• 세대관계의 이해</td><td>• 부부간의 차이 인식 • 친족관계의 형성
• 가족계획과 부모관 • 재정계획
• 역할분담</td></tr>
<tr><td>중년기</td><td>• 중년기 변화내용 이해와 상호 수용
• 문화적 압력의 극복 • 은퇴준비</td></tr>
<tr><td>노년기</td><td>• 노화의 생물학적, 심리적 이해
• 부부역할 전환(빈둥우리 적응, 은퇴의 적응)
• 여가활동 • 세대관계의 이해
• 죽음의 준비</td></tr>
</table>

④ 부부관계의 위기

부부관계교육의 또 다른 중요한 영역은 〈표 7-16〉의 '부부관계의 위기' 영역이다. 특히 이혼과 가정폭력은 21세기 대표적인 가족문제이다. 이혼과 폭력의 증가는 개인의 스트레스 수준을 증가시키면서 다시 가족관계 전반에 영향을 미치고 있다. 따라서 가정폭력과 이혼에 대한 준비와 예방교육뿐 아니라, 스트레스의 원인과 대처전략에 대한 교육이 요구된다.

표 7-16 부부관계 교육 – '부부관계의 위기'영역의 세부 영역과 교육내용 안

주제	세부 영역
가정폭력과 성적학대	• 가정폭력의 실상 • 아동폭력과 학대 • 아내학대와 폭력 • 가정폭력의 예방전략
이혼과 별거	• 이혼의 원인 • 이혼의 종류 • 이혼의 반응과 이혼의 영향(자녀/ 부부) • 이혼 후 적응에 영향을 미치는 요인(자녀/남편/아내) • 이혼 후 적응전략 및 사회적 자원 • 재혼을 위한 준비 • 법적인 문제
가족 스트레스	• 스트레스의 본질 • 스트레스가 가족관계에 미치는 영향 • 스트레스 대처전략*(인지재구조화/행동수정/예술치료/유머 치료/창의적인 문제 해결/의사소통기술/시간관리/일기쓰기) • 긴장이완방법*(Diaphramatic Breathing/명상/요가/심상훈련/음악치료/마사지 치료/근육이완법/자율훈련법/운동과 식이요법/임상적 바이오피드백)

*스트레스 대처전략과 긴장이완 방법은 각각 하나의 독립적인 프로그램으로 개발할 수 있음.

⑤ 다양한 가족에서의 부부관계

다양한 가족에서의 부부관계 영역 중 증가 추세에 있는 재혼, 맞벌이, 분거가족에서의 부부관계 강의안을 〈표 7-17〉과 같이 제안한다. 산업화가 시작된 이후 한국 가족의 대표적 가족변동 지표인 높은 이혼율과 이에 따른 재혼의 증가로 새롭게 나타난 가족유형이 재혼가족이다. 그러나 수적인 증가에도 불구하고, 재혼가족에 대한 우리사회에 내재되어 있는 시각은 재혼가족을 문제가 많고 예외적이며 비정상적인 가족으로 간주하려는 경향이 있다(정현숙 · 유계숙 · 임춘희 · 전춘애 · 천혜정,

표 7-17 부부관계교육 – '다양한 가족에서의 부부관계'영역의 세부 영역과 교육내용 안

주제	세부 영역
재혼가족의 부부관계	• 재혼과 초혼의 차이 이해 • 재혼에 대한 현실적 기대하기 • 상실감 극복과 자존감 향상 훈련 • 재혼에서 부부간의 기대 확인하기 • 자기노출과 친밀감 증진 훈련 • 성공적 재혼을 위한 친부모, 새부모 역할
맞벌이가족의 부부관계	• 일과 가족 연계성 • 일과 관련된 가족유형 • 일과 관련된 가족생활주기 유형 • 가사분담
분거가족의 부부관계	• 분거가족의 유형 • 분거가족의 장단점 • 가사관리 • 자녀양육과 가족활동 • 사회적 관계망의 유지 • 역할갈등의 극복

2000b). 따라서 재혼가족에서의 부부관계 적응과 성공적 재혼관계 유지를 위한 기술교육이 필요하다.

또한 자녀연령별 부모의 고용율(통계청, 2015d)을 살펴보면, 6세 미만의 자녀를 둔 기혼여성의 약 42.6%, 7~12세는 58.9%, 13~17세는 67.3%가 취업하고 있는 현실에서 맞벌이가족은 부모자녀관계뿐 아니라 부부관계에서도 많은 갈등을 경험하고 있다. 점차 증가하는 맞벌이가족의 삶의 질 향상과 맞벌이가족에서의 적응을 위해서는 일과 가족의 연계와 가사분담 등이 효율적으로 이루어지는 것이 필요하다. 다양한 가족을 위한 교육은 10장에서 자세히 다룬다.

4) 부부관계 향상교육의 실제

(1) PREPARE/ENRICH(www.lifeinnovation.com)

Olson, Fournier와 Druckman(1982)에 의해 개발된 PREPARE/ENRICH 프로그램은 결혼 전 커플과 부부들을 상담하는 상담자들이 보다 효율적으로 커플들을 돕고 중요한 관계 문제를 객관적으로 평가하도록 설계되었다. 상당수의 부부가 결혼 초기에 심각한 갈등을 겪는데, PREPARE는 이를 최대한 예방하기 위한 프로그램이다. 부부들이 결혼생활에 갈등이 있는 경우 해결 자체를 어려워하는데 그 이유는 부부들이 갈등의 핵심이 무엇이고, 어떻게 갈등을 해결해야 하는지 기술을 모르기 때문이라는 가정하에 부부관계의 강점 영역과 성장 영역을 파악하고, 이를 바탕으로 관계를 새롭게 하도록 고안되었다.

문제파악을 위한 질문지는 미혼 커플을 위한 PREPARE, 자녀가 있는 예비부부를 위한 PREPARE-MC, 자녀 없는 동거부부를 위한 PREPARE-CC, 결혼한 부부를 위한 ENRICH와 50세 이상의 부부를 위한 MATE가 있다. 질문지는 부부관계 전반을 포괄적으로 다루어 진단하며, 상담자가 커플 들과의 면담에서 사용이 용이하도록 계획되었다. 또한 과학적으로 높은 수준의 신뢰도와 타당도를 보이는 척도로 임상적인 유용성이 있다. REPARE/ENRICH 프로그램은 미국에서 1980년 이후 백만 쌍 이상이 참여하였으며, 5만 명의 전문상담사(결혼가족상담사, 심리학자, 사회복지사)들과 모든 종파의 성직자들이 이 프로그램을 사용하고 있다. ENRICH Korea에 한국어판도 나와 있다.

2001년 실시한 PREPARE Outcome Study는 PREPARE로 결혼 전 상담(4~6회)을 받은 커플들의 경우 만족도가 높고, 다양한 영역(의사소통, 갈등해결과 같은 관계 기술면과 역할, 친밀성과 유연성 같은 영역)에서의 커플 일치도가 증가하였으며, 커플관계의 유형에서도 긍정적인 변화(활기찬 부부가 52% 증가, 다른 유형도 55% 정도가 한 수준 또는 두 수준 증가, 갈등 있는 부부도 83%가 보다 긍정적 커플유형으로 변화함)가 있었다고 보고하였다. 결혼 후 3년 된 커플을 대상으로 한 종단적 연구결과 PREPARE 프로그램으로 인한 변화들이 지속적으로 커플 만족도를 향상시키고, 이혼을 감소시킬 수 있음을 보여 주었다.

질문지 결과에 대한 피드백 과정에서 커플들은 의사소통과 갈등해결 기술을 배우며, 자신들에게 특정한 문제의 소지가 될 논제들을 자각하고, 이들 문제를 해결하도록 지원받는다. [그림 7-3]과 같이 각 부부별로 11개 하위 영역별 일치와 불일치 점수를 제공함으로써 부부의 성장 영역과 강점을 제공해 준다. 또한 가족의 응집성과 적응성을 기초로 [그림 7-4] Circumplex model에 부부의 위치를 표시해 줌으로써 부부들과 상담가들에게 준거 자료를 마련해 준다. 이를 통해 결혼과 자신의 파트너에 대한 기대와 자신의 원가족의 중요성을 지각하고 결혼 후 직면하게 될 많은 일반적인 문제들(재정 예산, 역할 책임 같은)도 구체적으로 다룰게 있게 계획되었다.

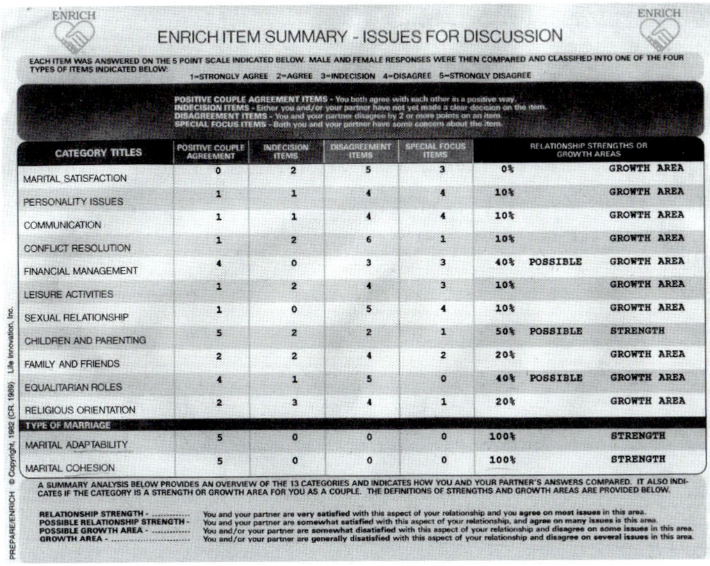

ENRICH ENRICH

ENRICH ITEM SUMMARY - ISSUES FOR DISCUSSION

EACH ITEM WAS ANSWERED ON THE 5 POINT SCALE INDICATED BELOW. MALE AND FEMALE RESPONSES WERE THEN COMPARED AND CLASSIFIED INTO ONE OF THE FOUR TYPES OF ITEMS INDICATED BELOW:

1=STRONGLY AGREE 2=AGREE 3=INDECISION 4=DISAGREE 5=STRONGLY DISAGREE

POSITIVE COUPLE AGREEMENT ITEMS - You both agree with each other in a positive way.
INDECISION ITEMS - Either you and/or your partner have not yet made a clear decision on the item.
DISAGREEMENT ITEMS - You and your partner disagree by 2 or more points on an item.
SPECIAL FOCUS ITEMS - Both you and your partner have some concern about the item.

CATEGORY TITLES	POSITIVE COUPLE AGREEMENT	INDECISION ITEMS	DISAGREEMENT ITEMS	SPECIAL FOCUS ITEMS	RELATIONSHIP STRENGTHS OR GROWTH AREAS		
MARITAL SATISFACTION	0	2	5	3	0%		GROWTH AREA
PERSONALITY ISSUES	1	1	4	4	10%		GROWTH AREA
COMMUNICATION	1	1	4	4	10%		GROWTH AREA
CONFLICT RESOLUTION	1	2	6	1	10%		GROWTH AREA
FINANCIAL MANAGEMENT	4	0	3	3	40%	POSSIBLE	GROWTH AREA
LEISURE ACTIVITIES	1	2	4	3	10%		GROWTH AREA
SEXUAL RELATIONSHIP	1	0	5	4	10%		GROWTH AREA
CHILDREN AND PARENTING	5	2	2	1	50%	POSSIBLE	STRENGTH
FAMILY AND FRIENDS	2	2	4	2	20%		GROWTH AREA
EQUALITARIAN ROLES	4	1	5	0	40%	POSSIBLE	GROWTH AREA
RELIGIOUS ORIENTATION	2	3	4	1	20%		GROWTH AREA
TYPE OF MARRIAGE							
MARITAL ADAPTABILITY	5	0	0	0	100%		STRENGTH
MARITAL COHESION	5	0	0	0	100%		STRENGTH

A SUMMARY ANALYSIS BELOW PROVIDES AN OVERVIEW OF THE 13 CATEGORIES AND INDICATES HOW YOU AND YOUR PARTNER'S ANSWERS COMPARED. IT ALSO INDICATES IF THE CATEGORY IS A STRENGTH OR GROWTH AREA FOR YOU AS A COUPLE. THE DEFINITIONS OF STRENGTHS AND GROWTH AREAS ARE PROVIDED BELOW.

RELATIONSHIP STRENGTH - .... You and your partner are **very satisfied** with this aspect of your relationship and you **agree on most issues** in this area.
POSSIBLE RELATIONSHIP STRENGTH - You and your partner are **somewhat satisfied** with this aspect of your relationship, and **agree on many issues** is this area.
POSSIBLE GROWTH AREA - .... You and/or your partner are **somewhat disatisfied** with this aspect of your relationship and **disagree on some issues** in this area.
GROWTH AREA - .... You and/or your partner are **generally disatisfied** with this aspect of your relationship and **disagree on several issues** in this area.

| 그림 7-3 | 박씨 부부의 ENRICH 영역별 일치도와 가족적응성과 응집성 점수

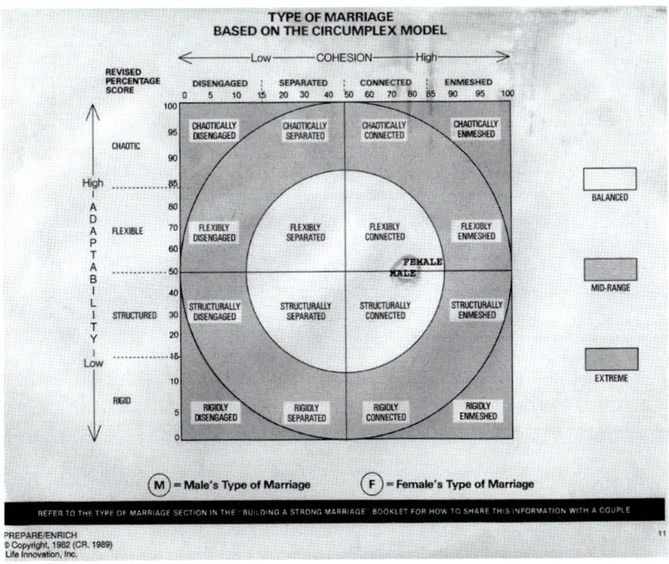

| 그림 7-4 | Circumplex model에 기초한 박씨 부부의 유형의 예

(2) 우리나라 부부관계대화 프로그램

가족생활교육 중 부부관계향상 프로그램은 혼전교육과 함께 가장 인기있는 프로그램 중의 하나이다. 개발된 프로그램 중 일부의 내용에 대한 자세한 소개는 〈표 7-19〉와 같으며, 종교 기관의 프로그램은 〈표 7-18〉과 같다. 그러나 PREPARE와 같이 전국적으로 표준화된 프로그램은 매우 제한적이며, 대부분 프로그램이 일회성으로 실시되고 있다. 또한 프로그램의 평가가 이루어지지 않은 연구들이 많은 수를 차지한다.

표 7-18 부부관계 향상 프로그램의 실제

프로그램 제목 및 주제 개발자	프로그램 내용	효과 검증
중년기 부부관계 향상 프로그램 송정아(1996)	• 중년 부부관계 욕구에 초점, 효과적인 의사소통, 갈등해결 • 목표: 부부의 행동 변화 • 실시: 마라톤식 진행 • pre-session 당신은 누구세요?(등록 및 소개, 바람 발표) • 1회: 중년기 삶, 머무르고 싶은 한 지점에서 2회: 그대, 나의 영원한 반려자(성역할, 부부사랑) 3회: 당신을 알고 싶어요(부부대화 1-듣기) 4회: 내 마음 그대에게(부부대화 2-말하기) 5회: 당신과 한 팀에서(부부갈등, 건설적 부부싸움) 6회: 아름다운 성, 당신과 함께(성생활의 긍정적 태도)	- 사전, 사후검사로 나누어 측정 - 총괄평가 결과 전반적으로 긍정적 평가
부부관계 강화 프로그램 이성희(2002)	• 선택이론, 인지정서행동이론, 관계향상기법 중심 설계 • 건강한 대인관계 형성을 위해서 먼저 자신에 대한 긍정적 인식이 중요하다는 관점을 가지고 자신의 욕구는 자신이 관리하고 통제할 수 있도록 선택이론 적용 • 실시: 총 8회기 중 1회기 오리엔테이션/ 2, 3, 4회기- 선택이론의 내용/ 5, 6회기-인지정서행동이론/ 6, 7회기-관계향상기법 주 1회, 각 회기마다 2시간 정도 • 1회: 참가부부 소개 및 프로그램 안내 2회: 행복을 위한 욕구 다루기 3회: 결혼생활과 질적인 세계 4회: 좋은 상황 내 것으로 만들기(상황 선택, 역할자각) 5회: 건강한 감정적 상호작용 1(합리적 생각) 6회: 건강한 감정적 상호작용 2(공감 형성) 7회: 바람직한 문제해결	- 사전검사와 사후검사 실시 - 사전검사: 1회 때 소개와 함께 실시(주관적 평가 설문) - 사후검사: 8주 후

부부관계 프로그램: 일 · 사랑 · 가족 함께하기 정현숙(1998b)	• 가족체계론적 관점에 기초, 사회와 가족에서의 기본적인 체계로서 나에 대한 인식, 관계적 측면에서 남녀관계, 부부관계, 자녀관계를 포함한 통합적 프로그램 • 실시: 총 6주, 각 회기별로 2~3시간 소요 • 1회: 나는 누구인가?(소개 및 라포 형성) 2회: 남성심리, 여성심리(자신, 남녀관계의 올바른 이해) 3회: 결혼이란 무엇인가? 4회: 부부관계 1(효율적인 의사소통) 5회: 부부관계 2(창조적으로 싸우기) 6회: 부모자녀관계	– 동질적인 집단이며 참여의지가 높은 집단이어서 운영에 효과적이었음 – 단기간에 극적으로 달라지지는 않았으나 전반적으로 자신의 결혼생활을 객관적으로 볼 수 있는 기회로 평가함
농촌 부부평등 교육 프로그램 최규련(2002)	• 부부역할 및 평등부부이론, 인지행동치료이론, 의사소통이론, 분노조절 및 스트레스 대처 이론, 발달이론, 건강가족 및 관계향상 이론을 통합적으로 적용 • 결혼생활의 점검을 통해 의식과 행동변화를 위한 동기부여, 농업인 여성의 역할 스트레스 문제를 이해하고 대처하는 능력 개발, 동반자적 관계 확립 등 • 실시: 1박 2일의 교육, 10~15쌍의 부부 • 1회: 나의 결혼생활 돌아보기 2회: 여성 농업인의 스트레스 문제 극복하기 3회: 평등한 부부역할 4회: 자기표현과 말하기 기술 5회: 배우자 이해 위한 경청기술 6회: 분노조절과 갈등해결하기 7회: 관계향상과 행복 가꾸기	– 성역할 태도, 자존감, 결혼만족도, 갈등대처방식, 주관적 변화인지도, 질적 분석을 위한 평가, 프로그램 만족도 척도로 측정 – 사전, 사후, 추후검사 – 평등적 태도, 자존감, 결혼만족도, 이성적 갈등 대처방식이 향상됨
부부의사소통 교육 프로그램 김순옥(2001)	• TA이론에서의 자아상태, Satir의 기능적/역기능적 의사소통형태, Miller의 말하기와 듣기기술에 근거 • 1회: 우리 부부의 대화는 잘되고 있는가(의사소통 매체) 2회: 배우자에게 어떤 마음을 나타내는가(교류분석이론) 3회: 내 마음을 잘 전달하려면 어떻게 해야 하나?(Satir의 의사소통 형태) 4회: 배우자 말을 잘 들으려면 어떻게 하나?(의사소통 매체) 5회: 적용해 봅시다. 6회: 그동안도 잘 했나?(3주 후의 재교육)	

이밖에도 〈표 7-19〉와 같이 다양한 분야에서 가족생활주기와 다양한 가족의 특성을 반영한 부부관계향상을 위한 논문들이 발표되고 있으며, 특히 다문화가족의 증가와 더불어 다문화가족의 부부들을 위한 다양한 프로그램이 개발되고 있다.

표 7-19 부부관계향상을 위한 다양한 연구 논문과 주제

대상	연구자와 논문들
부부관계 향상	• 권수정(2006). Enrich를 활용한 부부관계 향상 프로그램 개발 및 평가: 결혼초기 부부를 대상으로. 신라대학교 석사학위논문. • 김옥자(2002). MBTI성격유형 검사를 활용한 부부관계 증진 프로그램의 모형개발 및 효과. 호남신학대학교 석사학위논문. • 이정미 · 김정옥(2006). 부부관계향상을 위한 교육프로그램 개발과 효과검증 - 맞벌이 부부를 중심으로. 한국가족관계학회, 11(1), 103-132.
다양한 가족의 부부관계	• 김금희 · 민기연 · 이영선(2015). 다문화가정 부부의 의사소통 및 관계 증진 프로그램 개발. 한국콘텐츠학회, 15(11), 202-214. • 김연수(2010). 가족탄력성 접근을 활용한 여성결혼이민자 대상 부부관계향상 프로그램 개발 및 효과. 한국가족관계학회, 14(4), 59-90. • 김정옥(2013). 다문화가족을 위한 통합치료적 부부관계향상프로그램 개발. 한국가정관리학회, 342-342. • 소병숙(2009). 결혼이민여성의 부부관계 향상프로그램의 개발과 효과 검증: 해결중심단기가족치료 이론을 기초로. 전북대학교 박사학위논문. • 장흔성(2013). 가족관계 형성기의 다문화가족을 위한 부부교육 프로그램 개발. 한국가족자원경영학회, 17(3), 81-103. • 차경선(2014). 이혼위기 부부의 관계회복을 위한 집단프로그램 개발 연구: 가트맨(Gottman) 부부치료 기반으로. 한일장신대학교 박사학위논문. • 최진아 · 신희천 · 김혜숙 · 이현서(2012). 도시지역 다문화가정 부부관계 증진을 위한 집단상담 프로그램의 개발 및 효과 분석. 한국심리학회, 24(3), 505-531.
가족생활 주기에 따른 부부 관계	• 권오균 · 강금희(2009). 노년기 부부관계향상 프로그램 개발 및 효과성에 관한 연구. 한국가정관리학회지, 27(5), 137-145. • 김혜숙 · 이은정(2011). 예비부부를 위한 관계향상 프로그램 개발 및 효과 -PREPARE 도구를 기초로-. 한국상담학회, 12(4), 1193-1210. • 김희진(2004). 결혼초기 부부관계향상 프로그램 개발. 서울여자대학교 박사학위논문. • 박정윤 · 한은주 · 이희윤(2014). 은퇴 전.후 중년기 부부관계강화를 위한 프로그램 개발 및 효과성 검증에 관한 연구. 한국가족자원경영학회지, 18(3), 117-133. • 이선미(2003). 노년기 부부관계 향상을 위한 가족생활교육 프로그램 개발 및 평가. 한국노년학회, 23(1), 93-112.

3 관계향상교육을 위한 유용한 정보

1) Children, Youth and Families Education and Research Network(CYFERnet): www.cyfernet.org

CYFERnet은 대학확장운동(Extension)에 참여하는 주립 대학들의 아동, 청소년, 가족 등에 대한 연구성과를 제공하는 웹 사이트이다. 이 사이트의 자료는 대학 교수진에 의해 검증된 자료들로 교육자, 연구자, 부모, 청소년 지원 스텝, 지역사회 구성원, 학생, 정책입안가, 청소년, 미디어 관계자 등 누구나 활용할 수 있다. 이 사이트는 각 연령별 정보, 연구에 기초한 교육과정 및 활동, 각 지역에서 활용할 수 있는 전문가, 'goCyberCamp'나 가상의 '4-H clubs'과 같은 온라인 청소년 프로그램, 재정 마련, 프로그램 평가를 위한 도구와 자원, 위기상황에 있는 집단을 위한 지역사회 기반의 3,000여 개의 강화 프로그램에 대한 다양한 정보를 제공하는데, 이들의 자료는 관계향상교육을 계획하는 많은 전문가들에게 시사점이 있다.

2) The Association for Couples in Marriage Enrichment: www.bettermarriages. org

The Association for Couples in Marriage Enrichment(이하 ACME)는 국제적인 비영리, 비교파적 기관이다. 부부관계 강화를 위한 자원과 기회를 제공하여 더 나은 결혼생활을 증진하고, 부부간의 친밀감과 개인의 성장과 상호만족 및 가족의 복지 증진을 목적으로 Mace 부부에 의해 1973년 설립되었다. '우리부터 시작하는, 더 나은 결혼생활을 위하여'라는 슬로건이 특징이다. 이 단체는 자신의 결혼을 향상시키고 지역사회 다른 사람들의 결혼을 증진시키고자 하는 부부로 구성되며, 미국과 캐나다를 중심으로 훈련된 지도자 부부 중심의 다양한 활동을 전개한다.

이들의 프로그램은 다른 프로그램과 차별되는 ACME-Style이 있다. Mace 부부는 오랜 결혼상담 경험을 통해 결혼생활이 심각한 상태에 빠지기 전에 도움이 필요하다는 점을 강조한다. ACME는 주말 묵상회(한 달에 두세 시간 하는 그룹 미팅으로 주, 지역, 국제회의 등 다양한 형태로 구성됨)와 리더 커플을 위한 4~5일 트레이닝 등 다양한 결혼향상활동을 후원한다. 각각의 이벤트들이 배경과 조직, 구성방식에서 차이가 있다. 하지만, 건강한 결혼생활을 하는 커플이 대상이며, 훈련받은 자격이 있는 커플이 이끄는 상호작용적인 방법을 활용하며, 내용과 과정은 지적이기보다는 경험적이고 역동적이며, 참여자 모두가 개별적 커플 대화와 다른 커플과의 집단 상호작용 기회를 갖도록 운영되며, 조직화된 경험적 실습을 강조하고, 참여 커플들이 이벤트 등의 결정에 함께 의견을 낼 수 있게 운영되는 점이 특징이다. 대부분 프로그램은 1단계(안정과 공동체 형성), 2단계(개인과 커플 인식의 발달), 3단계(지식과 기술의 발달), 4단계(의도적 성장을 위한 계획), 5단계(축하와 종결)로 진행된다.

이 사이트에는 결혼향상의 역사뿐만 아니라 도움이 되는 책들과 프로그램 지침서, 소책자들을 구매할 수 있다([그림 7-5] 참조). 이들의 브로슈어나 다양한 주제의 소책자(12쪽, 10cm×20cm 크기, [그림 7-6] 참조), 예를 들면 '창의적인 의사소통', '창조적인 갈등해결', '친밀감 키우기', '아플 때 서로 돕기', '결혼준비하기', '중년기 결혼', '신혼기 결혼' 등은 우리나라 부부교육에도 매우 유용한 자료로 사용할 수 있다. 각 지역의 지부별로 부부활동이 이루어지며, 해마다 국제 워크숍이 열린다.

| 그림 7-5 | ACME 출판 서적의 예

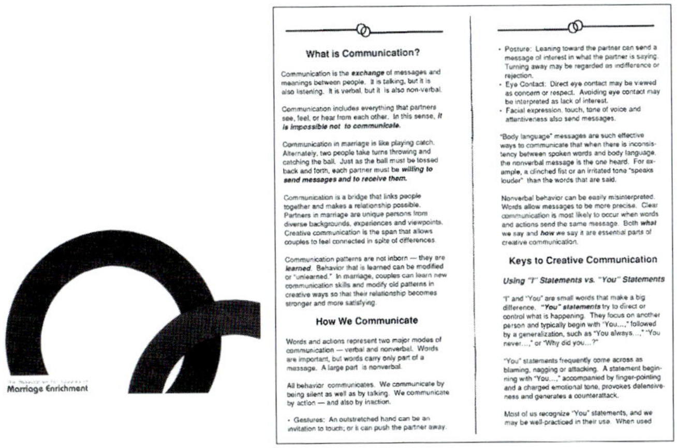

What is Communication?

Communication is the ***exchange*** of messages and meanings between people. It is talking, but it is also listening. It is verbal, but it is also non-verbal.

Communication includes everything that partners see, feel, or hear from each other. In this sense, ***it is impossible not to communicate.***

Communication in marriage is like playing catch. Alternately, two people take turns throwing and catching the ball. Just as the ball must be tossed back and forth, each partner must be ***willing to send messages and to receive them.***

Communication is a bridge that links people together and makes a relationship possible. Partners in marriage are unique persons from diverse backgrounds, experiences and viewpoints. Creative communication is the span that allows couples to feel connected in spite of differences.

Communication patterns are not inborn — they are ***learned.*** Behavior that is learned can be modified or "unlearned." In marriage, couples can learn new communication skills and modify old patterns in creative ways so that their relationship becomes stronger and more satisfying.

How We Communicate

Words and actions represent two major modes of communication — verbal and nonverbal. Words are important, but words carry only part of a message. A large part is nonverbal.

All behavior communicates. We communicate by being silent as well as by talking. We communicate by action — and also by inaction.

- Gestures: An outstretched hand can be an invitation to touch; or it can push the partner away.
- Posture: Leaning toward the partner can send a message of interest in what the partner is saying. Turning away may be regarded as indifference or rejection.
- Eye Contact: Direct eye contact may be viewed as concern or respect. Avoiding eye contact may be interpreted as lack of interest.
- Facial expression, touch, tone of voice and attentiveness also send messages.

"Body language" messages are such effective ways to communicate that when there is inconsistency between spoken words and body language, the nonverbal message is the one heard. For example, a clinched fist or an irritated tone "speaks louder" than the words that are said.

Nonverbal behavior can be easily misinterpreted. Words allow messages to be more precise. Clear communication is most likely to occur when words and actions send the same message. Both ***what*** we say and ***how*** we say it are essential parts of creative communication.

Keys to Creative Communication

Using "I" Statements vs. "You" Statements

"I" and "You" are small words that make a big difference. ***"You" statements*** try to direct or control what is happening. They focus on another person and typically begin with "You...," followed by a generalization, such as "You always...," "You never...," or "Why did you...?"

"You" statements frequently come across as blaming, nagging or attacking. A statement beginning with "You...," accompanied by finger-pointing and a charged emotional tone, provokes defensiveness and generates a counterattack.

Most of us recognize "You" statements, and we may be well-practiced in their use. When used

| 그림 7-6 | ACME 소책자 '창의적 의사소통(Creative Communication)'

Chapter

8

부모교육과 부모자녀관계교육

부모교육은 가족학 분야뿐만 아니라 의학, 사회사업학, 교육학, 심리학, 가정학, 아동학에 이르기까지 다양한 분야에서 역사가 오래된 영역이다. 대부분 사회에서 부모역할은 자연스럽게 습득되며, 여성은 생물학적으로 자녀양육을 위한 유전적 성향을 타고 난다고 믿었기 때문에 부모들이 아이양육을 어떻게 하는가에 대해서는 안다고 가정하였다. 그러나 사회의 변화에 따라 자녀 양육을 위한 가족과 사회적 환경이 변화하고, 다양한 가족이 증가하면서 더 나은 부모역할을 위한 부모들의 정보에 대한 요구가 증가하고 있다(Powell & Cassidy, 2001). 따라서 부모자녀관계에 대한 교육은 가족생활교육 분야 중 앞으로 가장 많은 수요가 기대되는 영역이다. 특히 맞벌이가족이 증가하면서 가족의 경제적 자원은 증가하지만 상대적으로 자녀와 시간을 보낼 기회는 감소하면서 효율적인 부모역할에 대한 부모들의 기대가 증가하고 있다. 또한 한부모가족과 재혼가족 등 다양한 가족의 증가는 부모의 공식적 비공식적 교육 요구를 증가시킨다. 또한 기술의 진보는 가족원들의 고립을 가중시키며, 자녀들은 컴퓨터와 보내는 시간이 증가하고 밖에서 더 많은 시간을 보내게 된다. 이러한 이유로 부모들은 외부의 도움을 더욱 필요로 하게 되고 부모교육 영역도 더욱 다양해질 것이다. 이 장에서는 부모교육의 정의, 역사, 내용 및 부모교육 프로그램에서 고려할 점을 점검하고, 개발된 프로그램과 부모자녀관계교육 프로그램에 도움이 되는 정보를 제공한다.

1 부모교육과 부모자녀관계교육의 개념과 정의

1) 부모교육과 부모자녀관계교육

부모(parent)는 라틴어인 'parens'가 어원으로 '출산하다(give birth)'라는 의미이다. 즉 부모란 자녀를 출산함으로써 얻게 되는 지위이다. 그러나 부모가 된다는 것은 자녀출산 그 이상의 의미를 갖는다. 왜냐하면 부모는 전생애에 걸쳐서 양육과 보호 및 교육을 통해 아동발달의 모든 영역을 증진시키는 사람으로 정의되기 때문이다(Hamner & Turner, 2001). 따라서 부모로서의 역할을 하는 시기(부모기)는 어느 한 시점에 제한되는 것이 아니라 자녀와 부모의 전 인생과정을 통해서 이루어진다(정현숙 · 유계숙 · 어주경 · 전혜정 · 박주희, 2003).

'부모기(parenthood)'는 임신을 선택하는 때부터 부모역할을 수행하는 전 기간을 의미하는 개념이며, 이 시기 동안 수행하는 부모로서의 다양한 역할이 '부모역할(parenting)'이다. 부모가 된다는 것은 거듭되는 선택의 과정이며, 가족관계에 많은 변화를 가져오는 결정이다. 이러한 부모역할에 대한 정의와 기대는 집단 무의식의 형태로 세대 간 전수되기 때문에 사회의 성원들은 부모가 수행하는 역할들에 대해서 의문을 갖지 않고 당연시하며, 개인이 성장해감에 따라 그러한 역할들을 내재화함으로써 부모의 인성이나 사고, 행동의 많은 부분을 형성하게 된다. 우리 사회에서 부모가 된다는 것은 이러한 이상적인 역할들을 수행해야 한다는 의미이다. 그러나 급격한 산업화와 정보화 사회로의 변화는 가족의 교육적 기능을 약화시켰으며, 가족제도의 변화와 함께 가족관계도 변화하면서 문화의 세대 간 전달기능도 약화되었다. 그 결과 오늘날 부모역할의 습득은 가족 내에서 자연스럽게 이루어지지 않고 있는 실정이다.

정현숙 · 유계숙(2001)은 부모됨의 선택의 어려움, 여성의 역할의 변화로 인한 어려움, 사회의 기대에 대한 부담감, 사회정책의 부재, 새로운 역할 모델에 대한 요구, 아동성장을 위한 가족구조의 다양성 등의 이유로 현대사회에서 부모역할의 어려움은 가중되고 부모교육에 대한 요구는 증가하고 있다고 주장한다. 실제로 부모들이 자녀양육의 어려움을 호소하면서, 자녀와의 관계에서 실질적인 정보나 지식,

기술을 필요로 하기 때문에, 실제적인 도움을 주기 위해 다양한 학자들에 의해 프로그램들이 고안되고 실행되어 왔다. 부모교육에 관한 개념 정의는 학자마다 다르고, 관련 용어도 유아교육 분야에서도 부모교육(parent education), 부모훈련(parent involvement), 부모참여(parent participation), 부모개입(parent involvement) 등으로 혼용되고 있다(한국유아교육학회, 1995)(〈표 8-1〉 참조).

표 8-1 여러 학자들의 부모교육의 정의

학자	정의
조형(1986)	부모뿐 아니라 예비부모를 포함하는 성인을 대상으로 하여 부모 됨에 대한 자신감을 갖게 하고 부모역할 긴장을 완화시켜 부모로서 균형 잡힌 전인적 삶을 살도록 도와주는 것
Brock과 동료들 (1993)	가족에서나 아동양육기관에서 아동양육방법에 대한 지식을 높이고 변화시키려는 조직화되고 체계적인 노력
Carter(1996)	부모와 아이들을 돌보는 사람들에게 자녀들을 건강하게 양육할 수 있는 방법을 가르쳐 주고 자신감을 증진시키기 위해 제안된 프로그램, 지원 서비스나 자원
Grotberg(1983)	부모로서의 역할기능을 원활하게 수행할 수 있도록 부모에게 정보나 지식을 전달하거나 기술을 가르치는 것
Heath(1995)	부모와 자녀의 발달과 부모자녀관계에 대한 태도, 통찰과 이해를 높이는 과정뿐만 아니라, 부모자녀관계와 부모와 자녀의 발달에 대한 지식과 기술을 습득하는 과정

*출처: 정현숙 · 유계숙 · 어주경 · 전혜정 · 박주희(2003). 부모학. p. 21.

Heath(1995)를 비롯한 많은 학자들은 부모가 되기 전에 부부가 부모 됨을 주체적으로 선택하고, 부모의 이미지를 형성하는 등 부모준비의 개념까지 포괄하는 광의의 개념으로 부모교육을 정의하였다. 또한 미국부모교육네트워크(National Parenting Education Network: 이하 NPEN)에서는 부모교육을 부모와 그들 자녀들의 발달과 그들 간의 관계에 대한 지식과 기술을 습득하고 이에 대한 태도, 이해와 통찰을 확장시키는 것을 포함하는 과정(Heath, 1995)이라고 정의하면서 부모와 자녀 모두를 대상으로 하는 교육으로 정의하였다.

그러나 지금까지 부모교육은 주로 부모를 대상으로 이루어지는 교육을 의미하기 때문에 체계론적 관점에서 관계로서의 부모자녀관계가 상대적으로 간과되었다. 또한 평균수명이 길어지고, 자녀의 수가 줄면서 부모자녀관계의 강도나 기간이 과거보다 길어지고 있다. 이혼 후 조부모가 손자녀의 중요한 양육자로 대두됨에 따라 이러한 관계를 포함한 부모교육의 필요성도 대두되고 있다. 따라서 가족생활교육에서 부모교육의 교육대상은 부모 개인뿐만 아니라 부모자녀의 체계를 다룰 수 있으며, 발달론적 관점에서 영유아기, 아동기, 청소년 자녀와 성인 자녀와의 관계도 포함된다. 또한 고부관계와 조부모와 손자녀관계도 확장된 의미의 부모자녀관계에 포함될 수 있다. 따라서 이 장에서는 이러한 관계를 모두 포함하는 포괄적인 개념인 '부모자녀관계교육'이라는 용어를 사용하되, 기존의 부모교육의 개념도 함께 적용하고자 한다.

2) 부모교육의 목적과 기본 가정

부모교육은 부모역할에 대한 이해를 높이고, 부모들이 선택할 수 있는 대안적 부모역할 모델을 제공한다. 또한 인간발달과 관계에 대한 새로운 지식과 기술을 가르치고, 지역사회에서 가능한 자원에 접근할 수 있도록 지원하며(Wandersman, 1987), 이러한 교육은 가족의 기능과 만족도에 긍정적으로 영향을 미친다. 이러한 부모교육의 대상과 목적은 부모자녀관계에 대한 관점에 따라 다양하다. Smith와 동료들(1994)은 National Extension Parent Education Model(이하 NEPE)에서 부모교육의 확산을 위한 부모교육의 목적 및 기본적인 원리를 제시하고 〈표 8-2〉와 같이 부모-자녀관계와 부모에 관한 아홉 가지 가정을 제시하였다. 이 모델에서는 자신에 대한 돌봄, 아동의 발달적 요구와 독특성에 대한 이해, 지도(guidance), 양육, 동기, 지지(advocacy) 등을 적극적 부모역할을 위해 필요한 기본적인 기술로 정의한다. 그러나 부모교육자나 부모들에게 가장 중요한 점은 이러한 기술뿐만 아니라 부모역할과 지식, 경험, 타인에 대한 민감성과 자기반성과 고찰 등의 신념이다(Jacobson, 2003).

표 8-2 Smith와 동료들(1994)의 NEPE 모델에서의 부모교육에 대한 기본 가정

1. 부모는 아동의 일차적인 사회화 담당자이다.
2. 부모의 태도, 지식, 기술과 행동은 부모교육의 노력에 의해 긍정적으로 영향을 받을 수 있다.
3. 부모역할은 연구와 경험을 통해 강화될 수 있는 학습된 기술이다.
4. 부모교육은 부모들이 적극적으로 참여하고 부모교육 프로그램에 기여할 때 가장 효과적이다.
5. 부모자녀관계는 다중적인 사회와 문화 체계에 의해 영향받고 그 안에 포함되어 있다.
6. 프로그램은 부모들의 다양성에 반응적이어야 한다.
7. 효과적인 부모교육은 다양한 방법으로 이루어질 수 있다.
8. 부모와 자녀 양쪽 요구가 다 맞추어져야 한다.
9. 부모교육의 목적은 부모(혹은 양육자)를 교육하고 강화하는 것이다. 그렇게 함으로써 보호와 돌봄, 능력 있고 건강한 아동발달을 더 잘 촉진할 수 있도록 하는 것이다.

부모교육은 다양한 내용을 포함한다. 가장 많이 포함되는 내용은 아동발달, 훈육방법과 제한, 자존감, 건강, 의사소통기술, 부모기 단계, 부모의 교육참여, 일과 가족의 조화, 가족체계, 가족의 전이, 갈등해결, 부모의 능력, 특별한 요구를 가진 부모, 지역사회와의 협력과 네트워킹 등이다. 특히 아동발달에 대한 이해는 부모교육에서 가장 중요한 주제 중의 하나이다. 미국유아교육협회(National Association for the Education of Young Children: NAEYC)는 아동발달 관련 연구에 기초하여 〈표 8-3〉의 아동발달의 원리를 제시했다.

표 8-3 미국유아교육협회의 발달원리

• 아동의 심리, 사회, 정서, 인지발달은 상호 관련성이 매우 높아 한 영역의 발달은 다른 영역의 발달에 영향을 미친다.
• 발달은 상대적으로 일련의 과정을 거치며, 이미 습득된 능력에 기초하여 후의 능력, 기술과 지식이 발달한다.
• 발달은 아동에 따라 개인차가 있으며, 아동의 기능화에 따라 아동 내에서도 일정하지 않다.
• 모든 경험은 축적되고, 개별 아동의 발달지체 원인도 되며, 발달과 학습 영역에 따라 최적 시기가 있다.
• 발달은 더 많은 복잡성과 조직과 내면화의 방향으로 예측 가능한 방향으로 진행된다.
• 발달과 학습은 다양한 사회문화적 맥락하에서 일어나며 영향을 받는다.
• 아동은 적극적인 학습자로 직접적인 사회적 신체적 경험뿐만 아니라 문화적으로 습득된 지식을 통하여 그들 주변 세계를 자신의 방식으로 이해한다.
• 발달과 학습은 신체적 성숙과 아이들이 살고 있는 물리적, 사회적 세계를 포함한 환경과의 상호작용의 결과이다.
• 놀이는 아동의 사회, 정서, 인지발달을 위한 중요한 기제이며, 그들의 발달을 반영하는 것이다.
• 발달은 아동이 새롭게 습득한 기술뿐만 아니라 그들이 현재 습득한 수준 이상을 습득하려고 도전할 때 앞으로 나아가게 한다.
• 아동은 그들이 아는 것을 다양한 방법으로 나타내며, 다양한 지식과 학습방식을 나타낸다.
• 아동은 그들이 안전하고, 가치 있다고 느끼고, 신체적 욕구가 충족되며, 심리적으로 안전하다고 느끼는 맥락에서 최선으로 학습하며 발달한다.

*출처: Bredehoft, Erkhoft & Walcheski(2003). pp. 79–80.

2 부모교육의 효과

부모교육의 중요성은 가족의 가장 중요한 기능이 자녀출산 및 사회화이며, 이러한 기능의 일차적인 수행자가 부모라는 데 있다. 따라서 올바른 부모역할은 건강한 사회를 위한 가장 중요한 요인이다(유영주, 1994, 2001). 또한 부모역할의 중요성은 어릴 때 아동이 경험한 부모자녀관계의 질이 성장한 후 부모자녀관계에 중요한 영향을 미치며(Benoit & Parker, 1994), 어머니의 어린 시절 애착경험이 자녀의 문제행동에도 영향을 미친다(강차연 · 장연집, 1999)는 연구들에 기초한다. 특히 가정폭력에 대한 연구들은 부모역할의 중요성을 강조한다. 왜냐하면 가정폭력의 가해자는 폭력

가족에서 성장한 비율이 70% 이상으로 폭력의 세대 간 전이가 나타나기 때문이다(Pagelow, 1984). 실제로 위험환경에 처한 160명의 어머니를 대상으로 한 김기환(1995)의 연구에서 47명의 학대받은 어머니 중에서 33명의 어머니(70%)가 자신의 자녀를 학대했으며, 어린 시절 폭력 경험이 부모가 된 이후 자녀폭력에 영향을 미치며(고정자 · 김갑숙, 1992), 어린 시절 부모 간의 학대를 관찰한 경우에 자녀학대 가능성이 증가한다고 하였다(김기환, 1995).

이러한 부모역할의 중요성에 따라 부모교육의 효과에 대해서도 많은 연구가 이루어졌다. 부모교육을 받은 부모들은 부모역할에 대한 자신감과 만족감을 갖고 의사소통기술이 향상되었으며(김향은 · 정옥분, 1999), 부모자녀관계도 향상되었다(김혜순, 1997). 또한 부모교육을 받은 부모의 자녀는 사회적 능력이 향상되고 긍정적 성격 특성과 자아개념(권춘기, 1994; 김향은 · 정옥분, 1999)을 형성하며, 학업성취능력도 향상된다(김미애, 1987).

이밖에도 정신지체아의 학습준비기능 신장을 위한 부모교육 프로그램(이보열, 1992), 입양부모들을 위한 준비교육 프로그램(구순주와 동료들, 1998), 대학생을 대상으로 한 부모준비교육 프로그램(신혜영, 1997) 등 다양한 부모준비교육 프로그램이 개발되어 효과 분석이 이루어졌다. 이들 부모교육 프로그램은 양육태도, 부모-자녀 간 의사소통과 자신감을 향상시키는 효과가 있으며(공병진, 1992; 김인자, 1992; 오세덕, 1995), 어머니를 대상으로 한 부모역할훈련 프로그램은 어머니와 아동의 상호작용 능력과 바람직한 양육환경 조성, 그리고 영아발달을 향상시키는 데 유의한 효과가 있었다(한경자와 동료들, 2001). 능동적 부모역할훈련(Active Parenting Today)도 부모와 자녀의 의사소통 수준과 가족응집력 향상에 효과적이다(홍경자, 1998).

3 부모교육의 교육내용과 부모교육자 자격

일반적으로 효과적인 부모교육과 양육을 위한 교육내용은 부모역할의 과정(부모의 역할, 생애과정에서의 부모자녀관계), 효과적인 부모역할과 지도방법, 생애과정에 따른 발달단계, 가족발달과 관계의 역동성, 다양한 문화와 특별한 요구를 가진 가족에 대한 지식, 생애과정에 걸친 학습과정 등이다(Jacobson & Hirschy, 2000). 또한 부모자녀관계는 영아기부터 성인기에 이르는 연속적인 과정이다. 따라서 NCFR의

표 8-4 발달단계에 따른 NCFR의"부모교육과 양육"의 교과과정

아동기	청소년기	성인기	노인기
• 아동에 대한 안전 • 부모로서의 책임 • 다양한 양육유형 • 자녀와 떨어져 사는 부모들 • 발달단계가 다른 아이들의 욕구 이해 • 부모 스타일과 행동의 차이 • 아동에 대한 의무 • 부모를 돕는 자원: 가족, 이웃, 지역사회 • 가족폭력, 학대, 유기 등 문제	• 부모자녀 간 의사소통 • 발달단계가 다른 아이의 욕구 대처 • 아이의 개인차에 반응하기 • 부모기에 대한 요구와 보상 • 부부 · 부모역할 이해하기 • 부모가 되기 위한 시기와 결정에서 고려할 요소 • 자녀양육 연습 • 아이에게 생활기술 교육: 자급자족, 안전, 의사결정 • 가족갈등과 갈등해결 • 가족폭력, 학대, 유기 • 부모를 돕는 자원: 가족, 이웃, 지역사회 • 다양한 부모 상황: 한부모, 계부모, 입양부모, 장애아동가족 • 부모양육방식에 민족, 인종, 젠더, 사회, 문화적 영향	• 부모가 되는 시기와 의사결정에 관하여 고려할 요소들 • 출산과 부모기를 위한 준비 • 의존적 아동에 대한 부모로서 변화하는 책임들 • 부모자녀 의사소통 • 자녀양육 연습, 지도, 양육전략 • 생애주기에 따른 부모자녀 관계의 변화 • 자녀양육에서 부모의 의사소통의 중요성 • 아동에게 안전한 환경 • 아동에게 생활기술 교육: 자급자족, 안전, 의사결정 • 부모기에 대한 보상과 요구 • 다양한 부모 상황들: 한부모, 계부모, 입양부모, 장애아가족, 노부모부양가족 • 부모를 도와주는 자원: 가족, 이웃, 지역사회 • 가족폭력, 학대, 유기 • 양육방식에 영향을 주는 민족, 인종, 사회적 성, 사회문화적 요인	• 노년기 부모자녀관계에서의 변화: 성인 자녀 관계와 협상하기 • 손자를 기르고 보호할 가능성을 포함한 조부모들의 요구와 보상 • 부모와 조부모 간 양육방식과 가치 차이에 대한 부모와의 의사소통의 중요성 • 조부모와 손자녀 의사소통 • 조부모를 돕는 자원: 가족, 이웃, 지역사회 • 가족갈등과 갈등해결 • 가족폭력, 노인학대, 유기문제 • 다양한 부모양육 상황의 복잡성 받아들이기: 한부모, 재혼부모, 장애아나 가족으로 돌아온 성인자녀를 돌보는 부모

*출처: Bredehoft(2001).

교육과정(Bredehoft, 2001)은 과정으로서의 부모역할, 부모의 권리와 의무, 가족생활주기에 따른 부모역할, 부모역할의 다양성에 대한 지식과 함께 아동기, 청소년기, 성인기에 부모역할에 대해 이해하고 다른 사람의 발달과 양육에 대한 지식을 습득하는 것을 강조한다. 구체적인 교육내용은 〈표 8-4〉와 같다.

전문직으로서의 부모교육에 대한 논의는 최근의 추세이다. 미국의 경우 미네소타 주를 시작으로 몇 개의 주에서 부모와 아동교육자의 자격을 요구하고 있으나 우리나라에서는 아직까지 구체적인 기준은 마련되지 않았으며, 개발된 프로그램에 따라 지도자 교육이 이루어지고 있다. 미국의 가족관계학회의 부모교육 포커스 집단은 인터넷 토론을 통해 부모교육자가 되기 위한 기본적인 자격(〈표 8-5〉)기준을 마련하였다(Myers-Walls, 1997).

표 8-5 Myers-Walls(1997)의 부모교육자의 자격

- 대인관계기술(듣기, 의사소통하기, 감정이입, 무비판적으로 받아들이기)
- 가족의 발달단계에 대한 이해
- 집단과정기술
- 교수기술
- 사회계층, 인종, 다양성에 대한 민감성
- 개인의 강점과 편견에 대한 이해, 개인의 가치를 비판적으로 검증할 수 있는 능력과 기꺼이 자신의 가치를 검증하려는 태도를 포함한 자신의 철학에 대한 지식
- 아동발달을 포함한 생애과정에서의 인간발달과 부모역할의 파트너십과 지역사회의 부모역할, 확대가족성원과 조부모 및 결혼 혹은 결혼하지 않은 이성애 부부, 동성애 커플 등을 포함한 친밀한 성인관계의 역동성에 대한 이해와 아동이 성장하면서 인생에서 중요한 영향을 미치는 개인에 대한 이해
- 지역사회의 지지 서비스에 대한 실제적인 지식
- 효과적인 문제해결방법을 알고 이를 사용할 수 있는 능력이 있으며, 이러한 과정의 모델을 알고 가르칠 수 있는 능력
- 직업현장이나 가족에서 겪게 되는 도전과 스트레스에 대한 지식
- 윤리, 전문가로서의 정체성과 규범

*출처: Powell & Cassidy(2001). p. 203.

4 부모교육의 발달과 현황

1) 우리나라의 부모교육 현황

우리나라의 부모교육 역사는 15세기로 거슬러 올라간다. 김숙자(1989, 신혜영, 1997 재인용)는 우리나라 부모교육은 15세기 소혜황후 한씨의 《내훈》을 시작으로, 18세기 이덕무의 《사소절》, 19세기 사주당 이씨의 《태교신기》 등으로 이어진다고 한다. 신혜영(1997)에 의하면 이들 부모교육서는 유교적 교육원리에 입각하여 일상생활의 과정을 통한 생활교육이자 예비부모교육의 성격을 띠는 비형식적 부모교육 지침서라는 공통점이 있다고 한다.

우리나라의 경우 1980년대 이후 부모교육에 대한 관심이 크게 고조되면서, 외국에서 개발된 부모효율성 훈련(Parent Effectiveness Training: PET)이나 체계적 부모효율성 훈련(Systematic Training Effective Parenting: STEP) 등이 도입되어 실시되었다(신혜영, 1997). 특히 PET 프로그램은 1989년 한국심리상담소에 설치된 PET 지부를 발판으로 적극적인 강사 훈련을 통해 많은 전문강사를 배출하였을 뿐 아니라, 85만 명 이상의 부모들이 입문 강의를 듣고, 6만여 명이 정규과정을 마칠 정도로(정옥분 · 정순화, 2000) 우리나라에 많이 보급된 프로그램이다. 그러나 1990년대에 이르러 외국 프로그램의 무분별한 수용에 대하여 비판이 증가하자(이영분, 1990), 한국지역사회교육중앙협의회(1992)의 '부모에게 약이 되는 프로그램', 청소년상담원(1993)의 '자녀의 힘을 북돋우는 부모훈련(Empowering Parents Training: EPT)' 등에서 국내 프로그램을 개발하고 전문가 교육을 실시하였으며, 이들이 현장에서 부모들을 만나고 있다. 이 중 EPT 프로그램은 부모 및 자녀의 발달적 측면에 대한 효과가 검증(김향은 · 정옥분, 1999; 박희숙 · 정옥분, 2001)된 대표적 프로그램이다.

우리나라의 부모교육은 주로 유치원과 각급 학교를 통해 다양한 프로그램이 보급되고 있으며, 한국심리상담소, 한국지역사회교육중앙협의회, 청소년 대화의 광장, 각 시도의 청년상담소와 아동상담소, 시민단체, 언론기관 및 대학 부설 사회교육원 및 평생교육원 등에서도 교육이 이루어지고 있다(최양미 · 이태섭, 1999). 이석순(1993)에 의하면 광주 지역의 경우 연구대상 120곳의 유치원 중 부모교육을 실시하는 유치원이 78곳이며, 유아의 성장 및 발달(94.9%), 부모자녀관계 유지에 필요한 기술(100%), 아동의 문제행동을 다루는 방법(83.3%), 부모를 위한 교양 및 취미활동(82.1%) 등에 관한 주제가 주로 다루고 있다고 한다. 유치원을 중심으로 한 부모교육은 유아교육 효과의 극대화를 주목적으로 유치원 연령의 자녀가 있는 부모를 대상으로 하고 있다(박성연 외, 2003).

한편 대학 차원에서는 1980년대부터 아동학이나 가족학 분야에서 '부모교육' 교과목이 개설되었으나, 교양과목으로서 대학생들에게 '부모준비교육'이 개설된 것은 1990년대 이후이다. 이들 프로그램은 대학생들을 위한 부모준비교육 프로그램이라는 특징이 있다. 우리나라 대학생들의 부모준비교육에 대한 인식도는 높은 편이며(예: 김지은, 2000; 유연화 · 신은미, 2000; 최양미 · 이태섭, 1999), 이들을 위한 프로그램도 개발되어 실시되고 있으나(예: 고선주, 1998; 김지신 외, 1997; 윤기영 외, 1998), 교육효과의 검증은 아직 이루어지지 않고 있다.

그러나 최근 들어서는 〈표 8-6〉과 같이 매우 다양한 자녀들의 특성을 반영한 부모교육 프로그램이 개발되어 효과성이 검증되고 있다. 그러나 이 프로그램들이 많은 경우 1회성으로 이루어지고 있어 표준화 작업이 요구된다. 이재택(2016)은 2004년부터 2014년까지 국내에서 이루어진 '부모교육 프로그램' 관련 논문(박사학위 논문 41편, 석사학위 논문 88편, 학술 논문 73편 등 총 202편)을 개발 근거, 적용 대상, 주제, 프로그램 설계 유형, 프로그램 횟수와 진행 시간, 교수-학습 방법, 교육자, 프로그램 효과 등으로 구분하여 제시하여 이 분야 프로그램 개발에 대한 기초자료를 제시하였다.

표 8-6 다양한 매체와 다양한 자녀의 특성을 반영한 부모교육 프로그램들

연구자와 논문 목록
• 강유정 · 구자경(2011). 사티어 이론에 기초한 어머니 집단독서치료 프로그램이 자녀와의 의사소통 및 일치성에 미치는 효과. 한국독서치료학회, 4(1), 25-44. • 권미은 · 최낙천(2013). 상호작용적 독서치료를 통한 부모교육프로그램 적용에 관한 사례연구. 한국발달장애학회, 17(2), 49-75. • 금명자 · 송미경 · 김수리 · 이수림 · 송은아(2005). 이혼가정 자녀를 위한 부모교육 프로그램 개발연구. 한국청소년상담복지개발원, 110, 1-79.

- 김미옥 · 천성문(2014). 재혼가족의 생활적응향상을 위한 부모교육 프로그램 개발 및 효과. 한국심리학회, 26(4), 903-928.
- 김수정(2012). 교회의 기독교부모교육 프로그램이 청소년기 자녀를 둔 어머니의 자녀양육 행동 및 부모역할만족도에 미치는 영향. 한국교회사회사업학회, 20, 7-36.
- 김은실(2013). 자폐성 장애 아동의 애착 증진을 위한 모-민감성 증진 부모교육 프로그램 개발. 한국정서 · 행동장애아교육학회, 29(2), 249-276.
- 김정미 · 강정원 · 박선영(2011). 예비부모교육 프로그램 개발 및 효과에 관한 연구-서울 지역 고등학생을 대상으로. 열린부모교육학회, 3(2), 1-19.
- 노명숙 · 김순옥(2011). 학습코칭 부모교육 프로그램 개발 및 평가 : 학령기 가족을 중심으로. 한국가정관리학회, 29(4), 89-107.
- 박현진 · 허자영 · 김영화 · 송현주(2011). ADHD 아동을 위한 인지증진훈련, 사회기술훈련, 부모교육 병합 프로그램 개발 및 효과. 한국정서 · 행동장애아교육학회, 27(3), 25-58.
- 배은숙 · 강기정(2008). 시설청소년을 위한 예비부모교육 프로그램 개발 및 효과 검증. 한국가족자원경영학회, 12(2), 173-190.
- 변미희 · 정혜선(2006). 예비입양부모 교육 프로그램 개발. 한국가족복지학회, 11(2), 83-101.
- 소수연 · 김승윤 · 유준호 · 지수연(2014). 초기 청소년 부모교육 프로그램 개발과 효과 검증. 경성대학교 사회과학연구소, 30(4), 425-453.
- 양미진 · 남은영 · 이수림 · 이자영 · 허자영(2010). 저소득가정의 부모교육 프로그램 개발 및 효과검증. 한국청소년상담복지개발원, 18(1).
- 양옥경 · 김연수 · 권자영(2006). 『탄력적 부모되기』 프로그램의 효과성연구. 한국사회복지학회, 58(1), 143-173.
- 이남희(2014). 취업모의 효과적인 부모역할 수행을 위한 부모교육 집단 상담 프로그램 모형 개발에 관한 탐색적 연구. 연세대학교 상담코칭지원센터, 2, 121-144.
- 장미경(2011). 청소년 게임중독 예방을 위한 부모교육프로그램의 개발 및 효과검증. 한국심리학회, 23(2), 277-297.
- 정은미(2010). 청소년기 손자녀를 둔 저소득 조손가정을 위한 조부모교육프로그램의 효과성 연구. 한국부모교육학회, 7(1), 5-21.
- 정현주 · 이호준 · 김하나(2012). 학교폭력 가/피해자 부모교육 프로그램 개발. 한국청소년상담복지개발원, 170, 1-217.
- 정혜선(2008). 일반위탁부모 사전교육 프로그램 개발. 대한아동복지학회, 6(4), 41-63.
- 조영숙, 이현수(2011). 장애아동 학대예방을 위한 부모교육 프로그램. 위기관리 이론과 실천, 7(6), 215-228.
- 지수연(2012). 보호시설 청소년미혼모의 학습된 무기력 감소를 위한 예비부모교육 프로그램 개발. 한국상담평가학회, 5(1), 13-20.
- 최대헌 · 이인수 · 김현아(2007). 새터민 아동, 청소년의 적응력향상을 위한 부모교육프로그램 개발. 한국아동교육학회, 16(2), 277-291.
- 한경님(2013). 다문화가정을 위한 역량있는 부모되기 프로그램 개발과 그 효과에 관한 연구. 한국사회복지교육협의회, 24, 127-160.
- 한국청소년상담원편(2007). 은둔형부적응청소년 부모교육프로그램개발 시범운영보고서. 한국청소년상담복지개발원, 2007, 1-190.
- 한상금 · 김순옥(2008). 가족여가부모교육 프로그램 개발 -청소년 자녀의 부모를 대상으로-. 대한가정학회, 46(5), 35-61.

2) 미국의 부모교육 현황

미국의 경우 부모교육의 역사는 식민지 시대로 거슬러 올라가며, 1897년 최초의 전국어머니회의(National Congress of Mothers)에 모인 여성들이 주축이 되어 결성한 부모-교사연합 PTA(Parent Teacher Association)이 대표적이다. 1999년 현재 2만 6천 지역분과에 650만 회원을 거느린 거대 조직으로 활동하고 있다(Powell & Cassidy, 2001). 이 조직은 초기 아동기부터 청소년기에 이르기까지 위협이나 문제에 직면한 아동을 돕고, 가족들에게 아동을 돌보는 방법에 대한 재교육에 초점을 맞추어 교육을 실시한다. 이 기관의 주된 목적은 가족생활의 과학화, 가사관리와 아동양육을 위해 여성이 역량을 갖춤으로서 더 행복하고 더 안정된 가정을 꾸리도록 돕는 것이다. 이들은 자기-학습과 집단토론방법, 가정방문을 통해 가난한 사람들을 지지하고 어머니 클럽을 구성하도록 돕는다. 또한 아동노동법에 대한 로비활동을 포함한 정치적인 목적도 수행하면서 미국의 어머니들을 결집시키면서 사회변화의 지렛대 역할을 해왔다고 평가되고 있다(Schlossman, 1976).

현대적 의미의 부모교육은 1960년대의 빈민아동을 위한 헤드 스타트(Head Start) 프로그램을 시작으로 본격화되었다. 헤드 스타트 프로그램의 평가 결과 프로그램의 효과에 가장 중요한 영향을 미치는 요소가 부모들의 적극적인 참여라는 점이 밝혀짐에 따라 부모교육이 강조되기 시작하였다. 그후 Gorden의 PET와 Dreikurs의 민주적 모형, Ginott의 인본주의적 전략, Berne의 상호교류분석, Dinkmeyer와 Mckay의 STEP과 같은 프로그램들이 속속 개발되었다(이석순, 1993). 이밖에도 미국아동연구협회(Child Study Association of America), 부모교육협회(National Council of Parent Education), 미국가정학회(American Home Economics Association) 등은 교육과정에 부모교육을 포함시키고 부모교육의 실시와 보급에 대한 압력단체 역할을 하고 있다. 1995년 이후 부모교육자들은 부모교육의 중요성을 인식하여 부모교육연대(Parent Education Network: PEN)를 결성하였으며, 현재 이 기관은 전국적인 연대(NPEN)로 발전하여 부모교육자들을 지원하고 부모교육의 활성화에 기여하고 있다(Powell & Cassidy, 2001). 이와 같이 미국에서는 점차 증가하는 가족문제와 사회의 복잡성에 대한 대안으로서 부모교육이 다양한 분야에서 실시되고 있다.

미국의 또 하나의 중요 부모교육집단은 The Child Study Association of America로 1925년 설립된 전국부모교육위원회(National Council of Parent Education)이다. 이들은 일반인들과 전문가 집단이 함께 교육도구개발 등 저소득층 가족과 도움이 필요하다고 여겨지는 가족을 중심으로 지원한다. 점차 관심은 전문가에서 부모들 자신의 지식과 경험을 증진시키는 방향으로 바뀌었다.

5 부모교육 프로그램의 실제

1) 미국에서 개발된 표준화 프로그램

미국의 교육 프로그램들은 1970년대 이후 크게 확산되었다(Noller & Taylor, 1989). 대표적인 프로그램으로는 Rudolf Dreikurs의 민주적 양육 이론에 근거한 체계적 부모효율성훈련(Systematic Training for Effective Parenting: STEP), 적극적 부모훈련(Active Parenting: AP)이 있다. 또한 Haim Ginott의 인본주의 전략에 근거한 자녀가 경청하는 대화하기(How to talk so kids will listen) 프로그램이 있으며, Thomas Gordon에 의해 개발된 부모효율성훈련(Parent Effectiveness Training: PET), Eric Berne의 상호교류분석(Transactional Analysis: TA)도 있다. 한편 Wesley Becker나 Robert Eimers, Robert Aitchison 등의 행동주의 원리에 입각한 부모교육 프로그램도 개발되어 실시되고 있다.

부모교육 프로그램들은 각각의 이론적 관점에 따라 〈표 8-7〉과 같이 부모역할에서의 강조점을 제시하고 있다. 특히 자녀에 대한 모델로서의 부모의 중요성과 부모와 자녀 간에 긍정적인 감정에 대한 의사소통, 자녀 존중, 칭찬의 중요성을 강조하며, 사랑이면 충분하다는 식의 사고방식에 대해서는 비판하고 있다. 공통된 책략으로는 규칙에 대하여 객관적으로 말하고, 자녀에게 선택의 기회를 제공하며, 부모의 욕구 또한 고려하고, 자녀를 긍정적 시각으로 바라보는 것이다. 그러나 외적인 보상과 처벌이 있는가와 자녀에게 부모의 분노를 표현하는가, 아동의 독특성을 강조하는가, 문제를 막기 위해 미리 예방적인 말을 하는가는 프로그램에 따라 차이가 있다(정현숙 외, 2003). 이들 프로그램의 구체적인 가정과 양육 원리는 〈표 8-8〉과 같다.

표 8-7 부모역할 책략의 비교

특성	Dreikurs	Ginott	Gordon	Becker	Eimers & Aitchison	국내 EPT
책임감의 목적	●	●	●	●	●	●
모델로서의 부모	●	●	●	●	●	●
자녀의 학습 능력	●	●	●	●	●	●
자녀 존중	●	●	●	●	●	●
느낌에 대한 의사소통	●	●	●	●	●	●
조롱하지 않고 창피주지 않기	●	●	●	●		●
시간과 주의집중의 중요성	●	●	●	●	●	●
사랑이면 충분하다는 사고의 비판	●	●	●	●	●	●
칭찬의 사용	●	●	●	●	●	●
민주적인 생활	●	●	●			●
규칙에 대한 객관적 진술	●	●		●	●	●
일관성	●	●		●	●	●
부모의 욕구	●	●	●			●
특정한 보상의 사용				●	●	●
특정한 벌의 사용				●	●	●
자녀에 대한 긍정적인 이미지	●	●	●			●
선택의 사용	●	●			●	●
부모의 분노 표현			●	●	●	
행위와 행위자의 구별	●	●				●
자녀의 독특성 강조	●					
예방적 행동 강조			●		●	

*출처: 정현숙 · 유계숙 · 어주경 · 전혜정 · 박주희(2003). 부모학. p. 162.

표 8-8 중요 부모교육 프로그램의 기본 원리와 양육 원리

종류	이론	기본 가정	양육 원리	실시 방법
민주적 부모 교육	Adler의 개인심리학을 적용하여 Dreikurs, Dinkmeyer가 개발	• 적절한 경계 안에서 언어적 설득을 통한 민주적 양육 • 아동의 입장 이해, 격려, 아동 스스로 생각하고 결정할 수 있게 동기 유발 • 성인과 아동의 관계는 평등주의에 기초	• 생활태도: 자아개념, 자아이상, 환경적 평가, 윤리적 태도 • 심리적 목표: 질서존중-사회적 규칙수용, 오해와 갈등을 피함, 계속적인 용기를 줌. • 아동행동의 이해: 관심받기, 자신의 권력행사하기, 보복하기, 부적절한 행동하기, 병리적인 행동하기 • 바람직한 양육방법: 가정 분위기를 긍정적으로 유지, 권리와 의무 준수, 약속의 일관성, 자연적 귀결과 논리적 귀결방법 이용	• 8~12명, 부부 참여 격려, 1주 2시 간 8~12주
인본주의 부모 교육	Axline과 Slavson의 심리 역동성이론과 Maslow, Rodgers 이론을 Ginott가 적용	• 아동의 문제행동은 정서적 요인으로 부모의 양육 태도에 있음 • 자녀를 있는 그대로 수용 • 부모자녀관계의 인격적인 면에 초점, 대화 중시하고 이해심과 동정심 있 는 부모	• 자녀의 이해: 부모자녀 간 신뢰로운 관계 형성, 사건보다 사건을 둘러싼 아동의 감정 이해, 부모에 대한 자녀들의 상반된 감정을 받아들임. • 부모의 태도: 지나친 칭찬이나 보상은 긴장과 잘못된 행동 유발함, 자녀의 실수에 훈계나 설교가 도움이 안 됨, 자녀에게 거친 형용사 사용 않기, 자녀들 앞에서 분노를 억누르기, 자녀들의 책임감 길러주기	• 단계: 떠들기 단계-감수성 향상 - 개념 향 상-기술 배우기 단계 • 10~20명 1주에 1회 15주
PET	정신분석학, Dreikurs, Rodgers 등의 이론을 Gordon이 정리	• 부모의 수용능력: 부모는 신이 아니라 사람임을 강조 • 문제파악하기(자신의 수용성과 문제소유 파악)	• 문제의 소유 • 적극적 듣기 • 의사소통의 장애요소 • I message-You message • 문제해결방법	• 8~10명

상호 교류 분석 (TA)	자아구조와 심리학의 상호교류 원리에 근거해 Berne, Harris, Jongeward 등이 개발	• 인간은 다른 사람과의 상호관계를 이해하고, 환경과의 상호작용을 통하여 자신을 변화시킬 수 있는 자율적 존재임.	• 개인의 인성구조: 어버이 자아상태, 어른 자아상태, 아동 자아상태 • 상호교류원리: 상보적 상호교류, 교차적 상호교류, 암시적 상호교류 • 생활형태: I'm not OK–You're OK, I'm OK–You're OK, I'm not OK–You're not Ok, I am OK–you're not OK	• 집단중심 가족관계 치료
STEP	Adler, Gordon의 영향으로 Dikmeyer, McKay가 개발	• 상호존중, 시간 내어 재미있게 놀아주기, 용기주기, 사랑으로 의사소통하기	• 의사소통기술 • 논리적 귀결	• 9주 모임
행동 수정 이론	Watson, Skinner의 행동주의 심리학에 기초	• 인간행동은 학습의 결과 • 모델로서 부모역할 • 행동수정 원리이용: 아동의 문제행동 목표설정, 관찰/분석, 강화계획수립	• 부모의 행동: 관찰, 기록, 강화(물질적, 사회적 토큰 강화)와 벌, 모델, 포화 • 부모는 교사이다, 독서, 반응적 부모역할하기 프로그램, 자녀관리, 아동에 대한 사랑을 위하여 어린이와 함께 살기	• 행동 수정에 관한 전문서적을 혼자서 읽고 계획, 실천함

*출처: Bredehoft(Ed.)(1995). Family life education curriculum guideline. pp. 24–25.

2) 가족향상 프로그램: Prunty(1976)의 The Care Lab

이 프로그램은 Gordon의 PET를 기초로 참석자들에게 부모자녀관계에서의 의사소통과 의미 있는 관계에 대한 인식을 돕기 위한 목적으로 개발되었으며 관계향상을 위해 듣기와 자신을 드러내는 기술을 익히고, 욕구와 가치의 갈등 문제해결을 위한 지침을 제시한다. 이 프로그램은 25~30명 정도의 구성원일 때 가장 효과적이며, 〈표 8–9〉와 같이 2박 3일의 프로그램이다. 의사소통의 다양한 영역을 체계적으로 다루는 방법이 프로그램 개발자들에게 많은 시사점이 있다.

표 8-9 Prunty(1976)의 The Care Lab의 교육과정

시간		교육내용
금요일	7:00~7:30	예배와 자기 가치, 사랑 등의 주제에 대한 반영
	7:30~8:15	문제소유의 문제
	8:15~8:30	휴식(coffee break)
	8:30~9:30	의사소통의 걸림돌 연습
	9:00~10:00	자신의 문제해결에 효과적인 방법으로서의 듣기
토요일	9:00	예배와 반성
	9:15	의사소통과 관계에서의 장애물 없애는 방법
	9:30	적극적 경청 시범: 3인 1조로 역할놀이
	10:20	휴식
	10:35	2명, 3명이 한 조로 적극적 경청 연습
	11:30	적극적 경청의 가치와 사용상의 문제점에 대한 토의
	12:00	점심
	1:00	상대방의 행동이 언짢아도 이야기하길 두려워하는 이유는 무엇인가?
	1:30	상대를 배려하면서 주장하는 방법
	1:45	두세 명이 한 조로 I-massage를 이용하여 연습
	2:45	I-massage 이용의 좋은 점과 사용 시 문제점 토의
	3:00	휴식
	3:15	우리 관계에서의 갈등의 내용과 기존의 해결방법은?
	3:30	win-lose 방법과 win-win 방법: 권력, 권위, 벌 등의 위험
	3:45	win-win 방법의 시범
	4:00	두 명이 한 조로 실습
	4:30	win-win 방법의 가치와 적용 시 문제점
	5:00	토요일 프로그램 종결
일요일	2:00	적극적 경청, 주장기술, win-win 방법의 사용 경험 공유
	2:15	나의 가치와 자존감 갖기
	2:45	자신의 가치관을 선택할 자유와 이러한 가치를 가짐으로써 생기는 갈등
	3:00	가치를 공유하는 방법
	4:00	도움이 필요할 때 갈 수 있는 곳은? 워크숍 후의 할 일은?
	4:20	예배와 자기가치, 사랑 등의 주제에 대한 반영

6 부모자녀관계 향상 프로그램

1) 고부관계 향상 프로그램

(1) 노부모 부양가족을 위한 교육 프로그램: 풍요로운 노후 가꾸기

전길양 · 송현애 · 고선주 · 김일명(1999)이 개발한 프로그램으로 고령화 사회에서 개인이 질적으로 개선된 성공적 노년을 보내기 위해서 노후에 예측되는 여러 변화와 욕구, 문제 등에 대해 적극적이고 긍정적인 태도를 갖도록 하기 위해 고안되었다. 또한 신체 · 경제적, 심리 · 사회적 준비를 위한 잠재능력 개발과 행동계획을 실천하게 함으로써 노후생활의 적응능력 증진을 목적으로 한다. 이 프로그램의 구체적 목표는 첫째, 노년기 변화의 역동성을 탐색하여 올바른 노년에 대한 이해와 합리적인 기대를 갖도록 하고, 둘째, 노년생활에서 나타나는 주요 문제들에 대하여 사전 점검하는 기회와 행동계획을 제공함으로써 노년기 변화를 긍정적으로 수용하고 적응능력을 갖도록 하며, 셋째, 노년의 욕구변화와 이에 대한 대처능력을 함양하여 자기 유용감을 확대하고 궁극적으로 성공적 노화에 대한 통합감을 이루도록 하는 것이다.

내용은 각 주제별로 8회기로 구성되었으며 4주 프로그램(〈표 8-10〉 참고)으로도 통합 실시가 가능하다. 각 회기는 활동 및 실습으로 두 시간에 걸쳐 실시하며, 대상은 50대의 개인을 기준으로 하나 참가 의사를 표현하는 경우 40대나 60대도 참여 가능하다고 한다. 이 프로그램에 대한 평가는 질문지를 통한 사전사후 검사와 인터뷰로 이루어진 총괄평가로 이루어졌으며, 프로그램 참석자들은 노후생활 준비에 대한 태도와 행동계획 등에서 의식이 향상되었다고 한다.

표 8-10 "풍요로운 노후 가꾸기" 4회기 프로그램의 회기별 주제 및 목표

회기	대주제	목표
1회	노년기의 건강	1. 건강한 노후생활에 대한 이해를 증진시킨다. 2. 노년기 신체적 노화의 특성과 건강관리에 대한 이해를 증진시킨다. 3. 노년기 정신건강에 대한 이해와 대처 방법을 점검해 본다.
2회	노년기의 가족관계	1. 양성성에 대하여 알고, 평등하고 융통성있는 역할관계를 갖는다. 2. 남녀 성에 대한 차이점을 이해하고, 노년기 성에 대한 고정관념에서 벗어나 친밀한 부부 성생활을 가능하게 한다. 3. 자녀세대에 대한 이해를 통해 세대 간 화합방안을 모색한다. 4. 노후의 다양한 주거 형태를 파악하고, 각각에 대한 정보를 숙지시킨다.
3회	노년기의 경제준비	1. 노후에 대한 경제적 대비의 필요성을 인식한다. 2. 은퇴 후 경제활동의 부부간 합의의 중요성을 인식한다. 3. 노후에 대비한 계획을 세운다. 4. 노후의 일에 관한 의미에 대하여 생각한다.
4회	노년기의 여가	1. 노년기 여가활동의 특성 및 여가욕구에 대한 이해를 증진시킨다. 2. 여가활동의 필요성과 나에게 맞는 여가를 디자인해 본다.

*출처: 한국가족상담교육연구소(1999). 풍요로운 노후가꾸기.

(2) 홍숙자 · 이형실 · 전길양(1995)의 노부모 부양가족을 위한 교육 프로그램

이 프로그램은 노부모를 모시는 부양가족의 능력을 강화하여 현재 담당하고 있는 가족부양의 부담이나 어려움을 완화시키고 궁극적으로 노부모 부양가족의 생활의 질 향상을 위하여 개발되었다. 또한 노화와 생리적인 변화, 노인의 심리적 욕구 및 발달과정을 이해하고, 노부모 성인 자녀 간 관계 증진을 위한 구체적 지식 습득을 통하여 노인문제를 예방하고 해결책을 모색하는 것이 목적이다. 프로그램 참여 대상은 조부모가 한 분이라도 생존해 계시는 성인 자녀이다. 프로그램의 실시 전과 후, 그리고 한 달 후 사후검사 실시 결과 참여자들의 노부모 부양에 필요한 지식 및 정보 수준이 향상되었으며, 부양자 자신의 자기통제력 수준 및 노부모와의 관계의 질도 긍정적으로 인식하게 되어 관계향상에 도움이 되는 것으로 나타났다. 총 6회기(주 1회 실시, 2시간 30분~3시간) 프로그램으로 구체적인 내용은 다음과 같으며, 2회기의 강의안은 〈표 8-11〉과 같다.

1회: 노부모와 노화: 노화와 생리적 변화, 노인질병과 (식)생활습관
2회: 노부모의 마음읽기: 노인의 정신건강, 노인의 역할과 심리
3회: 며느리의 역할과 심리: 중년기 변화의 특성 및 적응, 며느리의 역할 경험
4회: 남편역할과 심리: 시어머니, 남편 및 며느리의 역동적 관계, 노부모 역할 분담 및 역할 공유
5회: 인간관계와 자기성장: 관계의 이해 및 대인관계 유형, 관계의 주도권 성향 파악
6회: 건강한 가족(가족친밀감과 결속력): 노부모 초청의 날 건강한 가족 개념, 가족갈등 해결 방법, 젊은 세대 이해

표 8-11 홍숙자 · 이형실 · 전길양(1995)의 노부모 부양프로그램: 2회기

구분	교육 내용
주제	노부모의 마음 읽기
목표	1. 노인의 정신건강과 대처방법 알기 2. 은퇴기의 문제점 알기 3. 노인의 성격 특징과 심리적 욕구 이해하기
시간	강의와 조별 토의(2시간)
강의 및 활동	1. 만남과 인사 2. 강의와 토의 ① 노인의 정신건강 – 노인의 정신건강 – 치매, 우울증, 건강염려증, 과대망상증에 관한 질문이나 경험담, 사례 소개 – 경험이나 사례 소개에 대한 지지, 격려 및 대처방안 모색 ② 노인의 역할과 심리 – 노인의 감각과 지각 – 시각, 청각, 촉각, 후각, 미각의 특성에 따른 생활에서 적용과 지혜 나누기 – 은퇴기의 문제점 – 三苦(四苦) 3. 조별 토론과 발표 ① 노인 심리에 대한 무지로 인하여 겪었던 생활 경험이나 에피소드 발표 ② 노인 심리에 반응하는 지혜 나눔과 그에 대한 지지와 격려
준비물	치매노인 가족모임에 대한 정보물 메모지, 필기구, 이름표, 간식

*출처: 한국가족상담교육연구소(2003). p. 22.

(3) 김태현 · 전길양(1995)의 치매노인 가족을 위한 교육 프로그램

이 프로그램은 교육적, 지지적 접근을 통하여 치매노인 가족 부양자들의 심리 사회적, 신체적 부담을 완화시키며 문제해결을 통해 부양자 자신의 신뢰감을 증가시키고 대처 능력을 향상시키는 것이 목적이다. 구체적으로 이 프로그램은 ① 치매노인과 가족의 상황, 자원 활용에 관한 지식과 정보 습득, ② 실생활에 적용할 수 있는 기술을 훈련, ③ 통찰력과 인식의 변화, ④ 기술훈련을 통한 행동변화를 통해 궁극적으로 치매노인 가족의 삶의 질 향상을 목적으로 한다. 프로그램 참여 치매 노인부양자들은 대체로 정보의 유익성, 유사한 감정의 공유, 집단원 간 응집성과 신뢰성에서 높은 수준의 만족도를 나타냈다. 치매노인이 있는 가족원을 대상으로 총 5회기(주 1회 실시, 2시간~2시간 30분 소요)로 실시된다. 프로그램의 각 회기는 강의, 활동, 소집단 토의와 경험사례 발표로 구성되며, 구체적인 교육내용은 다음과 같으며 1회기의 강의안은 〈표 8-12〉와 같다.

1회: 치매란 무엇인가(치매의 이해): 치매노인과 가족의 특성, 치매의 개념과 원인, 일반적인 문제행동과 영향
2회: 치매노인 부양 경험(부양의 영향과 대응): 치매노인 부양과 가족생활의 변화, 대처 유형에 따른 부양부담과 정서적 영향
3회: 자기보호(스트레스 대처와 관리): 사회관계 축소와 과중한 역할 부담, 자기 관리의 필요성
4회: 도움찾기(자원활용과 역할분담): 지역사회 기관에 대한 정보제공, 비공식적 지지체계 발달
5회: 대인관계 향상(가족관계와 의사소통 개선): 효과적인 듣기 말하기의 중요성, 듣는 기술과 말하는 기술

표 8-12 김태현 · 전길양(1995)의 1회기 "치매란 무엇인가(치매의 이해)"의 강의안

구분	교육 내용
목표	1. 참석자들 간에 친밀감을 형성하도록 한다 2. 치매에 대한 실질적인 이해를 도모한다 3. 치매노인의 문제행동을 파악한다
강의	1. 치매노인과 가족의 특성 2. 치매의 개념과 원인, 발생, 진행 및 결과 3. 치매의 진행단계에서 만날 수 있는 일반적 문제행동 4. 문제행동이 미치는 영향
활동 및 실습	1. 오리엔테이션 a. 프로그램 개요 설명 b. 서약 및 참가 규칙 설명 c. 자기소개, 소책자 배부 d. 프로그램 참가동기와 바람 나누기 e. 개인 및 가족관계 전반에 걸친 사전 검사 실시 – 치매의 개념, 원인, 단계에 대한 지식 – 치매노인의 문제 증상과 대처 – 부양부담과 우울증, 스트레스 관리 2. 치매에 대한 이해 점검 및 토의 a. 치매에 대한 인식 점검 b. 처음의 증상 인지와 느낌 c. 현재의 치매단계 위치와 대응 3. 그룹 토의 및 발표
종결	앞으로의 진행단계에서 예측되는 결과와 문제점 나누어 보기, 집단원의 경험 및 느낌, 기대감 발표
과제	소책자 읽어오기
준비물	사전 검사지, 치매 관련 소책자, 이름표, 간식, 강의자료

*출처: 한국가족상담교육연구소(2001). p. 40.

2) 고선주 · 조은숙 · 옥선화(1998)의 부모기 전이기의 예비부모교육 프로그램

이 프로그램의 목표는 자녀의 존재를 서서히 한 가족원으로 받아들이고 준비하는 과정을 거치면서 부모기 전이기에 있는 예비부모의 부모됨에 대한 적응력을 높이는 것이다. 구체적인 세부 목표는 ① 부모기에 대한 이해, ② 자녀 탄생 이전에

가족의 토대가 되는 부부관계 강화, ③ 자녀의 존재를 수용하고 실제적인 양육연습을 통한 준비된 부모가 되도록 돕는 것이다. 첫 자녀를 임신 중인 부부를 대상으로 총 8회로 진행하며, 교육규모는 8~10쌍, 각 회기는 2~2시간 30분을 제안한다. 예비부모교육 프로그램의 경우 반드시 부부가 함께 교육받는 것을 원칙으로 하며 마지막 과정의 실습을 위하여 공간 확보가 필요하다고 강조한다. 8회기의 구체적인 교육과정은 다음과 같으며, 6회기 강의안은 〈표 8-13〉과 같다.

기초 과정	1. 부모가 된다는 것은? 2. 부모노릇은 정말 어렵고도 힘드네요.
부부관계 강화과정	3. 아가야, 엄마, 아빠는 이렇게 서로 사랑한단다. 4. 아기의 임신과 출산 5. 부모가 되려면 경제적인 준비는 어떻게 해야 하나요?
부모자녀 과정	6. 나 좀 보아 주세요. 7. 우리 아기는 어떤 남자와 여자가 될까요? 8. 아기는 이렇게 돌봐야 한대요.

표 8-13 고선주 · 조은숙 · 옥선화(1998)의 6회기 "태교: 나 좀 보아주세요"의 강의안

구분	교육 내용
목표	1. 전통 태교가 가지는 현대적 의미를 이해한다. 2. 태아를 한 가족원으로 받아들이게 한다.
강의	1. 태교란 무엇인가? 2. 모성태교와 부성태교의 실천 3. 현대적 의미의 태교 – 마음을 넉넉하게 갖기, 아기에 대한 사랑 키우기, 신나게 일하기
활동 및 실습	1. 아기에게 편지쓰기(배경 음악: 한동준 '너를 사랑해') – 부부가 서로 편지 교환과 상대방 편지 낭독 후 느낌 나누기 2. 아기와 함께 하고 싶은 일 정하기 3. 부부 서로가 좋아하는 사람과 음악, 음식 등에 대한 퀴즈 풀이 – 점수 매기기와 느낌 나누기: 서로를 기쁘게 하는 일을 하는 것이 현대적 의미의 태교가 될 수 있다. 4. 내가 아기라면……. 엄마(아빠)가 이럴 때 …… 난 기분이 좋아요. 엄마(아빠)가 이럴 때 …… 난 기분이 나빠요.

종결	태아도 이미 한 가족원임을 인식하게 하기.
과제	부부가 매일 잠들기 전과 아침에 아기에게 인사하기.
준비물	퀴즈판, 편지지, 펜, 음악 테이프, 아기 응답지

*출처: 고선주 · 조은숙 · 옥선화(1998). p. 178.

3) 유은희(1996)의 청소년 자녀의 부모교육 프로그램

이 프로그램은 청소년 자녀가 있는 부모들에게 청소년기 자녀의 발달 변화에 따라 융통성 있게 훈육하는 데 필요한 정보, 지식과 기술을 제공하여 부모들이 청소년 자녀교육에 효율적으로 대처하도록 돕는 것이 목적이다. 구체적으로는 ① 청소년 자녀의 발달적 변화에 따른 훈육기능을 향상시켜 좋은 부모자녀관계를 형성하는 데 도움을 주고, ② 청소년 자녀의 문제해결을 위한 실제 기술 습득하게 함으로써 문제를 예방하는 것이 목적이다. 이 프로그램은 주 1회(2~2시간 30분 소요)씩 총 6회로 구성되며, 각 회기는 주제 강의와 기술습득, 문제해결을 위한 활동과 토의로 구성되는데 구체적인 내용은 다음과 같다. 3회기의 강의안은 〈표 8-14〉와 같다.

1회: 청소년들의 특성: 청소년의 발달적 특성에 관한 정보제공으로 자녀에 대한 이해 증진
2회: 청소년에게 적합한 자녀양육: 양육 행동의 효율성 제고
3회: 존중받는 부모: 부모 자녀 쌍방의 개발을 통해 서로 상호 존중하는 관계 형성
4회: 자녀 마음을 여는 대화법 1: 반영적 경청기술 습득
5회: 자녀 마음을 여는 대화법 2: 효율적인 자기 표현기술 습득
6회: 자녀의 문제해결 능력 길러주기: 자녀 스스로 잘못된 행동을 고치도록 하는 기술 습득

표 8-14 유은희(1996)의 3회 "존중받는 부모"의 강의안

구분	교육 내용
목표	부모 자녀 쌍방의 개별화 촉진을 통해 부모 자녀가 상호 존중하는 관계 형성
도입	1. 전체적인 프로그램 내용과 진행방법 소개 2. 참석자들 간의 라포 형성
강의	자신있는, 존중받는 부모가 되는 방법 1) 부모와 자녀의 욕구 모두를 상호 존중 2) 권위있는 부모의 거절 3) 부모 자신의 실수 용서하기
활동 및 실습	1. 나의 부모, 나의 자녀 • 목적: 부모의 자녀로부터의 분리 촉진 • 방법: 1) 나의 청소년 시절 부모님이 나에게 취한 자녀양육 행동을 회상 2) 부모와 자녀의 자녀양육 행동: 질문지 응답 내용 분석결과 3) 부모와 나의 자녀양육 행동의 공통점과 차이점: 부모의 행동이 나의 자녀에 대한 기대, 행동에 미치는 영향 적기. 2. 나의 장점과 단점 자랑하기 • 목적: 부모의 실수, 열등감에서 자유롭게 한다. • 방법: 1) 자신의 단점 세 가지를 기록하여 발표한다. 2) 모두 함께 긍정적으로 재언급한다. 3) 장점 다섯 가지를 기록하여 발표한다.
종결	오늘의 소감을 함께 나눈다.

7 부모교육에 관련한 유용한 정보

1) The Public School Parent's Network: www.psparents.net

공립학교에 다니는 학령기 부모와 자녀들의 교육문제에 대한 다양한 정보를 제공하기 위한 사이트로 이 사이트는 학업, 학교관계자와의 관계, 건강문제, 숙제, 학습장애, 부모참여, 부모지원, 학교에서의 안전, 학교선택, 진학 및 취업, 사회화, 학

생지원, 교통문제 등 학교와 관련된 모든 문제에 대한 정보를 제공한다(〈표 8-15〉). 이들이 다루는 주제의 다양성은 우리에게도 많은 시사점을 제공한다.

표 8-15 PSPN의 주제 목록

Academics	
Academic Tracking Curriculum Grade Retention Parent Teacher Conferences Student–Teacher Conflicts Testing Issues Tutoring Options	• Academic Redshirting: Academic redshirting for young children refers to the practice of postponing entrance into kindergarten of age–eligible children in order to allow extra time for socio–emotional, intellectual, or physical growth. • Teaching the Way Your Child Learns • Sexuality Education: In Pursuit of Carnal Knowledge • Is Your Child Falling Through the Cracks? • Academic Tracking–Which Side of the Tracks is Your Child On? • Keeping up with your child's class requirements and homework. Why a syllabus should be required by parents for each class. • Fighting the Good Fight? When conflicts arise in the classroom, how do you find the happy medium between helping your child and not creating "hard feelings" • How to Handle Personality Clashes in the Classroom: Deciding Whether Classroom Horror Stories are Fact or Fiction...
Administrative Issues	
Class size Dress Codes Discipline Ed–Speak Legislative Issues Religious Issues State Links Teacher Quality Year Round School	• Administrative Accountability–Where Do You Turn for Help? • Legislative Issues: (Contact your local and state elected officials) • Your State's Board of Education • Conduct Unbecoming an Educator ... Why Frustration Levels are at the oiling Point? • Does Your Child has a High Quality Teacher? Five Ways to Know • What you can do to protect your child –Conflict Intervention • What are Educator's Hiding with"Ed–Speak and Why are Parents Kept in the Dark? • Dress Codes: The Pros and Cons of Mandatory School Uniforms • Satellite Town Meetings: Education Secretary Paige • Zero Tolerance

College Preparation	
Financial Aid Planning Testing	• College Preparation and Planning–Wonderful resources that help make college possible. • Applying for Findancial Aid • Federal Financial Aid Program
Editorials	
• Back to School: Here we Go Again–Links, Articles, and Tips for a Successful Start to the New School Year. • Behind the Classroom Door–Emotional and Verbal Abuse in the Classroom • Do You Know Your Child's School Emergency Plan? • Get it in Writing	
Grade Level Issues	
Elementary School Middle School High School	• Grade Retention–Is the System Failing Your Child? Demanding Equal Adminstrative Accountability for Success or Failure • Should you hold your child back? • First Grade: Ready or Not
Health Issues	
Allergies Attention Deficit Childhood Illnesses Depression Eating Disorders Headaches Immunizations Stress	• Indoor Air Quality of Schools • Molds and Mildews in Public Classrooms • Conquering Text Anxiety • When Your Child's Complaints Aren't Taken Seriously
Homework Help	
Geography History Language Arts Math Science School Projects	• School Projects: Getting a Head Start on Project Preparation and Planning
Learning Disabilities	
LD Assessment Dyslexia Non–Verbal Learning Disabilities Special Education Speech Development Disorders	• How Do You Identify Dyslexia in a Pupil? • Your Child's IEP(Individualized Education Program) • Developmental Speech and Language Disorders

Parental Involvement	
Home Alone Knowledge Power Mentoring Parenting Your PTA Working Moms	• The More You Know–Becoming an Effective Advocate for your Child • Back th School Checklist • Are your children Home Alone? Links to help you determine if your child is ready. • Working Moms • Parenting: Links ranging from "How to Help your Children like themselves" and "Step Family Problems", to "Summer Job Resources."
Parental Support	
PIRCs ECS	• Find Your PIRC SES
Safety at School	
Bullying Playground Safety School Violence School Security	• Bullyproofing our Schools: Great New Helpful Links!! • Administrative Accountability when Bullying Goes Unchecked. • Holding Administrators Accountable: When you're told there is nothing they can do to protect your child. • The Effects of Violence on Children • School Sccurity
School Choice	
Charter Schools Magnet Schools School Vouchers	• Definition of Choice • What are Magnet Schools? • Voucher Information by State • Voucher Information The Heritage Foundation: What's Happening in the States? • Does charter School Competition Improve Traditional Public Schools: Manhattan Institute:
Socialization	
	• Peer Acceptance and Rejection: Children Without Friends • Socialization Issues: Helping your child adjust to school environments. • Reading Between the lines: When your child says... "I don't want to go to school"
Student Emotinal Support	
Behavior Issues Substance Abuse Suicide Trauma	

2) 미국유아교육학회(The National Association for the Education of Young Children): www.naeyc.org

NAEYC는 1920년 학계 전문가와 영유아보육기관을 운영하는 교육자들의 모임에서 출발하였다. 0~8세 영유아기 아동의 복지 증진을 위해 교육 및 발달 서비스를 제공하는 기관의 질적 향상에 초점을 맞추고, 회원, 교사 및 기관 운영자, 가족, 고등교육기관, 학생 등 다양한 집단을 대상으로 정보를 제공한다.

3) Child & Family Webguide: www.cfw.tufts.edu

이 사이트는 2001년 Tufts 대학의 아동발달학과와 Tisch 도서관 사서들에 의해 만들어졌는데, 웹에 기반을 둔 다양한 부모교육에 대한 정보의 홍수로 정확한 정보를 얻기 어려운 부모들을 위해 아동발달을 전공하는 대학원생들과 교수들이 검토한 좋은 자료를 제공하고 있다. 홈페이지 주제 색인(가족/부모역할, 교육/학습, 특징적인 아동발달, 건강/정신건강, 자료/레크리에이션의 다섯 가지 영역)을 통해 아동의 연령별 정보를 검색할 수 있다. 참고로 이들이 다루는 주제 색인은 〈표 8-16〉과 같으며, 첫 번째 주제인 학대(abuse)를 클릭하면 〈표 8-17〉과 같은 관련 유용한 홈페이지를 소개해 준다.

표 8-16 Child & Family Webguide의 색인어

abuse	attention deficit disorder	child adoption
accident prevention	autism/asperger	child care
activities with kids	behavior problems	child care resources
ADD/ADHD	blindness	child care/preschool
adoption resources	brain development	child rearing
after school activities	breastfeeding	chronic illness support
after school care	brothers	co-sleeping
alcohol and drugs	bulimia	colleges
anger management	bullies	computers
anorexia	charter schools	cultural identity
anxiety/fears	child abuse	dads

day care
defiance
depression
depression support
developmental disabilities
developmental milestones
discipline
disobedience
divorce
down syndrome
drugs and alcohol
early childhood education
eating disorder resources
eating disorders
eating problems
family support
fathers
first aid and safety
food allergies
foster care
friends/peers
friendship
gifted children
grief/bereavement
health hazards
health insurance
healthy eating
home schooling
homework
hyperactivity
internet safety
is my child OK?
language development
learning disabilities
learning disabilities resources
literacy/reading
loss and grief resources
low income families
marital breakup
medical
mental health resources
mental retardation
mentoring
misbehavior
movies and media
multicultural education
music
new baby
nursery school
nursing
obesity
obsessive compulsive disorder
oppositional-defiant behavior
outdoor education
out-of-school time
parent involvement
parenting
parenting teens
parents rights
PDD
pediatricians
peer pressure
physical disabilities
physical fitness
play
poverty
preschool curriculum
product recalls
puberty
reading and writing
recommended reading
role models
sadness
safety
scapegoating
school courses
school readiness
school violence
schools
self-esteem
siblings
single parents
sisters
sites for kids
sleep
speech
speech/language disorders
stepfamilies
stress and coping
stubborn
substance abuse
substance abuse resources
summer camps
talented children
talking
teen issues
teen sexuality
teen suicide
television
testing
toilet training
toys
tv/media
vacations
video and computer games
volunteer opportunities

표 8-17 Child & Family Webguide의 아동학대 관련 소개 사이트의 예

Related terms: **child abuse**

National Clearinghouse on Child Abuse and Neglect

rating: ★★★★★

Facts and articles about the causes of physical child abuse in America, and the short-term and long-term effects of physical child abuse and neglect. Other topics include psychological effects of child abuse, and the identification, prevention, and treatment of this abuse. Also includes a comprehensive child abuse definition, as well as conference news, a database, and funding
information.

Go to this site | Viewer Comments

National Data Archive on Child Abuse and Neglect

rating: ★★★★★

Practical and research-based information on child maltreatment. Site presents reports, Related conference information and child abuse information. Also discusses causes of physical child abuse in America and the effects of physical child abuse. Site includes a newsletter, FAQs, and an e-mail listserv.

Go to this site | Viewer Comments

Children's Bureau

rating: ★★★★☆

Practical and research-based information on child maltreatment, as well as adoption and foster care. Site features child abuse information, including causes of physical child abuse in America and possible psychological effects of child abuse. Offers facts, advice, nationwide research and policy information.

Go to this site | Viewer Comments

International Child Abuse Network

rating: ★★★★☆

Contains easy-to-read child abuse articles, practical advice and reflections on child abuse. Useful stop for parents and researchers looking for anecdotal and research-based evidence regarding causes of child abuse in America and the effects of physical child abuse. Articles discuss the psychological effects of child abuse, parenting, abuse in the media, domestic violence and other assorted topics.

Go to this site | Viewer Comments

Prevent Child Abuse America
rating: ★★★★☆
Provides statistics-based child abuse information specifically geared toward practitioners, researchers and parents. Articles discuss causes of physical child abuse in America and the psychological effects of child abuse. Site offers advice on preventative measures, and sections which provide contact information for state organizations, question forums, a newsletter and policy information.
Go to this site | Viewer Comments

4) The National Fatherhood Initiative(NFI): www.fatherhood.org

이 기관은 아버지 부재로 인한 비용과 아버지 역할을 유지하는 데 기여하는 결혼의 중요성을 강조하기 위한 사회운동의 일환으로 1994년 설립되었다. 아버지 역할에 대한 대중 캠페인을 목적으로 주지사와 시장들이 연대하여 협회가 결성되었으며 각 지역 NFI도 결성되었다. 또한 National Institute for Fatherhood & Family Revitalization의 C. Ballard와 함께 연대하여 활동하며 다양한 정보를 제공한다. NFI의 목표는 적극적이고 책임감 있는 아버지와 함께 성장하는 아동의 복지를 증진하는데 있다. 이들은 크게 세 가지 활동을 주도하는데, 첫째, 대중 캠페인, 연구 및 다양한 자원을 활용하여 모든 사람들 특히 아버지들을 교육하고 고무하며, 둘째, 지역사회 및 전국 차원의 아버지 운동을 위해 교육과정과 훈련 및 기술적 지원을 할 수 있는 지도자를 양성하고 이들을 각 지역에 배치하며, 셋째, 사회의 각 영역에 이들을 지원할 수 있는 동반자와 지원자들을 확대하는 사업을 한다. 이들은 〈좋은 아버지 10계명〉 팸플릿 등 유용한 정보도 제공한다.

좋은 아빠가 되는 10가지 방법

1. 아이의 엄마를 존중하자.
2. 자녀와 시간을 함께 보내자
3. 자녀와 대화하자.
4. 사랑으로 훈육하자.
5. 역할 모델이 되자.
6. 교사가 되자.
7. 식사를 함께 하자.
8. 자녀에게 책을 읽어주자.
9. 애정을 표현하자.
10. 아버지 역할은 끝이 없음을 인식하자.

| 그림 8-1 | NFI의 아버지 10계명 팸플릿

5) First Thing First(FTF): www.firstthings.org

이 조직은 테네시 주의 해밀턴(Hamilton) 카운티에 기반을 두고, 지역사회의 개인, 집단, 조직과 연계하여 교육과 협력을 통한 건강가족운동을 하는 비영리조직이다. 지역민의 가족이 사회를 지지하는 데 가장 중요하다고 인식하여, 각 지역이 처한 열악한 환경과 다른 지역보다 이혼, 아버지 부재, 혼외출산 등의 가족문제가 급증하는지를 파악하여 위기를 극복하고 지역사회를 새롭게 하자는 취지하에 1997년 지역사회의 지도자들이 모여 만든 자발적인 조직이다. 특히 지역사회의 FTF가 지원체계의 역할을 함으로써 이혼과 혼외 출산을 줄이고, 아버지 역할을 강화함으로써 건강한 가족과 지역사회를 이루도록 지원한다. 이를 위해 결혼과 가족자원센터에서 아버지, 부부, 부모, 10대, 재혼가족, 독신들에 대한 다양한 정보를 제공하며, 또한 지역사회의 신문, 방송, TV 등 다양한 매체를 활용한다. 또한 앞에서 설명한 The National Fatherhood Initiative와도 연계하여 부모교육과 정보를 제공한다.

6) Family Support: www.familysupportamerica.org

1981년 시카고에서 Bernice Weissbourd에 의해 세워진 아동발달과 부모교육을 위한 전문기관이다. Parent Magazine의 창시자로서 가족에 초점을 두고 전략을 필요로 하는 부모들의 욕구에 부응하기 위해 활동을 시작하였다. 현재 수천 명의 회원들과 함께 학술대회 등을 운영하며 '당신이 가족을 돕기 원한다면, 부모들이 무엇을 원하는지 물어보라(If you want to help families, ask parents what they want)'라는 슬로건을 내걸고 다양한 활동을 수행한다.

이 단체는 가족과 지역공동체들의 능력과 힘을 강화하여 아동, 청년, 성인과 가족구성원들의 긍정적인 발달을 장려할 수 있다는 신념을 강조한다. 또한 부모들이 좋은 양육자와 지지자가 되기 위해 필요로 하는 욕구 충족을 위해 자료를 제공하고, 가족문제 예방을 위해 계획된 프로그램을 통해 부모자녀관계를 강화함으로써 지역사회와 일반 대중을 연결하는 역할을 한다. 이러한 활동을 지지하는 대중과 개인회사들을 격려하며, 책임감 있고 유연한 가족에 초점을 맞추며, 가족의 능력에 기초한 전체론적인 접근을 하는 것이 특징이다. 이를 위해 아동과 가족의 삶의 질 향상을 위한 책임이 있는 정책자, 프로그램 제공자, 부모들, 경영자들과 함께 사회운동을 전개한다. 이 사이트를 통해서는 입양, 가족자산 구축(설립), 아동양육, 아동보호, 공동체의 경제발달, 안전공동체, 신체장애/특별한 요구, 가정폭력, 평가, 아버지역할, 수양자녀양육, 건강,미디어 관계, 부모의 지도력, 부모교육, 안전, 치유, 평화, 학교들, 기술적 접근, 일과 가족 등 매우 다양한 정보를 얻을 수 있다.

7) 오하이오 주립 대학의 Senior Series: http://ohioline.osu.edu/ss-fact/

미국의 오하이오 주립 대학에서 발행하는 〈Senior Series〉는 노인을 부양하거나 노인에 관련된 일에 종사하는 사람들을 교육하고 도움을 주기 위해 만들어진 소책자이다. 한 주제당 A4 두 장 정도의 비교적 부담 없이 간단하게 읽을 수 있는 분량이며, 그 내용 역시 실질적이고 구체적인 상황에서 적용할 수 있는 내용으로 구성되어 있다. 또한 오하이오 주립 대학의 웹사이트에서 온라인으로 제공하고 있어서 비교적 손쉽게 이 자료에 접근할 수 있다는 장점이 있다. 제공하는 자료는 〈표

8-18>과 같이 건강/여가/가족/주거/노년기 적응/음식 등으로 한 가지 카테고리에 한정된 것이 아닌 다양한 분야에서의 접근을 시도하고 있다. 이 자료는 학습자가 시간이나 장소에 구애 받지 않고 혼자 간단히 학습할 수 있는 장점이 있어 비교적 폭넓은 대상이 이용할 수 있으며 그 교육효과 또한 크다. 이 자료는 노부모-자녀관계 교육 프로그램에 효과적으로 이용할 수 있다.

표 8-18 미국 오하이오주립대학의 'Senior Series'의 제공 자료

대분류	소분류	내용
건강	건강	- 50세 이후의 건강함, 건강상태 - OTC 약물 치료 역시 약이다. - 성공적인 건강을 위한 전략 - 당신의 건강관리전문가와 함께 일하기 - 질 vs 양: 노인의 웨이트 트레이닝의 이익 - 약초와 당신의 건강
건강	병원	- 의사와 의사소통하는 방법 - 의료 환자의 법적 권리 - 왜 노인들은 약물치료 위험에 노출되어 있는가? - 약물치료는 노인들을 학대한다. - 약물과 약물의 상호작용과 음식과 약물의 상호작용에 기인한 약물치료에 반대하는 반응들 - OTC 약물들의 Labels - 당신을 돕는 의사를 돕기 - 의사의 처방이 있는 약과 OTC 약물 - 약 먹는 것을 기억하기 위한 시스템
	질병	- 관절염을 가지고 살아가기 - 당뇨병과 노인 - 골다공증: 노화 문제 - 발작(뇌졸중 등)
여가	취미/여가	- 노인들의 정원 가꾸기 - 서포트 그룹을 어떻게 시작하는가?

주거	집	– 노인들이 주거공간을 이동했을 때 – 노년기의 가정(Homes) –'사용자에게 익숙하게' 당신의 부엌을 만들라. – 저당권 설정 바꾸기 – 집과 주거에 적절한 유형 선택하기
노년기 적응	적응	– 언제 사람들은 노인이 되는가? – 노인을 위한 프로그래밍
	노화	– 낙상 예방하기 – 청력 감퇴와 노인들 – 그래서 당신은 듣기 위한 도움이 필요하다. – 균형 강화: 낙상 예방하기 – 나이 듦에 따른 스트레칭과 유연성 – 감각 변화 – 건강한 노화의 예언자
가족	가족	– 세대 간의 프로그래밍 – 조부모들은 스트레스 받는 자식의 손자녀를 돕는다. – 다시 부모로서의 조부모들 – 조부모가 손자녀 키우기 – 형제(자매)는 영원하다. – 조부모의 역할
	부양자	– 부양자의 역할 – 부양자 돌보기 – 고용과 부양은 균형을 이루는가? – 돌봄에서 부양으로 – 부양자 소모(부족)
	노부부 가족생활	– 고정된 수입으로 살아가기 – 한 사람 또는 두 사람을 위한 식료품 쇼핑 – 한 사람 또는 두 사람을 위한 요리하기 – 두 번째 기회로의 혼전 동의

음식	음식	– 더 건강한 식이조절 – 음식 중독의 위험 감소시키기 – 음식 가이드 피라미드: 파스타와 밥, 빵과 씨리얼, 아침식사, 곡류, 지방과 당분, 우유, 치즈, 요구르트, 다른 칼슘 소스, 과일 선택하기, 야채, 감자 – 흑인을 위한 음식 가이드 – 인간공학과 당신이 먹는 음식 – 지나친 영양소 섭취는 노인들을 혹사시킨다. – 당신과 당신의 음식을 안전하게 유지하기
기타	널싱홈	– 사랑하는 사람이 양로원으로 갔을 때 무엇을 할 수 있나? – 양로원 방문 시 조언 – 양로원 방문 시 선물 아이디어
	사기	– 노인들이여, 사기꾼들의 희생자가 되지 않도록 조심하라. – 텔레마케팅 사기
	기타	– 성인기에서의 우정 – 개인의 경력 – 노인학대(폭력)

Chapter 9

성교육

성은 태어나면서 죽을 때까지 일생을 통해 한 개인의 삶과 함께하며, 한 개인을 그 사람답게 하는 특징을 보여 주는 것이며, 개인의 인간관을 그대로 보여 주는 행동방식(전교조 여성국편, 1990)이라는 점에서 중요하다. 즉, 성은 우리 삶의 가장 핵심적인 내용이며 또한 가장 중요한 발달적 특성이다. 또한 성의 중요성은 성이 개인의 삶의 기본적 요소일 뿐만 아니라, 우리 자신을 인식하는 방식이며, 인간관계에서 친밀감과 애착, 공유된 기쁨 및 신체적 정신적 건강과 관련된 개념이라는 데 있다. 일반적으로 성이라는 용어를 많이 사용하지만 성과 관련된 개념은 〈표 9-1〉과 같이 매우 다양하다. 이 장에서는 이들 개념을 포괄하는 개념으로 성을 포괄적으로 정의하여 성교육으로 지칭하며, 가족생활교육의 중요 영역인 성교육의 기초 이론과 교육과정 및 실제 프로그램들을 정리하고자 한다.

표 9-1 성과 관련된 개념

1. 섹스(sex, 性): 생물학적인 특성인 생식기의 차이에 의해 구분되는 남성과 여성을 의미하거나 성적인 행동을 언급하는 복합적 의미로도 이용됨.
2. 사회적 성, 젠더(gender)와 성역할(sex-role): 사회문화적, 심리적으로 남성됨의 상태 혹은 여성됨의 상태를 의미. 이러한 사회적 성에 따라 개인이 그가 속한 문화권에서 여자 또는 남자로서 특징지어질 수 있는 여러 자질 혹은 성유형화 과정을 통해서 성별에 따라 습득하게 되는 성격특징, 태도, 선호경향, 행동 등을 총체적으로 일컬어 성역할이라고 함.
3. 성적인 자아(sexual self), 성적 정체감(sexual identity): 심리적으로 자기 자신의 성적 자아동일시를 의미하는 용어. 자신의 신체적 성이 잘못되었다는 믿음을 가진 성정체성 장애를 겪는 성전환자(transsexuals)가 있으며, 성에 대한 부정적인 편견을 가진 성차별주의(sexism)자들이 있음.
4. 섹슈얼리티(sexuality): 흔히 성애나 성욕으로 표현되지만 자기 자신을 성적인 존재(sexual being)로 정의하는 일련의 가치, 믿음이나 행동들을 포함하는 보다 넓은 개념

*출처: 정현숙 · 유계숙 · 최연실(2002). 결혼학. p. 52.

1 성교육의 의미

1) 성교육의 개념과 목적

'성교육은 성에 대한 태도와 가치와 신념을 형성하고 정보를 얻음으로써 성적 건강을 위한 강력한 기초를 만드는 전생애 과정 동안의 학습'(Darling & Hollon, 2003, p. 8)으로 정의된다. 이러한 성교육은 교육대상의 발달단계(아동기, 청소년기, 성인기 및 노인기 등)와 교육대상자(교사, 부모 등)에 따라 교육내용과 방법이 차별된다. 미국 가족관계학회(NCFR)에서도 자아, 관계와 친밀감 등에 관한 가치와 믿음 및 태도를 형성하고 정보를 습득하는 것으로 정의하고, 전생애 과정으로 성의 개념을 모든 연령으로 확대하며 적용한다. 성의 발달, 출산의 건강, 대인관계, 애정, 친밀감, 신체상 및 성역할 등도 성교육의 영역에 포함한다. 또한 성교육은 부모가 아동의 일차적인 성교육자이지만 성교육에 대한 의무와 책임은 지역사회가 공유하는 것이기 때문에, 성교육이 단순히 가정이나 교실에서만 이루어지는 것이 아니라 지역사회까지 확대된다는 점을 강조한다. 이러한 정의에 기초해 Powell과 Cassidy(2001)는 성교육 프로그램의 구체적인 목적을 다음과 같이 다섯 가지로 정리하였다. 첫째, 모든 연령 사람들의 성과 관련한 건강과 성적 지향을 증진시키기 위하여, 둘째, 십대 임신과 성병을 줄이기 위하여, 셋째, 아동의 성학대 예방을 위해, 넷째, 부모와 그들의 자녀(청소년, 아동) 간의 성적 대화를 돕기 위하여, 다섯째, 교사가 성교육 강의를 위해 준비될 수 있도록 지원하기 위한 목적이 있다.

2) 성의 개념과 이론적 관점

(1) 성의 개념과 영역

성이 무엇인가에 대한 가장 체계적이고 포괄적인 모델은 Gochros와 Fischer(1986)의 "성애의 요소(The component of sexuality)"에 기초해 D. Dally가 개발한 생태학적 모델이다(Powell & Cassidy, 2001에서 재인용). 이들은 인간의 성의 영역을 [그림 9-1]과 같이 다섯 가지로 정리하고, 가족환경과 사회환경에 영향을

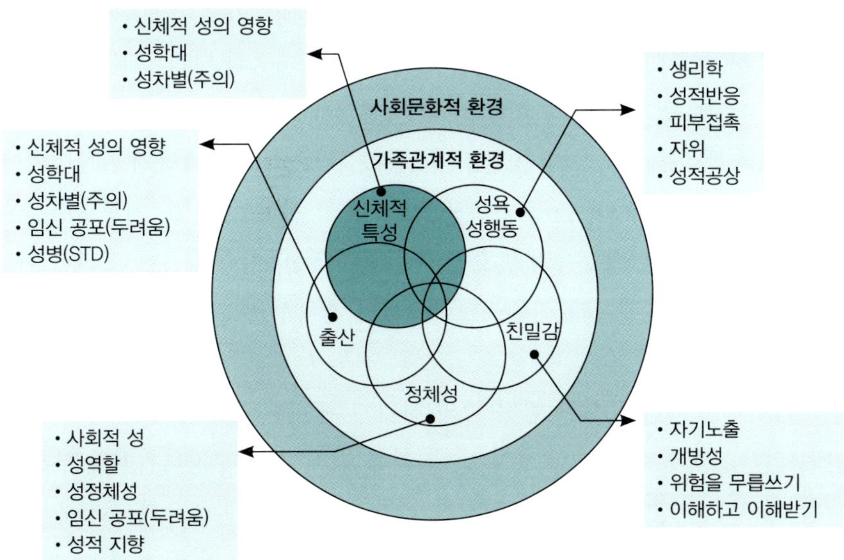

| 그림 9-1 | 인간의 성에 대한 이해

*출처: Powell & Cassidy(2001). p. 147.

받는 관계적 특성으로 성을 설명하였다. 즉, 성에 대한 가치, 믿음이나 행동들은 본능적인 것으로 타고난 것이라 아니라 어려서부터 경험한 환경이나 부모의 양육방식, 그리고 사회적 태도에 의해 형성되는 것으로 인식한다. 따라서 모든 사람은 성적인 존재이지만 각자의 성적 경험과 발달능력과 욕구는 사람들마다 다르며, 개인의 성욕은 단순히 성적인 흥분이나 성관계 이상을 의미하는 포괄적인 개념이다. 또한 인간관계에서의 다양한 행동양식은 생물학적인 성에 대한 표현방식이나 성애에 대한 표현방법 그리고 사회에서 규정하는 성에 의해 영향을 받는다고 가정한다. 이들의 이론과 관점은 성교육의 내용 구성이나 프로그램 개발에 많은 시사점이 있다. 이 책에서는 이들의 성에 대한 개념을 기초로 성의 영역을 다루고자 한다.

(2) 성에 대한 이론적 관점

실제로 성교육 프로그램을 개발하고 교육하기 위해서는 성의 개념과 영역에 대한 이해도 중요하지만, 성을 어떠한 관점으로 이해하고 적용할 것인가도 매우 중요하다. 저자는 Mayden(1996)과 Powell과 Cassidy(2001)가 제공하는 가이드라인(〈표 9-2〉 참조)이 현대와 같은 다중사회에서 매우 적절하게 적용될 것으로 판단된다. 이러한 가이드라인에 대한 이해가 중요한 이유는 다른 개념과 달리 성은 매우 가치지향적이며, 사회의 변화에 따라 매우 다양한 관점을 가지므로 성에 대한 교육자들 간의 가치공유를 위해서도 이러한 관점의 공유가 필요하며 중요하게 다루어져야 하기 때문이다. 특히 이 책의 11장 가족생활교육사의 전문성에서도 지적되었듯이 다중문화능력은 가족생활교육사의 중요한 자질 중의 하나이기 때문에 이러한 관점에 대한 공유는 가족생활교육과 가족생활교육사의 전문성을 위해서도 중요한 기준이 된다.

또한 성교육을 위한 중요한 관점 중의 하나가 체계론적 관점이다. 성에 대한 세대 간의 의사소통과 성에 대한 신체적, 심리적 경계 및 부모자녀관계와 부부간 성에 대한 피드백은 개인과 가족의 복잡한 관계를 해석할 때 중요한 통찰을 제공한다. 특히 어떠한 경계를 설정하고, 언제, 어떻게, 부모형제 혹은 관계적, 개인적인 하위체계가 거리조절(distance regulation)을 하는가 하는 것은 체계론적 관점으로 설명이 가능하다. 또한 성과 관련된 가족의 이야기, 의식, 규칙들에 대한 논의도 성에 대한 이해와 의미를 제공한다(Darling & Hollon, 2003).

표 9-2 **다중사회에서의 성의 관점**

- 성애는 인간 삶의 자연스럽고 건강한 부분이다.
- 모든 인간은 성적이다.
- 성애는 신체적, 윤리적, 성적, 정신적, 심리적, 그리고 정서적 영역을 포함한다.
- 모든 사람들은 존귀하고 가치가 있다.
- 젊은이들은 그들의 문화적 유산의 맥락하에서 개인으로서 자신이 독특하고 가치가 있다고 보아야 한다.
- 인간은 자신의 성욕을 다양한 방법으로 표현한다.
- 부모가 아동의 일차적인 성교육자가 되어야 한다.
- 가족은 성에 대해서 아동에게 첫 교육을 제공하여야 한다.
- 다원화 사회에서, 지역사회에 존재하는 성애에 대한 다양한 가치와 신념을 받아들이고 존중해야 한다.
- 성적관계는 절대 착취적이고 강압적이어서는 안 된다.
- 모든 아동은 사랑받고 보호되어야 한다.
- 모든 성적 결정은 영향과 결과가 있다.
- 모든 사람은 책임 있는 성적인 선택을 할 의무와 권리가 있다.
- 개인, 가족, 그리고 사회는 아동이 자신의 부모와 성에 대해 토론하거나 다른 신뢰할 만한 성인과 토론할 수 있을 때 그 혜택이 있다.
- 젊은이들은 성인이 되기 위한 과정으로서 성에 대한 자신의 가치를 발달시켜야 한다.
- 젊은이들은 성적인 성숙을 이루는 자연스러운 과정으로서 자신의 성욕을 탐색하여야 한다.
- 미숙한 성적행위에의 참여는 위험이 있다.
- 임신과 성병이나 HIV를 예방하는 가장 효과적인 방법은 성교를 절제하는 것이다.
- 성관계를 한 젊은이들은 건강보호 서비스에 대한 정보에 접근할 수 있어야 한다.

*출처: Fact sheet: Guidelines for comprehensive sexuality education: Kindergarten–12th grade, 1997, *SIECUS Report,* 25(6). Powell & Cassidy(2001), pp. 148–149에서 재인용.

2 성교육의 이론

1) 성교육의 내용과 교육과정

성교육은 성과 관련된 청소년들의 문제가 사회적 문제가 되면서 그 필요성이 증가하게 되고 성교육 영역도 발전되는 계기가 되었는데, 즉, 청소년들의 성행위의 결과로 야기되는 건강의 문제와 임신 및 출산 등이 사회적 문제로 확대되었기 때문이다. 이러한 이유로 미국에서는 성교육을 '미성숙한 성적 접촉으로 야기되는 치명적 건강문제를 예방하기 위한 교육'으로 정의하며 '예상치 못한 십대 임신을 예방하고 HIV를 포함한 성병과 특히 AIDS 예방과 제거'를 목적으로 한다. 이러한 정의에 의해 주로 젊은이들에게 성의 위해와 문제 예방에 관한 정보를 주는 교육이 교육과정의 중요한 부분을 차지한다(Mayden, 1996). 특히 미국에서는 1982년 이후 수양부모가족 및 그룹홈을 포함한 가족 외에서 양육되는 아동 및 청소년의 수가 급증하고(이들 중 6~12세가 1/3, 13~18세의 청소년이 1/3) 있는데, 이들 대부분이 성적, 신체적 학대를 경험하게 된다는 연구결과에 의해 국가적인 차원에서 성교육에 대한 관심이 집중되었다(Mayden, 1996)고 한다. 또한 성적행동과 약물중독 및 성적학대 간에 높은 상관관계가 있으며, 이 집단이 또한 성적으로 학대받는 비율도 높다는 연구결과에 따라 다양한 주에서 여러 종류의 성교육을 실시하고 있다.

이러한 이유로 초기 성교육 내용은 성적으로 건강하지 않은 행동, 즉 미성숙, 보호되지 않는 성교, 성병, 성적학대, 데이트 강간 등 행동적인 것을 강조하였다. 그러나 점차 건강한 가치, 태도, 행동, 기술 및 건강하지 않은 행동이나 성행동에 대한 결정을 피하는 것도 중요한 성교육의 내용으로 확대되었다. 이러한 관점은 성적행동이 의미있는 대인관계를 유지 발전하는 능력으로 인식되고 교육되어야 한다는 것이며, 구체적으로는 자신의 신체를 귀하게 여기는 것, 양성과 인격적이고 적절한 방식으로 상호작용하는 것, 애정과 사랑과 친밀감을 자신의 고유한 가치와 일관되게 표현하는 것 등을 의미한다. 그러나 이러한 점들이 청소년들에게 적용되었을 때는 임신예방교육이 핵심이다.

그러나 앞에서도 설명하였듯이 성은 생애 과정 동안 이루어지는 인간행동의 과정이다. 그래서 NCFR에서는 〈표 9-3〉과 같이 발달단계에 따른 교육내용을 제안하였으며, 앞에서 설명한 성에 대한 이론적 관점을 토대로 성교육의 교육과정이 발달단계에 따라 체계적으로 개발되어야 한다. 성인들은 준비가 안 되거나 보호되지 않은 성의 부정적인 결과에 대한 관심을 가지고 성인의 성건강 증진을 위해 필요한 정보, 태도, 가치, 통찰을 제공하고, 관계와 대인관계기술 및 책임감에 대한 내용이 성교육의 교육과정에 포함되어야 할 것이다.

표 9-3 미국가족관계학회(NCFR)의 '인간발달과 성' 영역 교육내용 안

아동기	청소년기	성인기	노년기
• 정서 · 사회적 발달 • 건강유지를 위한 책임감: 영양, 개인 위생 • 개인의 독특성 • 나이든 사람들에 관한 수용: 청소년, 성인, 노인 • 성장과 발달에 영향을 미치는 사회 · 환경적 상황들	• 발달에서 개인차 받아들이기 • 개인 건강에 대한 책임: 영양, 개인위생, 운동 • 가족의 라이프스타일 선택 위한 기초 이해: 가치, 전통, 종교적 신념 • 신체건강 발달에 미치는 약물의 영향 • 발달유형: 신체, 인지, 정서, 도덕, 성격, 사회, 성적 발달 • 발달유형 간의 상호작용 • 생애주기에 따른 발달 패 턴: 죽음에 대한 개념 • 성인기와 노년기에 대한 고정관념과 현실 • 발달장애 • 성장 · 발달에 영향을 미치는 사회 · 환경적 상황	• 발달의 개인차에 영향을 주는 요소들 • 발달유형: 신체, 인지, 정서, 도덕, 성격, 사회, 성적 발달 • 발달유형들 간 상호작용 • 개인, 가족건강에 대한 책임 • 자기와 타인의 발달을 증진시키는 것 • 생애주기의 발달 패턴들: 죽음의 개념 • 성인기와 노년기에 대한 신화와 현실 • 능력이 떨어지는 것에 대해 적응하는 것 • 성장과 발달에 영향을 미치는 사회 · 환경적 상황	• 발달에서 개인차에 영향을 미치는 요소 • 발달유형: 신체, 인지, 정서, 도덕, 성격, 사회, 성적 발달 • 발달유형 간 상호작용 • 생애주기에 따른 발달 패턴: 죽음에 대한 개념 • 노인에 대한 신화와 현실 • 무능력에 적응하기 • 성장과 발달에 영향을 미치는 사회 · 환경적 상황들 • 노년기 신체적 변화에 적응하고 대처하기 • 개인건강, 안전에 대한 책임 • 상실에 대해 슬퍼하고 적응하기

이상 교육과정 중 최근에 들어와 더욱 강조되는 주제가 성폭력예방분야이다. 성폭력은 강간, 강간시도, 근친상간, 부적절한 노출 등이 포함되는 개념으로 아동과

성인 모두에게 중요한 교육내용 중 하나이다. 아동을 대상으로 하는 성폭력 교육을 위한 관점은 Engel 등(1993)이 제시한 다음의 가정들이 교육을 계획하는데 효율적으로 적용될 수 있을 것이다. 대부분의 성폭력이 7세 이전에 일어나기 때문에 성교육예방교육은 전통적인 교실수업뿐만 아니라 아동과 부모가 읽을 수 있는 책자와 만화, 비디오, 연극, 인형극, 역할극 등 다양한 방법이 효과적이라고 한다.

1. 아동은 자신의 신체를 통제할 권리가 있다.
2. 싫은 느낌과 좋은 느낌, 다른 종류의 만짐, 참아야 하는 욕구들은 없다.
3. 아동은 자신의 느낌을 신뢰할 수 있고, 적절치 않은 접촉을 인식할 수 있다.
4. 자신이 불편하거나 두려운 것에 대해 아동은"no"라고 할 수 있고, 그 상황을 피할 수 있다.
5. 아동은 자신이 신뢰하는 성인에게 혼란스럽고 적절치 않은 접촉에 대해 이야기해야 한다.
6. 폭력자는 낯선자가 아니라 아이들이 아는 사람들일 수 있다.
7. 접촉에 대한 비밀은 지킬 필요가 없다.
8. 어떠한 폭력도 아이들의 잘못은 아니다.

2) 효과적 성교육 프로그램 개발을 위한 조건들

이 절에서는 성교육이 효과적이기 위한 조건을 Haffner(1990), Wilson(1997), Powell과 Casidy(2001) 등의 학자들이 제안한 내용을 중심으로 살펴보고자 한다.

(1) 성교육의 시기

성교육은 빠를수록 좋으며 출생 때부터 시작하여야 한다는 점은 모든 학자들이 강조하는 부분이다. 왜냐하면 성교육은 현실적이고 장기적인 관계를 위한 준비과정이며, 개인의 건강이나 개인적 성취, 그리고 직업적 성취와 연관된 가치와 관련이 있기 때문이다. 따라서 연속적으로 발달단계에 맞게 교육과정이 제공되어야 한다.

(2) 효과적 성교육 프로그램

① 효과적 성교육프로그램의 기준

모든 가족생활교육 프로그램은 이론에 기초해야 한다. 성교육도 이론에 기반한

표 9-4 효과적인 성교육프로그램 개발과정에서 중요하게 고려할 내용들

단계	중요 고려사항
프로그램 개발 단계	• 이론에 기반: 행동변화에 대한 이론적 모델과, 다른 건강 관련 행동에 영향을 미치거나 관심이 있는 성적행동의 중요한 선제 조건 등에 이론적인 접근에 기초하여 개발
	• 프로그램의 목표: 특별한 행동을 목표(예를 들면, 의도하지 않은 임신이나 HIV를 포함한 성병 등의 원인이 되는 하나 이상의 성적행동을 줄이는 것 등)로 하며, 궁극적으로는 자신의 성적행동과 부모역할에 대해 책임감을 갖도록 하는 것이 최종 목표가 되어야 함.
	• 실습강조: 교육효과를 높이기 위해 실습이 중시된 프로그램과 학습자가 적극적인 참여자가 되어 실습을 통해(praxis) 반영적인 행동을 할 수 있도록 계획
프로그램 내용 구성 단계	• 보호되지 않은 성적행동의 위험과 이러한 위험을 어떻게 줄일 것인가에 대한 기본적이고 정확한 정보(구체적으로는 십대의 성적행동의 위험과 성적관계를 피하는 법, 임신과 성병을 예방할 수 있는 방법)
	• 의사결정을 위한 도덕적 윤리적 준거를 강화하고, 긍정적인 자아상과 책임감을 강조하는 내용
	• 가정, 학교, 지역사회, 종교조직 등 가족과 사회가 함께 책임감 공유를 강조라는 내용
	• 미디어, 동료, 문화 등 십대 성적행동과 의사결정에 영향을 주는 것들
	• 성적 절제나 스스로 보호하려는 결정을 할 수 있도록 학생들의 가치와 신념을 강화하고 발전시키는 내용
	• 성적행동을 절제하거나 콘돔 등 다양한 피임 도구를 사용하는 것에 대한 명확한 메시지를 지속적으로 강화하는 내용
단계 프로그램 운영 단계	• 교육대상 학생들에게 정보를 제공하고 상호작용 기회를 제공 • 의사소통과 협상기술에 대한 실습과 현실적 상황에 대한 토론기회 제공
	• 건강한 자아개념 발달 촉진과 다양한 가치와 경험을 인식하도록 기회 제공
	• 성적인 질문과 문제에 대해 솔직하고 개방적으로 대화하도록 유도함.
	• 훈련된 교사가 운영하고, 교사는 학생들의 삶의 환경인 가족과 학교가 아동의 발달에 적절하고 안전한지 관심을 가지고 상황을 점검할 때 효과적임.
	• 청소년들이 책임감 있는 가치를 형성하도록 가족의 역할을 강조하는 것이 중요한데 부모들의 개입이 임신 예방에 특히 중요(Miller, 1998)함[Mayden(1996)은 의사, 사회사업가, 변호사, 동료 청소년 등 다양한 집단의 참여(mayden, 1996)도 효과적이라고 함].

프로그램 개발이 강조되지만 다른 교육프로그램과 달리 성교육 프로그램은 구체적인 상황에 대한 실습과 중요한 이슈에 대한 토론의 중요성이 강조된다. 이러한 점에서 Kirby(1997), Mayden(1996), Miller(1998), Haffner(1990), Powell과 Casidy(2001), Wilson(1997) 등이 제시한 효과적인 성교육 프로그램을 위한 다양한 기준은 성교육프로그램 개발 및 운영 시 매우 효과적으로 적용될 수 있으며 이를 영역별로 정리하면 다음과 같다.

② 효과적 프로그램의 예

위의 기준을 기초로 할 때 효과적인 성교육프로그램은 가. 성적행동에 영향을 미치는 사회적 압력에 대해 설명하는 활동을 포함하고, 나. 의사소통, 협상, 거절기술과 같은 실습과 예(〈참고 9-1〉 참조)를 제공하며, 다. 참여자가 포함되도록 교육방법을 설계하고 그들이 정보를 개별화하도록 하며, 라. 학생들의 연령과 성적경험과 문화에 적절한 행동목표, 교수방법과 자료를 활용하며, 마. 충분한 시간을 투자하고, 바. 적절한 훈련을 통해 프로그램을 잘 진행할 수 있고 프로그램의 가치를 믿는 동료 지도자와 교사를 선택하는 것이 중요하다. 아래에 제시한 Darling과 Hollon(2003)의 '친구들의 압박과 위험을 피하는 거절 기술' 프로그램은 이러한 기준이 잘 반영된 매우 현실적이면서 특히 청소년들에게 효과적인 실습 프로그램 중의 하나이다.

참고 9-1 친구들의 압박이나 위험을 피하는 거절 기술

이 방법은 건강하고 안전하고 법적이면서 자신과 상대방을 존중한다는 것을 보여 주는 결정을 강화하기 위해 이용할 수 있다. 한 반의 학생들 중 배심원 집단을 만들고, 나머지 학생을 3~5개의 경쟁 집단으로 나눈다. 다음과 같이 몇 가지의 성적인 압박 상황을 구분해서 제시한다.

- 상황 1: 네가 성관계를 갖지 않으면, 성관계를 할 다른 사람을 찾을 거야.
- 상황 2: 네가 나를 사랑한다면, 나랑 성관계를 가져야 해.
- 상황 3: 모든 사람들이 성관계를 갖는다.
- 상황 4: 난 그저 네 옆에 누울게.
- 상황 5: 성이 우리 관계를 더욱 견고히 할 거야.

각각의 집단이 다섯 가지 상황에 대해 어떻게 응답을 할 것인가를 결정하면 배심원이 내용을 평가하여 각 집단에 점수를 준다. 이와 같이 위협적이지 않은 게임과 같은 활동을 통해 어려운 상황을 경험한 청소년들은 교실 밖에서 같은 상황에 부딪힐 때 당황하지 않고 대응할 수 있을 것이다.

*출처: Darling & Hollon(2003). p. 85.

(3) 성교육 프로그램의 효과평가

대부분 가족생활교육 프로그램은 질문지를 이용하여 행동과 태도 변화와 지식정도를 평가한다. 그러나 성과 관련된 내용은 사람들이 사회적으로 바람직하게 응답하는 경향이 높으며, 지식이 많다고 해서 반드시 성행위 시 콘돔 등 피임 방법을 이용하고 성행동의 빈도를 줄인다고 보기는 어렵다. 또한 동료의 가치나 미디어 등 성적행동에 영향을 미치는 외부 요인을 통제하는 것도 어렵다. 따라서 체계적인 연구가 필요하지만 이 또한 돈과 시간이 많이 들고 적용이 어려운 단점이 있다.

그러나 Kirby(1997)는 성교육의 효과를 제대로 파악하기 위해서 ① 평가를 위한 사례수를 충분히 늘리고, ② 실험과 통제집단을 무선할당하는 연구설계를 계획하고, ③ 프로그램 계획시 장기적 추수과정을 포함하며, ④ 적절한 통계적 분석을 실시하며, ⑤ 독립적인 평가치를 이용하여 평가하며, ⑥ 성공적 프로그램의 경우는 반복적인 적용을 통해 자료를 확보하며, ⑦ 연구결과 나타난 긍정적이고 부정적인 결과도 포함하여 모두 발표하는 것이 성교육 효과를 정확히 평가하기 위해 연구자들이 노력해야 하는 과정이라는 점을 강조한다.

또한 교육 프로그램의 경우는 적용한 프로그램이 얼마나 장기적인 효과가 있는가가 매우 중요한 효과평가 내용인데 이를 위해서는 일정 기간 동안 성공적으로 프로그램을 적용한 뒤에만 올바른 결과 평가가 가능하다. 따라서 프로그램에서 제시한 목적과 강의 내용과 일관된 평가가 이루어지도록 하여야 하지만, Haffner와 Goldfarb(1997)는 이러한 기준이 충족되지 않은 나쁜 평가를 하기보다는 평가를 안 하는 편이 더 바람직하다고 까지 주장한다. 따라서 포괄적인 성교육의 평가는 젊은이들이 성행위를 했는가에 대한 변화를 측정하거나 그들이 피임 방법을 이용했는지 여부에 대한 변화 그 이상을 포함하여야 하며, 학교를 기반으로 한 성교육의 평가는 지식, 태도, 기술의 변화에 초점을 맞추어야 한다. 자료 수집을 위해서는 질적방법과 양적방법이 서로 중요한 보완방법이므로 함께 사용하는 것이 바람직하다는 점을 강조한다.

3 성교육 프로그램의 실제

이 절에서는 미국과 우리나라에서 행하는 성교육 프로그램을 소개하고 이들 프로그램의 특징과 방법들을 살펴본다.

1) 미국의 성교육 프로그램

미국의 프로그램은 앞에서도 설명하였듯이 청소년 임신 예방을 위한 프로그램이 각급 학교에서 적극적으로 시행되고 있다. 특히 사우스캐롤라이나와 버몬트 주는 성교육이 주정부 차원에서 적극적으로 이루어지고 있다. 사우스캐롤라이나 주는 수양부모가족의 아동이 성폭력의 피해가 크며 청소년범죄로 이어지는 비율이 증가하자 수양부모를 대상으로 교육하는 것이 특징이다. 두 개 주의 프로그램 특징과 내용은 〈표 9-5〉와 같다.

표 9-5 미국의 청소년 임신 예방 및 성교육 프로그램의 실제

주	사우스 캐롤라이나 주의 청소년 임신 예방 프로그램	버몬트 주의 성교육 프로그램
목적 및 성에 대한 기본 가정	• 출산 연기를 위한 책임감 있고 효율적이며, 비용 효과적인 방법 제공 • 출산 예방과 경제적 독립을 위해 모든 가능 한 자원을 이용하도록 지원 • 십대 임신 예방을 위해 다른 단체와 연합, 교류 극대화 • 부모–자녀 의사소통향상을 통해 청소년의 욕구를 인식하고 욕구를 성취할 수 있도록 가족 능력 강화 • 예방적 건강교육 프로그램 및 가족계획 서비스를 포함한 모든 임신 관련 건강서비스 에 접근할 수 있도록 촉진함. • 임신 예방을 위해 자신의 노력을 강조하며 지역사회는 기관들이 촉매자로서의 역할 수행	• 인간의 성애는 건강하고 자연스러운 삶의 일부다. • 성애는 신체, 윤리, 정신, 종교, 심리, 정서적 영역을 포함한다. • 아동은 자신의 몸, 건강 및 인간의 성애에 대해 정확한 정보를 얻을 권리가 있다. • 가족은 아동의 성정체성 획득에 가장 우선적이며, 가장 중요한 자원이다. • 아동이 부모와 그들이 믿는 성인과 성에 대해 대화할 수 있을 때 개인, 가족과 사회 모두 혜택이 있다. • 많은 젊은이들은 성적성숙을 이뤄가는 자연스러운 과정으로 자신의 성애를 탐색한다. • 미성숙한 성적 접촉은 위험이 따른다. • 성적관계는 강제적, 착취적이지 않아야 한다. • 모든 성적 행동에 대한 결정은 결과가 있다.
목적 및 성에 대한 기본 가정	• 개인의 강점, 능력, 태도와 흥미를 최대화하여, 학교 참여를 조장하고 궁극적으로 취업을 위한 기초 다지기 • 다른 가능한 기관이나 서비스를 복제하거나 경쟁하기보다는 서로 협력하여 보조하기	• 성관계를 하는 모든 젊은이들은 건강보호서비스에 대한 정보에 접근할 필요가 있다. • 성교를 하지 않는 것이 임신과 성병을 예방하는 가장 효과적인 방법이다. • Department of Social & Rehabilitation Services(SRS)는 아동, 청소년들이 성적행동을 책임 있게 선택할 수 있도록 지원할 의무가 있다. • 모든 성교육 교육과정은 다양한 개인과 가족의 가치 및 성에 대한 신념을 존중하여야 한다.

특징	• 가족참여를 강조하여 초기 교육 프로그램 구성 시 가족의 가치와 성에 대한 태도를 포함하여 설계. • 부모와 수양부모가족(foster family)에게 훈련을 실시하고, 성교육 책자를 제공함. • 성교육 책자의 내용: 6장으로 구성되며 1장은 성에 대해 아동과 이야기하는 방법에 대한 가이드라인, 2~5장은 성의 발달, 성에 대한 흥미, 연령집단별 관심 주제 및 이를 다루는 법, 6장은 참고정보로 성기관, 출산, 피임, 사춘기, 관계, 성적표현, 성적지향, 성학대 등의 내용 • 책자, 비디오테이프, 개인 및 집단토의, 동료교육 등 다양한 매체 이용 • 성인지도자와 함께 자원봉사자인 청소년의 동년배 보조자 활용 강조 • 성적행동과 성정체성 강조	• 10~19세 청소년을 위한 임신 예방 캠페인 프로그램 • 방과후 프로그램과 여름방학을 이용한 프로그램으로 교육, 개별상담, 멘토링, 레크리에이션, 건강교육, 지역사회 서비스 등을 포괄한 통합적 교육 • 자존감 향상과 인생의 선택까지 포괄하는 교육과정으로 구성 • 가족의 욕구분석, 개인 및 집단상담, 여가활동, 과외지도, 지역사회 프로젝트에 참여하기, 직업적성 측정, 직업훈련 및 배치, 가족계획 및 다른 건강 관련 서비스에 접근하기 등 다양한 활동 포함 • 교육내용: 자존감, 성병, 의사결정, 친구의 영향, 아동양육 책임감, 고용, 이론, 성적행동의 위험, 부모역할, 의사소통기술, 장래계획 수립, 인간의 성욕 • 다양한 강사: 정보제공은 또래학생 및 또래상담자가 제공하며, 전문상담자가 상담을, 지역사회의 자원회사들이 일과 관련된 교육 및 건강 관련 교육을 직접 제공함. • 가정환경 측정과 부모교육은 가정방문을 통해 실시하고 교육함.

*출처: Mayden, B.(1996). *Sexuality education for youths in care*. pp. 23–29에서 정리.

2) 우리나라의 성교육 관련 프로그램

우리나라에서 개발되어 시행된 몇 가지 프로그램을 소개하면 다음과 같다.

(1) 정현숙 · 전길양 · 유계숙 · 천혜정(2000)의 직장청소년을 위한 성교육 프로그램

가족친화정책의 일환으로 많은 일터에서도 성교육이 이루어지고 있다. 정현숙 · 전길양 · 유계숙 · 천혜정(2000)의 직장청소년을 위한 성교육 프로그램도 기업의 요구에 의해 진행된 2시간 30분 동안 진행되는 성교육 프로그램으로 미혼여성들이 성과 사랑의 의미와 방식을 이해하고, 피임 등 구체적 방법을 습득함으로써 성에 대한 올바른 인식으로 '내몸의 주인되기'를 목적으로 개발된 프로그램이다. 구체적 내용과 방법은 〈표 9-6〉과 같으며 종결 시 사용한 성적 책임감과 성행동에 대한 자기진단지는 〈표 9-7〉과 같다.

표 9-6 정현숙 · 전길양 · 유계숙 · 천혜정(2000)의 직장청소년을 위한 성교육 프로그램

구분	내용
대상	고졸 직장여성
목표 및 기대 효과	• 성에 대한 올바른 인식으로 내 몸의 주인 되기 • 사랑의 의미와 방식 이해하기 • 피임 등 구체적 방법 습득하기
시행방법	• 장소 및 기간: 회사 내의 연수실에서 1회 2시간 30분씩 실시 • 교재: 워크북, 차트, OHP 시트
프로그램 실제	I. 도입(10): 질문지 검사: 성지식 검사 II. 전개(70): 강의 및 활동 1. 성에 관한 몇 가지 생각: 남녀의 sex script 2. 사랑이란? 성과 사랑의 관계 3. 피임법 및 실제: 낙태비디오 시청과 피임도구 설명 및 조작해 보기 4. 성과 사회적 성 질문지: 나의 성역할과 사회적 콤플렉스 진단 III. 종결(20) 올바른 성과 사랑의 행위에 대해 토의하며 내 몸의 주인이 되기 위한 내용 점검 * 질문지: 성적 책임감과 성행동에 대한 자기진단

표 9-7 성적 책임감과 성행동에 대한 자기진단표

성행동에 대한 자기진단*	I. 개인적 원칙 1. 나의 행동은 나 자신과 타인에게 신체적 혹은 심리적으로 부정적 영향을 줄 것인가 아니면 그 반대인가? 2. 이 행동 후 야기될 성병과 임신 및 자녀양육에는 어떻게 대처할 것인가? 3. 성으로 인하여 얻게 되는 병에 대하여 나는 얼마나 알고 있는가? II. 사회적 원칙 1. 지금 나의 행동은 사회적으로 받아들여지는 바람직한 것인가? 2. 이러한 성적 행동이 건전한 사회를 구축하는 데 기여할 것인가 아니면 그 반대인가? III. 종교적, 도덕적 원칙 1. 나의 동료나 후배에게 나의 혼전 성관계를 알릴 수 있겠는가. 나의 이 행동은 그들에게 권장할 만한가, 아니라면 그 이유는 무엇인가? 2. 나의 이 성행동에 대하여 나의 종교는 무엇이라고 말하는가. 나는 나의 종교적 원칙과 도덕적 신념을 따를 수 있는가 혹은 따르려고 노력하는가? IV. 심리적 원칙 1. 나의 성행동 후에 죄책감이 따를 것인가, 죄책감이 따른다면 어떻게 할 것인가? 2. 혼전 성경험은 결혼 후 나의 성에 대한 태도와 질에 어떤 영향을 미칠 것인가? 3. 임신을 하게 된다면 어떻게 할 것인가, 낙태를 할 것인가, 출산하여 양육할 것인가 혹은 양자로 줄 것인가? 4. 그후에 결혼은 어떻게 할 것인가? 이상과 같은 다각적 측면의 진지한 자기진단적 심사숙고는 자신과 상대에게 책임감 있게 행동하게 할 것이며 무분별하거나 일시 쾌락 위주의 성행동으로부터 분별력을 가지게 할 것이다.
성적 책임감**	현대사회에서는 성과 관련된 다양한 선택을 해야 하므로 성적 책임감이 고려되어야 한다. 1. 성행위 의도 표시하기: 성행동을 하는 사람은 자신의 성행위가 사랑인지, 미래에 대한 약속의 표시인지, 혹은 즐기기 위한 것인지 등 자신의 의도를 밝혀야 한다. 2. 임신을 원하지 않는다면 두 사람이 동의하는 피임 방법 선택하기: 계획 없는 임신을 원하지 않는다면 두 사람이 함께 동의하는 방법으로 피임하는 것이 두 사람 공동의 책임이다. 3. 성행위의 결과에 대한 수용하기: 성행위 결과 나타날 수 있는 문제에 대해 두 사람이 함께 인식해야 할 뿐만 아니라 그 결과를 받아들여야 한다. 즉, 심리적 변화, 임신, 성병 등을 수용해야 한다. 보통 성행위의 결과는 행동의 변화를 수반하기 때문에 상대방이나 자신에게 나타나는 정서적 변화를 받아들일 책임감이 있다. 만약 원하지 않는 임신일 때 책임 있는 결정을 내려야 하며 상대방의 감정을 지지해 주고 이해해 주어야 한다. 이러한 책임감을 인식하지 않을 때 상대방이 지닌 인간의 가치와 성의 의도가 의심스러워진다.

*출처: 홍숙자(1995). 사랑과 성. 유영주 외 저, 결혼과 가족. p. 137.

**출처: 정현숙 · 유계숙 · 최연실(2002). 결혼학. p. 162.

(2) 정현숙 · 유은희(1999)의 신혼부부를 위한 교육

이 프로그램은 신혼기 부부들에게 결혼과 가족의 기능 및 부부관계에 대한 중요성을 인식하고, 건강한 결혼생활과 결혼관계에서 나타날 수 있는 다양한 문제에 대한 정보제공을 목적으로 개발되었다. 이 프로그램은 여섯 개 주제를 한 회기당 2시간~3시간씩 강의와 개별작업, 부부작업 등을 활용하여 교육이 이루어진다. 이 프로그램에서는 성에 대한 내용이 2회기와 4회기에 나누어져서 다루는데 2회기는 '남성심리, 여성심리'로 성적인 나에 대한 이해와 남녀관계 이해의 기초로서의 성역할에 대한 교육이 핵심이다. 구체적인 목표와 내용은 〈표 9-8〉과 같다. 4회기는 '즐거운 성생활'로 성지식과 부부의 성적 흥분도에 대한 질문지 검사를 기초로 부부 개별 상담을 접목하여 교육이 이루어지며, 구체적 내용은 〈표 9-9〉와 같다.

표 9-8 정현숙 · 유은희(1999)의 2회 "남성심리, 여성심리"

목표	성에 대한 잘못된 정보나 태도에서 벗어나 부부가 보다 개방적이고 적극적인 성생활을 영위할 수 있게 한다.
강의 및 활동, 실습	1. 결혼생활에서 성의 중요성 2. 성에 대한 이해 *실습 1: 성 지식 측정 ① 남녀의 생식기 구조와 기능 ② 남녀의 성적반응의 4단계 ③ 성에 관한 잘못된 관념들 ④ 남녀의 성 차이 ⑤ 성기능 장애 *실습 2: 부부의 성적 흥분 정도 측정과 각 부부들의 성생활 만족도 측정 ⑥ 참석자들의 성만족도 질문지 조사에 나타난 전반적 현상 설명 *부부별 상담: 부부의 성생활에 대한 의사소통
종결	과제: 상담결과에 대해 부부 대화하기
준비물	• OHP, Screen • Sex Knowledge Inventory 질문지 • 생식기 그림, 남녀의 성욕의 차이를 나타내는 그림 • 성적 흥분을 측정하는 질문지 • 우리들의 즐거웠던 성생활 차트 • 좋은 성생활을 위한 제언 유인물

표 9-9 정현숙 · 유은희(1999)의 2회 "남성심리, 여성심리"

구분	내용
목표	• 나 자신에 대한 올바른 이해 • 성평등적인 자녀교육 방법에 대해 인식하기 • 남녀관계에 대한 올바른 이해로 배우자 이해하기
준비시간	과제 확인
강의	*도입: 남자 vs. 여자의 이미지는? 1. 성역할은 무엇인가? 성역할의 중요성은? *작업 1: 성역할 척도(10분) 2. 남자와 여자의 차이는?: 1) 신체적 차이? 2) 능력의 차이? 3) 감정의 차이? 3. 성역할에 영향을 미치는 요인들은? 1) 가족 2) 대중매체-TV, 광고, 책, 노래 3) 학교 4) 의사소통 5) 동료관계 *TV 광고 비디오 시청(5분) 4. 7가지 남성컴플렉스/ 7가지 여성콤플렉스 *작업 2: 착한여자콤플렉스 척도(여)/ 능력(가장)콤플렉스 척도(남)(10분) *혹은 작업 3: 신데렐라/종이옷 공주 자녀들의 공연 관람 혹은 과제 5. 사회적으로 유형화된 성역할의 압박에 의해 나는 어떻게 영향을 받았나? -일상적인 삶에서, 부부관계에서, 자녀지도에서
종결	• 평등한 성역할을 위한 방안에 대해 이야기하기
과제	• 숙제 1: TV 프로그램이나 책에서의 성역할 고정관념을 보고 이야기하기 • 숙제 2: '종이옷 공주' 동화를 읽고 가이드라인에 따라 부부가 이야기하기
준비물	• OHP: 성역할 고정관념을 나타내는 초등학교 교과서, 소설책, 광고 등 • 성고정 관념을 나타낸 TV 광고 모음 비디오테이프 • '종이옷 공주' 동화 복사

*출처: 한국가족상담교육연구소(2003). p. 13.

4 성교육과 관련한 유용한 자료

1) 한국양성평등교육진흥원(www.kigepe.or.kr)

이 기관은 2003년 설립이후 공무원을 대상으로 성인지교육과 국민대상의 폭력예방 등을 위한 전문강사 양성교육을 실시하고 있다. 구체적으로는 성인지정책교육,

전문인력양성교육, 사이버교육, 양성평등 진흥사업, 여성역량강화사업 및 폭력예방교육사업을 하고 있으며, 홈페이지의 '정보마당'을 통해 강의자료와 일반자료를 무료로 제공하고 있다.

2) 푸른아우성(www.aoosung.com)

우리나라의 성교육에 대한 사회적 인식을 변화시키는 데 가장 큰 공헌을 한 사람 중 한 명은 구성애 씨이다. TV를 통한 성교육 특강이후 성교육에 대한 필요성에 대한 사회적 관심을 불러일으키는 데 매우 큰 공헌을 하였다. 현재는 '건강한 성, 자유로운 성, 행복한 성'을 모토로 하는 푸른아우성(사단법인)을 설립하여 대표로 있으며, 성문화사업, 사이버 무료성상담, 성상담교육전문사양성, 성교육도서 발간, 저소득층 무료 성교육, 성교육캠프, 몸사랑 캠페인 등 다양한 활동을 통해 건강한 성을 위한 활동을 제공하고 있다. 정보마당을 통해 다양한 성에 대한 정보를 제공해주고 있으며, 아우성이 발간한 유아, 초등학생, 10대 청소년, 부모 등 발달단계와 대상에 적합한 성교육 도서들도 개발하였다.

3) Advocate for Youth(www.advocatesforyouth.org)

미국에서 Center for Population Options에 의해 1980년 설립된 이 단체는 젊은 이들에게 성에 대한 정보제공과 책임 있는 선택을 할 수 있도록 돕기 위해 적극적이고 현실적인 접근방법을 제공한다. 기본적으로 이들의 성에 대한 관점은 성은 자연스럽고 건강하며, 가치 있는 자원으로서 중요하다고 인식한다. 이 기관 활동은 〈표 9-10〉과 같이 다양한 방법을 활용한다.

표 9-10 Advocate for Youth의 활동내용 및 방향

• Youth-Adult partnerships: 청년들을 동료들에 대한 지지자, 교육자, 프로그램 개발자로 훈련시켜 청년친화적 서비스 제공 • Emergency Contraception(EC) Access Initiative: 10대들에게 EC에 대한 인식을 높이고, EC가 여러 곳에서 효과적으로 이용될 수 있도록 시설 종사자들에 대한 교육 제공 • Policy and Communicatiions: 실용적이고, 연구가 기초가 된 공공정책을 개발하고, 청소년 성적 건강과 관련된 공론화를 위해 대중매체와 정책가들과 함께 연합활동을 전개 • Parent-Child Communication Initiative: 성적문제에 대해 아동, 청소년들이 부모와 효과적으로 대화할 수 있도록 지원 • Media Project: 대중매체에서 청소년의 성에 대해 적절한 묘사를 할 수 있도록 미국과 라틴아메리카의 연예사업 관계자들과 함께 활동 • Study Tours: 미국의 정책입안자나 프로그램 개발자, 행정가들에게 다른 나라의 건강한 공공건강 모델을 제공 • Initiatives for Youth at Risk: 지역사회와 미국의 기관과 연합하여 위험한 상황에 놓인 젊은이가 있는 개발도상국에 그 문화에 적합하고 효과적인 프로그램을 실시할 수 있도록 지원
• www.advocatesforyouth.org: 전문가와 청년들을 위한 자료 • www.youthresource.com: 동성애자, 양성애자들을 위한 정보 • www.themediaproject.com: 연예사업 종사자를 위한 정보 • www.mysistahs.org: 흑인 여성들을 위한 전반적인 성건강 정보

4) Medical Institute for Sexual Health: www.medinstitute.org

이 기관은 사람들에게 성적인 건강 향상을 위한 올바른 선택의 기준을 제공하고자 산부인과 의사인 Joe McIlhaney가 1992년에 설립한 조직이다. 그는 많은 사람들이 성병으로 인해 불임률이 높지만 이에 대한 자각률과 원인에 대한 무지가 만연함을 보고, 고등학생들을 위한 교육을 시작으로 청소년들의 성교육을 위한 다양한 활동을 전개하였다. 특히 다양한 성에 대한 정보를 제공하며, 전문가들을 위한 컨퍼런스뿐만 아니라 출판활동, 성교육 자료, 소식지, 부모를 위한 소책자 발간 및 성병에 대한 안내 브로슈어 등을 제작 배포한다. 현재는 오스틴, 워싱턴, 엘파소에 사무실을 두고 있으며, 온라인상으로도 정보를 제공한다. 지역사회의 관련 있는 개인과 조직들과의 연계를 통해 건강한 행동증진을 위해 노력하며, 보건복지부(The National Institutes of Health), 텍사스 보건국(The Texas Department of Health), 모자보건국(The Maternal Child Health Bureau) 및 백악관과도 연계하여 연합활동을 전개하는 것이 특징이다.

| 그림 9-2 | MI에서 제공하는 임질에 관한 팸플릿의 앞, 뒷면(실제 크기 15×15cm)

5) Powel과 Cassidy(2001)의 성교육 관련 정보를 얻을 수 있는 웹사이트

- AID 관련 가상도서관: www.planetq.com/aidsvi/index.html
- Alan Guttmacher연구소: www.agi-usa.org
- 미국보건학회(American Journal of Public Health): www.apha.org
- 자발적이고 안전한 피임연합(Association of Voluntary and Safe Contraception): www.avsc.org./avsc
- 신체건강(AIDS와 HIV 정보자료실): www.thebody.com
- CDC Division of STD Prevention: www.cdc.gov/hiv/pubs/facts.htm
- CDC National AIDS Clearinghouse: www.cdcnac.org
- AIDS 예방연구센터: www.caps.ucsf.edu/capsweb
- 질병통제 및 예방센터: www.cdc.gov
- 적극적 성을 위한 연합: www.positive.org
- 피임: www.tripod.com/living/contraceptive/index.html
- 성교육이 효과가 있는가?: www.caps.ucsf.edu/sexedtext.html
- 무료의학정보: 국립 의학도서관: www.nlm.nih.gov/databases/freemedl.html

- 생리교육(계획된 부모역할): www.ppfa.org/ppfa/period–main.html
- 전국낙태권리연대(National Abortion Rights League): www.naral.org
- 전국동성애자연대(National Gay and Lesbian Task Force): www.ngltf.org
- 전국생명권리연합(National Right to Life): www.nrlc.org
- 가족계획협회(National Family Planning): www.missionnet.com
- Northeastern 성희롱예방센터: www.northern.casa.org.au
- 미국 계획된 부모역할연대(Planned Parenthood Federation of America): www.plannedparenthood.org
- 강간, 폭력, 근친상간방지전국연합(RAINN): feminist.com/rainn.htm
- Ruth Westheimer(Dr. Ruth) 홈페이지: www.drruth.com
- 동료교육을 통한 성적건강연대(Sexual Health Advocate Peer Education: www.muhealth.org/~student health/health_ed.shtml

Chapter 10

다양한 가족을 위한 교육

사회의 변화에 따라 나타난 한국 가족의 특징은 크게 가족크기의 변화, 가족의 다양성 증가, 가족경제의 향상, 가족의 양육방식의 변화와 결혼에 대한 태도 변화로 설명할 수 있다. 특히 가족의 다양성은 직업을 가진 아버지와 집에서 자녀를 돌보는 어머니로 이루어진 전통적 가족구조를 이상으로 생각하는 우리나라 가족에 새로운 규범과 기준을 세워야 하다는 점에서 가족관계에 대한 교육의 필요성을 강조하게 된다. 이 장에서는 다양한 가족 중 점차 그 수가 증가하는 맞벌이가족, 한부모가족과 재혼가족에 대한 현황과 프로그램을 살펴보고자 한다.

1 맞벌이가족

1) 맞벌이가족의 현황과 특징

기혼여성의 취업증가와 더불어 보편화된 가족 유형이 맞벌이가족이다. 우리나라 여성 경제활동 참가율은 IMF 시기를 전후로 일시적인 하락세를 보였으나, 1980년대 이후 꾸준히 증가하여 2015년 기준 60.3%에 달하고 있다. 2014년 유배우가구 중 맞벌이가구는 5,186천 가구로 전체의 43%에 달하며, 가구 중 연령은 40대가 51.8%, 50대가 51.3%로 4, 50대의 비중이 높다(통계청, 2015f). 이러한 통계는 맞벌이가족의 경우 발달단계상 자녀들이 아동기나 청년기의 비중이 높다는 의미이기도

하다. 이들 중 52만 가구가 '비동거맞벌이가구'로 맞벌이가구의 10%를 차지한다.

표 10-1 맞벌이가구 현황

(단위: 천 가구, %)

	2013년 유배우	맞벌이	비율	2014년 유배우	맞벌이	비율
전체	11,780	5,055	42.9	11,825	5,186	43.9
남자	10,549	4,569	43.3	10,538	4,611	43.8
여자	1,231	486	39.5	1,287	575	44.7
15~29세	188	70	37.4	174	65	37.4
30~39세	2,094	851	40.6	2,014	848	42.1
40~49세	3,250	1,650	50.8	3,191	1,654	51.8
50~59세	3,224	1,609	49.9	3,287	1,685	51.3
60세 이상	3,023	875	29.0	3,159	934	29.6
중졸 이하	2,452	997	40.6	2,387	983	41.2
고졸	4,420	1,960	44.3	4,440	2,015	45.4
대졸 이상	4,907	2,099	42.8	4,999	2,188	43.8

*출처: 통계청(2015f). 2014년 하반기 지역별 고용조사 부가항목조사결과(맞벌이가구 및 유연근무제 활용현황). p. 20.

여성의 경제활동 참여는 가족과 사회에서 여성의 지위와 역할에 변화를, 그리고 여성의 경제력은 가족 내 권력구조에 변화를 가져오면서 보다 평등한 부부관계 형성과 양성평등적 가족관계를 강조하게 된다. 그러나 우리나라 맞벌이가족에서 여성의 취업은 궁극적으로는 올바른 부모역할을 수행하기 위한 경제적 이유가 가장 크지만, 역할갈등과 다양한 긴장원으로 인해 부모역할에 대한 긴장수준과 부부간의 갈등 수준을 높이게 되고 이러한 갈등은 가족문제로 발전된다. 따라서 일과 가족의 양립 어려움과 이에 대한 사회적 관심 부족 및 제도 미비는 결혼기피로까지 연결되고 있다(Galinsky, 2003). 최경수(2003)도 경제학적으로 자녀의 질에 대한 선호, 자녀의 인적자본에 대한 투자, 여성의 시간기회 비용의 증가가 혼인율 감소 및 저출산과 관련이 있다고 분석한다.

그러나 맞벌이가족 증가는 가정경제 향상으로 연결되며, 산업화, 정보화 사회에서 가족의 물질적 자원은 가족의 사회적 서비스 이용과 자녀들에게 필요한 자원이 되면서 아동 삶의 환경을 변화시키는 요인이 된다. 그 결과 교육열의 증가와 평준화된 고등교육 기회가 확대되었으며 전반적인 학업수준도 높아졌다(정현숙, 2004c). 맞벌이부부의 주당 평균 취업시간은 남자가 46.8시간, 여자가 41.4시간(통계청, 2015f)이다. 그러나 가사분담에 대한 실태를 살펴보면, 함께 살고 있는 부부들의 경우 부인이 주도하는 경우가 80.5%이며, 공평하게 분담하는 비율은 16.4%이다(통계청, 2014a). 한편으로 맞벌이가족 부모들의 양육을 위한 시간적 제약, 일에서의 스트레스 및 죄책감 등이 부모역할의 중재변인 혹은 영향변인이 되지만, 아버지 직업의 불안정성, 아동기 빈곤과 경제적 불평등은 맞벌이가족의 또 다른 긴장원이 되고 있다. 맞벌이가족을 위한 프로그램들은 이러한 맞벌이가족이 가진 스트레스를 효과적으로 극복하기 위한 방법들을 강조한다.

2) 맞벌이가족을 위한 프로그램의 실제

(1) 조은숙 · 고선주 · 옥선화(1998)의 맞벌이가족 프로그램: 두 마리 토끼잡기

이 프로그램은 신혼기나 자녀양육기에 있는 맞벌이 부부를 대상으로 총 6회(매주 1회 2시간~2시간 30분씩) 매주 주말이나 저녁시간을 이용하여 실시하는 프로그램이다. 맞벌이 부부들이 직업역할과 가족역할을 동시에 수행해야 하는 부담으로 인해 역할긴장 스트레스를 만성적으로 경험하고 있다는 연구에 기초하여 맞벌이 부부들이 이러한 역할긴장에 능동적, 건설적으로 대처하도록 도움으로써 궁극적으로는 맞벌이가족의 가족생활의 질 향상을 목표로 한다. 1회기는 '맞벌이 부부의 사는 이야기'(역할긴장에 대한 이해), 2회기는 '즐거운 가족만들기'(가족체계 강화 전략), 3회기는 '집안일은 같이 사랑은 쑥쑥'(가사 및 육아분담 전략), 4회기는 '작은 시간도 의미 있게'(시간관리 전략), 5회기는 '이거 꼭 해야 되나요?'(역할 줄이기 전략), 6회기는 '생각을 바꾸면 세상이 달라진다'(바람직한 직업관과 가족관의 정립)로 구성된다. 이 프로그램의 특징은 탁아서비스 및 간단한 도시락 등이 필요할 때 제공되며, 사후관리 차원에서 소식지를 발송하는 점이다. 3회기의 강의안은 〈표 10-2〉와 같다.

표 10-2 조은숙 · 고선주 · 옥선화(1998)의 3회 "집안일은 같이 사랑은 쑥쑥" 강의안

진행단계	교육내용	준비물
도입(30분)	• 같이 노래 부르며 눈으로 인사한다. • 지난주에 정한 가족 및 부부관계 증진 지침들에 대한 실천상황 점검 -지난주에 기록한 것을 다시 내주면서 실천 정도 확인 -실천 지침 중 변경해야 할 부분 변경 -실천의 애로사항에 대해 의견 나눔.	같이 부를 수 있는 노래 테이프와 카세트, 실천 지침의 기록 사본
활동(30분)	• 가사노동과 육아의 부부간 분담상황과 기대 정도 체크 -부부가 같이 체크리스트를 작성하면서 서로 간의 역할 수행 기대를 비교해 보고 차이에 대해 이야기한다.	가사노동 및 육아의 분담 상황과 기대 체크 리스트
강의(30분)	• 가사노동 분담의 장애요인 • 가사노동 분담의 필요성 • 아버지의 양육참여 필요성	칠판 혹은 OHP
활동(30분)	• 가사노동과 육아의 분담 상황과 기대 체크리스트의 부부간 최종 합의안 완성 -완성된 안들을 각 부부별로 발표	
종결(30분)	• 가사노동과 육아분담 합의안에 대해 지지해 주고 다음 한주간의 실천을 과제로 제시	

*출처: 조은숙 · 고선주 · 옥선화(1998). p. 156.

(2) 분거가족을 위한 교육(The National Institute for Building Long distance Relationships)

맞벌이나 학업 등의 이유로 분거가족을 이루는 경우 집단교육보다는 인터넷을 통한 정보를 얻고 실천할 수 있는 실용적인 방안들을 제공하는 것이 매우 효과적이다. 이러한 점에 착안하여 이 기관에서는 점차 증가하는 분거가족들의 질적인 상호작용의 중요성을 인식하여 다양한 가족 하위체계를 대상으로 활동 중심의 교육 프로그램을 책자 형태로 제공한다. 부부를 위한 자료(www.fambooks.com/couples.htm)와 책(*Long distance couples: An activities handbook for strengthening long distance relationships*), 멀리 떨어져 사는 조부모와 손자녀관계를 위한 홈페이지(www.longdistancegrandparenting.com)와 책(*Grandparenting from a distance: An activities handbook for strengthening long distance relationships*), 떨어져 있는 아버

지의 역할을 위한 홈페이지(www.daads.com)와 책(*Dads at a distance: An activities handbook for strengthening long distance relationships*), 어머니와 자녀들이 함께할 수 있는 활동(www.fambooks.com/moms.htm, *Moms over miles: An activities handbook for strengthening long distance relationships*)을 제공하며, 떨어져 있는 자녀들이 부모와 더 나은 상호작용을 할 수 있는 활동을 위한 교재(www.fambooks.com/kids.htm, *Helping your kids connect: 250 activities to help your children stay connected to their long fistance mom or dad*)가 있다.

| 그림 10-1 | 분거 가족을 위한 안내 책자

2 한부모가족

1) 한부모가족의 현황과 특성

한부모가족은 부모 중 한쪽의 사망, 이혼, 유기, 별거로 인하여 부 혹은 모와 18세 미만의 자녀(취학 후에는 20세 미만)로 구성된 가족이다. 우리나라의 경우 한부모가족은 대부분 한모가족이다. 한부모 가구가 차지하는 비율은 1985년 8.9%에서 1990년 7.8%, 1995년 8.6%, 2000년 9.4%, 2005년에는 8.6%로 증감을 반복하며,

2014년에는 9.5%에 이르며, 2035년에는 9.7%에 이를 것으로 예측된다(통계청, 2012). 시도별로 한부모가족의 분포는 차이가 있으며 서울의 경우 전국 평균보다 높은 11.3%가 될 것으로 예측된다. 이와 같이 한부모가족은 대도시에 47.4%, 중소도시에 49.1%, 농어촌에 3.6%로 읍 · 면 지역보다 대도시에 더 많이 분포되어 있다(여성가족부, 2012).

표 10-3 장래가구추계: 2010~2035

		가구					구성비					연평균 변화	
		2010	2012	2015	2025	2035	2010	2012	2015	2025	2035	가구	증가율
전국	계	17,359	17,951	18,705	20,937	22,261	100.0	100.0	100.0	100.0	100.0	196.1	1.1
	부부	2,666	2,874	3,179	4,264	5,053	15.4	16.0	17.0	20.4	22.7	95.5	3.6
	부부+자녀	6,427	6,294	6,059	5,264	4,509	37.0	35.1	32.4	25.1	20.3	-76.7	-1.2
	한부모+자녀	1,595	1,677	1,784	2,039	2,165	9.2	9.3	9.5	9.7	9.7	22.8	1.4
	3세대 이상	1,074	1,047	1,003	898	855	6.2	5.8	5.4	4.3	3.8	-8.8	-0.8
	기타	1,240	1,305	1,395	1,671	1,826	7.1	7.3	7.5	8.0	8.2	23.5	1.9
	1인가구	4,153	4,539	5,061	6,561	7,628	23.9	25.3	27.1	31.3	34.3	139.0	3.3
	비친족가구	205	214	225	241	225	1.2	1.2	1.2	1.1	1.0	0.8	0.4
서울	계	3,500	3,536	3,632	3,947	4,113	100.0	100.0	100.0	100.0	100.0	24.5	0.7
	부부	420	446	489	645	781	12.0	12.6	13.5	16.3	19.0	14.4	3.4
	부부+자녀	1,328	1,273	1,219	1,082	971	37.9	36.0	33.6	27.4	23.6	-14.3	-1.1
	한부모+자녀	351	361	380	434	464	10.0	10.2	10.5	11.0	11.3	4.5	1.3
	3세대 이상	210	204	198	185	185	6.0	5.8	5.4	4.7	4.5	-1.0	-0.5
	기타	296	307	325	384	415	8.5	8.7	8.9	9.7	10.1	4.8	1.6
	1인가구	855	907	982	1,177	1,265	24.4	25.6	27.0	29.8	30.8	16.4	1.9
	비친족가구	39	40	40	39	33	1.1	1.1	1.1	1.0	0.8	-0.2	-0.6

*출처: 통계청(2012). 장래가구추계 시도편: 2010-2035. p. 18.

우리나라의 2015년 조이혼율(인구 천 명당 건수)은 2.1이며, 유배우이혼율(15세 이상 유배우 인구 천 명당 건수)은 4.4로 2005년 5.5에서 21세기 들어 최저를 기록하고 있지만 이혼하는 부부들의 평균혼인지속기간은 늘어나고 있으며 70.1%가 20년 미만의 이혼이다. 이혼한 부부 중 미성년자녀가 없는 비율이 [그림 10-2]와 같이 감소하고는 있으나 2015년의 경우 자녀가 있는 비율이 48.4%(52,800명)이며, 자녀수로 추정해 보면 년간 약 8만명 이상의 자녀들의 부모의 이혼을 경험하는 수치이다.

이혼이나 별거의 영향은 단기적으로 볼 때 가족소득의 하락과 함께 부모와 자녀 모두 심리적인 어려움을 겪게 된다. 한 명의 부모 부재는 일상의 돌봄이나 관심의 감소를 의미하기 때문에 한부모가족은 평균적으로 두부모가족의 부모보다 스트레스 수준이 높으며, 전문적 · 심리적 도움을 더 자주 필요로 한다. 한부모가족의 아동은 성인이 될 때까지 대부분 시간을 두 부모와 지내지 않고 가족소득도 낮기 때문에 장기적으로 볼 때 양부모가족의 자녀들보다 학업기간이 짧고, 낮은 지위의 직업과 낮은 임금을 받는다(Amato, 2000)는 연구결과들이 있다.

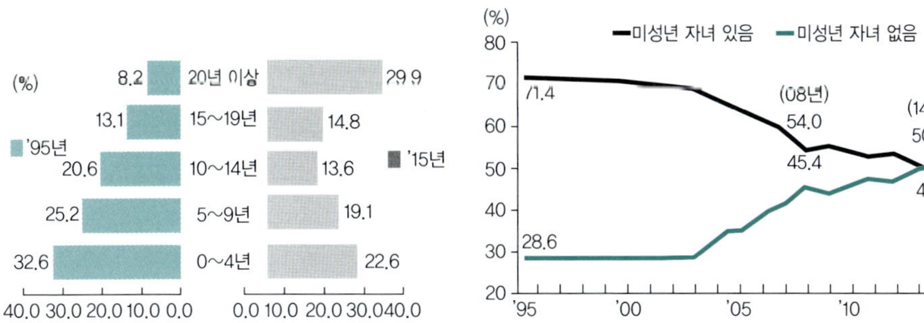

| 그림 10-2 | 2015년 혼인이혼통계

*출처: 통계청(2016). 2015 혼인이혼통계. pp. 24-25.

이혼하는 부모에게는 이혼이 하나의 선택일 수 있지만, 자녀들은 그렇지 못하며, 부부관계가 해체되어도 부모역할은 계속되어야 하지만 상당 부분 중단된다는 연구결과를 볼 때 이혼은 자녀의 발달에 심각한 영향을 미치는 환경 중의 하나이다. 이러한 이유로 아동의 복지 측면에서 이혼 후 아동의 적응에 영향을 주는 변인을 발견하고자 하는 노력이 많은 연구자들에 의해 시도되었다. 부모의 이혼 후 아동의 적응은 한 두 가지 변인의 영향이라기보다는 이혼 전 부모의 갈등 정도, 연령, 성, 기질 등 아동의 특성, 친권부모의 이혼 이후 적응상태, 비친권부모와의 관계, 사회적 지지망의 정도, 친권부모의 재혼 여부, 친권의 소유자, 친권부모의 양육방식 등에 영향을 받는다(정현숙, 1993).

Amato(2000)는 이혼 관련 연구의 문헌고찰을 통해 부모의 이혼이 자녀들에게 다음과 같은 영향을 미친다고 보고하였다. 첫째, 이혼가족의 아동과 성인은 복지의 많은 측면에서 결혼한 부부가족보다 낮은 점수를 보이고, 둘째, 이혼 자체가 아동과 성인의 복지에 강한 부정적 영향을 미치며, 셋째, 부모자녀관계의 붕괴, 이전 배우자와의 계속된 갈등, 정서적 지지의 상실, 경제적인 어려움, 부정적 생활사건의 증가(이사 등) 등은 개인에게 영향을 미치는 중요한 매개 변인이며, 넷째, 이혼에 상대적으로 적응을 잘하는 아동과 성인이 있으나 장기적인 부정적 영향을 나타내는 집단도 있으며, 다섯째, 교육 수준, 직업, 새로운 배우자의 지지, 이혼제안자가 성인들에게는 긍적적 보호요인이며, 적극적 문제해결기술, 가족과 친구로부터의 지원, 치료적 개입을 받았느냐의 여부가 아동의 적응에 긍적적 영향을 미치는 보호요인으로 이러한 요인들이 적응의 방향과 속도 및 적응에 영향을 미친다고 한다.

사별도 중요한 한부모가족 발생 원인이 된다. 2015년 성별, 연령별 사망률에 의하면 우리나라의 경우 8,90대의 사망이 높은 비율을 차지하지만 다른 나라와 비교

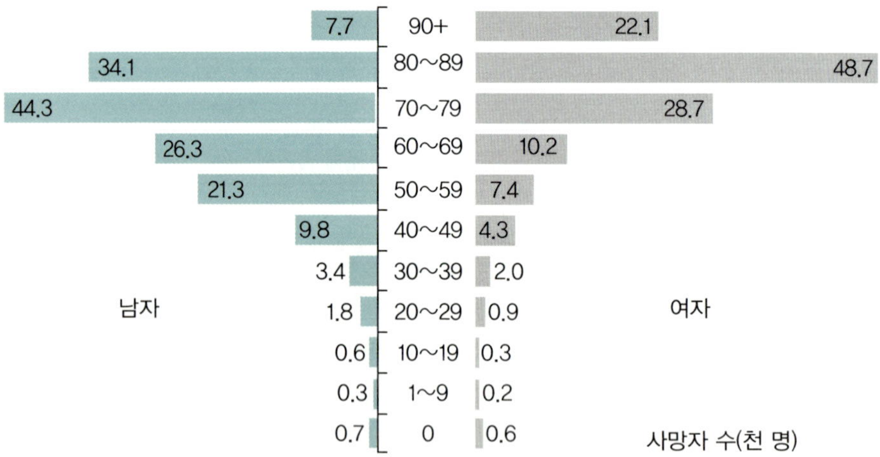

| 그림 10-3 | **2015년 성별, 연령별 사망률**

*출처: 통계청(2016b). 2015년 출생 사망(잠정) 보도자료. p. 3.

하여 3, 40대의 사망률도 상대적으로 높다(통계청, 2016b). 이러한 통계로 볼 때 한부모가족 중 많은 비율은 사별에 의할 가능성이 높다. 여성가구주를 중심으로 볼 때 노인가구가 24.6%, 모자가구가 10.2%, 맞벌이가구가 4.3%, 일반가구가 61%(통계청 2010a)로 모자가구가 약 10%를 차지한다.

이러한 여성가구주들은 일반적으로 주관적 만족감이 낮고, 경제적 어려움과 외로움 고독감을 느끼는 것으로 보고된다(통계청, 2010a). 이혼과 사별로 인한 한부모가족의 또 다른 어려움은 부정적인 사회적 편견, 경제적 어려움과 과중한 역할에 따른 만성적인 긴장으로 인한 부모역할 수행의 어려움이다.

한부모가족 중 한모가족은 우리나라 전체 가구의 약 10%에 달하지만, 모자가족에 대한 사회의 인식은 아버지와 남편의 부재라는 구조적인 차이로 인해 결손가족, 비정상가족, 불완전한 가족일 것이라는 부정적 관점이 지배적이다. 사회적 편견 때문에 본인이 편모라는 사실을 주위에 이야기하지 않는 경우가 67.2%에 달하며, 학교에서 모자가족의 자녀라고 불이익을 받거나 상처를 받은 경험이 있는 자녀도 32.8%이다(가족과 성상담소, 2000). 또한 아버지의 부재로 인한 소득 감소와 여성의 재취업 기회가 제한되면서 모자가족의 경제적 문제는 매우 심각한 수준이다. 재가모자복지 대상 편모가구 어머니의 대부분이 일용직과 행상일을 하는 등 직업 불안정성도 높다(김미숙과 동료들, 2000). 모자가족 어머니가 느끼는 스트레스 중 가장 심각한 것은 자녀의 교육비 증가로 인한 경제적 스트레스이며(김영희, 1996), 모자보호시설의 어머니들도 당면한 가장 큰 문제로 경제적인 어려움과 자녀양육 및 교육문제, 어머니의 건강문제, 구직문제나 가족구성원의 건강문제를 호소하였다(박영란, 1998). 모자가정 자녀들은 사회적 지원도 부족하다. 사회단체나 외가, 친구들에게 경제적 · 정서적 · 오락적 도움을 받지만 이는 미미한 수준이며, 시설에 있는 모자가정인 경우도 지원체계가 매우 부족한데(유경아, 1998), 이는 사회적 관계망 축소가 중요 원인이다(안명자, 1995). 주부양자인 어머니는 직장생활을 해야 하기 때문에 자녀를 돌볼 시간이 절대적으로 부족하고, 과중한 역할에 따른 만성적 긴장으로 부모역할 수행에 대한 죄책감과 스트레스 수준도 높다. 모자보호시설에 살고 있는 중 · 고등학생들도 어머니와는 정서적으로 친밀하나 자율적인 측면에서는 의존적인 경향을 보이며, 어머니에게 갈등이나 어려운 점을 이야기해도 소용없다는 인식이 높아 부모자녀관계에서 어려움이 많다(유경아, 1998).

점차 증가하는 부자가족의 경우도 많은 어려움을 경험하고 있다. 문은영(2011)에 의하면, 서울시 거주 한부모가족 중 부자가족이 경험하는 어려움은 경제적 어려움과 자녀양육의 어려움을 경험하고 있으며, 자녀들은 정서적 어려움을 경험한다고 한다. 이미리 등(2015)의 연구에서도 한모가족과 한부가족 자녀들의 행동 특성에서 차이가 있었는데, 한모가족 청소년이 양친가족 청소년에 비해서 신체증상이 많았고, 한부가족 청소년이 양친가족 청소년에 비해서 학습참여도가 낮았다. 또한 한부가족 청소년이 양친가족이나 한모가족 청소년에 비해 비행경험이 많았다.

이러한 한부모가족을 위한 교육은 한부모들의 삶의 과정과 부모역할에서의 어려움에 긍정적으로 적응할 수 있도록 지원하는 프로그램과 이혼예방을 위한 프로그램, 이혼과정과 이혼 이후에 효과적으로 적응하도록 돕는 프로그램 및 이 과정에서 부모교육에 대한 내용이 개발되어 시행되고 있다.

2) 한부모가족을 위한 교육의 실제

(1) 김경신(1997)의 편모가족에 대한 가족생활교육

이 프로그램은 모자녀 동시 교육형 프로그램으로 교육집단 규모는 모자녀 20~50쌍을 기준으로 한다. 이 프로그램의 특징은 공동 강의(강의 및 발표, 토론, 질의응답)와 공동 활동(집단상담, 편지쓰기, 체육활동, 레크리에이션 등)으로 구성되며, 강의는 50분을 1단위로 하며 2단위 교육이나 활동은 내용에 따라 편성할 수 있다. 각 교육유형별 총 교육단위는 4~5단위로 구성된다. 모자녀가족의 상호관계 유형에 따라 모자녀, 어머니, 자녀 대상의 개별적이면서 통합적 교육이 이루어지는 것이 특징이다. 모자녀가 함께 참석하는 공동교육(제목: 건강한 모자녀 관계와 바람직한 대화)은 이들의 어려움을 토론함으로써 극복방법을 모색해 보며, 사회의 변화에 가족이 어떻게 대응해야 할 것인지, 특히 어머니 역할은 어떠한 중요성을 가지는지 이해하며, 자녀와의 원만한 관계유지에 필요한 기술 습득이 목적이다. 프로그램 내용은 부모자녀 상호작용 워크, 인간관계 훈련, 대화교실, 신체활동 등이 포함된다.

어머니대상 교육(제목: 사회 속의 나, 가족 속의 나)은 여성으로서의 긍정적 의식을 고취시키고 사회인으로서의 삶의 목표를 찾을 수 있도록 격려하며, 사회와 가족의 관계에서 상호영향 요인을 조정할 수 있는 능력 배양을 목표로 한다. 또한 가족 내외의 과중한 역할부담으로 인한 스트레스 해소 필요성을 강조하고 그 방법을 인지시키는 것이 목적이다. 이 프로그램은 강의, 시청각 자료 시청, 인간관계 훈련, 수기발표, 복지교실 및 신체활동 등으로 구성된다.

자녀대상의 교육은 크게 4가지 목적으로 구성되는데 자녀들이 남자, 혹은 여자로서 성역할을 인지하고 자율감과 자존감을 고양시킬 수 있는 계기가 되도록 하며, 가족, 이웃, 사회의 동반자 의식을 함양하여 모자가족의 지지체계를 스스로 확인할 수 있게 하며, 책임감 있는 사회구성원으로서 미래 좌표를 세우고 실천하는 계기가 되게 하는 것이 목적이다. 프로그램의 내용은 강의, 자료시청, 인간관계 훈련, 고민교실, 편지쓰기와 신체활동 등으로 구성된다. 이 프로그램은 전라남도 22개 시군의 한부모가족을 대상으로 시행한 결과 우울증이 감소하고 자존감이 향상되었으며 스트레스 극복 의지가 높아진 것으로 보고되었다.

(2) The Divorce Remedy(Davis, 2001): www.Divorcebuster.com

M. W. Davis는 이혼예방교육 프로그램인 《Divorce buster(1992)》와 《The Divorce Remedy(2001)》, 《The sex-strarved Marriage: Boosting your marriage libido: couple's Guide(2011)》의 저자이다. 《The divorce remedy(2001)》는 이혼하지 않도록 하기 위한 일곱 가지 단계(초심으로 시작하라, 결혼에서 내가 원하는 것을 정확하게 알라, 파트너에게 내가 원하는 것을 이야기하라, 상대방이 더 이상 받아들이지 않는다면 하지 않기로 스스로 약속하고 행동하라, 실천하고 그 결과를 모니터링하라, '해결 일기'를 통해 내가 원하는 방법대로 잘 되고 있는지를 점검해 보라, 결혼생활에서 무엇을 필요로 하는지를 알고 그것을 지켜나가는 것이 필요하다)를 점검함으로써 결혼생활을 건강하게 유지하도록 하는 것을 목표로 한다. 이러한 과정을 점검하기 위해서 시간과 노력뿐만 아니라 반복되는 긍정적인 연습이 강조된다.

각각의 장은 많은 다른 부부들의 이야기들과 작가 자신의 경험을 첨부해 매우 현실적인 참고자료를 제공해 준다. 또한 간통, 우울증, 중년의 위기 그리고 성 고민 등 일반적으로 부부에게 일어날 수 있는 주제에 대한 대처 방안을 제시하여 책을 통한 이혼예방교육을 할 수 있도록 구성되었다. 이 프로그램은 강연과 워크숍 등을 통해서도 이루어진다.

3 재혼가족

1) 재혼가족의 현황과 특성

재혼은 이혼이나 사별로 전혼 관계가 해체된 후 또 다른 혼인관계를 맺는 것을 의미하며, 재혼에 의하여 새롭게 형성되는 가족을 재혼가족이라 한다. 재혼가족은 자녀의 유무에 관계없이 최소한 한쪽 배우자가 재혼인 경우로, 부부 중 어느 쪽이든 전혼에서 얻은 자녀가 최소한 한 명 이상 있는 경우에 자녀 동거 여부에 상관없이 계부모가족(stepfamily)이라고도 한다(정현숙 · 유계숙 · 어주경 · 전혜정 · 박주희, 2002). 결혼한 부부 중 재혼이 차지하는 비율은 계속 증가하여 2015년에는 21.3%에 이른다(2016a, 통계청). 2015년 재혼의 구성 비율은 남자 재혼–여자 초혼이 3.9%, 남자 초혼–여자 재혼이 18%, 남녀 모두 재혼이 14.7%로 남녀 모두 재혼인 경우와 남자 초혼–여자 재혼 비율의 증가가 두드러진다(〈표 10–4〉). 즉, 재혼부부 중에는 남녀 모두 재혼인 비율이 전체 재혼건수의 약 54%를 차지하여 많은 재혼가족이 계부모가족일 가능성이 높다.

재혼은 많은 부분에서 초혼과 성격이 다르며 복잡한 관계적 특징을 갖는다(Spanier & Furstenberg, 1987). 재혼으로 형성된 가족은 대부분 전혼 자녀가 있는 계부모가족으로 초혼 핵가족과 그 체계가 다르다. 즉 계부모가족의 자녀들은 두 가구의 가족구성원이고, 친부모가 자녀들의 현실이나 기억 속에 존재해 있으며, 서로 다른 가족 역사를 지니고 있어 다른 가족 유형보다 여러 면에서 더 복잡하다. 특히 계부모가족은 부모–자녀 간의 유대가 배우자들 간의 유대보다 더 오래되었으며, 가족생활주기상의 불일치도 크다. 또한 계부모가족은 많은 상실과 변화를 경험한 후 시작되는데 이러한 이유로 자녀와 성인은 이전 가족의 경험에 근거하여 재혼가족에 대한 비현실적인 기대를 가지게 되는 경향이 있다(Ganong & Coleman, 1994).

표 10-4 혼인종류별 건수(2005~2015년)

(단위: 천 건, %)

		2005	2006	2007	2008	2009	2010	2011	2012	2013	2014	2015	구성비
계*		314.3	330.6	343.6	327.7	309.8	326.1	329.1	327.1	322.8	305.5	302.8	100.0
남자	초혼	252.5	273.7	285.4	270.2	255.8	273.0	277.4	275.9	273.8	257.9	256.4	84.7
	재혼	59.7	55.6	57.1	57.2	53.8	53.0	51.6	51.1	48.9	47.5	46.4	15.3
여자	초혼	245.2	269.3	280.7	264.5	250.7	268.5	272.6	270.5	268.4	251.5	250.0	82.5
	재혼	66.6	59.7	61.9	62.8	58.8	57.5	56.4	56.5	54.3	53.9	52.7	17.4
남(초)+여(초)		232.0	255.2	265.5	249.4	236.7	254.6	258.6	257.0	255.6	239.4	238.3	78.7
남(재)+여(초)		13.1	14.0	14.9	15.0	13.9	13.9	13.9	13.5	12.8	12.0	11.7	3.9
남(초)+여(재)		20.1	18.2	19.6	20.6	19.0	18.3	18.7	18.9	18.2	18.4	18.0	6.0
남(재)+여(재)		46.3	41.3	41.9	42.1	39.8	39.1	37.7	37.6	36.1	35.5	34.7	11.5

*출처: 통계청(2016). 혼인과 이혼통계.

또한 우리사회에서 계부모가족은 사회적 편견이 여전히 존재하며, 사회적 지지도 부족하며, 계부모자녀 사이의 법적인 관계도 애매모호하거나 부재하며, 가족 체계가 정서적으로 친밀하지 않다는 특징을 갖는다. 이러한 특징들로 인해 재혼가족 구성원들은 역할의 혼란을 경험하고 이러한 혼란이 재혼가족의 적응을 어렵게 하는 원인이 된다. 한국가정법률상담소(1996)의 상담자료에 따르면 재혼부부의 62.7%가 부부갈등 문제로 상담을 요청함으로써 재혼가족의 구조와 관계상의 복잡성이 매우 많다는 것을 짐작할 수 있다. 재혼가족의 부모자녀관계는 친자녀의 유무와 재혼 후 출산 자녀 유무, 계자녀의 유무에 따라 매우 다양하다(정현숙 외, 2000).

계부모와 계자녀 관계는 재혼가족의 행복을 예측하는 중요한 관계이면서(Visher & Visher, 1990), 동시에 문제가 많고 스트레스를 주는 관계이기도 하다. 계부모와 계자녀 관계에서는 계자녀의 동거 여부에 따라 계부모로서의 역할수행이 달라지는데, 계자녀와 동거하는 경우에 계부모와 상호작용을 많이 하고 친밀한 관계로 발전할 가능성도 크다(정현숙 외, 2000). 계모가 계자녀 관계에서 받는 스트레스는 계모 자신이 초혼인가 재혼인가에 따라 스트레스의 내용과 심각성이 다른데 초혼 계모는 계자녀의 학업이나 생활습관을 교정한다거나, 모성의 형성과 같은 주로 양육과정에서 발생되는 스트레스인 반면, 재혼 계모의 경우에는 생모와 왕래하는 계자녀의 문제, 계자녀의 반항, 재산문제, 계자녀와 친자녀 간의 갈등 등 다른 스트레스를 경험한다고 한다(임춘희, 1996). 또한 전혼 친자녀의 존재는 재혼한 생모에게 지지자로서 긍정적인 영향을 주며, 재혼가족 내에서 출생한 자녀는 생모에게 재혼가족에 안정감을 주는 중요한 의지 대상이 된다. 그러나 사회에서 재혼가족을 보는 시각은 매우 보수적이어서 두부부와 혈연관계의 자녀들로 구성된 가족만을 바람직한 가족으로 인식하여, 재혼가족에 대한 사회적 지원과 정책은 매우 미미하며(김유경, 2005; 정지영, 2002; 정현숙 외, 2003; 현은민, 2003), 이들의 법적 지위도 매우 불안정한 실정이다.

재혼가족을 위한 프로그램은 재혼을 앞두고 새로운 관계를 준비하는 재혼준비교육과 재혼 이후 가족관계의 적응을 지원할 수 있는 재혼적응 프로그램으로 구별된다. 대부분 재혼교육프로그램은 재혼가족의 특정 영역에 초점을 맞추기보다는 이들의 경제적, 정서적, 가족관계적 특성들을 통합하여 지원하는 방식으로 프로그램이 개발된다. 특히 재혼가족에서 자녀들과의 관계에 대한 교육은 개별적으로 혹은 전체 프로그램의 일부로도 개발되어 적용된다.

2) 재혼가족을 위한 프로그램의 실제

(1) 정현숙 · 유계숙 · 임춘희 · 전춘애 · 천혜정(2000)의 '준비된 재혼, 또 다른 행복'

이 프로그램은 이혼이나 사별을 경험하고 재혼을 앞두고 있는 예비 재혼부부나 개인, 초혼자로서 결혼 상대가 재혼자인 예비부부나 개인이 재혼가족 생활에 대하여 정확하게 이해하며 현실적인 기대를 가질 수 있도록 돕는 재준비교육 프로그램이다. 가족체계이론과 건강가족의 관점 및 재혼가족에 대한 발달적 모델과 재혼가족에 대한 배려적 관점과 정의적 관점을 적용한 이 프로그램은 '재혼 바로보기', '새로운 관계를 위한 홀로 서기', '재혼가족에서의 배우자 역할 준비하기', 재혼가족에서의 '부모역할 점검하기'의 4개 주제로 구성된 4회기 프로그램이다. 이 프로그램은 교사용 교재, 학생용 교재, 비디오테이프, 게임 도구로 구성되었다. 4회기 '재혼가족에서의 부모역할 점검하기'의 강의안은 〈표 10-5〉과 같다.

표 10-5 "준비된 재혼, 또다른 행복" 4회기 "재혼가족의 부모역할 점검하기"의 강의안

<table>
<tr><th>목표</th><td colspan="4">1. 재혼가족에서 부모자녀관계와 계부모자녀관계의 중요성과 특징을 이해한다.
2. 재혼가족에서 부모역할과 계부모 역할에 대해 현실적으로 기대한다.
3. 재혼가족에서 부모역할에 대해 긍정적인 태도를 갖는다.
4. 친부모 역할과 계부모로서의 역할 수행을 위한 각오를 다진다.</td></tr>
<tr><th rowspan="4">프로그램</th><th></th><th>내용</th><th>시간</th><th>준비물</th></tr>
<tr><td>도입</td><td>1. 교육참여 격려와 교육내용 소개
2. 현재 자신의 자녀상황과 자녀문제와 관련하여 희망하는 재혼형태에 대하여 이야기 나누기</td><td>5분
15분</td><td>
워크시트 Ⅳ-1와 펜</td></tr>
<tr><td>작업 및 강의</td><td>1. 작업 1: 비디오 시청과 소감나누기
2. 작업 2: 재혼 후 자녀문제와 관련된 기대 확인하기
3. 휴식
4. 강의 1: 재혼가족의 성공과 새부모역할
- 전혼자녀에 대한 부모역할의 중요성
- 재혼가족에서의 자녀출산
5. 작업 3: 재혼가족에서의 부모역할하기: 장점 찾아보기
6. 작업 4: 재혼가족에서의 부모역할을 위한 각오다지기</td><td>40분
20분
5분
15분
10분
20분</td><td>비디오, 워크시트 Ⅳ-1, 펜
워크시트 Ⅳ-2, 펜, 배경음악
음료
OHP 자료, 칠판
워크시트 Ⅳ-3, 배경음악</td></tr>
<tr><td>종결</td><td>1. 사후검사지와 전체 프로그램 평가지 작성
2. 소감발표와 다함께 노래 부르기
3. 공지사항 안내와 유인물 배부</td><td>30분</td><td>사후검사지와 전체 프로그램 평가지, 필기도구</td></tr>
</table>

*출처: 정현숙 · 유계숙 · 임춘희 · 전춘애 · 천혜정(2000). p. 7.

이 프로그램 참가자들은 재혼준비교육 프로그램이 미래의 재혼을 준비하는 데 상당한 도움이 되었으며, 프로그램의 참여를 통해 참가자들은 이전에 가졌던 재혼에 대한 막연한 기대가 현실적으로 바뀜에 따라 앞으로의 재혼을 보다 신중하게 처리하고자 하는 인지적인 변화가 있었다고 보고하였다. 이들의 프로그램 개발과정과 효과성검증 결과는 정현숙 등(2000a, 2000b)에 자세히 제시되어 있다.

(2) 관계발달센터(The Center for Relationship Development)의 재혼교육

이 기관은 Les와 Leslie Parrotts 부부가 관계기술증진을 목적으로 시애틀 패시픽 대학교 내에 설립한 센터(www.realrelationships.com)이다. 이들은 책과 DVD, 강연을 통해 관계기술을 전파하는데 그들의 다양한 관계기술관련 책(*Saving your marriage before it start*, *The control freak*, *I love you more*, *Becoming soul mates*, *Relationships*, *Questions couples ask*, *High-maintenance relationships*)들은 미국에서 베스트셀러이다. 특히 '*Saving your second marriage before it starts: Seven Questions to ask before and after you marry*'는 책과 함께 남성과 여성용의 재혼 동기검사, 재혼준비도척도, 나의 10계명, 미해결된 문제의 탐색, 사랑에 대한 정의, 친밀감의 발달, 비난하지 않기, 대화 잘하기, 잘듣기, 배우자의 열 가지 욕구, 나의 중요문제 확인하기, 마음읽기, 아이들과의 재혼을 포함한 26가지의 내용을 점검할 수 있는 워크북을 포함하고 있어 재혼을 앞둔 사람들이 스스로의 준비정도를 점검할 수 있는 매루 효과적인 도구이다. 〈표 10-6〉은 19번째 연습과제로 '나의 중요문제 확인하기(Identifying your hot topics)'의 워크북 자료이다. 이 실습은 20분 동안 이루어지며, 관계에서 갈등의 원인이 될 수 있는 문제들을 점검하는 데 도움을 주기 위한 작업이다.

표 10-6 "나의 중요문제 확인하기"워크북 자료

* 다음의 주제는 관계가 진행되는 과정에서 대부분 부부들이 경험하게 되는 관계적 문제들입니다. 현재 각각의 문제를 얼마나 경험하는지 정도를 표시해 주십시오. 열거되지 않은 항목은 아래 빈칸에 적어주십시오. 상대와 이야기하기 전에 먼저 자신의 생각을 표시해 주십시오.

	전혀 문제 아님						아주 심각한 문제
직업적	1	2	3	4	5	6	7
경력	1	2	3	4	5	6	7
아이들	1	2	3	4	5	6	7
집안일	1	2	3	4	5	6	7
의사소통	1	2	3	4	5	6	7
친구	1	2	3	4	5	6	7
질병	1	2	3	4	5	6	7
배우자의 친척	1	2	3	4	5	6	7
질투	1	2	3	4	5	6	7
돈	1	2	3	4	5	6	7
우선권	1	2	3	4	5	6	7
레크리에이션	1	2	3	4	5	6	7
나의 친척	1	2	3	4	5	6	7
종교	1	2	3	4	5	6	7
성	1	2	3	4	5	6	7
잠버릇	1	2	3	4	5	6	7
전부인	1	2	3	4	5	6	7
전남편	1	2	3	4	5	6	7

* 자, 다 작성하면 파트너와 결과와 비교해 보세요. 모두에게 '심각한(hot)'영역은 무엇이고 한 사람에게만 문제가 되는 영역이 무엇인가요? 앞으로 더 문제가 될 것 같은 문제 영역을 이야기하고, 갈등이 일어나기 전에 어떻게 할 수 있는지를 이야기합시다.

*출처: Parrott & Parrott(2001). p. 42.

4 다양한 가족을 위한 유용한 정보

1) 법과 사회정책센터: www.clasp.org

이 단체는 1968년 C. Halpern과 동료 변호사들에 의해 여성의 권리, 정신건강, 환경보호, 국제인권, 저소득층의 건강, 고용권 등의 법적 지원을 위해 설립되었다. 1981년 이후 저소득, 사회적 약자에 대한 관심으로 영역을 확대하여 경제적 안정과 교육과 일, 저소득층의 가족안정성을 지원하기 위해 복지개혁과 아동지원 확대를 위한 정책개발을 위해 노력하는 단체이다.

이 사이트에서는 부부와 결혼정책, 아동 지원과 아버지, 방치된 청소년, 복지정책, 아동복지, 국제 사회복지, 일과 삶, 임신과 출산, 일터에서의 기회, 직업발달, 시민권 지원, 교육 등 13영역에 대한 다양한 법과 정책에 대한 보고서, 각종 요약자료, 정책분석자료, 청문회 진술자료 등 다양한 자료에 무료로 접근할 수 있다. 특히 이들의 부부와 결혼정책은 '친결혼주의(marriage plus)' 정책을 표방한다. 이 정책의 핵심은 자녀들이 건강한 결혼생활을 하는 두 명의 부모에 의해 양육될 수 있도록 지원하며, 비혼, 동거, 별거, 이혼, 재혼 등 다양한 상황에 놓인 부모들에게는 어떻게 하면 두 사람이 자녀를 더 잘 키울 수 있도록 협력할 수 있는지에 대한 방법들을 제공함으로써 궁극적으로는 아동의 복지증진을 목표로 한다. 1996년 이후 제공되는 맞벌이, 재혼, 이혼, 저소득층가족, 가정폭력가족, 동거가족 등 다양한 가족에 대한 기본 정보와 이들을 위한 정책분석 자료는 다양한 가족생활교육을 개발하는 개발자들에게 이론적인 자료로 활용도가 높을 것이다.

2) 미국의 가치재단(Institute for American Values): www.americanvalues.org

다양한 가족에 대한 프로그램 개발을 위한 학술 정보를 얻을 수 있는 사이트이다. 1987년 설립된 이기관은 미국의 시민사회와 가족강화를 지원할 목적으로 설립된 사설, 비영리, 비당파적 기관으로 회원들의 기부금과 책 수입금으로 운영된다. 단체의 홈페이지와 산하기관인 가족학자들의 블로그(www.familyscholars.org)와 결혼가족센터(center.americanvalues.org)의 홈페이지를 통해 학자들의 강의, 보고서, 책, 심포지엄, 미디어 홍보자료 등이 제공되는데, 아버지 · 어머니 역할, 결혼, 이혼이 자녀에게 미치는 영향, 시민사회 등에 대한 정보를 무료로 다운로드 받을 수 있으며, 소식지(American values reporter)를 이메일을 통해 받아볼 수 있다.

3) 재혼가족재단(Stepfamily Foundation): www.stepfamily.org

1975년 사회복지사인 Jeannette Lofas가 설립한 재혼가족재단은 성공적인 재혼생활을 지원하기 위해 개별상담과 전화상담을 통해 정보를 제공한다. 이들은 긍정적이고, 체계적이며 단기적인 지원을 강조하는 접근방식을 활용하며, 평균 8~10회기의 교육도 실시하며, 상담비용도 상대적으로 고가이다. 그러나 홈페이지의 Free information을 통해 재혼에 관한 통계와 교육에 활용할 수 있는 관련 링크에서 다양한 정보를 얻을 수 있다.

4) 이혼가족을 위한 정보

미국에서는 이혼의 급속한 증가로 인해 이혼가정을 위한 다양한 지원체계가 마련되어 있다. 우리나라와 법적 지원체계는 많은 차이는 있으나 이들 홈페이지를 통해 이혼과 관련한 다양한 정보를 얻을 수 있다. 〈표 10-7〉에 상담, 정보지원체계, 중재기관, 법률자문기관 및 정부기관 등 다양한 지원체계의 특징과 이용 가능한 정보 일부를 정리하였다. 이들 홈페이지는 가족생활교육자들에게 프로그램 개발과 지원을 위한 많은 정보를 제공해 준다.

표 10-7 미국의 이혼 관련 지원체계 및 관련 정보

제목	특징 및 홈페이지
상담	• 미국의 몇 개 주에서 시행되는 계약결혼(covenant marriage)의 경우, 이혼 전 상담은 의무이므로 이혼 전 상담자들에게 정보 제공과 이성적 판단에 도움 • 삶의 수준과 소득, 신용, 연금, 보험, 배우자와 자녀양육 비용과 관련된 경제적 영향 및 부모역할, 가족 유대의 지속과 아동의 양육권 등 성공적인 이혼을 위한 상담 • childrenanddivorce.com
이혼정보 지원체계	• 각 주별 이혼정보 네트워크(divorcesource.com) • 이혼자나 이혼을 고려하는 사람들을 위한 서비스센터(divorcecentral.com) • 이혼과 관련한 자세한 연결망(divorcing.com) • 공인이혼설계사로부터 경제 관련 도움(divorcefinance.com) • 이혼 관련 부모역할 워크숍/세미나 일정 및 개인상담(divorceandchildren.com)
중재	• 중재는 이혼 당사자들 간에 원만한 해결을 돕는 것으로 중립적 제3자가 법원의 중재 없이 관계를 파괴하지 않고 이혼과 관련된 문제들을 해결하도록 돕는 제도 • www.mediate.com에서 이혼 중재전문가를 찾을 수 있음. • Academy of Family Mediators 홈페이지: 비영리 교육집단으로 가장 규모가 큰 가족중재기관: www.igc.org/afm
변호사	• 변호사들 간 협조체계를 마련하여 원만한 해결을 위한 정보제공 • collaborativelaw.com
자조집단	• 저렴한 가격으로 각 주별로 독특한 이혼 관련 정보를 얻을 수 있으며, 자녀양육권, 위자료, 자녀지원 등 정보를 얻을 수 있음. • www.divorcesupport.com
지지집단 및 출판물	• 이혼정보 사이트: www.divorceasfriends.com • 관련 정보를 제공하는 이혼정보잡지: divorcemagazine.com
정책관련	• 이혼 변호사인 John Crouch가 만든 Americans for Divorce Reform의 홈페이지(www.divorcereform.org)는 일반대중과 정책가 및 미디어를 대상으로 이혼의 진실을 알리고 이혼법 개정을 위해 참여할 수 있는 방법들을 제시하며, 이혼통계, 관련 연구 등 제공
정부기관 및 단체	• 미시간 지역사회건강국(Michigan Department of Community Health): 이혼에 대한 역사적 변화, 최근 통계, 이혼율, 자녀에 미치는 영향 등 제공, www.mdmh.state.mi.us • 미국의 아동가족국, 건강과 인적자원부의 Federal Office of Child Support Enforcement 홈페이지: www.acf.dhhs.gov/programs/cse • 미시간 주의 법원출판물: www.supremecourt.state.mi.us/courtdata/friend.html • 미국의 인구국, 아동지원 관련 출판물: www.census.gov/hhes/www/chldsupt.html • 질병통제 및 예방센터: 이혼 관련 통계 제공, www.cdc.gov/nchs • The David and Lucile Packard 재단: 아동과 이혼에 대한 자료 제공, www.futureofchildren.org/cad/index.html • DivorceNet: 미국 내 각 주의 이혼 관련 법안과 각 주의 대법원, 순회 법원, 아동지원과 아동과 이혼 관련 문제들을 다루는 정부기관들에 대한 홈페이지를 연결해 주고 이에 대한 정보제공, www.divorcenet.com

5) 알코올 중독가족 지원체계(Al-Alon Family Group): www.al-anon. alateen.org

이 장에서는 다루지 않았으나 알코올과 도박 등 중독과 관련된 가족문제가 증가하고 있다. Al-Alon Family Group은 '알코올 중독 가족과 친구들에게 희망을(hope for families & friends of alcholics)'이라는 슬로건을 내걸고 세계 115개국에서 활동하는 국제적 단체이다. 단체의 홈페이지를 통해 자조집단모임의 성격, 내용 및 장소에 대한 정보를 얻을 수 있으며, 프로그램 개발을 계획하는 전문가들에게는 책, 팸플릿, 서비스 자료 및 월간지 등 다양한 자료를 통해 알코올 중독에 대한 정보를 제공해 준다.

6) 플로리다 주의 '결혼준비와 보존법안'(1998)

1장에서도 살펴보았듯이 미국의 플로리다 주는 '결혼준비와 보존법안'(1998)을 마련하여 이혼 시 자녀가 있을 경우 4시간의 부모교육을 의무화하고 있다. 이를 위해 가정법원소성위원회(The Family Court Steering Committee)는 플로리다 주립대학과 함께 이혼 관련 부모교육 중 내용을 분석하여 인증을 하고 있으며, 부모들은 인증된 교육 프로그램 중 한 가지를 선택해 수강하면 된다.

〈표 10-8〉은 이 위원회에서 인증한 부모교육 프로그램 내용을 분석한 자료이다. 이 자료는 이혼을 앞둔 가족의 부모를 위한 기초교육과정으로 이용될 수 있을 것이다. 또한 플로리다 주에서는 결혼준비와 보존법안 '6조 3항 규정'에 의해 결혼을 앞둔 부부와 이혼하는 모든 부모들에게 〈참고 10-1〉과 같은 가족법 핸드북을 배부한다. 내용이 길지만 이 내용은 우리에게 많은 시사점이 있어 여기서 소개한다. 가족법 책자는 플로리다 주 변호사협회가 제공해 주며, 가족법조정위원회에서 검토하여 다양한 이론적 연구에 기초해서 자료가 만들어졌다. 이 자료는 최근 시행되는 이혼숙려제도나 이혼전 상담제도 및 이혼 관련법 개정 등에 중요한 자료로 활용될 수 있을 것이다.

표 10-8 플로리다 주의 이혼법정에서 인정한 부모교육 프로그램 내용분석

영역	빈도	영역	빈도
상실로서의 이혼	87%	다른 부모와 의사소통하기	89%
슬픔	80%	성인의 분노	87%
부모역할의 영속성	80%	법적 개념과 과정	76%
발달단계	91%	거주문제	89%
이혼이 자녀에게 미치는 영향	91%	방문	89%
자녀들과 대화하기	95%	부모역할 공유하기	91%
자녀를 돕는 부모의 특별한 행동	95%	기타 도움을 받을 수 있는 곳	65%
다른 부모를 비난하기	85%	참조 리스트	74%
부모의 소외	76%		

*출처: Capshew, Whitworth & Miller(1998). The parenting course evaluation project. p. 6.

참고 10-1 플로리다 주의 가족법 핸드북

축하합니다!

결혼을 하십니까? 평생 해로하시길 바라시지요? 플로리다 주가 당신의 결혼에 관심을 갖는다는 것에 대해 아마도 놀랄지도 모릅니다. 우리는 신부 들러리가 몇 명이고, 케이크의 맛은 어떠하며, 어떤 색의 꽃으로 결혼식장을 치장했느냐가 아니라, 여러분의 결혼이 어떻게 하면 오래 지속되고 행복할 것인가에 관심이 있습니다. 결혼 전에 다음의 네 가지 중요한 문제에 대해 잘 생각해 볼 필요가 있습니다.

- 서로에 대한 당신의 헌신(commitment)
- 당신 자신
- 당신이 가지게 될 혹은 입양하게 될 아이
- 당신의 것들(돈, 소유물(property), 주식 등)

플로리다 법은 이 주에 거주하는 가족들에게 결혼이 얼마나 중요한지를 인식하는 법이 필요하다는 결정 하에, 1998년 법제정자들이 다음과 같은 정보에 기초에 법을 통과시켰다.

- 이혼율이 급속히 증가한다.
- 가족이 사회의 기초인 것과 마찬가지로 결혼관계는 가족의 기초이다. 결과적으로 결혼을 강화하는 것이 건강한 가족과 아동과 지역사회 그리고 더 부강한 경제를 이끌 수 있다.
- 내적, 외적 다양한 종류의 스트레스를 효과적으로 극복하지 못하면 가정폭력과 아동학대, 장기결석, 의료비용, 학습 및 사회적 결함, 이혼율을 증가시킨다.
- 관계기술은 학습될 수 있다.
- 관계기술은 한번 습득되면 결혼관계에서 부부간 의사소통을 촉진하며, 갈등회피를 돕

는다.
- 이런 기술은 한번 습득하면 부모역할과 일, 학교, 이웃, 일상생활 등에 적용할 수 있다.
- 갈등을 줄이고 의사소통이 증진되면, 긴장원은 줄어들고 문제해결능력은 더욱 증가된다.
- 효과적 문제해결은 가정폭력, 아동학대, 이혼과 이로 인한 아동의 부정적 영향을 감소시킨다.
- 주정부는 결혼과 이혼의 효과에 대한 시민교육에 관심을 집중해야 한다(Chapter 98-403, Laws of Florida).

이런 것들이 의미하는 것은 무엇인가? 이것은 결혼해서 행복하게 산다는 것이 어렵고 점점 많은 부부들이 갈등이 생기면 쉽게 포기하고 이혼한다는 의미이다. 최고의 결혼은 갈등이 없는 결혼이 아니며, 좋은 결혼은 부부가 어려운 상황을 어떻게 이겨내는지를 아는 것이다. 어떻게 운전하는가를 배우는 것과 마찬가지로 당신의 결혼에서 문제를 다루는 방법을 배울 수 있다.

새로운 법에서는 당신을 위하여 이 핸드북을 읽어야 하며, 혼전교육과정을 듣는다면 32.5불의 결혼허가증 비용을 절약할 수 있으며, 이 과정을 듣지 않을 경우 결혼허가증 효력 발생을 위해 3일을 기다려야 한다. 결혼 전에 혼전교육과정을 듣지 않기로 결정한다 하더라도, 시기적으로 너무 늦은 것은 아니다. 관계기술을 가르치는 교육과정은 결혼관계 기간 중 어느 때라도 도움이 될 것이다.

결혼과 부모역할은 당신의 삶에서 가장 중요한 두 가지이며, 당신이 하게 될 가장 어려운 과업 중 하나이다. 이상하게 들릴지 모르겠지만 당신은 어떠한 훈련이나 교육을 받아야 할 필요도 없고, 시험을 볼 필요도 없으며, 이 역할을 위해서 어떠한 자격증도 필요하지 않을 수도 있다.

이 일이 잘 되지 않을 경우 당신이 선택할 수 있는 것은 독신으로 돌아가는 것이지만, 당신은 독신생활이 결혼 전의 독신과는 다르며 그렇게 단순하지 않다는 것을 알아야 한다. 당신이 계단을 내려가기 전에는 생각도 못해 본 것들이다.

당신이 알아야 될 것들

결혼을 한다는 것은 죽을 때까지(혹은 이혼할 때까지) 함께 산다는 것을 서약하는 그 이상의 의미가 있다. 부모를 떠나 다른 사람과 살기로 동의하는 것 이상을 뜻한다. 당신이 파트너와의 동의하에 성관계를 가질 수 있는 법적 허락을 받는 것 그 이상이기도 하다. 결혼한다는 것은 당신의 돈과 소유물에 대한 당신의 소유에, 당신이 자녀를 기르는 방식에, 당신의 파트너와 관계맺음 양식 등에 다양한 많은 결과를 가져오는 중요한 법적인 관계이다. 이것은 중요한 법적 행동이므로, 플로리다법은 결혼한 모든 사람들이 결혼한다는 것의 의미에 대한 정확한 정보를 얻기를 바란다. 결혼한다는 것이 무엇인지를 이야기하고, 그들의 경제나 자녀와 관련된 문제, 종교문제, 일에 대한 결정을 어떻게 다루는가와 그들이 결혼 전에 좋아하는 것 등을 서로 이야기하는 것은 일생 동안 행복한 결혼생활을 유지할수 있는 더 많은 능력을 가지게 하는 과정이다.

이 팸플릿은 개별적인 법적 조언을 하기 위해 고안된 것이 아니며, 결혼계약과 1998년 여름에 효력이 발생된 결혼관계와 관련된 법에 대해 설명하는 것이다. 결혼관계를 다루는 법안은 지속적으로 시행령을 바꾸는 데 영향을 미쳤으며, 플로리다 법정에 항소하여 법원심리에 들어감으로써 시행령이 바뀌었다. 이 관련법은 주 단위로 바뀔 정도이기 때문에, 만약 질문이 있으면 결혼하기 전에 가족법을 잘 아는 변호사를 만나 면담할 것을 조언한다.

1. 법적인 관계로서의 결혼

두 사람이 결혼하면 둘은 사회적 · 경제적 파트너가 된다. 이러한 동반자관계는 자동차를 등록하듯 매해 새롭게 등록할 필요는 없다. 단 파트너가 죽거나 결혼이 해소될 때까지 이 관계는 지속된다. 플로라다 주는 주의 시민을 보호하고, 가족을 발전시키고 보호하는 데 관심이 있기 때문에, 사람이 죽을때 자산을 통제할 법과 또한 이혼과정을 통제하는 법을 만들었다. 사후 개인의 재산을 처분하기 위해서나 혹은 결혼을 끝내기 위해서는 법원의 결정이 요구된다. 이러한 결정은 대부분 플로리다 주법에 의해 통제되고 규정된다.

결혼을 하려는 사람들은 둘 간의 결혼생활이 성공할 것인가, 혹은 한 사람이 죽는 상황에 대해, 경제적 문제를 어떻게 처리할 것인지 서면동의를 하게 된다. 일반적으로 '혼전계약'은 두 사람 간의 특별한 계약관계를 만드는데 이때는 두 사람이 어떠한 억압도 없는 자유로운 상황에서 경제적 정보에 대해 완전히 공개한 후에 계약서를 작성하는 것이 적절하며, 당사자들이 이혼 시 경제적 측면에 대한 계획도 세울 수 있다. 이 계약서에는 이혼 시 양육비에 대한 내용과 소송이 진행 중인 동안의 일시적 경제적 지원에 대한 계약, 결혼생활이 잘 유지되지 않을 때 위자료나 자산과 돈에 대한 분배계획도 포함한다. 가족법을 다루는 변호사들은 이런 문제가 일어난 당신을 도울 수 있고 이러한 문제에 대해 혼전동의를 하도록 돕는다. 이혼 후에라도 상황이 변한다면 위자료와 자녀지원, 부모역할에 대한 책임은 대부분 법원의 재판이 진행되는 동안에도 수정할 수 있다.

2. 결혼 기간 동안 혹은 결혼 해소과정에서의 경제적 문제

1) 자산(당신이 가진 것)

서면동의가 없다면 당신이나 당신 배우자가 결혼 기간 동안 번 돈과 새로 구매한 자산, 부부 중 일방에 의해 얻은 빚은 이혼 시 서로가 공동으로 분배해야 할 책임이다. 한 사람의 이름으로 되어 있는 자산도 마찬가지로 소유자 이름으로 분배가 결정되지는 않는다.

남편과 아내가 별도로 결혼 전에 가졌던 재산은 일반적으로 이혼 시 각자가 가진다. 이러한 자산은 비결혼자산이라고 부른다. 그러나 그 자산이 결혼 기간 동안 가치가 높아졌거나, 비소유자인 배우자의 자산이거나, 파트너의 노력에 의해 가치가 높아졌다면, 증가된 부분에 대해서는 남편과 아내에게 분배될 수 있는 결혼의 자산으로 간주될 수 있다.

두 배우자 중 누구든지 결혼 전에 소유했던 자산을 공동명의로 바꾼 경우나, 결혼생활 중에 취득한 자산과 혼합한 경우(예를 들어 배우자가 집을 공동 이름으로 하고 결혼 전에 산 주식 증권을 두 사람 명의로 할 경우)에는 전체 재산은 결혼자산으로 간주될 수 있으며, 이혼 시 공동으로 분배될 수 있다.

배우자가 준 선물은 결혼의 자산이고 이혼 시 일반적으로 분배된다. 개별적으로 다른 사람이 혹은 한 배우자에게 준 선물은 그후 결혼의 자산으로 통합되지 않은 경우는 결혼의 자산이 아니며 이혼 시 선물수혜자가 갖는다.

2) 당신이 가진 돈

결혼 전의 빚이 이혼 시에도 남아 있다면 다른 일방이 빚을 갚기로 법적으로 동의하지 않는다면 빚을 진 사람에게 책임이 있다. 결혼하여 어느 한 사람이 진 빚은 일반적으로 결혼생활 중에 생긴 빚이지만 이혼 시 일방에게 부여할 수 있다.

3) 이혼 시 법원이 어떻게 자산과 돈을 나누는가?

자산과 돈에 대해 부부가 동의하지 않으면 지방 순회법원은 누가 무엇을 가지고 무엇을 상대방에게 줄 것인가를 결정하기 위해 심리를 시작한다. 현재의 시행령은 법원이 결혼 전에 소유한 것이나 혹은 결혼 기간 중 유산으로 받았거나 혹은 두 사람이 서면으로 동의한 자산 등 비결혼자산으로 규정된 이러한 자산은 놔두고 나머지 자산과 돈의 분배과정을 요구한다.

다음은 법원이 결혼 중에 취득한 자산과 돈을 동등하게 분배할 것이다. 법원은 다음과 같은 요인을 고려하여 불평등하게 나눌 수도 있다. 각자의 결혼에 기여, 직업이나 교육적 기회에 대한 서로의 기여 등, 한 사람에 의해 결혼 자산의 파괴나 고의적인 낭비, 다른 유사한 요인들. 법원은 한 사람, 혹은 다른 사람에게 자산이나 현금의 균형을 위해 현금지급을 지시할 수도 있다. 법원이 두 사람 간의 모든 재산을 각각 나누어 주지는 않는다. 대신 법원은 어떤 자산은 한 사람에게 다른 것은 다른 사람에게, 각각 배분을 통해 균형을 갖추도록 한다. 적절한 항소과정이 체결되면, 심리판사는 특정 동산 혹은 부동산을 팔고 한 사람 혹은 두 사람에게 지급되도록 할 수 있다.

4) 배우자 지원(이혼수당, 부양비)

이혼이나 별거를 함에 있어서 판사는 경우에 따라 한 사람이 다른 배우자를 지원해 주기 위해 비용을 지불하라고 할 수 있다. 이렇게 되면 유형, 기간, 금액이 일차적으로는 결혼 기간에 의해 결정되는데 자원이 필요한 배우자의 상태, 지원하는 사람의 능력, 배우자가 즐길 수 있는 생활수준 등을 고려하여 결정한다.

심리판사는 결혼 해소를 신청한 때로부터, 혹은 결혼의 해소와는 관련되지 않지만 지원 요구를 위한 탄원을 신청한 때부터 명령을 내릴 수 있다. 경제적 판단시점에 심리판사는 영구부양비나 수당(상대가 죽을 때까지 혹은 수혜자의 재혼 때까지 등), 재활수당(배우자가 교육을 받거나 혹은 특정 직업이 요구하는 자격을 갖출 수 있을 때까지 자금 등의 특별한 목적을 위해 지원하는 것), 혹은 lump sum alimony(지원 목적으로 특정액수를 부과하는 것)를 명령할 수 있다. 특별히 영구수당과 재활수당은 매달 지급되고 세금이 부과될 것이다.

이혼수당을 결정할 때 법원이 고려하는 특별한 요소들은 배우자의 연령, 결혼 기간, 한쪽의 건강, 교육, 기술 등이다. 부정행위와 같은 배우자의 행동은 경제적 결과를 야기할 때만 고려되어진다. 소득공제명령(Income Deduction Order)은 배우자의 월급에서 이혼수당이 지급되고 상대방의 구좌에 직접 보내지도록 지불을 추적할 수 있고 받은 배우자의 자금을 다시 보낼 수도 있다. 명령된 지원을 하지 않을 때 모욕죄가 성립되며, 고의로 미지급 시 구금될 수도 있다. 그리고 이혼수당의 계속된 지급보장을 위해 생명보험이나 다른 보험을 들도록 명령을 내릴 수 있다.

판사는 한 사람에게 다른 사람의 변호사 비용과 배우자에 의해 발생된 비용을 지급하게 할 수 있다. 이러한 비용을 고려하는 일차적인 요소는 한 배우자의 필요와 비용을 지불한 배우자의 능력이지만, 법원이 비용을 결정하는 데는 각자의 지위에 맞는가 하는 점도 고려된다.

5) 배우자의 죽음에 관해서

배우자가 죽었을 때 배우자 간에 서면동의가 없었다면 자신의 재산에 대해 배우자가 특별한 권리를 가진다. 예를 들어 배우자는 죽은 배우자의 자산에 대해 일정 양을 분배하거나 가족이 사용하도록 유언에 검인을 받거나 설정할 수 있다. 한 배우자로부터 다른 배우자에게 자산이 이전되면 세금감면 혜택을 받을 수 있다. 귀중한 자산을 가진 부부들은 변호사를 통해 특별한 상황에 대한 적절한 조언과 자산에 대한 계획에 대하여 상담할 수 있다.

3. 자녀와 관련된 문제(이혼이나 별거)

1) 이혼 후 자녀를 위한 비용의 부과

양부모들은 그들 자녀를 지원할 의무가 있다. 이혼 시 한 부모가 다른 부모에게 아동양육을 지정함으로써 의무가 부과된다. 아동양육비를 계산하기 위하여 법원은 아동양육가이드라인을 따른다. 이 과정은 법원이 특별공제액에 따라서 각자의 총소득을 고려하여 소득을 적용한다. 보통은 아동양육비용과 아동건강보험 할증이 요구되고 보험에서 지원되지 않는 의료, 치과 및 처방전 등의 비용이 부과된다.

특별한 상황을 제외하고는 소득공제 명령으로 들어갈 것이며, 부모에게 돈을 지급하는 고용주가 직접 주수탁자에게 직접 돈을 보내도록 하여 상황을 추적하며 다시 부모들에게 보내질 것이다. 아동양육비를 내지 않으면 모욕죄가 성립되며, 고의적으로 미이행 시는 교도소에 감금할 수 있다. 아동양육을 위한 계속적인 지원을 확보하기 위하여 다른 보험을 제공하거나 생명보험을 유지하도록 명령할 수도 있다.

아동양육비를 내지 않았다고 해서 아동과 시간을 보낼 수 있도록 한 허가를 취소하는 것은 적절치 않으며 법원에서도 받아들여지지 않는다. 다른 부모가 아동을 못 보게 한다고 해서 가능한 지원을 하지 않는 것도 역시 받아들여지지 않는다. 두 상황 모두 법원 결정에 따른다.

아동지원 명령을 수행하기 위해서는 조력자의 도움도 필요하다. 주마다 지원이 가능한 기관이 차이가 있다. 지원강제를 지원받기 위한 기관과 관련된 정보를 얻기 위해서는 당신의 지역 Child Support Enforcement Program의 Department of Revenue(국세청, 세무서)에 접촉하라.

2) 이혼 후 아동양육권 결정하기

대부분의 경우 판사는 부모가 이혼하거나 별거할 때 어린 아동이 있을 때는 '공동양육'을 명령할 것이다. 이것은 두 부모가 아동에 관한 모든 정보에 대한 권리를 함께 가지는 것이며, 아동을 위한 요 결정을 함께하는 것을 의미한다. 일차적으로 아이가 한 부모와 산다는 것이 부모가 아동의 양육에 대해 더 많이 말할 수 있다는 권리를 주는 것은 아니다. 판사는 그렇게 하는 것이 아동의 최고의 복지를 위한 길이라고 판단될 때는 한 부모나 다른 부모가 아동의 삶의 특별한 영역에 대해 의사결정을 할 궁극적 책임을 가지는 것을 결정할 수도 있다. 부모가 많은 노력을 한 경우에도 아동에게 영향을 미칠 수 있는 중요한 결정에 동의가 되지 않는다면(예: 기가 다닐 사립학교에 부모가 동의하지 않을 경우), 법원은 발의를 통해 결정할 수가 있으며, 그 결정을 할 수 있는 부모를 지정할 수 있다.

단독양육권은 공동책임이 아동에게 부정적인 영향을 미칠 수 있는 경우에 주어진다. 아동이나 배우자 학대의 정도에 따라서 학대의 증거들이 고려되고 단독, 혹은 공동책임을 부여할 것인가를 결정하는 데 있어서 추정이 되는 요소가 될 수 있다.

3) 이혼 후 아이들이 어디서 살 것인가

부모가 이혼이나 별거를 하면 두부모가 아이들과 접촉을 유지하는 것이 중요하다. 일반적으로 부모가 일차 거주부모로 지정되고 다른 부모가 2차 거주부모로 지정된다. 한 부모가 단독양육권을 지거나 윤번으로 두 부모가 일차적 거주부모가 될 수도 있는 대안적 배정이 특별한 상황에서는 동의되거나 명령이 될 수 있다. 두 부모는 아동의 연령이나 나이에도 불구하고 일차적인 거주부모로 동등하게 고려될 수 있다. 이혼 이후 일차 거주부모가 만약 이사를 원하거나 다른 부모가 아이와 물리적으로 접촉할 수 없는 곳으로의 이사를 원할 시 일련의 법적인 요소가 있는데, 법원은 부모가 아동과의 이사를 원할 경우 허가명령을 내리기 전 부모에게 숙고할 것을 요구할 것이다. 경우에 따라서 부모가 아동과 이사하는 허락이 거부될 수도 있다. 이런 경우는 다른 부모가 있어서 이사가 아동의 최상의 복지를 위한 선택이 아니며, 아동과의 대안적인 접촉계획은 아동의 이차 양육부모로 유지가 충분하지 않을 때 고려될 수 있다.

4) 아동과의 접촉

접촉이 아동에게 치명적이지 않다면, 두 부모가 아이와 시간을 함께 보내도록 요구한다. 모든 경우에 있어서 스케줄은 낮과 밤을 각각의 부모와 보내도록 설정될 것이다. 이런 스케줄은 특별한 휴가계획과 방학의 계획과 특별한 요구가 있을 때 스케줄을 수정하는 방법까지 다 포함될 것이다. 밤에 자고 오는 방문은 아동의 성과 연령에 따라 거부될 수도 있다. 일반적으로 각각의 부모는 다른 부모와 살고 있다면 아이와 전화접촉을 할 수 있다. 부모가 밤에 자녀와 함께할 수 없다면 다른 부모가 이 아이를 돌볼 첫 번째 권리를 가지게 되며, 혹은 그날을 위해 아이들을 다른 사람에게 보내게 될 수도 있다. 만약 일차 거주부모가 아이들과의 시간을 다른 부모와 보내는 것을 나쁜 방법으로 취득하면, 법원은 부모가 아이와 시간을 보낼 권리를 거부하고 다른 다양한 허가방법들이 적용될 것이다.

5) 상대 배우자가 이미 자녀가 있을 때는

배우자의 자녀를 입양하지 않는다면, 계부모의 권리와 의무를 얻지 못한다. 그러므로 부부가 이혼한다면, 계부모는 그의 계자녀와 접촉할 권리가 없으며, 비록 결혼생활 동안 자발적으로 이 일을 했다하더라도 계부모도 계자녀를 지원할 의무가 없다. 만약 한쪽 배우자가 결혼생활 동안 계자녀를 입양했다면 그 계자녀는 모든 면에서 아이의 부모이며, 자연적 부모와 같은 부모의 권리와 의무를 수행할 자격이 부여된다.

6) 가정폭력과 아동학대

그 사람이 부모건 배우자건 누구도 다른 사람을 신체적으로 때리거나 밀거나 학대할 권리는 없다. 가정폭력과 아동학대는 범죄이며 고소될 것이다.

7) 결혼 해소 과정

개인이 결혼생활을 끝내기 위해서는 연방 순회법원의 최종 허락을 받아야 한다. 그 과정에서 모든 재산과 자녀와 관련된 문제와 지원 등이 결정될 것이다. 이런 판결을 위해서는 소송을 시작하는 탄원서를 내야 하고 법적으로 상대 배우자에게 알린다. 재정에 대한 정보는 배우자 서로에게 제공하며, 아이들이 있을 경우 부모교육 수업을 들어야 하며, 마지막 청문회 날짜를 잡기 위해 동의서를 준비하여 법원에 제출하며, 법원에서 결정을 내릴 수 있게 증거를 심리 전에 준비하여야 한다. 이혼을 위해 변호사가 반드시 필요한 것은 아니다. 그러나 법적인 과정은 일련의 규칙이 있으므로 법적인 지원을 받도록 권유한다.

이혼을 하기 위해서는 법적으로 타당한 이유가 있어야 한다. 플로리다 주에서는 두 가지 경우가 받아들여진다. 첫 번째는 3년 이상 법적으로 무능력하다고 선고받아야 한다. 두 번째는 더 일반적인 규정으로 결혼이 회복될 수 없을 때이다. 이것은 부부가 화해할 수 있도록 하기에 법원이 할 수 있는 일이 없다는 의미이다. 만약 아이가 있다면 혹은 개인이 결혼이 회복할 수 없을 정도로 깨졌다는 것을 거부하면서 결혼 해소를 거부하면, 법원은 상담을 명령하고 회복의 기회를 두 사람이 가질 수 있도록 3개월 동안 진행을 지연시킨다. 일단 결혼 해소를 위한 탄원서가 접수되면, 다른 배우자에게 법적으로 알려야 하며 배우자는 법원에 서면으로 대답을 제출해야 한다. 이혼을 위한 서식이 있으며, 많은 법원이 이런 서식을 작성하는데 변호사의 도움 없이 할 수 있도록 도우미(self-help unit)가 있다.

가정법원에서 이 과정을 다루는 데는 특별한 규칙이 있는데 공공도서관이나 법과대학에서도 가능하다. 이러한 규칙은 각자가 다른 사람의 경제적 정보를 사건이 시작되기 일정한 기간 내에 제공되도록 하고 있다. 가정폭력의 경우를 제외하고는 대부분 법원은 모든 부부가 중재과정에 참여할 것을 요구하는데 부부간에 원만한 해결을 도와줄 수 있는 훈련받은 조력자가 중재를 할 것이다. 만약 아이가 있으면, 두 사람 모두 부모교실에 참여하여야 하고, 구체적인 내용은 이혼 접수 시 제공될 것이다. 어떤 법정은 아동이 특수과정을 밟도록 요구하기도 한다. 이혼은 공적인 과정이고 서류는 대중들이 볼 수 있도록 법원에서 얻을 수 있다. 제한된 조건하에서 일부분은 법원 명령에 의해 비밀로 할 수도 있다. 이혼행동이 심리 중일 때 심리판사는 개인의 자산에 대한 소유나 유지 및 지원을 위해 명령을 할 수도 있으며, 아이들이 있으면 아이들과의 시간이나 부모 각자가 시간을 보내는 것과 변호사 비용에 대해서도 명령할 수 있다.

4. 지역사회의 자원 – 더 많은 자료를 얻을 수 있는 곳: 도움을 위한 정보

결혼과 결혼법의 해설, 재산의 분배, 지원의 강제규정이나 가정폭력에 대한 보호를 위한 명령 등을 다루는 법은 61조와 64조 및 플로리다 조례 741조에 있다. 이러한 법령은 모든 공공도서관에서 볼 수 있으며, 최근 법령의 변화는 www.leg.state.fl.us를 참조하라.

법원사무처는 결혼과정해소를 위해 요구되는 서류를 제공하는 자조 클리닉(self-help clinic)을 운영하고 있으며 관련 양식은 www.ficourt.org.org에서도 다운받을 수 있다. 결혼생활에 문제기 있는 부부는 가족상담을 하는 정신건강전문가들의 도움을 받기를 권고한다. 지역 전화번호부에는 다양한 기관들이 있으며, 법원의 서기가 도움을 주거나 사람을 추천해 줄 수 있다.

아동학대에 대한 신고는 무료전화 1-800-96-abuse를 이용하라. 가정폭력으로부터 아이들과 당신이 보호받기 위해서는 전국 무료전화 1-800-500-1119를 이용하라. 전문 중재자들의 도움을 통해 사건을 원만히 해결하길 원하는 부부는 각 지역 가족법원의 법원 관리자나 이 분야의 가족중재 자격이 있는 법원의 서기와 접촉할 수 있다. 플로리다 주 대법원의'분쟁해결센터'가 플로리다 주에 있는 자격 있는 중재자의 명단을 가지고 있으며, 전화는 850-921-2910이다. 대부분의 주에 있는 The United Way는 아동학대와 방임 및 배우자 학대를 예방하고 증후를 줄일 수 있도록 가족과 아동에게 다양한 서비스를 제공하는 지역기관에 대한 정보를 가지고 있다. 가족법과 관련된 문제에 대한 지원을 할 수 있는 변호사의 추천은 지역 변호사협회와 지역 법률구조단체 및 플로리다 주 변호사 추천서비스 1-800-342-8011로 전화하라. 지역의 전화번호부에도 가족법 관련 변호사 명단이 있으며, 변호사 고용은 중요한 문제이므로 계약하기 전에 변호사의 자격과 배경을 꼼꼼히 살펴야 한다.

이 책자는 플로리다 변호사협회의 가족법 분과에서 만들었으며, 플로리다 주 대법원의 The Family Court Steering Committee에서 정확성을 검토했다. 이 공공자료 제작비는 .085$이다.

*출처: The Family Law Section of the Florida Bar(1999). *Family law handbook*.

P·A·R·T

Ⅳ

가족생활교육의 전문성과 과제

가족생활교육이 다양한 영역에서 다루어지고 있으나 개념과 접근방식은 적용학문 분야나 현장에 따라 매우 다양하다. 이러한 모호함을 극복하고 향후 가족생활교육의 발전을 위한 가장 중요한 선제 조건은 학문(discipline)으로서의 가족생활교육과 전문직업(profession)으로서의 가족생활사의 전문성 확보일 것이다. 이를 위해 11장에서는 현재의 가족생활교육과 가족생활교육사의 위치를 점검하고 전문화를 위한 과제를 살펴보고자 한다. 12장에서는 윤리의 개념과 가족생활교육사로서 다루어야 하는 윤리적 문제들을 점검함으로써 가족생활교육사가 도덕적이고 효과적인 전문가가 될 수 있는 방안을 점검한다. 이를 토대로 앞으로 가족생활교육의 과제를 정리한다.

Chapter 11

가족생활교육의 전문성

가족생활교육은 가족학의 실천적 영역이므로 가족생활교육의 전문성은 학문(discipline)으로서의 가족생활교육과 실천 · 직업 영역(profession)으로서의 가족생활사의 전문성으로 나누어 논의될 수 있을 것이다. 이 장에서는 정현숙(1998a)과 NCFR의 가족생활교육과 가족생활교육사가 전문직으로서의 특성 및 과제를 중심으로 내용을 살펴보고자 한다.

1 전문직으로서의 가족생활교육

개인의 잠재력을 개발하고 교육을 통해 문제를 예방하고자 하는 가족생활교육의 효과는 개인과 가족생활을 향상시킬 수 있는 기술과 지식을 가진 가족생활교육사의 역할에 달려 있다. 그러나 무엇보다 중요한 것은 대중과 다양한 현장의 전문가들이 가족생활교육의 의미, 중요성 및 전문성을 인식하고 이를 효과적으로 현장에 접목시키는 것이다. 이 절에서는 우리나라 가족생활교육의 현황을 살펴보고 이를 통해 가족생활교육의 활성화와 전문화를 위한 과제들을 살펴보고자 한다.

1) 가족생활교육의 전문직 현황

East(1980)와 Powell과 Cassidy(2001)는 한 영역이 전문직으로서 자리 잡기 위해서는 여덟 가지 준비가 필요하다고 강조한다. 이 절에서는 가족생활교육사와 관련된 우리나라의 현 실태가 이들이 제시한 여덟 가지 측면과 어떻게 연결되는가를 통해 우리의 과제를 점검한다. East(1980)는 전문직의 조건을 다음의 여덟 가지로 제시한다.

표 11-1 East(1980)의 전문직의 정의

- 가족생활교육사가 정규직으로 활동한다.
- 가족생활교육사를 양성하기 위한 학교와 교육과정이 마련되어 있다.
- 훈련받은 집단이 전문협회를 발족한다.
- 가족생활교육과 가족생활교육사에 대한 정의와 역할, 가족생활교육사의 목적 및 등급별 가족생활교육사의 역할 규정이 마련되어 있다.
- 조직 내에서뿐만 아니라 유사한 목적을 지닌 조직과의 외적 갈등으로 인해 독특한 역할 정의가 이루어졌다.
- 가족생활교육과 관련된 필요성이나 역할에 대한 대중적 인식이 있다.
- 사회를 위한 특별한 서비스를 위해 인가된 자격증이 법적으로 제도화되어 있다.
- 대중을 보호하고 비윤리적 실행을 막기 위해 가족생활교육사의 윤리강령이 제정되어 있다.

(1) 가족생활교육사가 정규직으로 활동하는가?

가족생활교육사의 정의와 관련된 우리나라의 전문 직종은 '가족생활교육사', '건강가정사' 등이다. 이밖에도 가정복지사, 농촌생활지도사, 부모교육강사, 문화센터의 강사, 중고등학교의 기술, 교련, 체육, 양호교사들에 의해 일부 유사한 활동이 이루어져 오고 있다. 먼저 가족생활교육사를 살펴보면, 한국가족관계학회에서 1996년 이후 자격증을 수여하여 다양한 영역에서 가족생활교육사들이 활동하고 있으며, 1999년에는 한국가족생활교육사협회가 발족되었다. 그러나 한국가족생활교육사협회와 한국가족관계학회 차원에서 기존에 활동하고 있는 다양한 전문가들을 가족생활교육사의 범위에 끌어들이려는 노력은 상대적으로 적었다. 1996년(40명), 1997년(37명), 2000년(29명) 3년 동안 농촌생활지도사의 경우 7년 이상의 경험자에게 단기 재교육을 통해 가족생활교육사 2급 자격을 부여하였으나 이들에 대한 사후 관리는 거의 이루어지지 않고 있다. 또한 대학에서 배출한 가족생활교육사 2급의 일부가 동사무소로 전환된 '주민자치센터'나 각 구청에 취업하고 있으나 그 수는 거의 미미하다. 그러나 2005년부터 가족생활교육사협회를 중심으로 군인교육과 이혼 전부모교육이 활발히 이루어지고 있다. 따라서 아직 대중적인 인지도는 낮지만 가족생활교육사의 명칭으로 현장에서 정규직으로 자리잡기 시작하고 있다고 볼 수 있다. 현재는 한국가족관계학회에서 가족생활교육사 2급', '가족생활교육사 1급', '가족생활교육전문가'에 대해 필수교과목 이수, 시험과 수퍼비전과 윤리교육 등을 통해 자격을 부여하고 있다. 또한 각각의 등급에 대해 다음과 같은 검정기준을 마련하였다(가족생활교육사 자격규정, 제7조).

표 11-2 가족생활교육사의 등급과 검정기준

등급	검정기준
가족생활 교육사 전문가	전문가 수준의 가족생활교육 책임자로서의 역할을 수행하며, 가족생활교육프로그램 개발을 수행, 평가, 지도할 수 있는 업무를 담당하며, 1급 또는 2급 가족생활교육사를 훈련할 수 있는 능력을 갖춘 최고급 수준
1급	준전문가 수준의 가족생활교육사로서 가족생활 전반에 걸쳐 필요한 지식과 기술을 체계적으로 가르치는 역할을 수행하며, 2급 가족생활교육사의 훈련과 평가를 할 수 있는 능력을 갖춘 고급 수준
2급	가족생활 전반에 걸친 교육을 수행하며, 상위급 가족생활교육사의 교육 업무를 보조하는 역할을 수행할 수 있는 기본 능력을 갖춘 상급 수준

*출처: 한국가족관계학회, 가족생활교육사 자격규정(www.kafr.or.kr/html/sub09_02.asp).

2005년 시행된 「건강가정기본법」 제35조 제3항에 의한 '건강가정사'는 건강가정기본법에 규정된 건강가정사업을 수행하는 전문가로서, 대학에서 사회복지학, 가정학, 여성학 등의 전공 학문과 「건강가정기본법시행규칙」에서 규정하고 있는 과목 이수 요건을 갖춘 경우 건강가정사로 인정된다. 이들은 건강가정지원센터에서 정규직으로 활동하고 있다. 건강가정사도 이 책에서 규정한 가족생활교육사와 거의 유사한 역할을 수행하고 있다. 이와 같이 가족생활교육사와 건강가정사의 활동을 통해 볼 때 첫 번째 조건은 갖추어졌다고 볼 수 있다.

(2) 가족생활교육사를 양성하기 위한 학교와 교육과정이 마련되어야 있는가?

대학과 전문대학 등에서 가족생활교육 자격과 관련된 학과목은 가정대학(생활과학대학)이 설립된 이래 설강되고 있으며, 첫 번째 조건에서 지적하였듯이 1998년 이후 가족생활교육사 제도가 시행되고 있어, 가족생활교육사 1, 2급과 전문가에 대한 자격규정과 시행세칙이 마련되어 있다. 가족생활교육사는 전공에 관계없이 이론 5과목과 실습 1과목 총 6과목을 이수하고 시험에 통과하면 가족생활교육사 2급 자격증이 부여된다(〈부록 2〉 참조). 가족생활교육사 자격취득을 위한 기본 학과목, 교육과정, 표준 강의안과 표준 강의 내용이 마련되어 있으며, 가족생활교육사의 자격심사를 위해 자격관리위원회가 발족되었으며, 이들은 한국가족관계학회 이사회의 추천을 받아 회장이 위촉하며 여섯 명의 위원으로 구성된다. 2005년 시행된 건강가정기본법에 의한 건강가정사의 자격요건 및 표준 교과목은 〈부록 3〉과 같다.

(3) 전문협회가 발족되어 있는가?

미국의 경우도 American Association of Family and Consumer Science(1909년 발족, 전 미국가정학회: www.aafcs.org), Family Service International(1911년 발족), NCFR(www.ncfr.org, 1938년 발족), Family Support Network(1980년 발족, www.familysupport.org) 등이 있으며 이들 기관 중 NCFR에서 가족생활교육전문가자격증(CFLE) 제도를 마련하고 있다. 가족생활교육의 한 영역인 성교육은 American Association of Sexuality Educators, Counseler & Therapist(AASECT: www.aasect.org)와 Educational Training Resource(ETR: www.etr.org)를 중심으로 활동이 이루어지고 있다. 우리나라의 경우 대한가정학회의 '가정복지사', 한국가족관계학회의 '가족생활교육사' 제도가 시행되고 있다. 또한 1999년 한국가족생활교육사협회도 발족되었으며, 여성부에서 건강가정사에 대한 자격 및 지원 업무가 이루어지고 있으므로 이 조건은 충족된다고 볼 수 있다.

(4) 가족생활교육과 가족생활교육사에 대한 정의와 역할, 가족생활교육사의 목적 및 등급별 가족생활교육사의 역할 규정이 마련되어 있는가?

미국의 경우는 1968년부터 특별연구팀이 구성되어 대학의 교육과정 지침서를

1984년에 발간하였으며, 같은 위원회에서 가족생활교육사에 대한 자격규정을 마련하여 1985년 처음으로 자격증을 발부하였다. 특히 사회와 가족, 가족의 내적과정 등 9개 영역의 교육내용에 가족생활교육방법론을 1991년 첨가하면서 10개 영역의 교육과정(부록1 참조)이 확정되었으며, 각 대학의 교과과정도 심의한다. 우리나라도 가족생활교육과 가족생활교육사 및 건강가정사에 대한 정의와 역할, 가족생활교육사의 목적 및 등급별 전문가의 역할 규정이 마련되어 있으며(〈표 11-5〉), 가족생활교육에서 다루어야 하는 핵심적인 교육과정도 마련되어 있다.

(5) 조직 내에서뿐만 아니라 유사한 목적을 지닌 조직과의 외적 갈등으로 인해 독특한 역할 정의가 요구되는가?

미국의 경우도 가족생활교육사 자격 부여에 가장 적합한 기관이 어느 곳인가에 대한 논란이 있었다. NCFR이 1960년대부터 가장 일찍 자격증과 교육내용 개발에 나섰다. 미국가정학회(AFEA)도 1974년에 자격증 기준이 마련되어 1987년부터 Certified Home Economist(CHE) 제노를 시행하고 있나. 그러나 1995년 미국가정학회가 American Association of Family and Consumer Science(AAFCS)로 명칭이 변경되면서 가족을 강조하기 시작하였으며, Certified Home Economist(CHE)를 Certified Family & Consumer Scientist(CFCS)로 명칭을 변경하였다. 그 결과 NCFR과 AAFCS에서 수여하는 자격증에는 많은 유사점이 발견된다. 두 제도 모두 인간성장과 발달, 가족체계, 가족자원 관리 영역에 대한 최소한의 지식 습득을 요구하는 공통점이 있으나, CFLE는 성, 부모역할, 가족정책 및 법 등 좀 더 구체적인 영역에 대한 지식을 요구한다. 반면 CFCS는 식품과 영양, 의복관리, 환경에서의 디자인과 기술 등의 영역에 많은 비중을 두고 있다(Ponzetti, 1995; Powell & Cassidy, 2001). 이밖에도 유사한 기관은 앞에서 설명했던 성교육을 담당하는 AASECT와 ETR 등이 있으며, 부모교육을 중점적으로 실시하는 단체로는 Center for the Improvement of Child Caring(CICC, www.ciccparenting.org)과 National Parenting Educators Network(NPEN, www.npen.org)가 있다. 또한 가족향상은 Association for Couples in Marriage Education(ACME, www.bettermarriages.org)에서 다양한 전문적인 활동을 하고 있다.

우리나라는 대한가정학회와 한국가정관리학회가 중심이 되어 '가정복지사' 제도가 마련되어 있으며, 한국가족관계학회에서 '가족생활교육사' 제도가 시행되고 있다. 또한 PET, STEP 등 부모교육도 활발히 이루어지고 있으며, 교회와 기관을 중심으로 개별적인 부모교육과 부부교육이 이루어지고 있다. 특히 2005년 출범한 건강가정사 제도를 기점으로 사회복지사 등과 차별되는 역할 정의가 이루어지고 있으나 역할에 대한 갈등은 여전히 남아 있는 상태이다.

(6) 가족생활교육의 필요성이나 역할에 대한 대중의 인식이 있는가?

가족생활교육의 여러 영역 중 성교육과 부모교육은 많은 단체에서 활발하게 프로그램을 개발하여 보급하고 있다. 성교육은 대한가족보건복지협회, 한국성폭력상담소와 내일여성센터, 지방자치단체의 청소년 쉼터 및 청소년 상담실을 중심으로 활동이 이루어지고 있다. 또한 부모교육은 PET, STEP 등 기존의 프로그램뿐만 아니라 한국청소년상담원, 농업기술센터, 각급 학교 등의 단체와 교육방송(EBS) 등 언론기관에서도 다양한 프로그램이 실시되고 있다. 또한 부부교육이나 미혼남녀를 위한 교육은 소망교회와 온누리교회 등 개별 교회 단위로 다양한 프로그램을 실시하고 있다. 가톨릭에서는 ME(Marriage Encounter)를 통해 부부교육을 실시하고 있으며, 가톨릭 성당에서 결혼하기 위해서는 반드시 부부가 함께 교육을 받도록 의무화하고 있다. 이러한 현상은 성교육과 부모교육에 대한 사회의 관심을 반영하는 것이라고 할 수 있다. 특히 건강가정기본법의 시행 이후 건강가정지원센터를 중심으로 다양한 가족생활교육이 보급되고 시행되면서 대중들의 인식은 증가하고 있다.

(7) 자격증이 법적으로 제도화되어 있는가?

미국도 정부가 인정한 기관에서 교육을 실시하기 위해서 자격증을 필요로 하고 있으며, 미네소타는 1989년 이래로 유아교육 및 부모교육사(Early Childhood and Parent Eduator) 제도를 시행하고 있고 NCFR도 CFLE를 주정부의 자격으로 강화하는 방안을 마련 중에 있다. 우리나라에서도 가족생활교육사를 국가 공인자격으로 입법화하려는 노력을 하고 있으나 아직까지 소기의 성과를 이루지 못하고 있는 실정이다. 그러나 건강가정사는 건강가정기본법 시행을 기반으로 전문자격증으로 제도화되었다.

(8) 가족생활교육사의 윤리강령이 제정되어 있는가?

미국의 NCFR에서는 1995년 윤리원칙 및 기준을 마련하였으나(NCFR, 1995), 우리나라에서는 아직 이러한 노력이 이루어지지 않고 있다. 다만 가족생활교육사의 자격규정에 2급의 경우 4조 5항에서 윤리교육 참석을 의무로 규정하고 있다.

이상의 여덟 가지 조건으로 볼 때 우리나라는 가족생활교육이 전문 영역으로 자리 잡기 위한 사회적, 학문적 요구는 마련되어 있다고 볼 수 있다. Powell과 Cassidy(2001)에 의하면 전문직으로서 가장 핵심이 되는 영역이 위에서 지적한 외현적인 측면보다는 가족생활교육사의 능력과 자질을 갖추는 일이라고 강조하지만, 이러한 점은 미국과 같이 가족생활교육에 대한 목적과 역할이 구체화된 다음 단계에서의 제안점일 것이다. 위의 분석을 기초로 볼 때 향후 우리나라에서 가족생활교육사의 전문화를 위해서 필요한 작업을 그림으로 나타내면 [그림 11-1]과 같이 정리할 수 있고 다음 절에서 이를 좀 더 자세히 살펴보고자 한다.

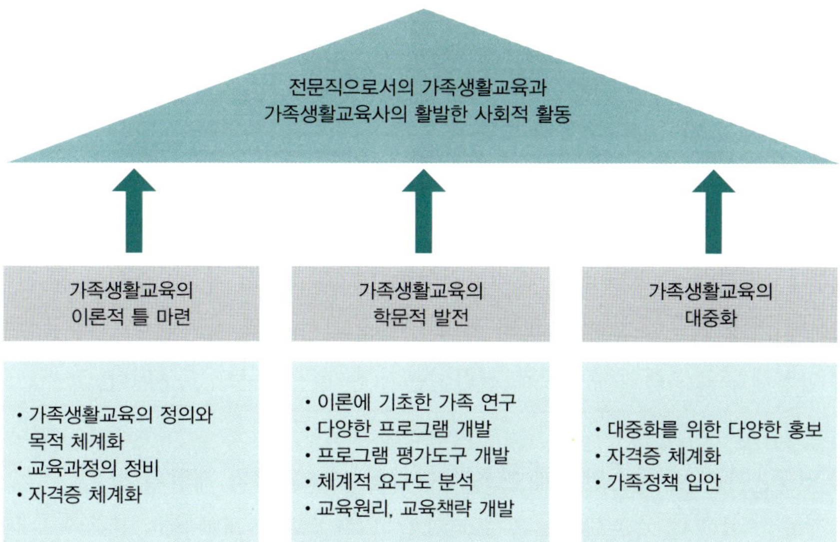

| 그림 11-1 | 가족생활교육의 전문화, 대중화를 위한 과제

*출처: 정현숙(2002a). p. 5.

2) 가족생활교육의 전문화를 위한 과제

가족생활교육의 전문화를 위해서는 가족생활교육이 학문적으로 전문성을 확보하고, 실천 영역에서는 전문가의 양성과 같은 인프라 구축이 이루어져야 하며, 이러한 교육이 대중화될 수 있는 다양한 시스템을 구축하는 것이다. 따라서 가족생활교육의 전문화, 대중화를 위한 과제를 크게 가족생활교육의 학문 영역, 가족생활교육의 체계화를 위한 이론적 측면과 대중화의 과제 등 세 가지 영역으로 나누어 제시한다.

(1) 가족생활교육의 학문적 발전을 위한 과제

가족생활교육이 전문직이 되기 위한 가장 근본적 과제는 가족학의 학문적 발전일 것이다. 가족학의 연구성과들은 가족생활교육자들이 현장에서 응용할 프로그램 개발을 위한 기초자료로 제공될 수 있을 것이다. 가족생활교육의 학문적 발전과 가족생활교육의 활성화를 위해서는 다음의 5가지가 필요하다.

① 이론에 기초한 체계적 가족연구의 필요

가족생활교육은 가족학에서 중요하게 발견된 다양한 가족과 관련된 정보들을 바탕으로 가족들에게 정보를 제공하며, 발견된 연구에 기초하여 교육 프로그램이 개발된다. 따라서 가족생활교육의 학문적 발전을 위해서는 가족에 대한 과학적인 연구가 필요하다. 특히 한국적 문화를 반영한 프로그램 개발이 무엇보다 필요하며 우리의 문화와 가족과의 관계 등 거시적 측면과 미시적 측면을 함께 보는 연구들이 필요하다. 또한 가족체계이론, 생태학적이론, 교환이론 및 가족발달이론 등 가족생활교육에 가장 기초가 되는 이론적 틀을 바탕으로 이러한 이론적 관점과 중요개념들이 어떻게 프로그램의 내용으로 전환되는지에 대한 연구도 요구된다.

② 연구, 이론 및 학습원리에 기초한 다양한 프로그램의 개발의 필요

가족학 분야에서 가족생활교육 프로그램이 활발하게 개발되고 있으나, 내용과 구성 면에서는 아직 많은 보완이 필요하다. 가족생활교육이 대중화되기 위해서는 가족생활교육에 대한 기본적인 지식을 가진 건강가정지원센터나 다문화가족지원센터에서 일하는 건강가정사 등 실무진들의 보수교육 등을 통해 현장에서 쉽게 적용할 수 있는 표준화된 가족생활교육 프로그램의 보급이 필수적이다.

또한 가족생활교육의 초기 단계에서는 대중에 대한 홍보가 중요하다. 이를 위해서는 가족향상 프로그램 개발도 필요하지만, 다른 학문과는 차별되는 대중을 위한 일회성 강의를 위한 표준 프로그램의 개발과 팸플릿이나 소책자, 시청각 자료 및 다양한 교육적 도구를 개발하는 노력도 요구된다. Barbe(1985)는 학습자의 학습효과를 높일 수 있는 교육자료를 청각적, 시각적, 활동적 교육자료로 분류하였으며, 다양한 학습도구는 학습효과를 높이는 데 중요하다는 점을 강조하였다. 또한 Schaie(1978)는 아동기와 청소년기는 지식을 얻는 단계이며, 청년기는 성취단계, 중년기는 의무실행을, 노년기는 통합의 단계이기 때문에 연령에 따라 다른 교육적 요구가 있으며, 발달단계에 따라 다른 교육적 방법들이 더 효과적으로 영향을 미칠 수 있음을 강조하였다. 특히 Gross(1993)에 의하면 성인학습자의 특성은 아동과 청소년과는 달리 과제지향적인 역할놀이와 토론식 작업이 효과적이라고 한다. 따라서 학습자의 발달적 특성을 고려한 다양한 학습자료 개발을 통해 학습효과를 높이는 방안을 마련하여야 할 것이다.

가족생활교육의 대상은 전문직 직장인에서부터 아동에 이르기까지 그 대상이 매우 다양하다. 가족생활교육의 확대를 위해서는 쉬운 매체를 통해 대중들이 가족생활교육을 경험하도록 하는 것이 필요하며, 이는 대중을 중심으로 한 교재개발을 통해 가능하다. 특히 책을 통한 인지적 학습을 중요시 여기는 학습자들을 겨냥한 교재개발이 요구된다. 김양호 외 10인의 가족학자(2001)가 쓴 《결혼할까, 혼자 살까》와 같은 책들은 이러한 작업의 시작이 될 수 있을 것이다. 대중이 쉽게 가족생활교육의 내용을 접할 수 있도록 쉬우면서도 교육적 효과가 높은 대중용 교재개발이 필요하다.

그러나 이러한 프로그램을 개발할 때에는 Vella(1994)가 제시한 열한 가지의 효과적인 프로그램 개발 원리를 잘 적용하는 것이 필수적이다(〈표 4-14〉 참조). 왜냐하면 가족생활교육의 목적이 단순히 지식 습득에서 그치는 것이 아니라 궁극적으로는 문제에 대한 통찰과 실제 적용을 통해 행동의 변화를 목적으로 하기 때문이다. 즉,

인지적 학습을 강조하는 강의 중심 프로그램보다는 실습을 강조하고 학습한 정보와 원리를 즉각적으로 적용할 수 있도록 교육내용과 방법을 구성하여야 할 것이다. 지금까지 개발된 대부분 가족향상 프로그램들은 인지적 학습의 양이 상대적으로 많으며, 상대적으로 내용이 방대하여 정해진 시간에 수행하기 어려운 프로그램들이 많이 발견된다. 따라서 효과적인 프로그램의 원리에 바탕을 둔 프로그램 개발이 요구된다.

③ 가족생활교육 프로그램 평가도구 개발의 필요

가족생활교육사들이 기존에 개발된 다양한 프로그램 중 어떠한 것을 선택할 것인가를 검토할 때 기준으로 활용하기 위해서나, 혹은 프로그램 효과를 효율적으로 평가하기 위한 도구 개발은 가족생활교육의 전문성 향상을 위해 매우 중요한 과제이다. 이러한 평가도구를 통한 평가 결과는 프로그램의 홍보에도 활용할 수 있으며, 평가 결과의 환류를 통해 프로그램 수정하여 질적인 프로그램으로 개선하는 데도 필수적이며, 전문직으로서의 가족생활교육의 타당성을 제공하는 자원이 될 수도 있다. 따라서 이를 위한 다양한 평가도구의 개발과 보급이 필요하다.

④ 요구도 분석 연구의 필요

미국가족관계학회(NCFR)에서는 2001년에 미국 전역의 가족생활교육 관련 기관과 교수들을 대상으로 결혼, 가족, 부모교육의 자격증과 관련된 요구도 조사(Market Analysis of Family Life, Parent, and Marriage Education Certification Issues Survey)를 실시하였으며, 전국의 가족관련 학과를 대상으로는 수행하고 있는 실습의 종류와 내용에 대한 대규모 조사[The Practicum/Internship Experience Survey(for Student & for family life education department)]를 실시하는 등 가족생활교육의 활로 개척을 위한 다양한 조사연구를 수행하고 있다. 가족생활교육의 수요자는 정책을 입안하는 공무원에서부터 회사나 기관의 관리직에 있는 사람, 혹은 교사 등 가족생활교육사의 필요성을 인식하고 프로그램을 필요로 하는 수요자와 부모와 학생, 군인 등 실제적으로 프로그램 혜택을 받는 대상까지를 포함한다. 따라서 마케팅 전략 수립을 위한 시장조사와 함께 가족생활교육 필요성을 알릴 수 있는 수요조사가 필요하며, 범국민적인 공감대를 형성하기 위한 시민운동도 함께 이루어져야 할 것이다.

그러나 지금까지 프로그램을 개발하기 위한 요구도 분석은 주로 지각된 욕구(felt need)를 중심으로 한 연구가 주를 이루고 있다. Powell과 Cassidy(2001)에 의하면, 가족생활교육의 내용은 Arcus와 동료들(1993)이 제안한 학습자가 필요로 하는 지각된 욕구(felt needs)와 교육자의 욕구(ascribed needs) 및 미래의 필요에 의한 욕구(future needs)가 반영되어야 할 뿐만 아니라 학습자의 발달적 욕구와 능력을 반영한 교육 프로그램의 개발을 강조하였다(5장 참조). 지각된 욕구를 제외한 나머지 욕구들은 가족생활교육의 이론과 가족학의 학문적 발전을 통해서만이 가능하며, 많은 연구를 통해 기본적인 교과목 가이드라인이 개발되어야만 가능하다. 따라서 가족생활교육의 학문적 발전을 위한 요구도 연구에도 노력을 집중해야 할 것이다.

⑤ 교육원리와 효과적인 교육책략 개발을 위한 연구의 필요

가족생활교육은 교사에 의한 교육적 행위이다. Gregorc(1982)는 정보를 시삭하는 두 가지 방식(구체적, 추상적)과 정보를 습득하는 두 가지 방법(연속적, 무작위적)을 조합하여 구체적/연속적, 추상적/연속적, 추상적/무작위적, 구체적/무작위적 학습자 유형을 제시하였다. 이와 같은 학습자들의 특성에 따라 교육을 진행할 때 교육의 효과는 배가 될 수 있다는 점을 강조한다. 이러한 학습자의 특성을 고려할 수 있다면 Moss와 King(1970)이 제시한 것과 같이 집단 중심의 접근(문제해결, 의사결정과정 강조), 민감성 중심의 접근(인지발달 강조), 사고 중심 접근(지적발달 강조) 등 성인 교육방법을 효과적으로 이용할 수 있을 것이다.

그러나 아직까지 가족생활교육 분야에서 교육적 원리와 효과적인 교육책략 개발과 평가를 위한 연구는 매우 미흡하다. 가족생활교육이 대중에게 다가서기 위해서는 대중의 교육에 대한 욕구를 지각하고 그들에게 적합한 방식으로 접근하여야 교육적 효과를 거둘 수 있다. 가족학 분야에서는 지금까지 다양한 방법으로 가족생활교육의 필요성을 강조하였다. 특히 가족생활교육사는 경험학습을 통한 행동의 변화를 이끌어야 한다는 측면에서 인지학습 중심의 교육방식을 이용하는 기존의 교사와는 차별되어야 한다는 점이 중요하다. 따라서 이와 같은 구체적인 경험학습에 대한 교육방법에 대한 지식 없이는 아무리 좋은 교육도 그 효과를 얻기 어렵기 때문에 교육적 원리와 방법에 대한 체계적인 연구를 통해 가족생활교육사의 자질을 높이는 노력이 요구된다.

(2) 가족생활교육의 이론적 틀 마련을 위한 과제

가족생활교육이 전문직으로서 자리를 잡기 위해서는 가족생활교육의 기초가 되는 이론적 틀을 마련하는 노력이 필요하다. 이 절에서는 이론적 틀을 마련하기 위해 요구되는 과제들을 정리한다.

① 가족생활교육의 정의와 목적의 체계화 과제

가족생활교육이 전문직으로서 체계를 갖추기 위해서는 우리 문화에 맞는 가족생활교육의 정의와 목적을 구체화하는 작업이 요구된다. 가족생활교육과 가족향상은 목적과 교육방법, 프로그램의 구조화 정도 및 실시방법 등이 차별화되지만 현재 우리나라의 경우 가족생활교육과 가족향상은 혼용되어 사용되고 있다. 또한 1990년대 중반부터 다양한 가족향상 프로그램이 가족생활교육이란 이름으로 발표되었다. 즉, 전반적인 개념적 틀은 가족생활교육에서 빌려왔으며, 프로그램의 구성은 가족향상을 중심으로 이루어져서 개념의 혼란이 심각한 실정이다. 따라서 가족생활교육의 정의와 목적을 우리 실정에 맞게 정비하는 작업이 요구된다.

② 가족생활교육의 교육과정의 정비

가족생활교육의 학문적 발전을 위해서는 교육과정의 정비가 필요하다. 교육과정의 정비는 가족생활교육사 양성 교육과정과 가족생활교육의 교육과정으로 구분될 수 있다.

가. 가족생활교육사의 양성을 위한 교육과정의 정비

가족생활교육사의 양성을 위한 한국가족관계학회의 교육과정은 〈부록 2〉와 같으며, 유사한 과목은 자격관리위원회의 심의를 거쳐 필수 교과목으로 인정할 수 있다(가족생활교육사 자격규정, 2장 4조). 또한 가족생활교육 관련 과목과 가족생활교육실습은 한국가족관계학회에서 실시하는 가족생활교육 워크숍을 일정 시간 이상 수강하는 것으로 대체할 수 있다(4조 5항).

우리나라의 경우 아직 가족생활교육의 교육영역에 대한 교과목 지침서가 마련되지 않아 필수 교과목에 대한 평가를 내리기에는 한계가 있으나, 실제 교육현장에서는 아동발달, 성교육, 부모교육 및 부부관계에 대한 요구가 높은 편이다. 그러나 대부분 대학에서 '부부의 성', '부모교육' 및 '부부교육' 등이 개별적인 교과목으로 개설되어 있지 않은 실정이다. 따라서 가족생활교육사 양성 교과목들의 교과목 지침서를 마련하고 이에 기초한 교과목을 개설하는 작업과 함께 필수 교과목을 수정하는 노력이 필요하다. 특히 필수 교과목 중 '가족생활교육실습' 과목의 교육내용은 전면적으로 재검토되어야 한다. 가족생활교육은 아동과 청소년, 성인 및 노인 등 그 대상이 매우 다양하다. 교육대상자들의 발달상 욕구와 능력에 대한 이해 및 이들의 학습과정에 대한 이해는 학습의 효과를 높이기 위해 필수적인 작업이다. 그러나 지금까지의 실습과목은 프로그램 개발 중심으로 이루어져 왔으며, 실제 교육자로서의 실습은 상대적으로 간과되어 왔다. 또한 프로그램 개발에서도 교육원리와 성인교육과정의 원리를 적용하는 과정은 간과되어 온 실정이다.

Vella(1994)는 학습자들의 요구사정에 기초한 프로그램의 개발, 학습을 위한 안전한 환경을 제공해 주는 것, 학습하는 동안 교사와 학습자와의 견고한 관계, 실습의 강조, 학습자에 대한 존중, 학습의 인지적 · 정서적 · 운동적 측면의 강조, 즉각적 원리를 적용한 학습과정, 팀워크를 이용한 학습 등을 고려하여 프로그램을 개발하는 것이 프로그램의 개발과정에서 중요시되는 원리라는 점을 강조하였다. 이 내용을 정리하면 교육내용도 중요하지만 교사의 태도, 자세와 기술도 중요한 자질이라는 것이다. 따라서 실습과목에서 프로그램 개발에 대한 실습도 중요하지만, 교사로서의 기술과 자세에 대한 학습 및 기본적인 교육원리에 대한 교육학적 지식도 함께 다루어져야 할 것이다. 또한 가족생활교육사 직급에 적절한 교육사의 자질을 습득할 수 있는 실습도 병행되어야 할 것이다.

나. 가족생활교육의 교육과정의 정비

한 학문의 교육과정은 교육이념에 바탕을 둔 교육목적을 구현하고, 각 세부 분야의 교육목표를 달성하기 위한 교육의 틀이며 내용이다. 따라서 교육과정은 교육내용의 총체를 형성하는 골격이 된다. 학생들은 교육목적이 반영된 교육과정을 통해 엄선되고 체계적으로 조직된 교과목 들을 배움으로써 학문 분야에서 지향하는 인재로 성장하게 된다. 따라서 한 학문이 발전되기 위해서는 교육과정이 정비되어야 한다. 윤경자 · 이기숙(1999)에 의해 '가족생활교육' 과목의 강의안 모델이 제시되었으며, 정현숙(2000)은 부부관계교육 프로그램의 교육내용을 제안하였다. 그러나 전체 가족생활교육의 교육 틀에 대해서는 관련 학회나 협회 차원에서의 논의를 통한 의견 수렴이 필요하다.

미국의 NCFR에서는 1991년 '생애주기에 따른 가족생활교육사의 교육내용(Framework for family life span family life education)'을 제정하여 아동기, 청소년기, 성인기 및 성인 후기의 네 발달단계에 따라 '사회 속에서의 가족' 등 아홉 개 영역의 교육과정을 제안하고 있다. 또한 가족생활교육전문가(CFLE)가 되기 위해서는 위에서 제시한 아홉 개 영역에 '가족생활교육 방법론'을 추가한 열 개의 영역을 필수과목으로 제시하였다. 이러한 기준은 우리나라에서도 효과적으로 적용할 수 있을 것이다. 앞으로 가족생활교육에 대한 중요성이 강조되고 다양한 학문 분야에서 가족생활교육을 실시하고자 계획하는 시점에서, 구체적인 하위 영역과 내용을 정비함으로써 다른 학문과의 차별성을 강조하여야 하며, 이러한 과정은 다음에 논의할 자격증의 체계화를 위한 기초작업이 될 것이다.

(3) 자격증과 보수교육 과정의 체계화

현재 한국가족관계학회의 가족생활교육사는 가족생활교육사 2급, 1급 및 가족생활교육전문가로 구성되어 있다. 그러나 이들 직급 간의 역할 규정이나 활동 내용은 아직 체계화되어 있지 못한 실정이다. 가족생활교육사가 전문직이 되기 위해서는 가족생활교육사의 훈련과 교육활동에 대한 구분이 필요하며 이를 위해서는 Doherty(1995)가 제시한 것과 같이 가족에 개입하는 다양한 수준에 맞게 가족생활교육사를 훈련하고 이에 필요한 기술을 습득케 하여야 하며, 이에 따라 자격증을 체계화할 필요가 있다.

(4) 윤리강령의 제정

가족생활교육사가 전문직으로 자리잡기 위해서는 회원으로서 지켜야 할 의무인 윤리강령을 제정하는 것이 필요하다(12장 참조). 특히 East(1980)의 전문직의 요소 중 하나인 윤리강령은 가족과 같이 가치지향적인 내용을 교육하는 교육자들에게 직업윤리 규정이며, 교육의 틀을 제공하기 때문에 매우 중요하다.

3) 가족생활교육의 대중화를 위한 과제

(1) 적극적 홍보

전문직으로서의 조건에 대한 East(1980)의 여덟 개 영역 중 대중들의 가족생활교육사의 필요성에 대한 인식을 높이는 일이 가족생활교육사의 활로 개척을 위해서 가장 중점적으로 추진되어야 하는 사업 중의 하나이다. 왜냐하면 우리나라의 경우 대중이나 정책입안자들은 가족을 매우 사적인 영역으로 인식하며, 가족생활의 삶의 질을 높이기 위한 방안에 대한 교육적 필요성을 중요하게 인식하지 못하기 때문이다.

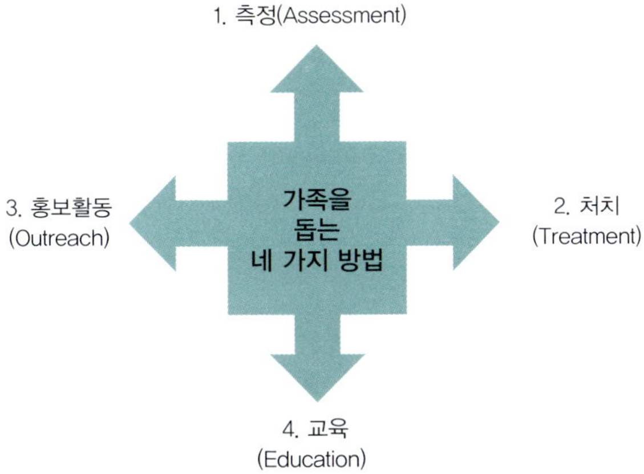

| 그림 11-2 | 가족을 돕는 네 가지 방법

*출처: 정현숙(2002a). p. 13.

이를 위해서는 Hunt, Hof와 DeMaria(1998)가 제안한 부부를 돕는 방법에 대한 논의를 적용하면 효과적일 것이다. Hunt와 동료들은 전문직으로서 부부를 돕는 방법은 [그림 11-2]와 같이 네 가지 요소(교육과 향상, 측정, 처치 및 홍보활동)로 이 네 가지 활동이 균형을 이룰 때 가장 효과적으로 부부들을 도울 수 있다고 강조하였다. 이 네 가지 개념은 Mace(1987)와 Stahman과 Salts(1993)가 제안한 부부를 돕는 세 가지 방법인 교육과 치료와 향상에 Hunt와 동료들(1998)이 홍보를 추가하여 네 가지로 재정리한 개념이다. 이 중에서 홍보활동은 개입이나 도움, 혹은 성숙을 원하는 부부들과 접촉을 시도하는 정보적, 교육적 노력을 의미한다. 또한 부부들이 관계를 증진시킬 수 있는 처치와 상담 및 향상 프로그램과 서비스에 연결될 수 있도록 가능한 모든 다양한 채널을 제공하도록 노력하는 것을 의미한다. 따라서 교회, 학교(초 · 중등학교), 지역사회기관 등 인간관계나 결혼, 가족관계 등을 가르치는 모든 기관이 대상이 될 수 있으며, 부부관계나 남녀관계를 표현한 TV, 영화, 뮤지컬, 오디오, 비디오, 음악, 드라마, 예술 등도 대상이 될 수 있다. 또한 결혼에 영향을 미치는 법률, 관습, 풍습, 전통들도 홍보의 대상이 된다. 우리나라의 경우 아직까지 가족생활교육이 발전과정에 있다는 학문적 특성도 있으나 좀 더 본질적인 문제는 우리 학문 분야에서 적극적인 홍보를 통해 대중에 다가가려는 노력이 상대적으로 부족하였던 것이 사실이며, 더 중요하게는 대부분 사람들이 가족생활이 교육이 필요하다는 인식이 부족한 것이 이유이기도 하다. 따라서 가족생활교육이 전문영역으로 자리잡기 위해서는 가족생활교육의 이론적 기반 마련과 함께 대중을 위한 더 적극적인 홍보활동이 병행되도록 노력하여야 할 것이다.

(2) 정책적 지원 확대

가족생활교육의 대중화를 위해서는 정책적 지원 또한 뒷받침되어야 한다. 왜냐하면 가족생활교육이 제도로서 자리를 잡기 위해서는 법적, 정책적 차원의 관심이 필요하며, 가족 지원의 정당성이 확보될 때 가족생활교육은 실천적인 효과를 갖게 되기 때문이다. 가족정책의 방향 설정을 위해 독일의 가족정책과 가족교육의 방향은 우리에게 많은 시사점을 준다. 서수경(2001)에 의하면, 독일의 가족교육은 사회정책적 맥락에서의 가족정책과 밀접한 관계가 있으며, 가족교육과 가족정책을 분리해서 생각하지 않는 특징이 있다고 한다. 독일에서는 종합사회정책을 실현하기 위한 것이 가족정책이며, 가족정책을 실현하기 위한 실천적 분야가 가족교육이다. 독일 가족정책의 방향은 사회구조 변화와 가족 변화를 함께 파악하며, 가족구성원 간의 연대성 고취와 가족이 정신적 · 물질적으로 질 높은 삶을 영위할 수 있는 사회환경 조성을 목표로 한다. 따라서 정부는 가족을 그들이 지닌 구조적 취약성 때문에 법적으로 보호하는 것이 아니라 가족이 지닌 국가와 사회에 대한 고유한 기능 때문에 보호하며, 가족정책을 구상할 때 가족의 주체적인 책임을 우선적인 기준으로 삼는다(이진숙, 2000). 이에 따라 1994년에 발간된 가족보고서에는 가족교육, 가족상담, 가족원조, 가족보강 및 가족 대체기관, 가족활력 및 이익대표부와 가족정책 등 여섯 가지 가족지원 서비스 분야를 제정하였다. 이 보고서에서 정의하는 가족교육은 전체로서의 가족과 생애주기에 따른 특수상황이나 갈등상황에 처해있는 개인으로서의 가족구성원들을 지원하는 것이다. 따라서 가족교육의 목표는 자립적이고 자기 책임적인 삶의 설계를 할 수 있는 능력을 촉진하는 데 있으며, 새로운 인생 상황에 직면한 각 가족의 내적 발달과정을 이해하고 가족의 사회문화적 환경변화를 학습하는 것이다(서수경, 2001).

이러한 독일의 가족정책은 통합된 가족보다는 책임있는 삶의 설계 등 여성인력 개발과 남녀평등을 주요 정책으로 삼는다는 점에서 우리가 목표로 하는 가족생활교육의 방향과 차이가 있다. 그러나 종합사회정책을 실현하기 위한 것이 가족정책이며, 가족정책을 실현하기 위한 실천적 분야 가운데 하나가 가족교육이라는 정책적 방향은 가족생활교육의 대중화와 실천적 효과를 높이고자 하는 우리의 상황에 적절하게 적용될 수 있을 것이다.

2 가족생활교육사의 전문성

가족생활교육은 우리 사회에서는 본질적으로 매우 사적인 영역으로 인식되는 가족에 개입하며, 다루는 주제도 매우 개인적이고 친숙하며 민감한 주제를 다루기 때문에 이러한 주제를 효과적으로 전달하기 위한 교육사의 자질은 매우 중요하다. 따라서 이 절에서는 교육사의 일반적인 자격을 살펴보고, 새롭게 중요성이 강조되는 다중문화 능력을 중심으로 전문성 확보를 위한 교육사의 자격 요건을 살펴보고자 한다.

1) 가족생활교육사의 일반적인 자격

가족생활교육사는 일반적인 교과교사와 달리 지속적으로 기능과 구조가 변화하고 다양화되고 있는 가족에 개입하며, 다양한 환경에서 다양한 연령과 만나기 때문에 인간관계 및 사회변화 전반에 대한 지식과 행동변화를 위한 기술 습득, 인간에 대한 이해도 등이 중요한 자격 요건 중의 하나이다. 특히 가족생활교육은 학습자의 동기, 태도, 가치가 학습과정에서 매우 중요하기 때문에 다른 교육자들보다 가족생활교육사 자신의 가치관 정립 또한 중요하다.

① 자신의 감정과 편견에 대한 올바른 인식

가족생활교육에서 다루는 주제의 민감성 때문에 Powell과 Cassidy(2001)는 강사는 자신의 감정과 편견 혹은 둘 다에 대해 민감할 필요가 있다고 한다. 가족생활교육자는 다른 사람들의 느낌에 편안하게 반응 할 수 있어야 하며 다양한 견해를 받아들일 수 있어야 한다. 이를 위해서는 문화나 민족, 신체적 능력, 사회적 성, 사회경제적 지위 등에 대한 자신의 편견을 올바로 인식하는 것이 중요하다. 구체적으로는 '나는 사람들의 차이를 어떻게 인식하나?', '차이가 무시할 만한 정도이거나 공포심을 갖거나 찬양하거나 가치를 줄 만한 것인가?', '나와 다른 생각의 사람들을 교육할 때 나를 도움가, 지도자, 옹호자 파트너로 인식하는가?'와 같은 주제에 대해 끊임없이 점검할 것을 강조한다. 왜냐하면 이러한 주제에 대한 신념이 없다면 효율적으로 교육능력을 발휘할 수 없기 때문이다.

② 가족에 대한 철학적 인식

가족에 관한 철학적 인식을 발전시키는 것이 개인의 능력만큼 중요하다는 점을 Powell과 Cassidy(2001)는 강조한다. 즉, '가족을 어떻게 규정할 것인가?', '가족생활교육의 목적은 무엇인가?', '가족생활교육의 혜택과 그것이 가장 효과적으로 성취될 수 있는가' 등에 대한 명확한 자기 신념이 있어야 한다는 것이다. 철학적 기반은 교육의 방향과 목적을 제시해 주고, 교육적 문제를 진단할 수 있게 해주며, 가족생활교육과 더 큰 사회의 활동과 욕구를 명확히 해주며, 가족의 실제와 사회에서의 가치와 개인으로서의 가족성원의 본질, 가족생활교육의 역할에 대한 이해의 기초가 되기 때문이다(Dail, 1984). 특히 4장에서 Dail(1984)은 〈표 4-1〉과 같이 가족생활교육의 철학을 구성하는 데 고려해야 하는 네 가지 신념, 즉 가족과 가족생활의 본질에 대한 신념, 가족생활교육의 목적에 대한 신념, 내용에 대한 신념과 가족의 학습과정에 관한 신념을 강조하였다. Dail(1984)은 개인이 자신의 철학을 구성해 나가는 과정은 어려운 과정이지만, 이는 어떠한 생각에 의문을 제시하고, 평가하고, 그 평가를 받아들이거나 거부하는 것을 포함하는 일련의 과정으로 설명하고 교육자가 성장하고 학습하는 진화과정이라고 정의하였다.

Dyer와 Dyer(1990)가 미국에서 실시되고 있는 가족향상 프로그램의 문제점으로 이론적 배경이나 철학의 부족을 지적하였으나, 우리나라 프로그램에서도 철학과 가치관의 부재는 심각한 문제이다. 따라서 프로그램에서 제시하는 철학의 문제뿐 아니라, 프로그램을 실시하는 사람 자신의 가족과 부부, 자녀에 대한 올바른 가치관과 윤리 제정이 필요하다.

③ 전문지식과 교육방법과 기술의 습득

Powell과 Cassidy(2001)는 가족생활교육사의 준비를 위해 ① 가족생활교육의 내용 영역에 대한 충분한 지식과 적절한 학문 분야의 연구결과를 통합하고 이를 가족의 욕구와 쟁점에 적용할 수 있는 능력, ② 가족생활교육에 대한 철학과 기본 원칙에 대한 지식, ③ 가족생활교육에 알맞은 여러 가지 교육방법을 사용하는 기술과 가족생활교육 자료와 자원을 사용하고 평가하는 기술, ④ 교육실시 상황에서 개인과 가족 모두를 대상으로 효과적으로 교육할 수 있는 능력, ⑤ 가족생활의 주제에 관한 자신의 느낌과 태도를 통찰하고 자신의 생활경험을 인정하여 개인적인 생활경험이 교육을 방해하지 않도록 하는 것, ⑥ 가족생활교육 프로그램을 계획, 수행, 촉진, 평가하는 기술, 그리고 실시 장소 밖의 지역사회와 정치적 맥락에서 다른 사람들과 더불어 효과적으로 일하는 기술의 필요성을 강조하였다. 또한 가족생활교육자의 기본적인 자질을 〈표 11-3〉과 같이 정리하였다.

표 11-3 가족생활교육사 기본 자질

- 지적 능력: 정보를 모으고 읽고 이해하는 능력과 그것을 어떤 주제와 집단의 욕구에 맞게 연결시키는 능력
- 자아인식: 자신의 의견, 태도, 문화적 가치를 다른 사람들의 의견이나 태도나 가치를 사칭하지 않고 인식하고 표현할 수 있는 능력
- 정서적 안정성: 어떠한 상황에서도 자신의 정서적 안정과 불안정 수준을 인식하는 능력
- 성숙: 성공과 실망, 좌절이나 대항 등을 다룰 수 있는 능력. 자신의 실수와 약점을 인정하고 타인을 비난하지 않을 능력. 과거의 슬픔을 극복하고 각 개인의 가치와 잠재력을 계속 볼 수 있는 능력
- 감정이입: 다른 사람의 입장에서 볼 수 있는 능력
- 효과적인 사회적 기술: 다른 사람들과 즐기고 안정을 느낄 수 있는 능력
- 자신감: 개인적인 대화와 집단 앞에서의 대화에서 확고하게 말하고 행동하는 능력
- 유연성: 변화된 상황에 맞게 계획을 조정할 수 있는 능력
- 다양성에 대한 인식과 이해: 타인의 가치, 태도, 생활 스타일에 대한 차이를 인정하는 능력
- 언어적, 쓰는 의사소통 능력: 정확하고 설득적이고 명확하게 말할 수 있는 능력
- 모든 연령의 사람들이나 집단과 일대일의 관계로 잘 어울릴 수 있는 능력

*출처: Powell & Cassidy(2001). Family life education. pp. 32-33.

Buck, Cambell, Chatelain과 Merrill(2003)이 제안하는 NCFR의 기본 10개 영역의 교육과정 중 영역별로 가족생활교육사가 알아야 하는 구체적인 이론과 지식은 〈표 11-4〉와 같다. 이들은 유타 주 오그덴(Ogden)에 소재한 웨버(Weber) 주립 대학의 아동가족학과 교수진으로 학생들이 가족생활교육사로서 활동을 위해 필요한 이론, 지식, 기술, 능력을 갖출 수 있는 기초를 마련하기 위해 제시한 안이다. 이들은 NCFR의 10개 영역 이외에 '전문직업적 발달'을 추가하였다.

표 11-4 가족생활교육자가 알아야 할 일 이론, 지식, 기술 및 능력

	이론과 지식(Knowledge and Understanding)	기술과 능력(Skills and Abilities)
사회 속의 가족	• 가족은 지역, 국가, 전세계에 이르는 다양한 사회체계의 맥락 안에 존재함. • 가족과 다양한 사회체계(생태계)의 상호관계 • 현대가족에 미치는 역사, 문화, 세대, 성/ 역할, 인구통계학적인 영향 • 기술, 경제, 자연재해, 직업, 이동성 등 가족에 영향을 주는 요인들 • 데이트, 구혼과 결혼선택, 결혼관계, 가족 형태와 가족생활에 미치는 사회적 문화적 영향	• 사회 상황에 대한 자기이해를 나타내기 • 사람과 사회관계의 다양성 존중하기 • 사회적 역동을 이해하고 말하고 쓰기 • 개인적, 전문적으로 더 큰 사회체계의 다양성 안에 관계하고 상호작용하기
가족 내적 역동	• 대인관계 체계 맥락 안에서 개인의 존재 • 다양한 체계이론 개념과 그에 관련된 이론적 접근을 포함하는 체계이론에 입각한 행동 • 관계와 가족에서 건강함과 건강하지 않음. • 일반적인 스트레스, 발달적 변환기, 가족형태, 특별한 욕구와 위기상황에서의 가족역동 • 대인관계와 가족에서의 의사소통 과정 • 관계에서 갈등관리와 문제해결	• 가족체계 안에서의 상호관계적 역동을 관찰, 서술하고 사정하기 • 가족기능이 더욱 효율적이도록 돕기 위한 중재전략의 발달 • 자아분화, 스스로 관찰하기, 삶과 관계에 대한 행동 변화를 위해 행동과 기술을 적용하기
인간 성장과 발달	• 생애과정 전반에 걸친 발달단계를 포함하는 인간 성장과 발달 • 발달이론과 가족에 미치는 발달단계의 영향 • 생애과정에 발달적으로 적합한 접근 • 개인의 발달단계와 가족체계의 발달단계 간의 전이	• 발달단계와 발달적 전이를 확인하기: 효과적으로 발달과 전이를 하도록 가족을 도울 수 있는 능력 • 발달특성과 각 단계의 과정과 원리를 이해해서 생애과정 전반에 발달적으로 개입하기

	이론과 지식(Knowledge and Understanding)	기술과 능력(Skills and Abilities)
인간의 성	• 인간의 성에 대한 생물, 심리, 사회적 영향들 • 생식기능과 생물학적인 결정요인 • 임신, 출산 조절, 가족계획 • 성병이 자기 자신과 관계에 미치는 의미 • 성관계의 신체, 심리, 사회적 위험 요소 • 성적 친밀감의 대안관계에서의 역동성 • 성적가치와 의사결정 • 성적관계 향상과 관계향상 요소들	• 자신이 정의내린 가치에 일치해서 스스로 성을 관리하기 • 건강하고 윤리적 관계로 성 관리하기 • 개인의 선호를 포함하여 성을 객관적으로 진술하고 토론하기 • 지역사회와 문화적 민감성 나타내기
대인 관계	• 체계 안에서의 관계(가족, 사회, 직장 등) • 대인관계 이론, 개념, 모델 • 관계에 대한 가치, 관점과 흥미의 개인차 • 의사소통에 미치는 성격과 학습방식 • 경청기술 등 의사소통기술과 문제해결 전략 • 갈등과 갈등관리 모델들 • 관계증진과 질 향상 전략 • 다양한 단계에서 돌보기, 우정, 사랑, 친밀감 • 발달단계 맥락 안에서의 관계	• 대인관계를 시작하고 발달시키기 • 사적관계와 직업적 관계에 적용함으로써 효과적 대인관계의 모델이 되기 • 대인관계의 목표 수립을 포함하여 대인관계에 참여하여 자아분화, 관찰하기 • 적절한 개인과 대인관계 경계 형성하기 • 협력적 집단경험에 효과적으로 관계하고 팀으로 일하기
가족 자원 관리	• 자원의 폭넓은 분류: 인간, 경제, 환경 • 가치, 목표와 기준과의 관계와 이들의 원천과 발달 • 가치명료화기법, 목표세우기 전략 • 개인/가족의 목표와 임무에 대한 진술문 작성요령 • 의사결정 모델 • 기본적 시간관리 도구와 전략 • 가족생활주기하의 기본 재정관리 도구와 원리	• 가치명료화, 목표를 세우는 전략 적용 • 목표 달성 측정을 위한 기준 확인과 적용 • 개인과 가족목표와 비전 수립 • 의사결정모델 이용하기 • 비판적 사고와 창의적 사고의 구성요소를 비교하여 개인 사고를 평가하기 • 시간관리전략을 효과적으로 사용하기 • 재정관리 원리를 자신의 상황에 맞게 적용하기 • 소비자에게 도움되는 자원 확인하기

	이론과 지식(Knowledge and Understanding)	기술과 능력(Skills and Abilities)
가족 자원 관리	• 세계적 환경을 포함하는 더 큰 체계에서 개인의 선택이 갖는 영향 • 선택적 스트레스 관리기법과 철학 • 시장에서 소비자권리와 책임 • 소비자사기와 자신과 타인을 보호하는 방법 • 자원을 되찾고, 고발하는 과정	• 시장에서 소비자의 적용기술 실현하기 • 환경적 소비자주의를 말로 나타내고 적용하기 • 기술적으로 새롭게 진보된 보증되지 않은 생산물에 평가체계 적용하기 • 개인과 가족스트레스 관리하기 • 개인의 가치를 반영하는 선택의 결과인 자발성을 나타내기
부모교육과 지도	• 체계이론적 관점에서의 부모역할 • 효과적 발달을 지향할 수 있는 책략을 이용한 아동의 나이와 발달단계에 적합한 부모역할 • 부모역할 형태와 방식 그리고 이에 관련된 심리적, 사회적, 행동의 결과 • 구체적 부모역할 모델과 정의, 전략 • 다양한 가족 안에서의 부모역할 문제 • 현대 사회의 트랜드와 부모역할에 미치는 잠재적 영향(인터넷, 약물, 미디어, 데이트 방식 등) • 가족 기능의 다양성과 문화적 차이의 영향 • 가족에게 유용한 지역사회 자원	• 효과적이고 생산적인 부모역할 방법으로 가족원들과 의사소통하기 • 체계적, 발달적 관점에서 부모역할을 평가하기 • 바람직한 변화를 평가할 수 있는 능력을 포함한 부모역할 실습을 통해 부모들을 돕기 • 이용 가능한 지역사회 자원과 관심 부모를 연결시키기 • 부모역할에 관련된 주제로 부모에 대한, 부모에 관한, 부모를 위한 워크숍 개발과 제공
가족 법, 공공 정책	• 가족법, 제도, 정책의 평가, 조사과정 • 체계론적 관점에서 가족법과 공공정책이 가족에게 미치는 영향 • 가족법과 공공정책에 관련된 이슈들 • 직장에서의 가족친화 정책 • 특정한 가족에 적용될 타당한 법과 정책(아동 또는 배우자 학대, 아동보호, 입양, 십대 임신, 가족휴가, 파산, 이혼, 양육권, 사회서비스) • 법체계, 중재체계에서 가족생활교육자가 다른 전문가들(사회사업가, 이혼 중재자, 보호관찰관, 인간 서비스 근로자, 변호사, 교사, 종교지도자)과 상호작용 • 전문적인 지도와 서비스를 규제하는 법	• 공공정책과 가족정책을 이용하고 조사하기 • 공공정책과 가족법에 관련된 가족문제를 분명히 하기 • 지역, 주, 국가 단위의 가족정책, 법률 제정을 요구하기 • 가족요구조사와 적합한 지원체계 형성 • 특정한 가족을 위한 전문가, 직장, 지역사회 서비스 제공자 확인, 협력하기

	이론과 지식(Knowledge and Understanding)	기술과 능력(Skills and Abilities)
윤리	• 윤리 토론에 적합한 용어와 언어 • 개인, 가족, 전문가, 지역사회, 전세계적인 가치체계의 중요성 및 확인 • 가치 갈등과 그것들을 다루는 전략 • 다양한 체계와 문화 안에서 가치와 윤리적인 차이 • 가족생활교육자에게 유용한 원칙과 덕목: 개인, 가족, 직업, 지역사회의 윤리적 문제를 다루는 가족생활교육에서 윤리적 딜레마의 역할 • 지침을 넘어 계속 지속되는 과정으로서의 윤리 • 원리, 덕과 관계에 근거한 접근에 특별하게 적용되는 윤리적 이슈들의 다양한 접근법 • 가치와 윤리적 문제에 시간과 기술변화가 미치는 영향	• 개인에게 영향을 미치는 가치 확인하기 • 긍정적 개인 가치의 모델이 되는 태도와 행동을 보이기 • NCFR의 '윤리적인 사고와 실제'에서 설명한 전문가 윤리로 모델이 되고 개인적 통합성을 유지하기 • 다양한 문화적 가치와 윤리기준 존중 • 특정한 상황에서 윤리적 가치를 나타내는 태도와 행동 확인하기 • 갈등적인 가치를 다루는 적절한 기술과 전략을 확인하고 사용하기. 대안적 지지입장을 개발하고, 보편적 결말을 검토 • 수업에 사용할 적절한 사례를 만들고, 특별한 상황에 적합한 윤리적인 딜레마를 분석하는 적절한 방법 사용하기 • 윤리적 행동발달과 가치 변화를 위한 기술과 전략을 가르치기
가족생활교육방법	• 현재의 교육 실제 • 특정한 집단에 맞는 개입을 위한 교육적 경험을 설계하고, 청중을 평가하고, 결과 목표를 확인하는 교육적 과정 • 교육을 위해 언제, 어떻게 등 현대적인 교육책략과 방법에 대한 레퍼토리 발전 • 성격, 교수법, 학습 스타일의 다양성 • 사회적 성 문제, 특정한 청중 또는 집단에 대해 일반화된 편견 • 평가전략과 방법	• 배운 것을 적용하고, 모델로 하고 가르치기 • 의사소통, 문제해결, 육아, 스트레스 관리, 일반적인 생활기술을 포함한 대인관계 기술을 만들고 가르치기 • 다양성, 지역사회 관심사, 대중의 욕구와 능력에 민감성 보이기 • 주제분야와 적절한 이론 기술 확인하기 • 다양한 교수기법과 방법 사용하기 • 성과목표와 능력의 충족 여부 확인을 위해 효과성 평가 • 사회조사, 지역사회 자원과 서비스에 익숙해지기

	이론과 지식(Knowledge and Understanding)	기술과 능력(Skills and Abilities)
전문적 발달	• 이메일, 기초 운용방법, 인터넷, 도서검색을 포함하는 컴퓨터 활용 지식 • 문서작성기술(APA 형식, 전문적인 글쓰기, 제안서의 요소와 적절한 서술 방식) • 일반적인 연구와 연구방법 • 가족지지 과정 • 관련 전문가 조직과 학생협회 참여의 중요성 • 전문가로의 준비, 복장, 적합한 행동의 기본 원칙 • 가족에게 서비스를 제공하는 지역사회 기관들	• 연구를 계획하고 정확히 기록하며, 생각과 자료를 명확히 제시하고 구성하기 • 연구계획서 작성하기 • 관련 전문가, 학생조직과 협회에 능동적으로 참여하기 • 전문가적인 가꾸기, 복장, 행동에 대한 원칙을 적용하기 • 학술, 직장, 지역사회에 가족생활교육자임을 적극적으로 드러내기

*출처: Buck, Cambell, Chatelain & Merrill(2003). Competencies for family life educators. pp. 172–176.

④ 행정능력

건강가정지원센터와 다문화가족지원센터 등 관련 기관에서 활동하고 있는 가족생활교육사와 건강가정사들의 활동 내용은 [그림 11-3]과 같이 매우 다양하다. 한국가족관계학회의 가족생활교육전문가, 가족생활교육사 1급, 가족생활교육사 2급의 직무에 대해 정현숙과 정혜정(미발간 자료)은 〈표 11-5〉와 같이 분석하였다. 따

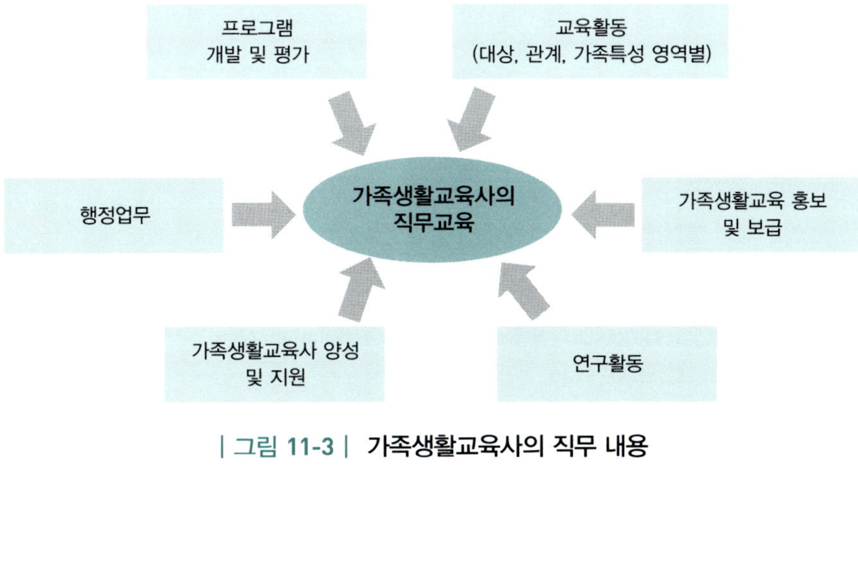

| 그림 11-3 | 가족생활교육사의 직무 내용

라서 가치관 정립에 못지않게 중요한 것은 전문가로서 이러한 역할을 수행하기 위한 기본적인 지식과 능력을 갖추는 것이다. 위에서 제시한 기본적인 능력뿐만 아니라 행정업무를 지원할 수 있는 능력과 지식이 필요하며, 홍보활동과 연구활동을 위한 기본적인 능력습득도 요구된다.

표 11-5 한국가족관계학회의 가족생활교육사 자격과 역할에 대한 직무 분석

직급	역할
가족생활교육전문가	• 가족생활교육사 훈련 및 지도활동(1급, 2급 교육사의 훈련, 지도 및 기능 평가 활동/1급, 2급 교육사에 대한 보수 교육 계획 및 재교육 운영하기) • 가족생활교육 프로그램 개발, 수행, 평가활동(아동, 청소년, 노인 등 개별가족원의 문제해결 및 성장, 부부문제, 부모자녀문제, 친인척문제, 기타 가족관계 문제에 대한 잠재력 개발을 위한 교육 프로그램의 개발, 수행, 교육효과 평가활동) • 가족생활교육 프로그램 연구활동(가족생활주기에 따른 개별 가족원 및 가족관계의 향상을 위한 교육 프로그램의 연구하기, 가족생활교육사와 가족생활 프로그램에 대한 책자 발간과 관련 기관과의 유기적 관계를 위한 활동하기) • 가족문제에 대한 자문활동(가족문제에 대한 연구/이론과 실천의 연계에 대한 통찰을 통해 자문역할 수행하기) • 가족생활교육사의 업무 및 가족생활교육 프로그램에 대한 홍보와 보급을 위한 활동(대중매체나 위원회 참가 직접 홍보하기)
가족생활교육사 1급	• 가족생활교육 프로그램 개발 실시활동(아동, 청소년, 노인 등 개별 가족원의 문제해결 및 성장, 부부문제, 부모자녀문제, 친인척문제, 기타 가족관계 문제에 대한 잠재력 개발을 위한 교육 프로그램의 개발, 수행) • 가족문제에 대한 연구 활동(가족문제에 대한 이론적 고찰 연구하기) • 2급 가족생활교육사 평가활동(2급 교육사의 실습과 실무경력이수 평가활동하기) • 가족생활교육 프로그램 홍보와 보급을 위한 활동(가족생활교육사와 가족생활 프로그램에 대한 홍보 활동하기) • 관련 기관과 연계 및 가족생활교육 활성화를 위한 행정업무(각종 문서작성 및 유관 기관과의 협력 업무 도모)
가족생활교육사 2급	• 가족생활교육 행정업무활동(문서작성 및 관리하기/회의 및 세미나 참석/유관 기관과의 협력 업무/출판 및 홍보 업무/자원봉사자 및 실습생 지도 및 관리) • 초보적인 가족생활교육활동(전화문의 및 사이버 교육 안내활동/교육자에 대한 기본 정보조사/표준화된 각종 검사 실시/교육대상자 선정 및 관리/가족과 연락하기) • 상위급 교육자의 교육활동 보조(요구도 조사, 보조 교육자로서 개발, 평가 시실에 조력 역할 담당) • 가족생활교육 프로그램 보급과 기획활동(개발된 교육 프로그램 안내를 통한 기획과 보급을 위한 활동 수행, 각종 홍보활동 기획보조)

2) 다중문화능력(Multi-cultural competence)

가족생활이 점차 복잡해져 가는 21세기에는 가족의 복지증진이 가족생활교육사의 중요한 역할이 된다. 또한 가족의 다양성이 증가함에 따라 가족생활교육사는 다양한 가족과 더 효과적으로 활동하기 위하여 기술과 지식을 습득하여야 할 필요성이 대두된다. 따라서 점차 다양해져 가는 환경에 효과적으로 대응할 수 있는 다중문화능력은 전문적 가족생활교육사의 가장 핵심적인 요소가 될 것이다. Allen과 Blaisure(2003)도 가족생활교육사의 문화적 능력의 중요성을 강조한다. 이러한 능력은 기존의 정상가족 이데올로기에서 벗어나야 하는 가족생활교육사에게는 가장 중요한 능력 중의 하나이다. 가족생활교육사가 접하게 되는 환경변화와 다양한 문화에 대한 특성은 다음 〈표 11-6〉의 예에 잘 묘사되어 있는데, 이러한 다양성이 가족의 다양성에 적용될 수 있을 것이다.

표 11-6 세계가 만일 100명의 마을이라면

- 지금 세계에는 63억의 사람이 살고 있습니다. 그런데 만일 그것을 100명이 사는 마을로 축소시키면 어떻게 될까요?
- 100명 중 52명은 여자이고 48명이 남자입니다. 30명은 아이들이고 70명이 어른들입니다. 어른들 가운데 7명은 노인입니다.
- 90명은 이성애자이고 10명이 동성애자입니다. 70명은 유색인종이고 30명이 백인입니다.
- 61명은 아시아 사람이고 13명이 아프리카 사람, 13명은 남북 아메리카 사람, 12명이 유럽 사람, 나머지 1명은 남태평양 지역 사람입니다.
- 33명이 기독교, 19명이 이슬람교, 13명이 힌두교, 6명이 불교를 믿고 있습니다. 5명은 나무나 바위 같은 모든 자연에 영혼이 깃들어 있다고 믿고 있습니다. 아니면 아무것도 믿지 않고 있습니다.
- 17명은 중국어로 말하고 9명은 영어를, 8명은 힌디어와 우르두어를, 6명은 스페인어를, 6명은 러시아어를 4명은 아랍어로 말합니다. 이들을 모두 합해도 겨우 마을 사람들의 절반 밖에 안 됩니다. 나머지 반은 벵골어, 포르투갈어, 인도네시아어, 일본어, 독일어, 프랑스어, 한국어 등 다양한 언어로 말을 합니다.
- 별의별 사람들이 다 모여 사는 이 마을에서는 당신과 다른 사람들을 이해하는 일, 상대를 있는 그대로 받아들여 주는 일, 그리고 무엇보다 이런 일들을 안다는 것이 가장 소중합니다.

*출처: 이케다 가요코(2001). 세계가 만일 100명의 마을이라면. 한성례 역. 국일미디어.

문화를 강조하는 학자(원승룡 · 김종헌, 2001; Harrison & Huntington, 2001)들은 문화적 독특성을 이해하는 것이 다원화 사회에서 평화롭게 살기위해 가장 필요한 것임을 강조한다. 21세기 정보화 사회에서는 다른 문화적 소양을 가진 사람과의 만남의 기회가 많아지고 유능한 다중문화 의사소통 능력이 필요하게 된다. 전세계적으로 대중매체망과 정치, 사회, 경제, 대인관계의 연계성이 극대화되고, 정치적 연결망과 경제적 상호의존성도 높아지고 있다. 또한 전세계가 외교적, 경제적으로 연결되고 세계 문화집단 간의 상호의존성이 증대되면서 다중문화능력의 필요성도 점차 강조되고 있다(Lustig & Koester, 2003; Neuliep, 2000).

한 문화 내에서도 문화적 다양성과 인구의 다양성이 증가하고 우리나라에서도 지역, 학벌, 연령, 계층 간의 문화적 차이가 증대되면서 다중문화 능력은 상호작용을 하는데 매우 중요한 능력이 되고 있다. 특히 우리 사회에서는 다른 정치, 경제체제를 경험한 북한이탈주민도 증가하고 있으며, 결혼이민자와 이주노동자 등 이전과는 다른 다양한 사람들이 유입되고 있으며, 이들의 국적도 점차 다양해져 가고 있다. 특히 다양한 가족이 증가하고, 가족의 이념도 변화하며, 가족원들 간의 세대 간 경험이나 교육 수준의 차이 등이 증가하는 한국 가족의 특성을 볼 때 다중문화능력은 가장 중요한 가족생활교육사의 자질 중 하나이다. 5장의 〈표 5-2〉에서 살펴본 프로그램 개발 시 고려할 문화적 특성에 대한 이해도 이러한 맥락에서 다시 강조될 수 있다. Lusting와 Koester(2003)는 〈표 11-7〉과 같이 여덟 가지 기본적인 다중문화 능력을 강조한다.

다음의 〈표 11-8〉을 통해 자신의 가족생활교육사로서의 능력 정도를 점검해 보자. 나의 강점과 약점이 무엇인지 살펴보고 가족생활교육사로서 문화적으로 능력이 있다는 것은 무엇인지, 또한 가족생활교육자로서 약점으로 평가된 능력을 향상시킬 수 있는 교육 프로그램을 개발해 보는 것도 필요할 것이다.

표 11-7 Lustig와 Koester(2003)의 다중문화 능력

영역	내용
상대방에 대한 존중 (Display of Respect)	• 타인을 존중하고 긍정적인 시각을 갖는 것 • 언어적 비언어적 상징을 이용함. • 한 문화에서 존중적 행동이 다른 문화에서 항상 적용되지 않음.
지식탐구 (Orientation to Knowledge)	• 사람들이 자신과 자신의 주변 세계를 설명할 때 사용하는 개념에 대해 정확히 사용하는 것 • 능력있는 지식탐구자들은 타인에 의해 보편적으로 공유되는 것보다는 자신의 개인적 해석과 경험을 통해 사람들의 행동을 설명함. • 자신의 문화적 관점을 갖는 것 (예: '경상도 사람들은 가부장적이야?'라는 표현보다는 '내가 지금까지 만났던 경상도 사람들은 가부장적인 사람들이 많았어'라고 표현함.)
감정이입 (Empathy)	• 내가 세상을 상대방이 생각하는 것처럼 행동하는 능력 • 타인의 생각, 느낌과 경험 등에 대해 인식하고 의사소통할 수 있는 능력
상호작용기술 (Interaction Management)	• 대화를 조절하는 기술: 시작, 끝내기, 토론 유지, 순서 지키기 등 • 언어적 비언어적으로 순서를 지키는지를 아는 기술
과제지향적행동 (Task Role Behavior)	• 과제지향적 상황에서 집단의 문제해결활동에 기여하는 것으로, 문제해결활동과 관련하여 생각을 유도하는 행동 • 더 많은 정보를 요구하거나 집단의 과제를 명확히 찾고, 다른 사람에게 제안하는 등의 행동
대인관계역할 (Relational Role Behavior)	• 집단성원들과 개인적 관계를 만들거나 유지하는 능력 • 집단성원 간 갈등을 중재하거나 조화롭게 만드는 것, 다른 사람의 참여를 격려하는 것, 흥미를 나타내는 것, 다른 사람을 위하여 기꺼이 자신의 위치에서 화해와 양보하는 것 등
모호함에 대한 참을성 (Tolerance for Ambiguity)	• 새롭고 모호한 상황에서도 불편함을 드러내지 않는 능력 • 새로운 상황을 도전으로 인식하며, 변화된 환경 요구에 즉각적으로 적응함.
상호작용 자세 (Interaction Posture)	• 타인에 대해 묘사적, 비분석적, 무비판적인 방법으로 반응하는 능력

표 11-8 점검해 봅시다: 나의 가족생활교육사의 능력 수준

*다음 각각에 대해 자신의 가족생활교육사로서의 능력의 정도를 표시해 봅시다.		많은 노력 요구	어느 정도 노력 요구	평균적임	평균 이상	능력 충분함
일반적인 지적수준	정보를 모으고 읽고 이해하는 능력과 그것을 어떤 주제와 집단의 욕구에 맞게 연결시키는 능력	1	2	3	4	5
자아 인식	자신의 의견, 태도, 문화적 가치를 다른 사람들의 의견이나 태도, 가치를 사칭하지 않고 인식하고 표현할 수 있는 능력	1	2	3	4	5
정서적 안정성	적절한 방법, 시간에 정서를 표현하는 능력, 위기나 저항의 순간 안정을 유지하고, 타인의 언어, 신체적 공격을 참는 능력	1	2	3	4	5
성숙	자신의 실수와 약점을 인정하고, 타인을 비난하지 않을 능력. 과거의 슬픔을 극복하고 개인 가치와 잠재력을 볼 수 있는 능력	1	2	3	4	5
감정이입	타인의 입장에서 볼 수 있는 능력. 타인의 느낌을 반영하기	1	2	3	4	5
효과적인 사회적 기술	타인과 즐기고 안정을 느낄 수 있는 능력	1	2	3	4	5
자신감	개인적 대화와 집단 앞에서 대화하고 확고하게 말하는 행동능력. 모욕감을 주지 않고 개인 생각에 대한 도전을 받아들이는 능력	1	2	3	4	5
유연성	변화된 상황에 맞게 계획을 조정할 수 있는 능력. 변화가 필요한 시기를 인식하고 새로운 시도를 기꺼이 하는 태도	1	2	3	4	5
다양성에 대한 이해와 이에 대한 존중	타인의 가치, 태도, 생활 스타일 차이를 인정하는 능력	1	2	3	4	5
언어적 및 쓰는 의사소통 능력	정확하고 설득적이고 명확하게 말할 수 있는 능력	1	2	3	4	5
모든 연령, 집단과 1 : 1 상호작용할 수 있는 능력	다른 사람이나 집단을 비난하지 않고 대화할 수 있는 능력. 유머와 공유의 가치를 인식하기	1	2	3	4	5

Chapter 12

가족생활교육의 윤리와 전망

가족생활교육사는 개인과 가족과 사회의 기본 가치와 신념체계를 다루기 때문에 전문가로서의 윤리를 중요하게 다루어야 한다. 앞장에서 다루었듯이 가족생활교육사의 윤리강령의 발달은 가족생활교육이 전문직으로 발달했다는 증거이다. 그러나 아직까지 우리나라에서는 가족상담에 대한 윤리강령 수립은 많은 진전이 있는 반면, 가족생활교육사의 윤리강령 제정은 시작단계이다. Brock(1993)은 윤리적 원리는 첫째, 자신을 가지고 업무를 볼 수 있게 하며, 둘째, 대상을 착취하지 않고, 셋째, 사람들을 존중하며, 넷째, 비밀을 보장하며, 다섯째, 해를 끼치지 않는 것을 포함하기 때문에 전문가들을 도울 수 있다고 한다. 즉, 윤리기준이나 원리는 교육자나 상담자들이 상호작용하는 방식을 알게 해줄 뿐만 아니라 대중이 전문직에 무엇을 기대하고, 무슨 도움을 받을 수 있는가를 알게하기 때문에 중요한 전문직의 기준이 된다. 김충기와 이재창(1985)도 상담 분야에서 상담을 가치 있는 봉사로 여기고, 상담자를 전문직으로 존경해야 한다고 주장한다. 일반 대중이 수용하는 상담은 고수준의 윤리적, 법적 행동이기 때문임을 강조하며, 업무제공의 효율성을 높이기 위하여 업무의 계속적인 평가 등 전문적인 노력을 기울일 것을 강조한다. 그러나 우리나라에서는 다음과 같은 이유로 상담자들이 윤리문제를 다루는 데 많은 제약이 있는데 이러한 제약이 가족생활교육 분야에서도 그대로 적용된다. 그 이유는 상담관계에서 직면하는 여러 상황에서 행동의 지침이 될 만한 명확하고 구체적인 윤리강령이 없으며, 상담자들은 흔히 그들의 윤리적 의무가 중복되거나 갈등하는 상황에 접하는 경우가 많기 때문이다. 이와 같이 상담자나 가족생활교육사의 윤리기준은 전문직을 위한 자격뿐 아니라 의사결정을 위한 기준으로서 그 필요성과 중요성이 있다.

우리나라에서는 아직 가족생활교육에 대한 윤리강령이 마련되어 있지 않으므로 가족생활교육 전문가의 윤리에 대한 정보를 가족연구자, 유아교육자, 상담가 등을 통해 정보를 얻고자 한다. 특히 상담 분야는 많은 학회 등을 통해 다양한 윤리강령을 제공하고 있다. 따라서 이 장에서는 가족생활교육사의 윤리제정을 위한 기초로 미국의 가족관계학회의 미네소타가족관계학회의 윤리위원회(Ethic Committe, Parent and Family Education Section, Minnesota Council on Family Relations: 이하 MCFR)에서 발전시킨 윤리기준을 이용하고자 한다. 또한 MCFR(2003)의 윤리기준과 AAMFT의 상담자의 윤리기준 및 윤리 관련 문헌을 기초로 윤리와 관련된 기초 이론을 살펴보고 가족생활교육 분야에서 다루어야 할 윤리의 내용과 윤리교육방법을 살펴보고자 한다.

1 가족생활교육사의 윤리

1) 윤리란 무엇인가

Freeman(2000)은 윤리를 어떻게 도덕적 사고와 행동을 규정하는가에 관하여 다양한 이론에서 나온 복잡한 철학의 한 분야로 정의한다. 황호찬(1998)은 윤리이론 분석을 통해 윤리를 규칙의 윤리와 덕의 윤리로 구분한다. 규칙의 윤리는 옳고 그른 것을 기준으로 도덕적 의무의 판단을 다루는 반면, 덕의 윤리는 선과 악에 초점을 두어 도덕적 가치 판단에 기준을 둔다. 이를 요약하면 〈표 12-1〉과 같다.

표 12-1 규칙의 윤리와 덕의 윤리의 특징

구분	규칙의 윤리(Ethics of Rules)		덕의 윤리(Ethics of Virtue)	
주제	• 도덕적 의무 판단 (judgements of moral obligation) • 무엇을 해야 하는가? (right, wrong)		• 도덕적 가치의 판단 (Judgements of moral value) • 어떤 사람이 되어야 하는가? (good, bad)	
접근 방법	• 원리적(의무론) 접근 • 원칙에 중점	• 결과적(목적론) 접근	• 원리적 접근 • 덕 자체	• 결과론적 접근 • 타인을 고려
원칙	권리 · 의무 · 정의	공리주의	자연	정의 · 용기 · 진실성
대표적 학자	칸트, 로스, 롤스	벤담, 밀	스토아학파	아리스토텔레스, 멕킨타이어

*출처: 황호찬(1998). 규칙윤리와 덕윤리의 통합. p. 350.

이러한 규칙윤리는 '회원으로서 지켜야 할 의무'로 각 전문집단의 '직업윤리규정'이라고 할 수 있다. 황호찬(1998)은 이러한 규칙윤리는 몇 가지 한계점이 있다고 지적한다. 첫째, 윤리적 관점에서 각 규정의 효용성을 극대화하는 것이 일차적 목적이라면 그 전 단계로 각 대안을 비교하기 위한 효용성의 계량화가 필수적이지만, 그 효용성을 정확히 측정하는 것은 불가능하다. 둘째, 규칙의 원칙인 공리주의는 그 중심이 규칙의 준수에 있으므로 조직 구성원이 규칙을 준수하는 한 필요에 따라 언제든지 규칙을 바꿀 수 있다. 셋째, 직업윤리규정을 아무리 잘 정비하여도 모든 행동에 대한 윤리 행위를 열거할 수 없다. 넷째, 단순히 규칙을 지킨다는 것은 단지 규칙을 지키는 것에 불과하며 직업인 본연의 윤리적 행동을 보장하지 않는다. 즉, 규칙을 위반하지 않는 행동을 모두 윤리적으로 볼 수 있다는 것이다.

이러한 이유로 덕의 윤리가 필요하다. MacIntyre(1984)에 의하면 덕이란 인간이 부단한 노력으로 계발하고 습득한 인간의 질적 특성이며, 이러한 덕은 실습을 통해 습득할 수 있는 특성이 있다고 한다. 실습을 통해 전문가로서의 탁월성을 추구하므로 선을 이루게 된다는 것이다. 즉, 탁월성의 추구는 전문지식을 구비하는 것과 자기 자신의 사상, 감정, 행동으로 표현된 다른 사람과 같이 더불어 살아가는 삶의 모범적인 방법이라고 한다. 따라서 자율적으로 모든 회원에 의해 운영되어야 하며, 외적 보상보다는 정의, 용기, 진실성과 같은 내적 보상을 추구해야 한다는 것이다. 이를 구체적으로 살펴보면 '정의'는 관련된 모든 사람이 자기 몫을 정당하게 갖는 것을 의미한다. '용기'는 불의에 대항하고자 하는 마음가짐이다. 예를 들어 용감한 군인은 태어날 때부터 특별한 용기가 있어서라기보다는 평소에 잘 훈련하였기 때문에 특별한 상황에서 용기 있게 행동한다는 것이다. 따라서 평소의 훈련이 중요하다는 것이다. '진실성'은 정직성과 같은 의미로 사용될 수 있으며 고객과의 신의, 진실된 정보제공 등을 포함한다(황호찬, 1998).

2) 가족생활교육사의 윤리의 필요성

미국의 가족생활교육 분야에서 윤리에 대한 논의는 1990년대 이후 강조되기 시작하였다. 그 이유는 가족생활교육 자체가 본질적으로 위해를 가져올 정도의 개입을 하지 않는다고 여겨져 왔기 때문이다. 실제로 임상현장에서 가족상담은 가족생활교육보다 가족에 더 깊게 개입하며, 더 많은 통제와 규제를 하기 때문에 상담 영역에서 윤리적 행동기준은 매우 중요하게 다루어져 왔다. 이장호(1992)는 상담자의 윤리 요강이 첫째, 상담자가 직무수행 중의 갈등을 어떻게 처리해야 할지에 관한 기본 입장을 제공하고, 둘째, 내담자에 대한 상담자의 의무를 분명히 하고 이러한 의무를 이행하도록 함으로써 내담자를 보호하며, 셋째, 각 상담자의 활동이 전문직으로서의 상담 기능 및 목적에 저촉되지 않도록 보장하며, 넷째, 상담자의 활동이 사회윤리와 지역사회의 도덕적 기대를 존중할 것임을 보장하고, 다섯째, 윤리요강은 상담자로 하여금 자신의 사생활과 인격을 보호하는 근거를 제공해 주기 때문에 윤리강령의 필요성을 강조하는데 이는 가족생활교육사에게도 그대로 적용된다.

미국의 경우 가족학 분야에서 질병이나 정신문제 등 매우 심각한 임상적 문제가 있는 가족과 개인에 대해 예방적이고 심리교육적 개입의 효과에 대한 연구가 증가하고, 현대가족이 점차 복잡하고 다양해짐에 따라 기존에 최소한의 개입을 하던 가족교육사들이 역할을 수정하여 더 깊게 개입하고 있다고 한다. 따라서 가족생활교육에서도 교육에서 가족과 개인에게 영향을 미칠 유해의 잠재력이 커짐에 따라 윤리기준의 설정과 필요성이 증가하게 되었다(Powell & Cassidy, 2001). 즉, 가족생활교육 분야에서도 윤리적 기준이 교육사가 행하는 역할의 악용을 막아 주며, 전문가로서의 전문성을 보장해 준다는 점에서 그 필요성이 강조되었다. Powell과 Cassidy(2001)는 히포크라테스의 가르침에서 다섯 가지의 윤리적 원칙이 요구된다고 하였다. 즉 첫째, 자신감을 가지고 시행하라, 둘째, 착취하지 말라, 셋째, 사람을 대할 때 존중하라, 넷째, 비밀을 보장하라, 다섯째, 상대방에게 해를 끼치지 말라 등이 중심적인 원칙임을 강조한다. 가족생활교육에서의 윤리기준은 가족생활교육사들의 활동이 증가되면서 1992년 미네소타가족관계학회의 부모/가족교육위원회가 부모와 가족교육담당자를 위한 윤리강령을 제정하였는데, 이들은 유아교육자들을 위한 미국유아교육학회(NAEYC)의 강령을 바탕으로 윤리강령을 제정하게 되었다.

3) 윤리기준과 윤리강령

윤리는 전문가의 활동 영역에 따라 다양하게 적용되는데 전문가의 윤리를 설명하는 방법으로 가장 많이 활용된 방식이 규칙의 윤리를 정리하는 윤리강령이다. Palm(2003)은 행동강령 접근은 윤리적 행동을 조정하고 명시화하기 위하여 미국결혼과가족치료학회(The American Association for Marriage and Family Therapy: AAMFT)와 같은 전문가집단에서 사용하는 방식이라고 한다(〈표 12-2〉). 이 방식에서 윤리의 접근은 광범위한 원리를 구체적으로 설명함으로써 전문가들의 행동을 규정한다. 윤리강령들은 전문가로서 과거에 경험했던 문제가 반영되거나 혹은 두 개의 원리가 서로 갈등이 되는 윤리적 문제에 직면하게 될 때 항상 명확한 방향을 제공하지는 않지만, 이런 접근의 장점은 전문가의 중요한 가치를 반영하고 전문가로서의 행동에 대한 기대를 명확히 묘사해 준다. 그러나 윤리강령은 앞의 황호찬(1998)이 지적한 문제점과 함께, 대부분의 강령들이 이론에 기초하지 않고, 전문가들에게 실제로 각각의 강령이 사용되지 않을 수도 있기 때문에 강령에 친숙하지 않을 수도 있다는 단점이 있다. 그러나 이 가이드라인은 중요한 전문적인 가치를 반영하는 일련의 특별한 원리를 통해 규정되어 온 이상적 업무수준을 설명한다.

표 12-2 AMMFT의 윤리강령(1998. 8. 1)의 예

1. 내담자에 대한 책임감

결혼과 가족치료자(이하 가족치료자로 명칭)는 가족과 개인의 복지향상을 위해 노력하며, 도움을 청하는 사람들의 권리를 존중하며, 내담자가 원하는 적절한 도움을 주도록 노력하여야 한다.

1.1 가족치료자는 성, 인종, 종족, 국적 등으로 내담자를 차별하거나 거부하지 않는다.

1.2 가족치료자는 잠재적으로 내담자에게 영향을 미칠 수 있는 위치에 있다는 것을 인식하여야 하며, 내담자의 상담자에 대한 신뢰와 의존성을 이용하는 행위를 금해야 한다. 내담자와 성적인 친밀감은 금해야 한다.

1.3 가족치료자는 전문적인 관계를 자신의 목적을 위해서 이용하지 않는다.

1.4 가족치료자는 내담자가 의사결정권이 있음을 존중하고 이러한 결정의 결과를 이해할 수 있도록 도와주어야 한다. 가족치료자는 결혼의 지위와 관련된 결정은 내담자의 책임이라는 것을 명백히 제시해 주어야 한다.

1.5 가족치료자는 내담자가 상담으로 인해 명백히 도움을 받고 있다는 것이 확실할 때까지만 치료를 계속해야 한다.

1.6 가족치료자는 전문적 도움을 원하는 사람을 치료할 때 도움을 줄 수 없거나 마음이 내키지않을 때 등 적절한 이유가 있을 때는 다른 치료적 도움을 얻을 수 있도록 도와주어야 한다.

1.7 가족치료자는 적절한 처치를 하지 않고 치료를 포기하거나 게을리 해서는 안 된다.

1.8 가족치료자는 녹음, 녹화, 제3자가 관찰을 하는 경우 사전에 내담자 허락을 받아야 한다.

2. 비밀보장

가족치료자는 치료관계에 있는 내담자가 한 명 이상이기 때문에 비밀보장과 관련해 독특한 원칙이 있다. 최우선의 원칙은 내담자의 비밀을 보장하는 것이다.

2.1 가족치료자는 다음의 경우를 제외하고는 내담자의 비밀을 누구에게도 누설하지 않는다. (1) 법에 의해 지정된 경우, (2) 개인이나 집단에게 명백하고 즉각적인 위험을 예방할 수 있는 경우, (3) 가족치료자가 민사상, 형사상 혹은 징계위원회 등에서 치료를 위임받은 경우, (4) 서면으로 동의를 얻은 경우는 동의 기간 동안만 정보를 유출할 수 있다. 가족원 중 한 사람 이상이 치료에 참석할 때는 동의할 수 있는 법적인 지위에 있는 모든 개별 가족원으로부터 각 항목마다 동의를 받아야 한다.

2.2 가족치료자는 2.1(4)항의 원칙에 의해 동의를 받은 경우에 한해서, 또는 적절한 절차를 거쳐 내담자의 신상이 드러나지 않을 때에만 공개적 이용이나 강의의 임상적인 자료로 이용한다.

2.3 가족치료자는 내담자의 신상에 대한 내용이 비밀보장 될 수 있도록 자료를 보관하거나 처리해야 한다.

3. 전문가로서의 능력과 성실성

가족치료자는 최고의 전문적 능력과 성실성을 유지하도록 노력하여야 한다.

4. 학생과 고용인, 수퍼비젼을 받는 사람에 대한 책임감

가족치료자는 학생과 고용인, 수퍼비젼을 받는 사람의 의존성과 신뢰감을 이용해 이들을 부당하게 이용해서는 안 된다.

5. 전문가로서의 책임감

가족치료자는 전문가로서의 책임과 의무를 존중하여야 하며, 윤리적으로 연구에 임하며, 전문가로서의 목적 완수를 위한 활동에 참가하여야 한다.

6. 경제적 문제

가족치료자는 치료를 받는 사람이나 치료비를 지불하는 사람들이 전문적인 치료활동에 대한 대가로 합리적이라고 생각하는 수준으로 치료비를 산정하여야 한다.

6.1 가족치료자는 진찰 후 내담자를 다른 곳으로 보낼 때 사례를 제공하거나 받지 않는다.

6.2 가족치료자는 과도한 비용을 청구하지 않는다.

6.3 가족치료자는 치료를 시작하기 전에 비용을 내담자에게 공개해야 한다.

6.4 가족치료자는 내담자나 비용을 지불하는 제3자에게 어떠한 서비스를 제공하는지를 솔직하고 분명하게 설명하여야 한다.

7. 홍보

가족치료자는 일반인들이 가족치료에 대해 알고 도움을 청할 수 있도록 가족치료에 대한 적절한 정보를 제공하는 행동을 하여야 한다.

미국가족관계학회(NCFR)에서도 윤리강령 제정에 대한 꾸준한 요구가 있었으며, 미네소타가족관계학회 가족학 소위원회(MCFR)에서 윤리코드를 제안하여 1992년 연례학술대회에서 가족학 분과(Family Science Section)에서 윤리강령 제정과 발전안에 대한 투표를 통해 원리원칙을 가결하였다. 1993, 1994년 학회의 가족학 분과에서 제안된 초안을 기초로 여러 번의 검토과정을 통해 1995년 4월 최종안(〈표 12-4〉)이 만들어졌다. 기존의 윤리강령이 갖고 있는 문제를 극복하기 위하여 MCFR(2003)은 원리접근(principles approach), 관계적 윤리(relational ethics)와 덕의 윤리(virtue ethics)의 세 이론에 기초해 윤리기준을 설정하였다. Freeman(2000)은 MCFR(2003)의 윤리적 규정이 상대주의와 절대주의 경향의 균형을 이룬 창의적인 모델로 통합되었다고 평가하였다.

(1) 원리접근(principles approach)

MCFR(2003)은 특별한 윤리적 딜레마를 해결하기 위해 사용되던 일반적 원리들을 귀납적인 방법으로 정리하여 기본적인 원리를 재정하였다. 이러한 원리들이 중요한 전문적 가치를 반영하는 특별한 일련의 원칙으로 정의됨으로써 현장에서 활용할 수 있는 이상적인 행동수준이 마련되었다. 이 접근은 전문가의 행동에 대한 기대와 열망을 명확히 제공해 주기 때문에 행동강령으로서의 장점을 제공해 준다. 그러나 이런 접근은 전문가들에 대한 강제성이 부족하다.

(2) 관계적 윤리(relational ethics)

가족생활교육은 개인과 가족이 함께 일하기 때문에 관계적 윤리는 중요한 원리 중 하나이다. 이 윤리의 원칙은 특별한 윤리적 딜레마를 위한 관계적 환경을 이해하는 데 기초가 되며, 돌봄과 존중의 관계발달을 위한 최선의 업무를 위한 기준이다. 관계에 대한 강조는 돌봄과 도덕적 판단력을 강조하는 여성학적 시각과 정의를 강조하는 남성적 시각과 매우 유사하다. 관계적 윤리는 도덕적 원리를 어떻게 적용하고 해석할 것인가를 이해하는 데 있어서 관계적 맥락을 규정해 준다. 〈표 12-3〉은 NCFR의 관계적 윤리의 기초가 된 원리이다.

표 12-3 MCFR의 관계적 윤리의 원리

1. 개인, 가족성원, 동료와 지역사회와의 관계는 윤리적 사고와 행동을 위한 접촉점이 있고 맥락이 있다. 이것은 윤리적 문제를 이해하는 데 있어서 관계에 초점을 맞추고, 윤리적 행동을 이끄는 돌봄 관계의 발달에 기초할 것이다.
2. 부모와 가족생활교육자로서 관계를 시작하는 데에 신뢰와 보호와 이해가 우선적 책임감이라는 것을 명심한다.
3. 모든 관계는 예측되는 발달단계가 있다. 가족생활교육자는 관계의 상태와 그 상태를 이해하기 위하여 그들의 실제 업무를 조절할 것이다.
4. 가족생활교육자는 아동과 부모역할과 가족과 가족성원들이 공유하고 있는 지역사회의 체계에 대한 일반적 원리에 대한 기초 지식을 가져야 한다. 가족생활교육자는 이러한 원리들이 개인 가족성원과 상황에 어떻게 적용되는지 이해하기 위해 부모와 협력할 것이다.
5. 가족생활교육자는 가족성원과의 관계에 한계를 설정할 것이며, 이런 한계 이상의 돌봄의 잠재적인 부정적 영향에 책임이 있다. 관계의 강도는 다양하지만 좋은 교육자는 가족성원과 다른 지역사회 체계 간의 상호의존성을 향상시키는 데 책임이 있음을 인식하여야 한다.

*출처: Ethic Committe, Parent and Family Education Section, Minnesota Council on Family Relations(2003). p. 142–143.

(3) 덕의 윤리(virtue ethics)

사회에서 전문적인 행동을 평가할 때 기술적인 능력을 강조하는 경우가 많이 있다. 그러나 인간으로서 가족생활교육자는 도덕적 능력이 강조되지만, 올바른 사람이 올바른 행동을 할 소질이 있는 것으로 정의되는 도덕적 미덕과 능력은 매우 측정하기가 어렵다. 이러한 어려움 때문에 MCFR(2003)에서는 학자들 간에 많은 논의를 거쳐 현재 문화적 맥락에서 가족생활교육자와 관련된 세 가지 독특한 미덕을 선정하였다.

① 돌봄: 그들 삶의 의사결정자로서 가족성원의 복지를 지원할 수 있는 소질

② 신중함 혹은 실제적 지혜: 복잡한 상황에서 경쟁적인 욕구를 이해하는 능력과 동료들과의 협의와 반영에 기초해 의사결정을 할 수 있는 능력

③ 희망/낙관주의: 가족성원과 다른 개인들의 긍정적 잠재성과 강점에 초점을 맞추는 능력과 불행한 상황에 직면해도 긍정적 태도를 유지할 수 있는 능력

이러한 덕의 윤리의 통합은 관계적 윤리를 보조해 주며, 가족생활교육자에게 필요한 중요한 내적 도덕적 특성을 확인해 준다. 이상 세 가지 이론적 기초에 바탕을 두고 개발된 미국가족관계학회(NCFR)의 가족생활교육사의 가치기준과 가족복지를 위한 지침은 〈표 12-4〉와 같다.

표 12-4 NCFR의 가족연구자, 교육자, 상담자의 전문적 가치기준과 가족복지를 위한 지침

가치기준과 원리는 가족학자들이
- 윤리적으로 행동할 수 있도록 고무하며
- 자칫 소홀하기 쉬운 분야에 대한 윤리적 지침을 마련하기 위한 것이며
- 복잡한 윤리적 문제를 다루는 데 지침이 될 수 있으며
- 전문가로서 양심 수준을 향상시키며, 가족학자의 전문적 이미지 증진을 향상시키는 역할을 할 것이다.

원리 1. 가족학자들을 위한 일반적 원리

1.01 가족학자들은 타인을 존중하고, 모든 인간의 존엄성을 인정하며 어떤 경우라도 상대를 이기적으로 이용하지 않는다.

1.02 가족학자는 성이나 인종, 결혼 지위, 종교, 국가, 신체적 조건, 사회경제적 지위에 따라 비윤리적 편견을 가져서는 안 된다. 우리 사회에서 편견이 존재함을 인식하고, 그것이 적절하고 긍정적인 목적으로 현명하게 이용되어야 한다.

1.03 학생이나 내담자의 행동이나 태도에 영향을 미치고자 할 때, 가족학자들은 강제성이나 속임수 등을 이용하여 과도한 영향을 미치는 방법을 사용하지 말아야 한다.

1.04 가족학자는 가족학자로서의 역할과 친밀한 관계를 구별하여야 한다. 따라서 학생이나 내담자, 혹은 연수대상자와 친밀한 관계를 맺지 않는다.

1.05 가족학자는 두 가지 이상 혹은 다양한 역할을 수행해야 하는데, 이에 대한 복잡성에 민감하여야 하며 그 역할이 윤리적이어야 한다(예를 들면 자녀가 자신의 학급에 등록한 경우나, 개인의 업적을 평가해야 할 때 등).

1.06 가족학자는 강의나 서비스, 상담 등의 상황에서 자신의 전문적 역할과 관련하여 비밀을 지켜야 한다.

1.07 (아동학대나 극도의 위험 가능성이 있는) 정보를 접한 가족학자는 이러한 정보를 관계 당국에 보고하여야 한다. 가능하다면 보고하기 전에 개인에게 먼저 알려야 한다.

1.08 가족학자는 개인적 · 전문적 상황에서 만나는 모든 사람을 성적으로 괴롭히지 않는다.

1.09 특별한 활동과 역할을 하는 전문기관에 적을 둔 가족학자는 그 기관에서 제정한 규칙을 지켜야 한다. 예를 들면, 전문적 가족치료학자는 AAMFT의 윤리강령을 지켜야 하며, 의사는 AMA의 강령을 따라야 한다.

원리 2. 가족학자들은 학생과 내담자를 존중하여야 한다.

2.01 가족학자가 결혼과 가족 과목을 가르칠 때, 학생들에게 수강생 중 일부는 개인적으로 가족에 대해 고통스러운 기억이 있음을 알려야 한다. 또한 그들에게 적절한 상담자원에 대해서도 정보를 주어야 한다.

2.02 가족학자들은 다양한 가족유형의 강점과 약점을 인식하고, 결손모델을 적용해서는 안 된다.

2.03 수업시간에 예를 들 때 다양한 문화와 가족형태에 대한 예를 들어야 한다.

2.04 수업에서 여러 주제를 토론할 때(논쟁이 되는 주제를 포함해서), 가족학자는 개방적이고, 개인을 존중하고, 사려 깊은 환경을 제공하여 가치, 신념 혹은 태도의 다양성을 인정하고 지지해 주어야 한다.

2.05 가족학자는 학생들에게 특정한 관점을 받아들이도록 강요해서는 안 된다. 학생들에게도 공평하게 교사는 개인의 가치나 편견을 적절하게 공표해야 한다.

2.06 수업시간에 가족학자는 자신의 임상경험이나 개인경험으로 얻은 지식과 기존의 이론이나 연구를 통해 얻은 지식을 구별하여야 한다.

2.07 임상을 하는 가족학자는 강의가 진행 중인 학생과 임상적 관계를 가져서는 안 된다. 학생이 임상적 관계를 요구하면 적절한 서비스를 받을 수 있도록 유도해야 한다.

2.08 임상을 하지 않는 교수는 학생과 상호작용 과정에서 치료자의 역할을 수행하지 않는다. 적절할 때 다른 임상 서비스를 받도록 보내야 한다.

2.09 학생 성적이 어떤 종류의 보답이 될 수 있는 상황에 대한 인식이나 상황을 피해야 한다.

2.10 가족학자가 수업시간에 학생들에게 개인의 경험이나 가족의 경험을 말하도록 하는 경우 수업 시간에 들은 어떤 정보도 교실 밖에서는 비밀이 보장되어야 한다는 점을 학생들에게 지속적으로 알려 주어야 한다. 그러나 비밀보장이 완벽하지 않을 수 있다는 사실도 알려야 한다.

2.11 학점을 위한 강의일 때 가족학자는 학생들에게 이 과제에 참여하기를 원하지 않는 학생들에게 대안적 과제에 대한 정보 없이 잠재적으로 고통스러운 개인적 혹은 가족의 경험을 드러내게 하는 과제를 내주어서는 안 된다. 그러나 강의가 이러한 활동이 요구되는 전문적 트레이닝 과정이라면 예외가 될 수 있다.

2.12 가족학자가 학생들에게 가족성원(예: 가계도에 대한 과제)이나 타인에 대해 민감하거나 고통스러운 정보를 요구하게 될 때, 그 정보들이 그들 스스로의 판단력을 활용하도록 하고, 잠재적인 위험에 대해 주의를 주고 조심스럽게 지도하여야 한다.

2.13 가족학자는 학생들에게 연구의 대상으로 참여하도록 강제해서는 안 된다. 수업에 등록한 학생이 연구에 참여하지 않거나 연구과제에 참여하지 않으려 한다면, 동능한 비중이 있는 다른 대안적 과제를 주고, 참여하지 않기로 한 점이 성적과 무관함을 알려야 한다.

2.14 학생들에게 그들의 가치를 토론하는 과제에서, 가족학자는 학생의 가치가 평가에 포함되지 않는 성적평가 방법을 개발해야 한다.

2.15 가족학자가 보고서나 성적을 학생들에게 돌려줄 때, 학생의 성적이 비밀이 보장되도록 해야 한다. 예를 들어 성적을 게시하거나 성적순으로 보고서를 돌려줘서는 안 된다.

2.16 가족학자는 자신의 연구주제와 같이 전문가의 흥미나 요구에만 기초하기보다는 학생들에게 적절한 자료에 근거하여 가르쳐야 한다.

원리 3. 가족학자들은 고도의 전문적인 기준을 따라야 한다.

3.01 가족학자들은 전문가로서 새로운 아이디어나 이론, 연구발견들, 혁신적인 프로그램 등을 다른 가족학자와 공유하여야 한다.

3.02 가능한 한 가족학자는 전문가로서 구성원들이 다양한 가족환경에 있는 개인의 성장과 발달 및 가족의 복지 증진을 위한 사회적 기여를 할 수 있도록 도모해야 한다.

3.03 가족학자는 정보를 공식적으로 공유할 때 타인의 업적에 감사하고 그들의 기여를 적절한 방법으로 인정해 주어야 한다.

3.04 가족학자는 다른 동료들로부터 얻은 정보를 신중하게 취급하여야 한다. 다른 사람과의 정보 공유는 적절한 징계행동이 포함되는 경우를 제외하고는 동료의 복지를 위해서일 때만 적용되어야 한다.

3.05 가족학자는 그들의 전문적 책임을 다하기 위해 적절히 준비하여야 한다. 전문 자격증을 취득하기 위한 노

력이나 교육 등을 통해 전문가의 자질을 갖추어야 한다.
3.06 가족학자는 전문적인 목적을 위해 고용되어 있다면 그 일을 해야 한다.

원리 4. 가족학자는 윤리적으로 연구하여야 한다.

4.01 가족학자는 연구에 참여하는 사람들의 체면을 존중하고, 연구과정에 지원하는 사람들을 안전하게 지키면서 연구의 전체 과정에 임해야 한다.
4.02 가족학자는 연구 참여자에게 연구의 목적과 참여함으로써 생기는 잠재적 위험과 비밀보장이 어떻게 되는지, 언제라도 그만둘 수 있는 권리가 있으며, 자료가 활용되는 방법이나 위험이 있을 때 가능한 자원 등에 대해 알려야 한다.
4.03 가족학자는 연구 참여자에게 '치료행위'를 피해야 한다. 연구자는 필요로 하는 사람들에게 적절한 자원 목록을 제공해야 한다.
4.04 가족학자는 기여의 정도에 따라 공을 인정해 주어야 한다.
4.05 가족학자는 자신의 견해를 지지할 목적으로 연구자료를 조작해서는 안 된다.
4.06 가족학자는 연구계획서에 제시된 목적에 맞게 연구비를 사용하여야 한다.

원리 5. 고용된 기관이나 단체와의 상호작용에서 윤리적이어야 한다.

5.01 가족학자나 훈련 중인 학자들은 기관의 내부활동이나 계획과 관련된 정보를 알아야 하나, 만약 타인에게 공개시 기관에 해가 되는 정보라도 그 정보가 비윤리적이 아닐 때에는 비밀로 할 수 있다.
5.02 가족학자는 자신이 속한 기관의 절차나 정책을 따라야 한다.
5.03 가족학자는 지역사회와 협력하여야 한다. 그러나 내담자가 서면으로 허락한 경우와 법으로 위임받은 경우를 제외하고는 내담자의 기록을 다른 기관에 유출시켜서는 안 된다.
5.04 가족학자는 학생이나 내담자가 더 나은 처치를 받을 수 있을 때는 다른 기관으로 보내야 한다.

원리 6. 가족학자는 사회를 진보시키는 데 앞장서야 한다.

6.01 가족학자는 사회의 모든 개인과 가족의 일반적 복지에 관심을 가져야 한다. 전문가로서 혹은 개별시민으로서 지역과 주, 국가 수준에서 가족을 옹호하는 데 앞장서야 한다.
6.02 가족학자는 모든 개인과 가족의 능력을 향상시키고 존중해야 하며 법과 정치를 발전시키고, 그렇지 않은 법과 정책을 수정하는 데 참여하여야 한다.

원리 7. 가족학자는 윤리강령을 이해하고 따르며 다른 사람들이 따르도록 도와야 한다.

7.01 가족학자는 윤리적 원리를 이해하고 준수해야 한다.
7.02 가족학자는 다른 가족학자들이 윤리규정을 지키고 이해하며, 원리에 대해 기꺼이 토론함으로써 윤리적 규정을 알도록 지원한다.
7.03 가족학자는 가족학 분야 학생들이 그들의 전문적 역할에서 윤리적 원리를 이해하고 지키도록 가르친다.
7.04 윤리적 딜레마에 처한 가족학자는 다른 가족학자와 그 상황에 대해 논의하여야 한다. 비윤리적 행위로 기소될 경우 그 기록이 가족학자가 윤리적 문제를 알고 양심적으로 그 문제를 다루었다는 것을 나타내는 데

사용되어질 수 있도록 서면으로 문제와 해결책 및 그 해결책의 타당성을 다른 학자들에게 주어야 한다.
7.05 가족학자는 윤리적 문제를 정교화하거나 더 명확히 하기 위해 전문기관을 지원해야 한다. 추가적인 윤리원리 및 가이드라인을 NCFR의 가족학 section의 의장에게 알린다.

원리 8. 가족학자는 전문적 집필을 검토할 때 윤리적이어야 한다.
8.01 가족학자는 연구가 친구의 것이거나 저자에게 어떤 의무감을 가진 경우와 같이 흥미와 상충되는 경우 논문을 검토해서는 안 된다.
8.02 가족학자는 검토를 위해 받는 전체 자료를 주의 깊게 읽고, 구체적인 평가 이유를 제공해야 한다.

*출처: Ethic Committe, Parent and Family Education Section, Minnesota Council on Family Relations(2003). pp. 156-160.

4) 도덕적 의사결정

가족생활교육자는 현장에서 다양한 환경의 가족과 개인을 만나면서 다양한 윤리적 문제에 부딪히게 된다. 실제로 NCFR의 가족학, 가족치료 분야 357명의 가족학자들을 대상으로 한 연구에서 응답자의 76%가 일을 하면서 심각한 윤리적 딜레마를 경험한 적이 있다고 진술했으며, 이들 중 47%의 응답자만이 교육적 준비가 문제해결에 도움을 주었다고 응답했다(Buck, Campbell, Chatelan & Merrill, 2003). 그러나 비임상적 가족 프로그램을 수행 중인 교수들과 대학원생들은 그들이 윤리적 문제를 다룰 수 있는 준비가 부족하다고 응답했다. 이와 같이 현장에서 교육자들은 다양한 윤리적 딜레마에 봉착하게 된다. 그러나 앞에서 제시한 원리 자체로는 도덕적 딜레마를 해결할 수 없다. 도덕적 딜레마는 두 개의 원리가 직접적인 갈등을 일으키는 상황을 만드는데, 이와 같이 갈등되는 원리가 있을 때 원리의 우선성이나 순서에 의해 갈등을 해결하기 위하여 위계적인 서열을 주는 것이 중요하다. NCFR(2000)이 윤리적 의사결정 접근에서는 다양한 요소들에 민감하고 사려깊은 해결책을 창조하는 앞에서 설명한 원리의 세 가지 이론, 즉 관계, 덕과 원리에 대한 고려를 강조한다. 그러나 가족생활교육사가 교육현장에서 윤리적 문제에 접하게 될 경우 Palm(2003)은 몇 가지를 검토해 보아야 하는데 우선 '당면한 문제가 윤리적 딜레마인가' 혹은 '좋은 교수기술로 해결될 수 있는 문제인가'를 검토해 봐야 하며, 윤리와 관련된 법을 이해하는 것도 중요하다고 한다. 예를 들면, 아동학대와 방임의 경우 가족생활교육사는 비밀보호에 앞서 신고의 의무가 있기 때문에 관련법을 우선 이해해야 한다. 그러나 윤리적 문제가 생길 때는 〈표 12-5〉와 같이 6단계로 검토하여 윤리적 딜레마를 다룰 수 있다.

이밖에도 Palm(2003)은 가족생활교육사들이 윤리적이면서 효과적으로 활동하기 위한 기준을 다음과 같이 주장한다. 첫째 심리학, 사회복지, 상담자 등과 명백한 경계를 설정해 놓고 전문가들과의 연합활동을 하는 것이 중요하며, 둘째 이민자들을 위한 읽기교육과 같이 서비스 강도와 관련 수준이 기존의 가족생활교육과는 차별된 변형된 서비스를 실시하는 다양한 사람들과도 협력해야 하며, 셋째 가족생활교육자들이 행정 업무에 점차 더 참여하게 됨으로써 새로운 도전에 직면하게 되는데 이러한 도전에 대처할 일련의 가이드라인이 지속적으로 필요하기 때문에 학회 차원에서도 지속적으로 윤리기준을 제시해야 한다고 강조한다.

표 12-5 미네소타가족관계학회(MCFR) 윤리위원회(2003)의 윤리적 딜레마를 다루는 법

단계	내용
1단계: 관계 확인	• 교육자의 역할에서 가장 중요한 관계를 확인하라. a. 어떤 관계 영역인가? 이 경우 모든 가능한 잠재적 관계는 무엇인가? b. 이 경우 교육자의 일차적 돌봄관계는 무엇인가? (교육자가 가족성원, 교육자가 집단, 교육자가 다른 업무 직원에게) c. 관계에 대해 무엇을 알고 있는가? 기간, 강도 등
2단계: 원리 적용	• 이러한 관계에 관련된 원리를 살펴보라. 적용되는 원리는 무엇인가? 다른 관련 원리는 없는가?
3단계: 모순점 확인	• 관련 원리들 간에 잠재적 혹은 실제적 모순은 무엇인가?
4단계: 덕의 원리 적용	• 돌봄, 신중함, 긍정적인 희망 등 덕의 원리를 고려하라. 관련 있는 것이 무엇인가? 왜? 모든 덕이 다 비슷한 정도인가?
5단계: 가능한 행동 확인	• 가족생활교육사로써 가능한 행동을 브레인스토밍하라 – 관계와 관련된 원리와 도덕성을 염두에 두라.
6단계: 행동 선택	• 특정 행동이나 혹은 일련의 행동을 선택하라.

5) 윤리교육

우리 사회의 윤리 부재를 많은 영역에서 지적하지만 공교육에서 윤리교육이 체계적으로 이루어지는 곳은 거의 없다. Garner와 Smith(1991)는 가르치는 모든 사람들은 의도적이든 의식하지 못하든 윤리교육과 관련되어 있다고 강조한다. 따라서 어떻게 의식적이며 효과적으로 학생들에게 윤리를 가르칠까 하는 점이 중요하다. 윤리교육은 가족생활교육과 같이 사회의 중요한 가치를 다루는 미래의 전문가들이 내담자나 학생들과 윤리적으로 상호작용할 수 있도록 준비하는 중요한 과정이다. 이러한 이유로 NCFR에서도 열 개 교과과정 중 한 영역으로 윤리교육을 강조하고 있다. Adams, Dollahite, Gilbert와 Keim(2003)은 윤리교육이 학생들에게 전문가로서의 직업적 문제뿐만 아니라 법적 책임감과 전문가 윤리강령을 구성하는 도덕적 원리를 교육하는 것으로서 중요성이 있음을 강조한다.

Kitchener(1986)는 가족전문가를 양성하는 데 중요한 함의가 있는 윤리교육의 목적을 네 가지로 정리하였다.

첫째, 윤리적 민감성 자극하기: 윤리교육은 전문가로서 직면하게 될 수도 있는 다양하고 복잡한 윤리적 문제에 대한 인식을 높이도록 돕는 것이다. 따라서 단순히 한 과목에서 다룰 문제가 아니라 전 교수진들이 실제 상황에서나 교실에서 도덕적 이슈에 대해 잘 인식해야 하며, 전 전공과정의 교육과정 전체에 걸쳐 전문적인 윤리를 가르쳐야 한다.

둘째, 윤리적 판단력 높이기: 윤리교육에서는 도덕적 판단력이 학생들에게 도덕적 기관에 대한 생각 이상을 넘어 그들 능력을 향상시키는 것이며, 윤리적 문제를 판단하고 유능하게 분석할 수 있는 비판적 사고 틀을 형성할 수 있도록 그들의 능력을 강화한다. 전문가들의 활동에서 윤리적 정당성이나 윤리적 의사결정에 적용되는 윤리학자, 이론 등에 대한 이해를 포함하여 교육한다.

셋째, 도덕적 책임감 발달: 학생들이 윤리적 딜레마에 대한 윤리적 의사결정을 하고 이를 타당화할 수 있도록 돕는 도덕적 책임감을 발달시키는 것이다. 윤리적 의사결정을 포함하는 전문가로서의 책임감을 이해하도록 돕는다.

넷째, 도덕적 모호함 극복: 윤리교육은 도덕적으로 행동하는 것이 고통스럽고 어려우며 좌절의 경험일 수 있다는 것을 포함하여 윤리적 문제와 관련된 모호함을 소개함으로써 도덕적 모호성을 극복하는 기술과 태도를 발전시킨다.

이러한 윤리교육을 위해 Krager(1985)는 다섯 가지 원리에 기초한 윤리교육 접근법을 제시하였다. 이러한 특성들이 윤리교육의 기본적인 교육과정을 구성한다.

1. 개인의 선택을 통해 타인을 돕는 자율성을 존중함.
2. 타인을 위험에 처하게 하거나 해를 끼치는 행동을 피함으로써 해되는 행동을 하지 않음.
3. 다른 사람들과 사회의 성장과 복지에 기여하는 행동을 함으로써 타인에게 이익을 줌.
4. 타인을 대할 때 부적절한 요소들을 무시하고 모든 사람에게 공평하고 올바르게 대함으로써 정의와 공평함을 지지함.
5. 정직함과 약속지키기, 헌신적 관계를 위한 성실성을 유지함.

앞에서 Kitchener(1986)도 지적하였듯이 윤리교육은 각각의 전공 영역 전반에 포함되어야 한다. 각 전공에서 윤리교육 정도를 파악하기 위하여 Adams, Dollahite, Gilbert와 Keim(2003)은 〈표 12-6〉과 같이 전공과정 전체의 교육과정에서 윤리문제를 다루는 열 개의 등급을 제시하였다. 이 표를 통해 각 전공의 윤리교육 실태를 파악해 보고 윤리교육 강화를 위한 기준을 설정하는 것이 필요하다. 특히 Craig(1991)는 어떠한 행동강령이나 행동기준들을 아무런 비판 없이 그대로 받아들이는 것이 가장 큰 위험이라고 강조한다. 따라서 각 전공 영역의 교과목에서 윤리문제를 각 교과의 특성에 맞게 비판적으로 분석하고 평가하는 실습이 이루어져야 한다고 강조한다.

표 12-6 Adams, Dollahite, Gilbert와 Keim(2003)의 학부과정 윤리교육 등급

등급	교육내용
0	어떤 수업에서도 윤리에 대한 언급은 없었다.
1	한두 과목에서 윤리를 가끔 들었다.
2	한두 필수 과목에서 개략적이지만 규칙적으로 들었다.
3	선택 과목에서 한 주제로 윤리 주제를 들었다.
4	한 과목 이상 선택 과목에서 윤리 주제를 들었다.
5	선택 과목으로 한 과목의 윤리 과목을 들었다.
6	모든 학생을 위해 개설한 특강이나 세미나로 윤리 주제를 들었다.
7	필수 과목에서 한 주제로 윤리 주제를 들었다.
8	필수 과목으로 한 과목의 윤리 과목을 들었다.
9	전공 전반은 아니지만 필수 교과과정에서 요구되는 통합윤리과정을 들었다.
10	전공 전반에 걸쳐 필수 과목으로 통합윤리 교육과정을 들었다.

2 가족생활교육의 전망

가족이 점차 다양해짐에 따라 Burr, Day와 Bahr(1993)는 현대의 학자들은 가족에 대해 과거에 학자들이 생각한 바와는 다르게 생각해야 한다는 점을 강조한다. 과거의 남편과 아내와 그들의 자녀로 구성되는 전통적인 문화 단위로서의 가족에 대한 규범적 정의에서 벗어나 개인 삶의 영역을 정신적이고, 직업적이며, 교육적 측면으로 보는 것과 마찬가지로, 개인의 삶의 영역으로서 가족을 보아야 한다는 것이다. 특히 가족 영역은 아동 출산이나 입양에 의해 창조되는 생식과 세대로 연결되는 인간경험이라는 점을 역설한다. 가족은 개인이 가족원들과 함께 발전하는 정서적 · 심리적 관계를 포함하며, 위기를 함께 극복하여 애정과 충성심을 통한 강한 유대를 형성하며 일상생활을 공유한다.

이와 같이 역사적 문화적 실체인 가족은 가족구성원들의 역사적, 문화적, 교육적 경험의 차이로 더 많은 다양성을 나타내며, 정보화, 세계화 과정을 거치면서 가속

화된 개인의 의식변화는 다양한 가치를 가진 다양한 가족의 출현으로 이어진다. 오랜 세월 동안 가족의 삶의 질을 높이기 위한 가족생활교육의 노력이 있었으나, 다양한 문화와 가족을 이해하기 위한 목적을 재평가하고 전문적 영역으로서 그 자리를 확보하기 위해서 다음과 같은 노력이 요구된다.

1) 가족생활교육의 확산과 발전

가족생활교육의 가치에 대해서 아직도 많은 논란이 있다. 가족생활교육이 문제발생을 예방하고 가족관계의 질을 향상시킴에도 불구하고, 아동과 가족이 심각한 정서적 어려움을 겪을 때까지 기다리는 이유는 무엇이며, 대부분의 정책이 위기에 대한 대처에 더 초점을 맞추는 이유는 무엇인가? 이에 대해 Ooms, Bouchet과 Parke(2004)의 충고는 많은 함의가 있다. 이들은 다음과 같은 결혼운동을 언급하였다. 첫째, 건강결혼운동이 결혼이 가능하지도 바람직하지도 않은 사람들을 위한 더 나은 관계증진과 공동부모역할도 포함할 수 있을 정도로 포괄적이어야 하며, 둘째, 저소득 지역사회에서 결혼을 위한 경제적 장애를 고려하여야 하며, 셋째, 건강결혼프로그램은 최상의 자료와 가능한 연구에 기초하고 적극적인 평가가 요구된다는 점을 강조한다. 이를 가족생활교육의 전망과 연결시켜 보면, 가족생활교육은 가족에 관한 다양한 측면을 고려하여 포괄적인 접근이 이루어져야 하며, 11장에서 지적한 것과 같이 이론과 연구를 통해 그 기초가 다져져야 함을 강조하는 것이다. 실제로 미국의 경우 문제예방에 대한 관심이 증가하던 초기 시절 활동은 이혼을 어렵게 하는 법안을 통과시키고 결혼을 공공재로 선언하는 작업을 중심으로 이루어졌다. 이후 예방적 교육 서비스가 증가함에 따라 배우자 선택을 잘하고, 결혼해서 오랫동안 건강한 결혼생활을 하고 싶은 사람들이 자발적으로 교육을 선택하면서 가족생활에 대한 외부의 개입에 대한 비판이 감소되고 결혼준비교육도 확대되었었다. 이 과정에는 다양한 환경에 있는 저소득층을 포함하려는 기관들의 노력이 영향을 미쳤다. 초기에 종교나 대학 부설, 사설기관을 중심으로 무료교육이 이루어졌으며, 중류층은 자발적으로 부부들이 스스로 비용을 투자하여 부부교육에 참여하게 되었다. 2000년 이후 TANF 기금을 융통성 있게 쓰게 되면서 정부의 비용으로 고등학생, 저소득 미혼부모, 입양, 수양부모, 난민, 군인 등으로 교육 대상이 확대되어 가족생활교육의 활성화가 이루어졌다. 또한 다른 전문가 집단과의 연합을 통하여 경제적인 간접적 책략에 관심을 둔 것이 교육효과를 극대화하고 있다(Oams, Bouchet & Parke, 2004). 즉, 간호사 가정방문(nurse home visiting), 아동지원법(child support enforcement), 십대 임신 예방 등과 같은 결혼에 긍정적이고 비직접적 노력을 강화함으로써 가족생활의 질 향상에 더 큰 진전을 이루고 있다는 것이다.

이들의 논의는 가족생활교육의 발전을 예견하면서 Lewis-Rowley와 동료들(1993)이 제시한 세 가지 과제와 많은 관련성이 있다. 이들은 가족생활교육의 발전을 위해 첫째, 가족생활교육의 집단적 접근(collective approaches approach)이 강조되어야 함을 강조했다. 현대의 가족문제들은 너무나 복잡해서 개인이나 단일 전문가 집단에 의해 해결될 수 없는 경우가 많다. 따라서 서로의 기여에 대해 가치를 두고 문제해결을 위한 전문가 집단에 서로의 기여를 존중하는 집단적 접근은 가족을 돕는 일반 주의자들과 전문가 집단들을 더욱 증가시킬 것이다. 둘째, 이론과 연구의 정교화는 교육적 개입과 지원의 실제를 이해하는 데 도움을 줄 것이다. 컴퓨터 기술의 발전이 이를 가능케 하며, 실제 교육자들과 법안 제안자들과 일반 대중 간의 의사소통도 계속 고려되어야 할 것이다. 셋째, 기술이 대양과 지역을 넘나들면서 공적 영역과 사적 영역에서의 개입과 정책결정이 증가할 것이다. 따라서 비교문화적 연구와 다양한 가족에 대한 연구들이 지원되고 연구됨에 따라 가족생활교육도 더욱 발전할 수 있을 것이다. 이러한 노력들이 우리나라에서도 효과적으로 작동할 수 있을 것이다.

2) 가족생활교육의 영역확장

새로운 가족생활교육의 영역 확장을 위해 Dawn(2003)은 틈새시장 개척을 강조한다. 다학문적인 특성은 가족생활교육자들이 사회사업, 심리학, 아동발달, 성, 치료적인 영역에서 훈련된 사람들과 함께 활동을 하거나 직업적으로 경쟁한다는 것을 의미한다. 따라서 가족생활교육의 가시성을 높이기 위한 한 가지 접근은 가족생활교육자들이 특유의 방법으로 서비스를 제공하기에 접합한 세팅을 만들고 이를 규정하는 것이다. East(1980)의 전문성을 위한 조건에서도 지적하였듯이 다른 부분과 차별화되는 독특한 영역을 확대하는 것이 중요하다. 특히 Dawn(2003)은 일/가족생활 영역은 가족생활교육자들에게 엄청나게 큰 잠재력이 있는 영역임을 강조한다. 점차 기업들이 일과 가족생활이 연결되어야 한다는 점을 이해하기 시작했으며, 근로자들의 개인적인 생활이 그들의 직장생활에 결정적인 영향력이 있음을 인식하면서 가족생활교육자들의 전문 영역 확대의 기초로 작용하였다. 그러나 아직까지 우리나라에서는 가족생활교육의 활동 환경에서 직장이 차지하는 비중은 매우 낮으나 여전히 잠재력이 큰 시장이다. 따라서 직장 환경에서의 다양한 요구를 적극적으로 파악하는 작업이 필요하다.

3) 가족생활교육사의 전문성 확보

11장의 가족생활교육의 전문성 확보를 위한 과제에서도 제시하였듯이 가족생활교육의 과제는 이 분야의 전문성 확보에 달려 있다. 이 분야의 잠재적인 문제점인 학문 분야로서 정체성의 부족을 극복하는 방안이 마련되어야 할 것이다. 한국가족관계학회와 건강가정기본법 등에서 가족생활교육의 내용과 기준들에 대해서는 합의된 의견이 있었지만, 이러한 기준들에서 요구되는 학문적인 학위가 무엇인지에 대해서는 상대적으로 동의가 부족하다. 가족학 분야에서 가족생활교육의 핵심 지식들을 정리하고 현장에 대한 기준을 통해 전문직으로서 발전하는 것은 더 넓은 가족 영역 안에서 연구의 영역으로뿐 아니라 전문가로서 가족생활교육을 장려하는 데 도움이 될 것이고, 가족생활교육은 더 명확한 정체성으로 이익을 얻을 수 있을 것이다. 실제로 가족생활교육이 전문직으로서 인정받는 데 가장 큰 장애물은 현장의 다학문적인 특성에서 비롯된다. 그러나 이러한 문제는 Oams, Bouchet과 Parke(2004), Lewis-Rowley와 동료들(1993)의 주장처럼 다양한 분야와의 연계와 협력을 통해 가능할 것이다. 또한 프로그램의 표준화를 통해 질을 향상시키고 시장을 확보하는 작업이 이루어져야 할 것이다.

[부록 1] 미국 NCFR의 가족생활교육사의 생애과정에 따른 교육과정 및 교육내용

	아동기	청소년기	성인기	노년기
사회 속의 가족	• 직업, 돈, 가족 • 개인, 가족지지 프로그램 • 가족, 이웃, 지역사회의 중요성 • 함께하는 가족과 학교 • 종교적 신념과 실천을 구별하는 것	• 가족과 직장 • 경제와 가족의 상호적인 영향 • 미래를 위한 준비로서의 학교 • 생애주기를 통한 교육 • 학교 시스템 속에서 기능하기 • 지역사회 속에서 개인과 가족의 의무 • 가족에 미치는 종교적이고 영적인 것의 영향 • 특별한 욕구와 문제들을 가지고 있는 가족들을 지지하기 • 기술과 가족의 상호적인 영향 • 인구문제와 자원배분 • 사회 속에서 가족 역할 • 지지적인 네트워크: 가족, 동료, 종교 기관, 지역사회	• 아동교육에서의 가족의 협조 • 교육 시스템 이용 • 가족의 종교적, 영적인 부분들의 영향 • 지지적인 네트워크: 가족, 동료, 종교 기관, 지역사회 • 지역사회 지지 서비스를 이해하고 얻는 것 • 평생학습 • 인구문제와 자원배분 • 기술과 가족의 상호 영향 • 경제적인 변동과 가족 영향 • 가족, 일, 사회의 상호관계	• 가족들에 대한 종교와 영적인 영향 • 교육시스템 지지하기 • 지지적인 네트워크: 가족, 동료, 종교기관, 지역사회 • 지역사회 시시 서비스를 이해 • 평생학습 • 인구문제와 자원배분: 건강관리, 교통수단, 주택 • 기술과 노인가족의 상호적인 영향 • 사회적인 이슈들: 나이차별, 노인학대, 보호하는 것 • 사회 속에서 가족의 역할 • 경제적인 변동이 노인가족에게 미치는 영향

	아동기	청소년기	성인기	노년기
가족의 내적 역동성	• 개인으로서의 가족구성원 • 모든 가족구성원의 개별성과 중요성 • 가족 내에서 사이좋게 살아가기 • 가족 내에 감정 표현 • 개인적인 가족 역사 • 가족의 유사점과 차이점 • 가족들의 변화의 영향 • 가족성원의 책임감, 권리, 상호의존성 • 가족 규칙 • 보호, 지도, 애정, 지지 의 자원으로서의 가족 • 분노와 폭력이 일어날 수 있는 자원으로서의 가족 • 가족문제들	• 가족 안에서 성인이 되는 것 • 가족구성의 변화: 출생, 이혼, 죽음 • 가족 내에서 감정을 관리하고 표현하는 것 • 가족 내에서 내적인 변화와 스트레스를 극복하는 것 • 개인과 가족의 의사결정 • 가족 내에서 의사소통하는 것 • 가족구성원 간 상호작용 • 가족구성원들의 서로 다른 욕구와 기대들 • 가족의 명백하고 암묵적인 규칙들 • 가족 배경의 영향 • 가족역사, 전통, 기념 일 • 보호, 지도, 애정, 지지의 자원으로서의 가족 • 분노와 폭력이 일어날 수 있는 자원으로서의 가족 • 가족의 다양성: 구성원, 경제적 수준, 역할수행, 가치	• 가족에서 개인의 발달 • 개인과 가족역할 • 가족 내의 친밀한 관계들 • 스트레스에 대한 자원과 스트레스의 극복 • 라이프스타일 선택 • 가족구성원들의 변화하는 욕구와 기대 • 생애주기를 통한 세대 간 역동 • 가족전이: 결혼, 출생, 이혼, 재혼, 죽음 • 가족역사, 전통, 기념일 • 부부 · 가족관계에 영향을 미치는 요인들 • 애정을 주고받는 것 • 가족 내의 권력과 자율성 • 가족구성원의 자아개념에 영향을 미치는 가족 • 명시적, 암묵적인 가족 규칙들 • 보호, 지도, 애정, 지지의 자원으로서의 가족 • 가족의 다양성: 구성원, 경제적 수준, 역할수행, 가치 • 분노와 폭력이 일어날 수 있는 자원으로서의 가족 • 가족의 상호작용 패턴에 대한 민족적, 인종적, 사회적 성의 사회적, 문화적 영향	• 가족 내에서 개인의 발달 • 개인과 가족의 역할 • 가족 내에서의 친밀한 관계 • 스트레스에 대한 자원과 스트레스, 질병, 장애 극복하기 • 라이프스타일 선택과 변화: 은퇴계획, 은퇴 • 가족구성원 욕구와 기대변화 • 생애주기에 따른 세대 간 역동 • 가족구성원의 책임, 권리 상호의존성과 생산성 • 가족전이: 결혼, 이혼, 재혼, 동료의 은퇴, 죽음 • 가족역사, 전통, 기념일 • 부부와 가족관계에 영향 요소 • 애정을 주고받는 것 • 가족구성원들의 자기개념에 영향을 미치는 가족 • 명확하고 암묵적 가족 규칙 • 가족의 다양성: 구성원, 경제적 수준, 역할수행, 가치들 • 분노와 폭력이 일어날 수 있는 자원으로서의 가족 • 가족의 상호작용 패턴에 대한 민족적, 인종적, 사회적 성, 사회적, 문화적 영향 • 가족 내에서 권력과 자율성의 변화 • 관계에서 자기수용의 영향을 이해하는 것

	아동기	청소년기	성인기	노년기
인간 성장 · 발달	• 신체적, 성적인 발달 • 신체적인 프라이버시와 성적 학대에 대한 보호 • 개개인의 독특성 • 개개인의 성적발달의 유사성과 차이점 • 인간 재생산의 측면: 태아기의 발달, 출생, 사춘기 • 성에 관한 아동의 인식 • 성에 영향을 미치는 사회적, 환경적 요인	• 신체적 · 성적발달 • 발달유형 간 상호작용 • 성적학대에 대한 신체의 프라이버시와 보호 • 성에 대한 의사소통: 개인적 가치, 신념, 공유된 의사결정 • 성적행동에 대한 선택, 결과, 책임 • 성병에 대한 예방과 전파 • 인간 재생산과 개념 • 정상적 성적감정과 성적 반응 • 성에 관한 고정관념과 현실 • 성에 대한 다양한 가족과 사회의 신념	• 책임이 따르는 성적인 행동: 선택, 결과, 공유된 의사결정 • 정상적 성적감정과 성적반응 • 성에 관한 의사소통: 개인적 가치, 신념, 공유된 의사결정 • 성적으로 전해지는 질병들의 예방과 전파 • 피임, 불임, 유전적인 문제들 • 성적학대에 대한 예방 • 성에 대한 다양한 사회적 신념들	• 인간의 성적반응과 노인 • 정상적 성적감정과 성적 반응 • 성에 관한 의사소통: 개인적 가치, 신념, 공유된 의사결정 • 성적 학대예방 • 노년기에 관한 성교육 • 노년기의 성적표현과 친밀감 • 현재 환경에서 성인들의 성적욕구 이해 • 성과 노인에 대한 다양한 사회적 신념, 신화, 현실
인간의 성	• 정서적 · 사회적 발달 • 건강 유지를 위한 책임감: 영양, 개인 위생 • 개개인의 독특성 • 나이든 사람들에 대한 수용: 청소년, 성인, 노인 • 성장과 발달에 영향을 미치는 사회적이고 환경적인 상황들	• 발달에서 개인차 받아들이기 • 개인적인 건강에 대한 책임: 영양, 개인위생, 운동 • 가족의 라이프스타일을 선택하기 위한 기초를 이해하는 것: 가치, 전통, 종교적 신념 • 신체건강 발달에 미치는 약물의 영향 • 발달유형: 신체, 인지, 정서, 도덕, 성격, 사회, 성적발달 • 발달유형 간의 상호작용 • 생애주기에 따른 발달패턴: 죽음에 대한 개념 • 성인기와 노년기에 대한 고정관념과 현실 • 발달장애 • 성장과 발달에 영향을 미치는 사회적 · 환경적 요인들	• 발달의 개인차에 영향을 주는 요소들 • 발달유형: 신체, 인지, 정서, 도덕, 성격, 사회, 성적 발달 • 발달유형들 간의 상호작용 • 개인, 가족건강에 대한 책임 • 자기와 타인의 발달을 증진시키는 것 • 생애주기에 따른 발달패턴들: 죽음의 개념 • 성인기와 노년기에 대한 신화와 현실 • 능력이 떨어지는 것에 대해 적응하는 것 • 성장과 발달에 영향을 미치는 사회적, 환경적인 상황들	• 발달에서 개인차에 영향을 미치는 요소 • 발달유형: 신체, 인지, 정서, 도덕, 성격, 사회, 성적발달 • 발달유형 간의 상호작용 • 생애주기에 따른 발달패턴: 죽음에 대한 개념 • 노인에 대한 신화와 현실 • 무능력에 적응하기 • 성장과 발달에 영향을 미치는 사회적, 환경적인 상황들 • 노년기 신체적 변화에 적응하고 대처하기 • 개인건강, 안전에 대한 책임 • 상실에 대해 슬퍼하고 적응

	아동기	청소년기	성인기	노년기
대인 관계	• 자기와 타인을 존중 • 건설적으로 감정을 공유하기 • 정서를 표현하기 • 관계를 개발하고 유지하고 끝내기 • 자기존중감과 자기자신감을 키우기 • 개인적인 강점을 규정하고 강화하기 • 타인과 의사소통 • 자기와 타인들을 고려하여 행동하기 • 타인들과 함께 문제를 다루기	• 자기와 타인 존중하기 • 자신의 생각, 태도, 가치를 변화시키고 개발하기 • 성공과 실패를 다루기 • 자신의 행동에 대한 책임을 받아들이기 • 개인의 능력과 재능을 파악하고 개발시키기 • 정보, 생각, 감정을 의사소통하기 • 감정을 관리하고 표현하기 • 우정을 시작, 유지, 끝내기 • 자기와 타인들 속에서 자기존중감과 자기자신감을 발달 • 대인관계에서 융화력 평가 • 자기와 타인을 고려하여 행동 • 데이팅과 관계된 욕구와 동기를 이해하기 • 친구 선택에 영향을 미치는 사회적, 문화적, 개인적인 요소 • 사랑과 헌신의 특징 이해 • 결혼의 책임감 탐색	• 개인의 자율성 세우기 • 자기와 타인들과의 관계에서 자기존중감, 자신감을 세우기 • 구조상의 개인적인 변화를 달성하기 • 효율적으로 의사소통하기 • 감정을 관리하고 표현하기 • 관계를 개발, 유지, 끝내기 • 관계에서 주도권 잡기 • 질적관계와 관련 요소 인식하기 • 관계에서 책임감을 가지고 헌신하기 • 관계에서 선택과 대안 평가하기 • 개인적인 신념과 타인의 가장 큰 관심에 따라 행동하기 • 관계에서 가치수용의 효과 이해 • 역할과 관계에 관한 민족, 인종, 사회적 성, 사회, 문화적인 다양한 영향 이해 • 친밀한 관계 유형 • 스스로 가족을 만들고 유지하기 • 시간에 따른 부부관계 변화 • 위기를 극복하는 것	• 연속적인 개인의 자율성 이해하기 • 자기와 타인에 대한 자기존중감과 자기자신감 세우기 • 효율적으로 의사소통하기 • 관계 속에서 주도권을 갖기 • 질적인 관계와 관련된 요소들을 인식하기 • 관계에서 책임감을 갖고 헌신하기 • 관계에서 선택과 대안을 평가하기 • 개인적인 신념과 타인의 가장 큰 관심에 따라 행동하기 • 역할과 관계에 다양하게 영향을 미치는 민족적, 인종적, 사회적 성의 사회적, 문화적인 요소들 • 자기 자신의 가족들과의 관계를 유지하기 • 시간에 따른 부부관계 변화 • 위기와 상실을 극복하기

	아동기	청소년기	성인기	노년기
가족 자원 관리	• 재산을 관리하기 • 가족과업을 돕기 • 시간과 스케줄에 관하여 배우기 • 선택에 대해 배우기 • 돈을 벌고 소비하고 저축하기 • 공간과 사적 영역 이해 • 재능과 능력 개발 • 선택하고 소비하는 것: 음식, 의복, 오락 • 인적, 비인적 자원 사용하고 저축하기 • 소비자의사결정을 좌우하는 것 – 가치, 비용, 매스컴, 동료	• 일, 학교, 여가를 위한 시간 배분하기 • 사생활과 독립성을 이해하기 • 개인적 욕구를 다루기 위한 자원 선택: 음식, 의복, 오락 • 개인적 자원 사용하기 • 돈을 벌고 소비하고 저축하기 • 의사결정에 대한 책임 • 여가에 대한 관심 개발 • 선택을 위한 기초로서 가치들 • 장·단기 목표를 선택하는 것 • 직업선택을 위해 탐색하기 • 개인과 가족자원에서의 변화를 평가 • 소비자의사결정에 영향을 미치는 가치, 비용, 대중매체, 동료들	• 인적 에너지의 소모 • 개인자원 개발 • 직업선택을 통한 개인자원 개발 • 선택에 대한 기초로서의 가치 • 여가에 대한 관심 개발하기 • 사생활과 독립에 대한 가족구성원들의 다양한 욕구 이해하기 • 가족의 기본적 욕구를 위해 자원 사용: 음식, 의복, 주거 • 가족자원 사용의 다양한 관점 • 장기·단기 목표 수립하기 • 재정계획 • 물질·비물질적 자원 소비와 보호 • 일과 가족역할의 균형 잡기 • 소비자의사결정에 영향을 미치는 가치, 비용, 대중매체, 동료들 • 은퇴계획	• 선택의 토대로서의 가치들 • 금치산자가 된다고 가정 시 자원의 분배, 관리 계획 세우기: 유서와 유언 • 개인적 자원을 사용 • 여가에 대한 관심 탐색 • 노인의 직업역할과 퇴직자들의 생활 패턴 균형 잡기 • 사생활과 독립에 대한 가족구성원들의 다양한 욕구 이해 • 가족의 기본 욕구를 위해 자원 사용: 음식, 의복, 주거 • 가족자원 사용의 다양한 관점 • 장기·단기적인 목표 수립 • 은퇴 후 재정자원 관리 • 물질·비질적 자원소비와 유지 • 소비자의사결정에 영향을 미치는 가치, 비용, 대중매체, 동료들

	아동기	청소년기	성인기	노년기
부모 교육 과 지도	• 아동에 대한 안전 • 부모로서의 책임 • 다양한 양육 유형 • 아동과 떨어져 사는 부모들 • 발달단계가 다른 아이들의 욕구 이해 • 부모 스타일과 행동의 차이 • 아동에 대한 의무 • 부모를 돕는 자원: 가족, 이웃, 지역사회 • 가족폭력, 학대, 유기 등 문제	• 부모자녀 간 의사소통 • 발달단계가 다른 아이의 욕구를 대처 • 아이의 개인차에 반응하기 • 부모기에 대한 요구와 보상 • 부부 · 부모역할을 이해하기 • 부모가 되기 위한 시기와 결정에서 고려해야 할 요소 • 아이를 기르는 연습 • 아이에게 생활기술 교육: 자급자족, 안전, 의사결정 • 가족갈등과 갈등해결 • 가족폭력, 학대, 유기 • 부모를 돕는 자원: 가족, 이웃, 지역사회 • 다양한 부모상황: 한부모, 계부모, 입양부모, 장애아동가족 • 부모양육방식에 민족적, 인종적, 젠더적, 사회적, 문화적 영향	• 부모가 되는 시기와 의사결정에 관하여 고려 할 요소들 • 출산과 부모기를 위한 준비 • 의존적 아동에 대한 부모로서의 변화하는 책임들 • 부모자녀 의사소통 • 아이를 기르는 연습, 지도, 양육전략 • 생애주기에 따른 부모자녀관계의 변화 • 자녀양육에서 부모의 의사소통의 중요성 • 아동에게 안전한 환경 • 아동에게 생활기술 교육: 자급자족, 안전, 의사결정 • 부모기에 대한 보상과 요구 • 다양한 부모 상황들: 한 부모, 계부모, 입양부 모, 장애아가족, 노부 모부양가족 • 부모를 도와주는 자원: 가족, 이웃, 지역사회 • 가족폭력, 학대, 유기 • 양육방식에 영향을 주는 민족, 인종, 사회적성, 사회, 문화적 요인	• 노년기의 부모자녀관계 에서의 변화: 성인아동이 있는 성인관계와 협상하는 것 • 손자를 기르고 보호할 가능성을 포함한 조부모들의 요구와 보상 • 부모와 조부모 사이의 양육방식과 가치의 차이점에 대한 부모와의 의사소통의 중요성 • 조부모와 손자녀의 의사소통 • 조부모를 돕는 자원: 가족, 이웃, 지역사회 • 가족갈등과 갈등해결 • 가족폭력, 노인학대, 유기에 대한 문제 • 다양한 부모양육 상황들의 복잡성을 받아들이기: 한부모, 재혼부모, 장애아나 가족으로 돌아온 성인자녀를 돌보는 부모

	아동기	청소년기	성인기	노년기
가족 법과 정책	• 법을 이해하고 존중하기 • 가족에 영향을 주는 법과 정책들 • 아동의 법적 권리 • 공공정책(예: 시민권, 세법, 사회보장, 재정지원법)이 가족에 미치는 영향	• 모든 사람에 대한 시민권을 존중하기 • 가족들에게 영향을 주는 법적 정의와 법률을 이해하기 • 개인과 가족의 법적보호, 권리, 책임성 • 결혼, 이혼, 가족지지, 아동보호, 아동보호와 권리, 가족계획과 관련된 법들 • 가족구성원들의 가족갈등과 법적인 보호 • 가족과 정의체계 • 가족들에 대한 법과 정책의 영향 • 세금, 시민권, 사회적 보호, 경제적 지원 법률, 법규들을 포함한 청소년 아동이 있는 가족들에게 영향을 미치는 공공정책	• 교육, 정의, 법률에 대해 변화하는 가치 • 법과 정책에 대한 이해와 영향 • 결혼, 이혼, 가족지지, 아동보호, 아동보호와 권리, 가족계획과 관련된 법률 • 가족갈등과 가족구성원들에 대한 법적인 보호 • 세금, 시민권, 사회적 안전망, 경제적 지원법, 법규를 포함하여 가족들에게 영향을 미치는 공공정책	• 교육, 정의, 법률에서 변화하는 가치 • 법과 정책을 이해하고 영향을 미치는 것 • 모든 사람들의 시민권을 보호하는 것 • 결혼, 이혼, 가족지원, 취약한 사람들에 대한 보호와 권리, 재산, 유서, 토지에 대한 계획, 유언과 관련된 법률 • 가족갈등과 가족구성원들에 대한 법적인 보호 • 세금, 시민권, 사회적 안전망, 경제적 지원법, 법규를 포함하여 가족들에게 영향을 미치는 공공정책

	아동기	청소년기	성인기	노년기
윤리	• 행동에 대한 책임 • 자기와 타인을 위한 행동의 중요성 • 영적인 부분 발견 • 연령에 따라 새로운 권리와 책임을 얻기 • 모든 인간에 대한 권리	• 개인의 윤리 코드를 개발 • 개인의 영적인 부분을 탐색 • 개인적 자율성과 사회적 책임 • 권리와 책임의 상호관계 • 가치 중 하나로서의 윤리적 원칙 • 인간 사회구조를 이끄는 윤리적 가치 • 윤리적 선택과 의사결정의 복잡함과 어려움 • 사회적 기술적 변화에서 윤리적 인식	• 삶에 대한 윤리와 철학 세우기 • 개인적인 신념과 타인에 대한 고려를 조화롭게 행동하기 • 개인의 영성인 면에 대한 계속적인 성장 • 개인의 자율성, 사회적 의무 • 권리와 의무 간의 상호관계 • 하나의 가치로서의 윤리적 원칙 • 인간 사회구조를 이끄는 윤리적 가치 • 윤리적 선택과 의사결정의 복잡성과 어려움 • 타인에 대한 윤리적 개념과 행동에 대한 정보를 조장하기 • 사회와 기술변화에 대한 윤리적 포함	• 개인적인 신념과 타인에 대한 고려를 조화롭게 행동하기 • 개인의 영성적인 면에 대한 계속적인 성장 • 개인의자율성, 사회적 의무 • 권리와 의무간의 상호관계 • 하나의 가치로서 윤리적 원칙 • 인간 사회구조를 이끄는 윤리적 가치 • 윤리적 선택과 의사결정의 복잡성과 어려움: 생활의 질적인 문제들, 삶의 마무리와 관련된 문제들 • 착취로부터의 보호 • 사회와 기술변화에 대한 윤리적 인식 • 타인에 대한 윤리적 개념과 행동에 대한 정보를 조장하기

[부록 2] 한국가족관계학회의 가족생활교육사의 등급별 자격기준 및 직무별 직급내용

1. 일반기준

다음의 자는 가족생활교육사가 될 수 없다.

- 금치산자 또는 한정치산자
- 파산자로서 복권되지 아니한 자
- 금고 이상의 형의 선고를 받고 그 집행이 종료되지 아니하였거나 집행을 받지 아니하기로 확정되지 아니한 자
- 법률 또는 법원의 판결에 의하여 자격이 상실 또는 정지된 자

*자격증 교부 시 교부처(사단법인 한국가족상담교육단체협의회, 한국가족생활교육사 협회)에서 별도의 신원조회로 자격 여부를 파악함.

2. 학력을 기준으로 한 등급별 자격기준

등급	자격기준
가족생활 교육 전문가	1. 가족생활교육 관련 분야를 전공하여 박사학위를 받은 자로서 한국가족생활교육사협회에서 인정하는 기관에서 1년 이상 실무과정을 이수한 자 2. 가족생활교육 관련 분야를 전공하여 석사학위를 받은 자로서 한국가족관계학회 에서 인정하는 기관에서 2년 이상 실무과정을 이수한 자 3. 가족생활교육사 1급으로서 한국가족관계학회가 인정하는 기관에서 가족생활교육과 관련된 업무에 2년 이상 실무과정을 이수한 자 4. 외국에서 가족생활교육 관련 자격증을 취득한 자 5. 가정과 교사로 10년 이상 재직한 사람이 학회가 인정하는 가족생활교육에 관한 전문과정을 150시간 이상 이수한 자 6. 가족생활교육 관련 기관에서 5년 이상 종사한 경력이 있는 자로서 연수기관에서 150시간 이상을 이수한 자 7. 근무경력이 5년 이상인 5급 이상 공무원이었거나 공무원인 자가 학회가 인정하는 가족생활교육에 관한 전문교육과정을 150시간 이상 이수한 자 〈실무과정 인정기준〉 1) 가족생활교육 프로그램을 20회 이상(또는 총 100시간 이상) 실시하고 2) 본 학회에서 인정하는 기관이나 전문가로부터 보수교육을 50시간 이상 이수한 자
가족생활 교육사 1급	1. 가족생활교육사 2급 자격증 소지자로서 – 한국가족관계학회에서 인정하는 기관에서 2년 이상 실무과정을 이수한 자 – 가족생활교육 관련 분야를 전공하여 석사학위를 받은 자로서 1년 이상 실무과정을 이수한 자 – 가족생활교육 관련 학과에서 박사학위를 받은 자 2. 대학졸업자로서 학회인정기관(지정 양성기관)에서 필수과목 학점을 18학점 이상 취득하거나 540시간 이상 학습을 받고 1년 이상 실무과정을 이수한 자 3. 가정과 교사로 5년 이상 재직하고 학회가 인정하는 기관에서 300시간 이상 학습을 받은 자 4. 대학을 졸업하거나 이와 동등 이상의 학력이 있는 자 중 가족생활교육과 관련된 업무에 3년 이상 근무한 경력이 있는 자로서 학교 또는 지정 양성기관에서 가족생활교육에 관련된 학습을 300시간 이상 받은 자 〈실무인정기준〉 1) 가족생활교육 프로그램을 10회 이상(또는 총 50시간 이상) 실시하고 2) 본 학회에서 인정하는 기관이나 전문가로부터 보수교육을 30시간 이상 이수한 자

<table>
<tr><th>등급</th><th>자격기준</th></tr>
<tr><td>가족생활
교육사
2급</td><td>- 다음의 각 호의 자격을 소지한 자로 한국가족생활교육사협회의 자격시험에 합격한 자
1. 다음의 기본 교과목을 이수한 자
- 가족학 및 가족관계 관련 두 과목
- 인간발달 및 인간의 성 관련 한 과목
- 가족자원관리 및 가족복지 관련 한 과목
- 가족생활교육론 한 과목
- 가족생활교육실습 한 과목
2. 가족생활교육 관련 학과에서 석사학위를 받은 자에게는 가족생활교육사 2급 자격인정
3. 전문대학 또는 이와 동등 이상의 학력이 인정되는 기관에서 기본 교과목을 포함하여 가족생활교육 관련 과목에 관한 학점을 30학점 이상 취득하고 졸업한 자
4. 3년 이상의 경력이 있는 전 · 현직 가정과 교사로서 본 학회에서 정한 소정의 재교육과정을 이수한 자(학회 인정 학습시간 450시간 이상)에게는 서류심사를 거쳐 상응하는 자격을 부여
5. 고등학교를 졸업하거나 이와 동등 이상의 학력이 있는 자로서 가족생활교육 관련 분야에서 7년 이상의 경력이 있는 자는 소정의 재교육(학회 인정 학습시간 450시간 이상)을 거쳐 서류심사 후 이에 상응하는 자격을 부여

〈교과목 인정기준〉
위의 기본 교과목과 유사한 과목은 자격관리위원회의 심의를 거쳐 필수 교과목으로 인정할 수 있다. 가족생활교육 관련 과목과 가족생활교육실습은 본 학회에서 실시하는 가족생활교육 워크숍을 일정 시간 이상 수강하는 것으로 대체할 수 있다.

〈기본 교과목 관련 과목〉
- 가족학 및 가족관계 관련 과목: 가족학, 한국가족론, 가족관계, 부부관계, 결혼과 가족, 가족발달
- 인간발달 및 인간의 성 관련 과목: 인간발달, 아동발달, 청년발달, 중 · 노년기 발달, 노년학, 발달이론, 부부의 성
- 가족자원관리 및 가족복지 관련 과목: 가정경영, 가족자원관리, 가정경제, 가족법, 가족복지, 가족정책, 가족상담
- 가족생활교육 관련 과목: 가족생활교육, 가족생활교육 프로그램, 부모교육, 부부교육
- 가족생활교육실습</td></tr>
</table>

[부록 3] 건강가정사 이수 교과목 및 전공과목의 표준 강의안

건강가정사 이수 교과목

구분		교과목
전공과목 (5)		건강가정론, (건강)가정(족)정책론, 가족상담(및 치료), 가정(족)생활교육, 가족복지론, (여)성과 가족, 한국가정(족)생활문화, 가족복지실천기술론, 건강가정현장실습 중 다섯 과목 이상
관련 과목 (7)	기초이론(4)	가족학, 가족관계(학), 가족법, 아동학, 보육학, 아동(청소년)복지론, 노년학, 노인복지론, 인간발달, 인간행동과 사회환경, 가족자원관리, 가계경제, 가사노동론, 여가관리론, 주거학, 생애주기 영양학, 여성복지론, 여성학이론, 정신건강(정신보건사회복지)론, 장애인복지론, 가정생활복지론, 공공가정경영론, 상담이론 중 네 과목 이상
	상담/교육 등 실제 (3)	생활설계상담, 아동상담, 영양상담 및 교육, 소비자상담, 주거상담, 부모교육, 부부교육, 소비자교육, 가정생활과 정보, 가계재무관리, 주택관리, 의생활관리, 지역사회 영양학, 프로그램 개발과 평가, 사회복지실천기술론, 지역사회복지론, 연구조사방법론, 여성학방법론 중 세 과목 이상

■ 건강가정론

교과 목명	건강가정론
교과 개요	– 건강가정론은 건강가정사가 기본적으로 학습하고 이해하여야 할 가장 기초적인 교과목임. – 건강가정의 개념, 건강가정의 이념과 철학, 가정생활의 세부 영역과 건강가정 개념과의 관계, 건강가정정책 및 건강가정사업에 대한 이해, 건강가정 전담조직 및 전달체계, 건강가정사의 역할과 자격, 건강가정사의 철학과 윤리 등의 내용을 중심으로 이루어짐.
강의 요강	1. 건강가정의 개념 2. 건강가정에 대한 이론적 접근 3. 건강가정 연구동향 4. 건강가정기본법과 건강가정 5. 건강가정정책 6. 건강가정사업 기획과 개발 7. 건강가정지원센터의 운영 8. 건강가정사의 역할과 자격

■ (건강)가정(족)정책론

교과 목명	(건강)가정(족)정책론
교과 개요	–건강가정정책론은 건강가정기본법이 지향하는 법의 목적을 보다 구체적으로 실현하기 위한 것으로서, 가정문제 해결 및 가정의 건강성 증진을 위해 마련되어야 할 정책에 관한 내용을 다룸. –건강가정정책의 형성과정과 구성요건, 건강가정정책의 분석방법 및 정책 평가, 건강가정정책 수립의 기술, 건강가정기본법의 체계, 국내 및 외국의 관련 법 및 가정생활 관련 정책에 대한 이해 등으로 구성됨.
강의 요강	1. 건강가정정책의 개념과 영역 2. 정책의 형성과 입안과정 3. 정책결정과 평가 4. 관련 법에 대한 이해 – 건강가정기본법 – 민법 중 가족 관련 내용 5. 가족정책의 영역 – 소득보장 – 돌봄의 사회적 분담 – 가족의 안전보장: 가정폭력, 위해환경으로부터의 보호 – 일 · 가족 양립 – 가족과 인구정책

■ 가정(족)생활교육

교과 목명	가정(족)생활교육
교과 개요	가족문제를 예방하고 개인과 가족의 욕구를 파악하여 가족관계를 향상시키기위한 가족생활교육의 이론과 철학, 다양한 가족생활교육 관련 주제들에 관한 지식을 학습하고 실제 현장에서 가족생활교육 프로그램을 개발 및 활용할 수 있는 자질을 학습하는 과목이다. 가족생활주기별 발달과업에 따라 가족생활교육 프로그램을 분석하는 동시에, 다양한 가족에 적용될 수 있는 가족생활교육 프로그램들을 고찰한다. 또한 가족생활교육 프로그램을 구성하는 데 필요한 기초적 기술을 학습하고, 직접 프로그램을 개발 및 시연 · 운영할 수 있는 능력을 확립한다.

강의 요강	1. 가족생활교육의 의의 및 현황 2. 가족생활교육의 개념 및 이론적 관점 3. 가족생활교육자의 윤리 및 양성 4. 가족생활교육 프로그램 개발의 기초 원리 5. 가족생활교육 프로그램 개발과정 모형 6. 프로그램의 실제 ① 예비부부교육 프로그램, 결혼초기교육 프로그램 7. 프로그램의 실제 ② 예비부모교육 프로그램, 의사소통교육 프로그램 8. 프로그램의 실제 ③ 부모교육 프로그램, 청소년자녀교육 프로그램 9. 프로그램의 실제 ④ 중년기교육 프로그램, 부부관계향상 프로그램 10. 프로그램의 실제 ⑤ 노년기준비교육 프로그램 11. 프로그램의 실제 ⑥ 이혼 및 재혼교육 프로그램 12. 프로그램의 실제 ⑦ 가정폭력 가해자교정 및 피해자교육 프로그램 13. 가족생활교육 프로그램 개발 14. 가족생활교육 프로그램 시연 및 평가 15. 가족생활교육의 전망

■ 한국가정(족)생활문화

교과목명	한국가정(족)생활문화
교과 개요	가정생활문화란 일상적인 삶의 총체적 표현으로서 개인과 가족의 삶에 대한 이해의 기초가 되며, 사회의 문화 및 건강성을 파악할 수 있게 하는 지표가 될 수 있다. 한국가정생활문화에서는 한국가정생활문화의 특성, 가정생활 영역별 생활문화 및 가정의례, 자원봉사의 의미와 가족단위 자원봉사, 가정봉사원제도 등을 그 주요 내용으로 한다.
강의 요강	1. 가정생활문화의 의의 2. 한국가정생활문화의 특성 3. 가족생활문화 4. 의생활문화 5. 식생활문화 6. 주생활문화 7. 소비생활문화 8. 여가생활문화 9. 가정의례: 전통의 이해와 현대적 과제 10. 생활문화 운동 11. 자원봉사의 이해 12. 자원봉사의 관리

■ 건강가정현장실습

교과목명	건강가정현장실습
실습시간	총 64시간: 이론(16시간), 방문실습(48시간)
실습기간	총 48시간의 방문실습 중 24시간 이상은 건강가정지원센터를 통해 실습하고 나머지 시간은 가족과 관련한 서비스 제공기관의 실습도 인정
실습지도자	건강가정지원센터 팀장급 이상 또는 가족에 관한 연구 및 실무 경력 3년 이상인 자
실습내용	• 현장이론 강의요강 – 건강가정현장실습의 내용과 범주 – 현장실습의 목적 – 현장실습의 과정 – 사업운영 실습 · 프로그램 개발 및 평가 · 사업계획서 작성 · 이용자 요구도 조사 및 분석 · 이용자 만족도 파악 기술과 실천 · 프로그램 진행 및 참여, 기록 – 기관운영 실습 · 예산처리, 비품, 문서관리 · 모집 및 홍보 · 지역사회 자원개발 · 기타 사무관리 등 • 현장실습 내용 – 실습기관에서 가족지원 업무와 관련된 직 · 간접 서비스 경험
실습평가	실습일지와 실습보고서, 실습기관, 실습지도자의 실습평가서를 종합하여 담당교수가 평가

참고문헌

Reference

가족과 성상담소(1999). 새로 짓는 우리집. 서울: 학민사.

강차연 · 장연집(1999). 어머니 애착유형과 결혼갈등, 자녀양육행동 및 아동행동문제와의 관계. 아동학회지, 20(3), 51-64.

고선주(1998). HALS(Hypermedia-Aided Learning System)를 적용한 예비부모 교육프로그램의 개발 모형. 대한가정학회지, 36, 25-41.

고선주 · 조은숙 · 옥선화(1998). 부모기 전이기의 예비부모 교육 프로그램모형개발. 대한가정학회지, 36, 167-185.

고정자(1998). 맞벌이 부부의 직업관련 변수가 결혼만족도와 삶의 질에 미치는 영향. 대한가정학회지, 36(4), 163-178.

고정자 · 김갑숙(1992). 부부갈등이 자녀학대에 미치는 영향. 아동학회지, 13(1), 80-98.

공병진(1992). 부모효율성 훈련이 어머니의 양육태도에 미치는 영향. 계명대학교 교육대학원 석사학위논문.

구순주 · 전귀연 · 박경란(1998). 입양부모 준비교육 및 사후관리 연구에 대한 고찰. 인제논총, 14, 237-250.

권춘기(1994). 부모효율성훈련이 자녀지도 방법 및 자녀 안정성과 사회성에 미치는 영향. 서강대학교 석사학위청구논문.

기영화(2001). 평생교육 프로그램 개발. 서울: 학지사.

김경신(1997). 편모가족에 대한 가족생활교육 실태분석 및 교육 프로그램. 대한가정학회지, 35(2), 187-199.

김기환(1995). 아동학대의 세대간 전승을 단절시키는 생태학적 변인 연구. 연세사회복지연구, 2, 26-45.

김득성(2002). 이혼적응 교육 프로그램 개발 및 효과검증: 단기과정을 중심으로. 한국가정관리학회지, 20(2), 1-8.

김미숙 외(2000). 저소득 편부모가족의 생활실태와 정책과제. 한국 보건사회연구원.

김미애(1987). 부모참여 프로그램이 유아의 인지발달에 미치는 효과연구. 이화여자대학교 석사학위논문.

김소야자 · 현명선 · 성경미 · 공성숙(1993). 청소년 약물남용 예방대책. 연세교육과학.

김순옥(2001). 부부의사소통 교육프로그램개발. 한국가족관계학회, 6(1), 137-157.

김애순(2002). 성인발달과 생애설계. 서울: 시그마프레스.

김양호 · 박정희 · 배선희 · 송말희 · 송현애 · 유계숙 · 이창숙 · 전길양 · 전춘애 · 천혜정 외(2001). 결혼할까, 혼자살까. 서울: 김영사.

김영숙 · 김욱 · 엄기욱 · 오만록 · 정태신(2002). 사회복지 프로그램 개발과 평가. 서울: 교육과학사.

김영희 외(1996). 저소득 편부모가족의 생활실태와 정책제안. 한국보건사회연구원.

김옥희(1998). 치매노인 부양가족의 문제와 사회복지서비스정책 전망. 노인복지연구, 1, 181-211.

김유경(2005). 가족원 특성에 따른 다양한 가족의 실태와 사회적 지원 체계. 보건복지포럼, 103, 47-72.

김인자(1992). P.E.T.와 집단상담. 한양대대학생활연구 10, 113-129.

김재은(1997). 정보화와 가족내 권위구조. 한국가족학회 춘계학술대회 발표논문.

김지신 외(1997). 예비부모교육 프로그램 개발을 위한 기초연구. 대한가정학회지, 35, 41-53.

김지은(2000). 예비부모교육에 대한 대학생의 인식도에 관한 연구: 충북 농촌지역을 중심으로. 한국농업교육학회지, 32, 47-58.

김태현 · 전길양(1995). 치매노인을 위한 교육프로그램 개발에 관한 연구. 한국가정관리학회지, 30, 77-95.

김향은 · 정옥분(1999). '자녀의 힘을 북돋우는 부모' 프로그램이 어머니와 자녀에게 미치는 효과: 어머니의 역할만족, 의사소통 및 자녀의 자아존중감, 사회적 능력을 중심으로. 아동학회지, 20(4), 179-193.

김충기 · 이재창(1985). 상담과 심리치료: 이론, 방법, 과정. 서울: 교육과학사.

문은영(2011). 서울시 한부모가족 실태조사를 통해 본 부자(父子)가족의 현황과 문제점. 공공사회연구, 1(2), 135-174.

박말순(1998). 결혼준비프로그램이 예비부부의 의사소통과 갈등해결에 미치는 효과에 관한 연구. 숭실대학교 대학원 석사학위논문.

박미경(1997). 예비부부를 위한 결혼준비교육 프로그램. **대한가정학회지, 35**(4), 47-78.

박미경 · 김득성(1997). 예비부부를 위한 결혼준비교육 프로그램. **대한가정학회지, 35**(4), 47-77.

박민자(2004). 혼인의미의 시대적 변화. **가족과 문화, 16**(1), 109-135.

박성연 · 김상희 · 김지신 · 박응임 · 전춘애 · 임희수(2003). **부모교육**. 서울: 교육과학사.

박영란(1998). **저소득 모자가정의 자립방안연구**. 한국여성개발원.

박희숙 · 정옥분(2001). EPT 부모교육 프로그램이 유아의 기본생활습관 향상에 미치는 효과. **아동학회지, 22**(2), 15-28.

방하남 · 김기헌(2001). 변화와 세습: 한국사회의 세대간 지위세습 및 성취구조. **한국사회학, 35**(2), 1-30.

보건복지부(2014). 보육통계.

보건복지부(2002). 2002 보건복지통계연보.

서동인(1996). 10대 자녀를 둔 모가 인지한 조부모역할과 손자녀역할. **대한가정학회지, 35**, 357-371.

서선희(1995). 가족중심주의에 대한 유교적 해석. **가족학논집, 7**, 21-44.

서수경(2001). 독일가족교육의 탐색을 통한 한국가족생활교육의 사회정책적 접근. **한독교육학연구, 6**(2), 65-90.

성규탁(1998). **사회복지행정론**. 서울: 법문사.

신수진(1998). 한국의 가족주의 전통과 그 변화. 이화여자대학교 대학원 박사학위논문.

신혜영(1997). 대학생대상 예비부모교육 프로그램의 개발 및 효과 검증. **부산여전논문집, 18**, 207-244.

심복기 · 김기태 · 류기형 · 박병현(1997). 결혼과 가족문제해결에 대한 태도연구. **한국가족복지학, 1**, 67-103.

안명자(1995). 친족지원과 사별한 편모의 심리적 복리감에 관한 연구. 한국교원대학교 교육대학원 석사학위논문.

양성은(2004). 문화기술적 의사결정 모델에 따른 대학생들의 무자녀 가족에 관한 인식 연구. **한국가정관리학회지, 22**(5), 149-159.

여성가족부(2012). 한부모가족실태조사.

여성부(2006. 11. 24). 정책고객서비스. 284호.

오세덕(1995). 부모역할훈련 프로그램과 부모의 자기이해 프로그램의 효과비교. 전남대학교 박사학위청구논문.

오윤자(1994). 가족생활교육 프로그램 개발을 위한 연구. 경희대학교 박사학위청구논문.

오윤자 · 유영주(1994). 부부관계 향상 프로그램 개발 연구. **한국가정관리학회지**, 12(2), 205-218.

오은순(2001). 이혼가정 아동의 적응을 위한 학교중심 집단상담 프로그램 개발. **열린교육연구**, 9(1), 19-45.

왕석순(2006). 우리나라 공교육에서 FLE의 실태와 확대방안. 한국가족관계학회 2006년 추계학술대회 자료집.

원승룡 · 김종헌(2001). **문화이론과 문화읽기**. 서울: 서광사.

유경아(1998). 저소득 모자가정 자녀의 사회 · 심리적 적응에 관한 연구. 숭실대학교 대학원 석사학위논문.

유연화 · 신은미(2000). 경북 대학생들의 예비 부모교육에 관한 인식 및 요구. **경북논총**, 4, 323-340.

유영주(2001). **건강가족연구**. 서울: 교문사.

유영주(1994). 건강한 가족을 위한 가족원의 역할. 제16차 한국아동학회 총회 및 추계학술대회 자료집.

유영주 · 정민자(1993). 가족생활교육 및 상담. 한국가족학연구회(편), **가족학**(355-394). 서울: 하우.

유은희(1994). 상담가족의 부부간 상호작용. 한국가족상담교육연구소 **연구보고서**, 1, 39-53.

유은희(1996). 청소년 자녀의 부모교육프로그램 모형 개발. **한국가족관계학회지**, 1, 1-17.

유은희 · 정현숙(1995). 신혼부부를 위한 부부교육 프로그램. 가족생활교육 프로그램 개발. 한국가족상담교육연구소 개소 2주년기념 학술세미나 연구보고서(44-58) 제2권.

유은희 · 홍숙자(1998). 부모교육 프로그램. **대한가정학회지**, 36(1), 157-168.

유은희 · 홍숙자 · 전길양(1996). 중년 며느리를 위한 교육 프로그램. 고부관계향상교육프로그램(32-48). 한국가족상담교육연구소, 미래인력연구센터.

윤경자 · 이기숙(1999). 가족생활교육 강의안 모델에 관한 연구. **동의논집**, 3, 619-630.

윤기영 외(1998). 대학생을 위한 예비 부모 교육 프로그램 개발을 위한 연구. **서원대학생활연구**, 16, 57-82.

이기영 외(1995). 부부의 공유여가시간과 결혼만족도. **대한가정학회지**, 33, 113-126.

이미리 · 박주희 · 정현숙(2015). 양친, 한부, 한모가족 청소년의 적응과 가족환경특성 비교. **한국가정관리학회지**, 33(4), 147-160.

이보열(1992). 부모참여 개별화교육 프로그램 개발 적용이 정신지체아의 학습준비기능 신장에 미치는 효과. **특수아동교육**, 19, 222-233.

이석순(1993). 유치원의 부모교육 실태에 관한 조사 연구: 광주직할시 공 · 사립 유치원을 중심으로. **광주보전논문집**, 18, 55-92.

이선이 · 최문경(1997). 재택근무와 가족생활. 한국가족학회 춘계학술대회.

이성연 · 신상옥(1996). 노인 가정생활교육에 대한 학습요구도 분석과 교육 프로그램 개발-가정학 관련 사회교육프로그램의 개발. **대한가정학회지**, 34(1), 93-105.

이성희(2002). 부부관계강화 프로그램의 개발과 효과검증. **한국가정관리학회**, 20(6), 11-24.

이숙현(1995). 남성의 취업과 가족상호작용 : 대기업 사원을 중심으로. **한국사회학**, 29(1), 271-289.

이영분(1990). 부모역할훈련을 위한 한국적 프로그램에 관한 연구. 이화여자대학교 박사학위청구논문.

이은해 · 이미리 · 박소연(2006). **아동연구방법의 이해**. 서울: 학지사.

이장호(1992). **상담면접의 기초**(수정판). 서울: 중앙적성출판사.

이재림 · 옥선화(2001). 저소득층 여성가장의 가족생활사건, 사회적 지원, 자녀의 지원과 생활만족도. **대한가정학회지**, 39(5), 49-63.

이재택(2016). 부모교육 프로그램 개발과 수행에 관한 연구동향 분석 : 최근 10년간 연구를 중심으로. **한국콘텐츠학회**, 16(1), 308-318.

이정연 · 정혜정 · 장진경(1996). 젊은 며느리를 위한 교육 프로그램. 고부관계향상교육프로그램(pp. 12-31). 한국가족상담교육연구소, 미래인력연구센터.

이진숙(2000). 사회과학적 토의에 비추어진 독일의 가족제도와 가족정책: 가족보고서를 중심으로. **가족과 문화**, 12(1) 93-122.

이케다 가요코(2001). **세계가 만일 100명의 마을이라면**. 한성례 역. 파주: 국일미디어.

이형실(2000). 기혼 취업여성의 가족생활 및 직업생활 경험과 심리적 복지. **한국가정관리학회지**, 18(3), 15-23.

임춘희(1996). 재혼가족 내 계모의 스트레스와 적응에 관한 질적 연구. 고려대학교 박사학위논문.

전국가정교사모임(2006). 새롭게 만들어가는 가족이야기. 서울: 교문사.

전길양 · 송현애 · 고선주 · 김일명(1999). 노년기 준비교육프로그램: 풍요로운 노후 가꾸기. 사단법인 한국가족상담교육단체협의회 학술대회.

정무성 · 정진모(2001). 사회복지 프로그램 개발과 평가. 파주: 양서원.

정민자(1992). 임상 – 정상가족의 가족체계 유형 및 가족스트레스, 가족자원과 대응책략에 관한 연구. 대한가정학회지, 30(2), 189–218.

정석희(1992). 부부관계 증진을 위한 학습 프로그램이 부부의사소통과 부부적응에 미치는 영향. 계명대학교 석사학위논문.

정옥분 · 정순화(2000). 부모교육. 파주: 양서원.

정지영(2002). 장화홍련전: 조선후기 재혼가족 구성원의 지위. 역사비평, 61(겨울), 422–441.

정현숙(1993). 부모의 이혼에 따른 자녀의 적응. 아동학회지, 14(1), 59–76.

정현숙(1997). 맞벌이가족의 부모역할긴장과 부부관계. 대한가정학회지, 35(5), 151–162.

정현숙(1998a). 가족생활교육의 과제와 전망: 가족향상프로그램의 고찰을 통해. 한국가정관리학회지, 16(4), 55–68.

정현숙(1998b). 일 · 사랑 · 가족 함께 하기. 한국가족관계학회(편), 가족생활교육 이론 및 프로그램, 서울: 하우.

정현숙(2000). 부부관계교육프로그램의 교육내용 안(案). 한국가정관리학회지, 19(1), 17–29.

정현숙(2002a). "가족생활교육사"의 전문직으로의 발전을 위한 과제와 전망. 한국가족관계학회지, 7(3), 1–17.

정현숙(2002b). 새로운 가족관의 전망과 방향. 한국의 예절, 4, 63–86.

정현숙(2002c). 가족발달이론. 한국가족관계학회(편), 가족학이론(pp. 163–214). 서울: 교문사.

정현숙(2004a). 공동체형성의 기초로서의 동북아 가족론. 한국동북아지식인연대(편), 동북아공동체를 향하여(pp. 299–340). 서울: 동아일보사.

정현숙(2004b). 결혼전교육프로그램 개발을 위한 기초연구. 한국가정관리학회지, 22, 91–101.

정현숙(2004c). 다양한 가족에서의 청소년발달. 한국심리학회지: 사회문제, 10, 29–45.

정현숙(2005a). 결혼준비교육프로그램의 개발 및 평가. 한국가정관리학회지, 23(1), 151–159.

정현숙(2005b). **결혼완전정복**. 서울: 신정.

정현숙(2006). 혼인율 특성, 변화요인 분석과 가족정책 제언. **한국가정관리학회지, 24**(5), 177-194.

정현숙 · 유계숙(2001). **가족관계**. 서울: 신정.

정현숙 · 유계숙 · 어주경 · 전혜정 · 박주희(2003). **부모학**. 서울: 신정.

정현숙 · 유계숙 · 임춘희 · 전춘애 · 천혜정(1998). **준비된 재혼, 또 다른 행복 교사용 워크북**. 서울: 동인.

정현숙 · 유계숙 · 임춘희 · 전춘애 · 천혜정(2000a). 재혼가족의 실태 및 재혼생활의 질에 대한 연구. **대한가정학회지, 38**(4), 1-20.

정현숙 · 유계숙 · 임춘희 · 전춘애 · 천혜정(2000b). 재혼준비교육프로그램의 개발과 평가. **대한가정학회지, 38**(3), 1-19.

정현숙 · 유계숙 · 최연실(2002). **결혼학**. 서울: 신정.

정현숙 · 유은희(1999). 신혼부부를 위한 결혼준비교육. 한국가족상담교육연구소.

정현숙 · 전길양 · 유계숙 · 천혜정(2000, 미출판 자료). 직장청소년을 위한 성교육 프로그램.

조은숙 · 고선주 · 옥선화(1998). 맞벌이가족을 위한 가족생활 교육프로그램 모형개발: 역할긴장에 대한 대처행동교육을 중심으로. **대한가정학회지, 36**(4), 147-161.

조정문(1997). 정보사회에서의 가족 및 세대 공동체. **사회조사연구, 12**(1), 45-70.

조형(1992). 정보사회와 여성의 일-가정 정보화를 중심으로. 이화여자대학교 여성연구소.

채정현 · 박미정 · 김성교 · 유난숙 · 유미숙 · 김성희(2006). **교실 속에 들어간 따뜻한 부모준비교육**. 서울: 교문사.

최경수(2003). 인구구조 고령화의 경제적 영향과 대응과제. 한국개발원.

최규련(1997). 부부대화법 프로그램의 한국에서의 적용 효과. **한국가족관계학회지, 2**, 141-166.

최규련(2002). 농촌 부부평등교육 프로그램 개발 및 효과검증. **한국가정관리학회, 20**(3), 289-316.

최양미 · 이태섭(1999). 안양대학교 학생들의 예비부모교육에 관한 인식 조사. **안양대 인문과학연구, 7**, 232-252.

최혜경 · 노치영 · 박의순(1994). 결혼초기 부부를 위한 부부교육프로그램의 구성. **한국가정관리학회지, 12**(1), 171-180.

통계청(2010). 인구총조사.

통계청(2012). 장래가구추계 시도편: 2010-2035.
통계청(2014). 생명표, 국가승인통계 제 10135호.
통계청(2014). 혼인 · 이혼통계.
통계청(2014a). 2014년 사회조사 결과.
통계청(2014b). 인구동향조사.
통계청(2015a). 2014년 사망원인통계.
통계청(2015b). 2015년 청소년 통계.
통계청(2015c). 경제활동인구조사.
통계청(2015d). 2015 일 · 가정양립지표.
통계청(2015e). 가계동향조사.
통계청(2015f). 2014년 하반기 지역별고용조사 부가항목 조사결과.
통계청(2016a). 2015 혼인 이혼 통계.
통계청(2016b). 2015년 출생사망보도자료.
통계청(2010a). 여성가구주 현황 및 특성 분석.
한경자 · 방경숙 · 권미경 · 김정수(2001). 영아건강증진을 위한 부모역할교육 프로그램 개발과 그 효과에 관한 연구. **아동간호학회지, 7**(1), 96-107.
한국가정법률상담소편(1996). 재혼 그 또 다른 시작. 창립 40주년 기념 심포지엄 자료집.
한국가족상담교육연구소(1999). 풍요로운 노후가꾸기.
한국가족상담교육연구소(2003). 가족생활교육 프로그램 자료집.
한국보건사회연구원(2013). 보건복지 분야 국정현안과 대응방안.
한국유아교육학회(1995). **유아교육백서**. 서울: 하우.
한국지역사회교육중앙협의회(1996). **부모에게 약이 되는 이야기 2**. 서울: 프레스빌.
한국청소년개발원(1997). 프로그램 개발과 운영.
한덕웅(2002). 한국인의 공공생활에 나타난 심리, 행동 및 사회환경의 특징. **동아시아 사상과 문화, 9**, 12-49.
한완상(1990). **한국사회의 비판적 인식: 80년대의 한국사회분석**. 서울: 나남.
함인희(1995). 사회변화와 가족. 여성한국사회연구회(편), **가족과 한국사회**. 서울: 경문사.
현은민(2003). 재혼가족의 아동: 가족적 · 사회적 측면에서 경험하는 문제와 대책 고찰. **한국가족관계학회지, 8**(2), 101-126.

홍경자(1998). 자녀와 부모의 응집력, 적응력 및 의사소통의 향상을 위한 적극적 부모역할 훈련의 효과. **대학상담연구**, 9, 57-72.

홍성희 외(1997). 노년기 생활설계 프로그램 개발을 위한 기초연구. **대한가정학회지**, 35(3), 151-169.

홍숙자(1995). **사랑과 성**. 유영주 외 저, 결혼과 가족. 서울: 하우.

홍숙자 · 이형실(1995). 노부모 부양가족을 위한 교육 프로그램. 가족생활교육 프로그램 개발. **한국가족상담교육연구소 연구보고서 2권**, 14-43.

홍숙자 · 이형실 · 전길양(1995). 성인자녀를 위한 노인 부양 프로그램. **대한가정학회지**, 33(5), 197-209.

황호찬(1998). 규칙윤리와 덕윤리의 통합. **경영학연구**, 27(2). 343-362.

Adams, R. A., Dollahite, D. C., Gilbert, K. R., & Keim, R. E.(2003). The development and teaching of the ethical principles and guidelines for Family Scientist. In D. J. Bredehoft & M. J. Walcheski(Eds.), *Family life education : Integrating theory and practice*(pp.149-160). NCFR.

Aldous, J.(1978). *Family careers: Developmental change in families*. NY: John Wiley & Sons.

Allen, D. A., & Blaisure, K. R.(2003). Family life education and the development of cultural competency. In D. Bredehoft & M. Walcheski(Eds.), *Family life education: Integrating theory and practice*(10-21). NCFR.

Amato, P.(2000). The consequences of divorce for adults and children. In R. Milardo(Ed.), *Understanding families into the new millenium: A decade review*. NCFR.

Arcus, M. E., Schvaneveldt, J. D., & Moss, J. J.(1993). The practice of family life education. In M. Arcus, J. Schvanevelt & J. Moss, *Handbook of family life education*(Vol. 2). Newbery Park, CA: Sage.

Avery, C. E.(1962). Inside family life education. *The Family Life Coordinator, 11*(2), 27-39.

Avery, C. E., & Lee, M. R.(1964). Family life education: Its philosophy and purpose. *The Family Life Coordinator, 13*(2), 27-37.

Bader, E., Riddle, R., & Sinclair, C.(1980). Do marriage preparation programs help? A five year study. Toronto: University of Yoronto, Department of Family and Community Medicine.

Barbe, W. B.(1985). *Growing to learning*. DC: Acropolis Book.

Beebe, S., & Masterson, T.(1990). *Communicating in small groups*. Glenview: Scott, Foresman & Little, Brown.

Belsky, J.(1984). The determinant of parenting. *Child Development, 55*, 83–96.

Benoit, D., & Parker, K. C.(1994). Stability and transmission of attachment across three generation. *Child Development, 65*, 1444–1456.

Berger, R., & Hannah, M. T.(1999). Introduction, In R. Berger & M. T. Hannah(Eds.), *Preventive approaches in couples therapy*(1–24). Philadelphia, PA: Brunner/Mazel.

Berne, E.(1963). *The structure and dynamics of organizations and groups*. New York: Grove press.

Berry, R. E., & Williams, F.(1987). Assessing the relationship between quality of life and marital and income satisfaction. *Journal of Marriage and Family, 49*(1), 107–116.

Bertcher, H. J., & Maple, F. F.(1996). *Creating groups*(2nd ed.). Thousand Oaks, CA: Sage.

Beutler, W., Burr, W., Bahr, K., & Herren, D.(1989). The family realm: Theoretical contribution for understanding its uniqueness. *Journal of Marriage and the Family, 51*, 805–830.

Bowman, T., & Kieren, D. K.(1985). Underwhelming participation: Inhibitors to family enrichment. *The Journal of Contemporary Social Work*, 617–622.

Bredehoft, D.(2001). The framework for life span family life education revised and revisited. *The Family Journal, 9*(2), 134–139.

Bredehoft, D.(2003). The framework for lifespan family life education. In D. Bredehoft, & M. Walcheski(Eds.), *Family life education: Integrating theory and practice*(3–9). NCFR.

Bredehoft, D.(Ed.).(1997). *The framework for life span family life education*(2nd ed.). Minneapolis: National Concil on Family Relations.

Bredehoft, D., & Walcheski, J.(Eds.)(2003). *Family life education: Integrating theory and practice*. NCFR.

Bredehoft, D., Erkhoft, D., & Walcheski, J.(2003). Human growth and development. In D. Bredehoft & M. Walcheski(Eds.), *Family life education: Integrating theory and practice*(pp. 75-81). NCFR.

Bristol, M., Gallagher, J., & Schopler, E.(1988). Mothers and fathers of young developmentally disabled and non disabled boy: Adaption and spousal support. *Developmental Psychology, 24*, 441-451.

Brock, G. W.(1993). Ethical guidelines for the practice of family life education. *Family Relations, 42*, 124-127.

Buck, J., Cambell, C., Chatelain, R., & Merrill, C.(2003). Competencies for family life educators. In D. Bredehoft & M. Walcheski(Eds.), *Family life education: Integrating theory and practice*(171-176). NCFR.

Burgess, E., Locke, H. J., & Thomas, M. M.(1971). *The family*(4th ed.). NY: Van Nostrand Reinhold.

Burr, W. R., Day, R. D., & Bahr, K. S.(1993). *Family science. Belmont*. CA: Brooks/Cole.

Capshew, T., Whitworth, J., & Miller, K.(1998). The parenting course evaluation project. The Office of the State Courts Administator, The Family Court Steering Committee.

Carson, A.(2005). Fractured generations: Crafting a family policy for twenty-first century America. Transaction Pub.

Cater, N.(1996). *See how we grow: A report on the status of parenting education in the U.S.* Philadelphia: Pew Charitable Trusts.

Christensen, A., & Heavey, C. L.(1990). Gender and social structure in the demand/withdraw pattern of marital conflict. *Journal of Personality and Social Psychology, 59*, 73-82.

Chung, H.(1999. 10. 13.) "What should we do for the integration of family members". The 1999 Seoul International Conference of NGOs.

Clarke, J. I.(1998). Who, me lead a group? Seattle, WA: Parenting Press, Inc.

Clarke, J. I., & Bredehoeft, D.(2003). Family life education methodology. In M. J. Walcheski & D. J. Bredehft(Eds.), *Family life education: Integrating theory and practice*(pp. 131–140). NCFR.

Cox, M., Owen, M., Lewis, J., & Henderson, V.(1989). Mother & adult adjustment & early parenting. *Child Development, 60*, 1015–1024.

Craig, K. E.(1991). Ethics: The heart of home economics. *Home Economics FORUM*, 6.

Cummings, E. M., & Davis, P.(1994). *Children and marital conflict*. NY: Guilford.

Dail, P. W.(1984). Constructing a philosophy of family life education: Educating the educators. *Family Perspective, 18*(4), 145–149.

Darling, C. & Hollon, S.(2003). Human sexuality. In D. Bredehoft & M. Walcheski(Eds.), *Family life education: Integrating theory and practice*(pp. 82–91). NCFR.

Darling, C.(1987). Family life education. In M. Sussman & S. Steinmetz, *Handbook of marriage and the family*(pp. 815–833). NY: Plenum.

Davis, E., Hovestadt, A., Piercy, F., & Cochran, S.(1982). Effects of weekend and weekly marriage enrichment program formats. *Family Relations, 31*, 85–90.

Davis, M. W.(2001). *The divorce remedy*. NY: Simson & Schuster.

Demos, J.(1975). Myths and realities in the history of American family life. In H. Gruenbaum & J. Christ(Eds.), *Contemporary marriage: Structure, dynamics, and therapy*. Boston: Little, Brown.

Doherty, W.(1995). Boundaries between parent and family education and family therapy: The levels of family involvement model. *Family Relations, 44*, 353–358.

Doherty, W.(2003). Family Science and Family Citizenship. In M. J. Walcheski & D. J. Bredehft(Eds.), *Family life education: Integrating theory and practice*(pp. 22–31). NCFR.

Duncan, S. F., Dunnagan, T., Christopher, S., & Paul. L.(1999) Evaluating the outcomes of a family life education program fostering self–reliance: Insights into transformative learning. Presented at the 61st Annual Conference of the

National Council on Family Relations.

Dyer, P., & Dyer, G.(1990). Marriage enrichment process, methods and techniques. *Family Relations*, *39*, 1–17.

Dyer, P., & Dyer, G.(1999). Marriage enrichment, A.C.M.E.–style. In R. Berger & M. T. Hannah(Eds.), *Preventive approaches in couples therapy*. Philadelphia: Brunner/Mazel.

East, M.(1980). Home Economics: Past, present and future. Boston: Allyn & Bacon.

Engel, J. W., Saracino, M., & Bergen, M. B.(1993). Sexuality education. In M. E. Arcus, J. D. Schvaneveldt, & J. J. Moss(Eds.), *Handbook of family life education*(Vol. 2)(pp. 62–86). Newbury Park, CA: Sage.

Ethics Committee, Parent and Family Education Section, Minnesota Council on Family Relations(2003). Ethical thinking and practice for family life educator. In D. J. Bredehoft & M. J. Walcheski(Eds.), *Family life education : Integrating theory and practice*(pp. 141–148). NCFR.

Fincham, F. D., & Beach, S. R.(1999). Marital conflict: Implications for working with couples. *Annual Review of Psychology*, *50*, 47–77.

Ford, P.(2002. 4. 10.). "In Europe, marriage is back", The Christian Science Monitor.

Frank, S., Jacobson, S., Hole, C., Justkowski, R., & Huyck, M.(1986). Psychological predictors of parents' sense of confidence & control & self versus child–focused gratification. *Developmental Psychology*, *22*, 348–355.

Freeman, S. J.(2000). *Ethics: An introduction to philosophy and practice*. Belmont, CA: Wadsworth.

Gallagher, M.(2002. 4. 23). "Marriage and public policy: What can government do?", Policy Brief.

Gallinsky, E.(2003). What children think about their working parents. In A. Skolnick & J. Skolnick(Eds.), *Family in transition*(pp. 273–285). Boston: Allyn & Bacon Pub.

Garland, D. R., & Yankeelov, P. A.(1998). The church census: A congregational assessment tool for family ministry. *Family Ministry, 12*(3), 11–22.

Ganong L. H., & Coleman, M.(1994). *Remarried family relationships*. N.Y.: Sage.

Garner, S. G. & Smith, D. J.(1991). Ethics: Clarity for home economics professionals. *Home Economics FORUM, 6*, 10–13.

Gerson, K.(2003). Children of the gender revolution: Some theoretical questions and findings from the field. In A. Skolnick & J. Skolnick(Eds.), *Family in transition*(pp. 103–114). Boston: Allyn & Bacon Pub.

Gibson, R. L., & Mitchell, M. H.(1995). *Introduction to counseling & guidance*. Englewood Cliffs: Prentice-Hall, Inc.

Giddens, A.(2003). The global revolution in family and personal life. In A. Skolnick & J. Skolnick(Eds.), *Family in transition*(pp. 17–22). Boston: Allyn & Bacon Pub.

Giele, J.(2003). Decline the family: Conservative, liberal, and feminist view. In A. Skolnick & J. Skolnick(Eds.), *Family in transition*(pp. 57–75). Boston: Allyn & Bacon Pub.

Gleason, J., & Prescott, M.(1977). Group techniques for premarital preparation. *Family Coordinator, 26*, 272–280.

Goldberg, W., & Easterbrooks, M.(1984). Role of marital quality in toddler development. *Developmental Psychology, 20*, 504–514.

Gottman, J. M., & Notarius, C. I.(2000). Decade review: Observing marital interaction. *Journal of Marriage and the Family, 62*, 927–947.

Gray, J.(2001). **화성남자 금성여자의 사랑의 365일**. 김경숙 역. 파주: 친구미디어.

Gregorc, A. F.(1982). *An adult's guide to style*. Columbia, CT: Gregorc.

Gross, P.(1993). *On family life education: For family life educatiors*(3rd ed.). Montreal, Quebec, Canada: Concordia University Centre for Human Relations and Community Studies.

Grych, J., & Fincham, F.(1990). Marital conflict and children's adjustment. *Psychological Bulletin, 108*, 267–290.

Guerney, B. G., & Maxson, P.(1990). Marital and family enrichment research: A decade review and look ahead. *Journal of Marriage and the Family, 52*,

1127–1137.

Haffner, D.(1990). Moving toward a healthy paradigm of teen development: Helping young people develop into sexually healthy adults. *SIECUS Report, 18*(4), 12–14.

Haffner, D., & Goldfarb, E. S.(1997). But does it work? Improving evaluations of sexuality education. *SIECUS Report, 25*(6), 2–15.

Hamner, T. J., & Turner, P. H.(2001). *Parenting in contemporary society*(4th ed.) MA: Allyn and Bacon.

Harman, D., & Brim, O. G., Jr.(1980). *Learning to be parents: Principles, programs, and methods*. Beverly Hills, CA: Sage.

Harrison, L., & Huntington, S. P.(2001). 문화가 중요하다. 이종인 역. 서울: 김영사.

Hernandez, D., & Myers, D.(2003). Revolutions in children's live. In A. Skolnick & J. Skolnick(Eds.), *Family in transition*(pp. 263–272). Boston: Allyn & Bacon Pub.

Herold, E. S., Kopf, K. E., & deCarlo, M.(1974). Family life education: Student perspectives. *Canadian Journal of Public Health, 65*, 365–368.

Hill, R., & Hanson, D. A.(1960). The identification of conceptual frameworks utilized in family study. *Marriage and Family Living, 22*, 299–311.

Holtzworth–Munroe, A., & Stuart, G.(1994). Typologies of male batterers: Three subtypes and the differences among them. *Psychological Bulletin, 116*, 476–497.

Hsu, F. K.(1975). Iemoto: The Heart of Japan. N.Y.: Schenkman Pub. Co.

Hsu, F. K.(1998). 이에모또의 나라 일본. 김주희 역. 서울: 현상과 인식.

Hughes. R. www.hec.ohio–state.edu/hdfs/courses/frhd862h/flerev.h

Hunt, R., Hof, L., & DeMaria, R.(1998). *Marriage enrichment*. Taylor & Francis.

Jacobs, F. H., Kapuscik, J. L., Willians, P., H., & Kates, E.(2000). *Making it count: Evaluating family preservation services*. Medford, MA: Tufts University.

Jacobson, A. L., & Hirschy, S.(2000). Core knowledge for parent educations and professionals who work with families [Brochure]. Denton, TX: University of

North Texas, Center for Parent Education.

Jacobson, A.(2003). Parent education and guidance. In D. Bredehoft & M. Walcheski(Eds.), *Family life education: Integrating theory and practice*(pp. 110–116). NCFR.

Johnson, C. A., Stanley, S. M., Glenn, N. D., Amato, P. A., Nock, S. L., Markman, H. J., & Dion, M. R.(2002). Marriage in Oklahoma: 2001 baseline statewide survey on marriage and divorce(S02096 OKDHS). Oklahoma City, OK: Oklahoma Department of Human Services.

Johnson, M., & Ferraro, K. J.(2000). Research on domestic violence in the 1990s: Making distinctions. *Journal of Marriage and the Family, 62*, 948–963.

Kerckhoff, R. K.(1964). Family life education in America. In H. T. Christensen(Ed.), *Handbook of marriage and the family*(pp. 881–911).Chicago: Rand McNally.

Kirb, D.(2001). Emerging answers: Research findings on programs to reduce teen pregnancy(Summary). Washington, DC: National Campaign to Prevent Teen Preganacy.

Kirby, D.(1997). Sex education in the schools. In J. A. Garrision, M. D. Smith, & D. J. Besharov(Eds.), *Sexuality and American school policy*. Menlo Park, CA: Kaiser Family Foundation.

Kitchener, K. S.(1986). Teaching applied ethics in counselors education. *Journal of Counseling and Development, 64*, 306–310

Kline, D., & White, J.(1996). *Family theories: An introduction*. Thousand Oaks: Sage.

Krager, L.(1985). A new model for defining ethical behavior. In H. J. Canon & R. D. Brown(Eds.), *Applied ethics in student services: New directions for student services, 30*(32–34). San Francisco: Jossey–Bass.

Kroetz, M. T.(2005). 주부와 돼지 혁명을 꿈꾸다. 김라합 역. 파주: 웅진지식하우스.

L'abate, L., & Wright, L.(1977). Four approaches to family facilitation: Some issues and implications. *The Family Coordinator, 26*, 176–181.

Leiberman, M. E., Yalom, I. D., & Miles, M. B.(1973). *Encounter groups: First facts*. New York: Basic Books.

Leigh, J.(2002). *Communicating for cultural competence*. Waveland Press.

Lewis, D.(2000). Building cross-cultural competence. New Heaven: Yale University Press.

Lewis-Rowley, M., Brasher, R. E., Moss, J. J., Duncan, S. F., & Stiles, J. J.(1993). The evolution of education for family life. In M. E. Arcus, J. D. Schvaneveldt & J. J. Moss(Eds), *Handbook of family life education*(Vol. 1) (pp. 26-50). Newbury Park: Sage.

Lewis, J. M., & Gossett, J. T.(1999). *Disarming the past*. Phoenix: Zeig, Tucker & Co.

Lusting, M. W., & Koester, J.(2003). *Intercultural competence*. Boston: Allyn & Bacon.

Mace, D.(1975). Marriage enrichment concepts for research. *The Family Coordinator*, *24*, 171-173.

Mace, D.(1979). Marriage and family enrichment - A new field. *The Family Coordinator*, *28*, 409-419.

Mace, D.(1987). Three ways of helping married couples. *Journal of Marital and Family Therapy*, *13*, 179-185.

Mace, D., & Mace, V.(1974). *We can have better marriages*. Nashville, TN: Abingdon.

Mace, D., & Mace, V.(1976). The selection, training, and certification of facilitators for marriage enrichment programs. *The Family Coordinator*, *25*, 117-125.

Mace, D., & Mace, V.(1981). The long, long trail from information - Giving to behavioral change. *Family Relations*, *30*, 599-606.

Mace, D., & Mace, V.(1975). Marriage enrichment - Wave of the future. *The Family Coordinator*, *24*, 131-135.

MacIntyre, A.(1984). *After Virtue*. Nortre Dame: Notre Dame University Press.

Maher, B(Ed.)(2002). The family portrait: A compilation of data, research and public opinion on the family.

Marshall, C., & Rossman, G. B.(2005). *Designing qualitative research*(3rd Ed.).

London: Sage Publications.

Mason, M., Fine, M., & Carnochan, S.(2003). Family law in the new millenium: For whose families? In A. Skolnick & J. Skolnick(Eds.), *Family in transition*(pp. 76–94). Boston: Allyn & Bacon Pub.

Meyden, R.(1996). *Sexuality education for youths in care*. Washington DC: Child Welfare League of American Press.

Miller, B. C.(1998).Meyden, R.(1996). *Sexuality education for youths in care*. Washington DC: Child Welfare League of American Press. *Families matter: A research synthesis of family influences on adolescent pregnancy*. Washington, DC: Matopma, Campaign to Prevent Teen Pregnancy.

Morgaine, C.(2003). Alternative paradigms for helping families change themselves. In D. J. Bredehoft & M. J. Walcheski(Eds.), *Family life education: Integrating theory and practice*(pp. 177–185). NCFR.

Morris, J. B.(1983). Classroom methods and materials. In O. N. Saracho & Spodeck(Eds.), Understanding the multicultural experience in early childhood education. Washington. D.C. : NAEYC .

Moss, J., & King, K.(1970). Involving students for productive learning in marriage and family living class. *The Family Coordinator, 19*, 78–82.

Myers–Walls, J.(1998). *What is your parent education approach*? Lafayette, IN: Purdue University Cooperative Extension Service.

Myers–Walls, J., Myers–Bowman, K., & Dunn, J.(2003). Cultural characteristics questionnaire. In D. J. Bredehoft & M. J. Walcheski(Eds.), *Family life education : Integrating theory and practice*(pp. 186–188). NCFR.

Napier, R. W., & Gershebfeld, M. K.(1983). *Making group work*. Boston: Houghton Service.

National Association for the Education of Young Children http://www.naeyc.org.

NCFR(1995). Ethical principles and guidelines. Minneapolis. MN: NCFR.

NCFR(1999). Tools for ethical thinking and practice in family life education. Minneapolis. MN: NCFR

NCFR(2002). Family life education work experience. www.ncfr.org/cfle/m_

upgrade_to_full.htm

Neuliep, J.(2000). *Intercultural communication: A contextual approach*. Boston: Houghton Miffin Co.

Noller, P., & Fitzpatrick, M.(1991). Marital communication in eighties. In A. Booth(Ed.), Contemporary families: Looking forward, looking back. NCFR.

O'Malley, A. J., & Wilson, J. D.(Eds.)(2004). Pathway to practice: A family life education internship/practicum, handbook. NCFR.

Olson, D. H., DeFrain, J., & Olson, A.(1999). *Building relationships: Developing skills for life*. MN: Life Innovation, Inc.

Olson, D. H., Fournier, D. G., & Druckman, J. M.(1982). *PREPARE-ENRICH: Counselor's manual*. Minneapolis: Prepare-Enrich Enc.

Olson, D. H., Knutson, L. A., & Olson A. K.(1999). *Building relationships: Developing skills for life teacher's mannual*. MN: Life Innovation, Inc.

Ooms, T., Bouchet, S., & Parke, M.(April, 2004). Beyond marriage licenses. Center for Law and Social Policy.

Otto, H. A.(1975). Marriage and family enrichment programs in North America - Report and analysis. *The Family Coordinator*, *24*, 137-141.

Otto, H.(Ed.)(1976). *Marriage and family enrichment: New perspectives and programs*. Nashiville: Abingdon Press.

Pagelow, M.(1984). *Family violence*. New York : Praeger.

Palm, G.(2003). Ethics. In D. J. Bredehf & M. J. Walcheski(Eds.), *Family life education : Integrating theory and practice*(pp. 125-130). NCFR.

Parrott, L., & Parrott, L.(2001). *Saving your second marriage before it starts; Workbook for men*. Grand Rapids: Zondervan.

Patton, M. Q.(1997). *Utilization-focused evaluation: A new century text*. Thousand Oaks, CA: Sage.

Ponzetti, J.(1995). An examination of certification in family science and home economics. *Family Science Review*, *8*(1-2), 41-47.

Poulson, V. B.(1975). *History of collage of family living: Ladies work department to collage of family living*. Provo, UT: Brigham Young University.

Powell, J.(1969). *Why am I afraid to tell you who I am?* Niles, IL: Argus Communications.

Powell, L., & Cassidy, D.(2001). *Family life education*. Mountain View, Ca: Mayfield Publishing Co.

Preskill, H., & Torres, R. T.(1999). *Evaluative inquiry for learning in organizations*. Thousand Oaks, CA: Sage.

Prunty, K.(1976). The Care Lab: A family enrichment program. In Otto, H.(Ed.), *Marriage and family enrichment: New perspectives and programs*(pp. 58–72). Nashiville: Abingdon Press.

Ramsey, P. C., Vold, E. B., & Williams, L. R.(1989). *Multicultural education: A source book*. NY : Garland .

Riley, M., & Riley, J.(1994). Age integration and the lives of older people. *The Gerontologist*, *34*(1), 110–115.

Roy, K., & MacDermid, S. M.(2003). Families in society. In M. J. Walcheski & D. J. Bredehft(Eds.), *Family life education: Integrating theory and practice*(pp. 59–67). NCFR.

Russel, L., & Wilson, J.(1976). Family enrichment weekend. In Otto, H.(Ed.), *Marriage and family enrichment: New perspectives and programs*(pp. 38–49). Nashiville: Abingdon Press.

Schaie, K. W.(1978). Developmental designs revisited. In S. Cohen & H. Reese(Eds.), *Life–span development psychology*. Hilsdale, Erlbaum.

Schlossman, S. L.(1976, August). Before home start: Notes toward a history of parent education in America, 1897–1929. *Harvard Educational Review*, *46*(3), 436–467.

Schultz, B.(1989). *Communicating in the small group*. NY: Harper & Row.

Shaw, M. E.(1981). Group dynamics: The psychology of small group behavior(3rd ed.). NY: McGraw–Hill.

Silliman, B., & Schumm, W. R.(1995). Client interests in premarital counseling: A further analysis. *Journal of Sex and Marital Therapy*, *21*(1), 43.

Skolnick, A.(1991). *Embattled paradise: The American family in an age of uncertainty*. NY: Basic Books.

Smith, C. A., Cudaback, D., Goddard, H. W., & Myers-Walls, J. A.(1994). National extension Parent education model of critical parenting practices. Manhattan. KS: Kansas State University.

Smith, R., Shoffner, S., & Scott, J.(1979). Marriage and family enrichment: A new professional area. *The Family Coordinator, 28*, 87-93.

Somerville, R. M.(1967). The relationship between family life education and sex education. *Journal of Marriage and the family, 29*, 374-389.

Spanier, G., & Furstenberg, F.(1987). Remarriage and reconstituted families, In M. B. Sussman and S. D. Steinmetz(Ed.), *Handbook of Marriage and the Family*(pp. 419-432) NY : Plenum.

Stahmann, R., & Salts, C.(1993). Educating for marriage and intimate relationships. In M. E. Arcus, J. Schvaneveldt & J. Moss(Eds.), *Handbook of family life education*(pp. 33-61). Newbury Park, CA. Sage.

Stanley, S. M.(2001). Making the Case for Premarital Education. *Family Relations, 50*, 272-280.

Stanley, S. M.(May 5, 2004). The benefits of a healthy marriage. *Benefits of a healthy marriage: Hearing before the subcommittee on Social Security and Family Policy of the Committee on Finance US Senate one hundred eighth congress second session*(pp. 26-41). Washington: U.S. Government Printing Office.

Stanley, S. M. Markman, H.J., & Whitton, S.(2002). Communication, conflict, and commitmen: Insights on the foundations of relationship success from a national survey. *Family Process, 41*(4), 659-675.

Stanley, S. M., Coffin, W., Markman, H. J., & Jordan, P. L.(2001). Preventive interventions for couples. In H. Liddle, D. Santisteban, R. Levant, and J. Bray(Eds.), *Family psychology: Science-based interventions*(pp. 123-146). Washingtion, D.C.: APA Publications.

Stanton, G. T.(1997). Why marriage matters: Reasons to believe in marriage in a postmodern Society. Navpress.

Stedman, J. M.(1982). Marriage encounter: An "insider's" consideration of recent critiques. *Family Relations, 31*, 123–129.

Straus, M. H., & Gelles, R. J.(1990). Physical violence in American families: Risk factors and adaptations to violence in 8,145 families. New Brunswick, NJ..

Tennant, J.(1989). Family life education: Identity, objectives, and future directions. McGill Journal of Education, 24, 127–142.

The Family Law Section of the Florida Bar(1999). Family law handbook.

Thomas, J.(1988, November). Theoretical perspectives of curriculum in family life education: Implications for practice. Paper presented at the annual meeting of the National Council on Family Relation, Philadelphia.

Thomas, J., & Arcus, M.(1992). Family life education: An analysis of the concept. Family Relations, 41, 3–8.

Todd, E.(1983). *La Troisième Planète: Structures Familiales et Systèmes Idèologiques*. Paris: Editions du Seuil.(Translated by D. Garrioch(1985). The Explanation of Ideology : Family Structure and Social Systems. London: Basil Blackwell.).

Treichel, C.(2003). In the best interests of children and their families: Merging program developmeent and program evaluation. In D. J. Bredehf & M. J. Walcheski(Eds.), *Family life education: Integrating theory and practice*(pp. 32–43). NCFR.

Van Lange, P. A. M., Rusbult, Co. E., Drigotas, S. M., Arriaga, X. B., Witcher, B. S. & Cox, C. L.(1997). Willingness to sacrifice in close relationships. *Journal of Personality and Social Psychology, 72*, 1373–1395.

Vella, J.(1994). Learning to listen, learning to teach: The power of dialogue in education adults. San Francisco: Jossey–Bass.

Vincent, C. E.(1973). *Sexual and marital health*. New York: McGraw–Hill.

Visher, E. B., & Visher, J. S.(1990). Dynamics of successful stepfamilies. *Journal of Divorce & Remarriage, 14*, 3–12.

Waite, L., & Gallagher, M.(2001). *The case for marriage: Why married people are happier, healthier, and better off financially*. Bantam Dell Pub Group.

Walcheski, M., & Bredehoft, D.(2003). Internal dynamics of families. In M. J. Walcheski & D. J. Bredehft(Eds.), *Family life education: Integrating theory and practice*(pp. 68–74). NCFR.

Wallerstein, J.(1986). Women after divorce: Preliminary report from a ten-year follow-up. *American Journal of Orthopsychiatry 56*, 65–77.

Wallerstein, J., & Blakeslee, S.(1989). *Second chances: Men, women & children a decade after divorce*. NY: Ticknor & Fields.

Wallerstein, J., & Kelly, J.(1976). The effects of parental divorce: Experiences of the child in later latency. *American Journal of Orthopsychiatry 46*, 256–269.

Wallerstein, J., Lewis, J., & Blakslee, S.(2000). *The unexpected legacy of divorce*. NY: Hyperion.

Wandersman, L. P.(1987). New directions for parent education. In S. L. Kagan & E. F. Zigler(Eds.), *America's family support programs*. New Haven: Yale University Press.

Whatley, A. E.(1973). Graduate students' perceptions of needed personal characteristics for family life educators. *The Family Coordinator*, *22*, 193–198.

찾아보기

Intex

[국문]

ㄱ

〈저자 약력〉

정현숙은 연세대학교와 미국 오하이오주립대학에서 가족학박사학위를 받았으며
현재 상명대학교 가족복지학과 교수이다.
저서로는 《가족관계》, 《결혼학》, 《부모학》, 《가족과 젠더》 등이 있다.

가족생활교육(2판)

초판발행 2007년 3월 10일 **1판 1쇄** | 2014년 3월 10일 **1판 13쇄**
2판발행 2016년 9월 10일 **2판 1쇄** | 2017년 9월 10일 **2판 2쇄** | 2018년 3월 10일 **2판 3쇄**
2019년 3월 10일 **2판 4쇄** | 2020년 9월 10일 **2판 5쇄** | 2021년 3월 10일 **2판 6쇄**
2022년 3월 10일 **2판 7쇄**

지은이 정현숙
펴낸이 최용구 | **펴낸곳** 도서출판 **신정**
주소 (04316) 서울시 용산구 원효로 89길 19 (원효로1가)
전화 02)3211-4782, 0266(영업부), 3211-4783(편집부), 3211-4784(팩스)
이메일 sjbook2002@naver.com | **홈페이지** www.sjbook.co.kr
등록 2001년 5월 11일 제13-702호
기획마케팅 최용구 장만동 최충구 진소희 | **책임편집** 석기은 황가연 | **표지** SDY

ISBN 978-89-5912-401-5 93590
정가 19,000원